国家科技支撑计划项目（2012BAD29B01）
国家科技基础性工作专项（2015FY111200）

中国市售茶叶农药残留报告 2019

（东北卷-电商平台卷）

庞国芳　徐建中　主编

科学出版社
北京

内 容 简 介

《中国市售茶叶农药残留报告》共分 8 卷：华北卷(北京市、天津市、石家庄市、太原市、呼和浩特市)，东北卷-电商平台卷(沈阳市、长春市、哈尔滨市和电商平台)，华东卷一(上海市、南京市、杭州市、合肥市)，华东卷二(福州市、南昌市、济南市)，华中卷(郑州市、武汉市、长沙市)，华南卷(广州市、南宁市、海口市)，西南卷(重庆市、成都市、贵阳市、昆明市、拉萨市及林芝地区)和西北卷(西安市、兰州市、西宁市、银川市、乌鲁木齐市)。

每卷包括 2019 年市售 7 种茶叶农药残留侦测报告和膳食暴露风险与预警风险评估报告。分别介绍了市售茶叶样品采集情况，液相色谱-四极杆飞行时间质谱(LC-Q-TOF/MS)和气相色谱-四极杆飞行时间质谱(GC-Q-TOF/MS)农药残留检测结果，农药残留分布情况，农药残留检出水平与最大残留限量(MRL)标准对比分析，以及农药残留膳食暴露风险评估与预警风险评估结果。

本书对从事农产品安全生产、农药科学管理与施用、食品安全研究与管理的相关人员具有重要参考价值，同时可供高等院校食品安全与质量检测等相关专业的师生参考，广大消费者也可从中获取健康饮食的裨益。

图书在版编目（CIP）数据

中国市售茶叶农药残留报告. 2019. 东北卷. 电商平台卷 / 庞国芳，徐建中主编. —北京：科学出版社，2020.2
ISBN 978-7-03-063878-6

Ⅰ. ①中… Ⅱ. ①庞… ②徐… Ⅲ. ①茶叶—农药残留物—研究报告—东北地区—2019 Ⅳ. ①S481

中国版本图书馆 CIP 数据核字（2019）第 288722 号

责任编辑：杨 震 刘 冉 杨新改／责任校对：杜子昂
责任印制：肖 兴／封面设计：北京图阅盛世

科学出版社 出版
北京东黄城根北街 16 号
邮政编码：100717
http://www.sciencep.com

北京九天鸿程印刷有限责任公司 印刷
科学出版社发行 各地新华书店经销

*

2020 年 2 月第 一 版 开本：787×1092 1/16
2020 年 2 月第一次印刷 印张：23 1/4
字数：550 000

定价：188.00 元
（如有印装质量问题，我社负责调换）

中国市售茶叶农药残留报告
2019
(东北卷-电商平台卷)
编 委 会

主　编： 庞国芳　徐建中

副主编： 曹彦忠　李　慧　白若镔　梁淑轩

　　　　　申世刚　石志红

编　委：（按姓名汉语拼音排序）

　　　　　白若镔　曹彦忠　常巧英　陈　辉

　　　　　敦亚楠　范春林　葛　娜　李　慧

　　　　　梁淑轩　刘　磊　庞国芳　申世刚

　　　　　石志红　吴惠勤　徐建中

序

据世界卫生组织统计,全世界每年至少发生 50 万例农药中毒事件,死亡 11.5 万人,数十种疾病与农药残留有关。为此,世界各国均制定了严格的食品标准,对不同农产品设置了农药最大残留限量(MRL)标准。我国将于 2020 年 2 月实施《食品安全国家标准 食品中农药最大残留限量》(GB 2763—2019),规定食品中 483 种农药的 7107 项最大残留限量标准;欧盟、美国和日本等发达国家和地区分别制定了 162248 项、39147 项和 51600 项农药最大残留限量标准。作为农业大国,我国是世界上农药生产和使用最多的国家。据中国统计年鉴数据统计,2000~2015 年我国化学农药原药产量从 60 万吨/年增加到 374 万吨/年,农药化学污染物已经是当前食品安全源头污染的主要来源之一。

因此,深受广大消费者及政府相关部门关注的各种问题也随之而来:我国市售茶叶农药残留污染状况和风险水平到底如何?我国农产品农药残留水平是否影响我国农产品走向国际市场?这些看似简单实则难度相当大的问题,涉及农药的科学管理与施用,食品农产品的安全监管,农药残留检测技术标准以及资源保障等多方面因素。

可喜的是,此次由庞国芳院士科研团队承担完成的国家科技支撑计划项目(2012BAD29B01)和国家科技基础性工作专项(2015FY111200)研究成果之一《中国市售茶叶农药残留报告》(以下简称《报告》),对上述问题给出了全面、深入、直观的答案,为形成我国农药残留监控体系提供了海量的科学数据支撑。

该《报告》包括茶叶农药残留侦测报告和茶叶农药残留膳食暴露风险与预警风险评估报告两大重点内容。其中,"茶叶农药残留侦测报告"是庞国芳院士科研团队利用他们所取得的具有国际领先水平的多元融合技术,包括高通量非靶向农药残留侦测技术、农药残留侦测数据智能分析及残留侦测结果可视化等研究成果,对我国 32 个城市 363 个采样点的 4944 例 7 种市售茶叶进行非靶向农药残留侦测的结果汇总;同时,解决了数据维度多、数据关系复杂、数据分析要求高等技术难题,运用自主研发的海量数据智能分析软件,深入比较分析了农药残留侦测数据结果,初步普查了我国主要城市茶叶农药残留的"家底"。而"茶叶农药残留膳食暴露风险与预警风险评估报告"是在上述农药残留侦测数据的基础上,利用食品安全指数模型和风险系数模型,结合农药残留水平、特性、致害效应,进行系统的农药残留风险评价,最终给出了我国主要城市市售茶叶农药残留的膳食暴露风险和预警风险结论。

该《报告》包含了海量的农药残留侦测结果和相关信息,数据准确、真实可靠,具有以下几个特点:

一、样品采集具有代表性。侦测地域范围覆盖全国除港澳台以外省级行政区的 32 个城市(包括 4 个直辖市,27 个省会城市,1 个地级市)的 363 个采样点。随机从超市、茶叶专营店或电商平台采集样品 4944 批。样品采集地覆盖全国 25%人口的生活区域,具有代表性。

二、检测过程遵循统一性和科学性原则。所有侦测数据来源于 10 个网络联盟实验室，按"五统一"规范操作(统一采样标准、统一制样技术、统一检测方法、统一格式数据上传、统一模式统计分析报告)全封闭运行，保障数据的准确性、统一性、完整性、安全性和可靠性。

三、农残数据分析与评价的自动化。充分运用互联网的智能化技术，实现从农产品、农药残留、地域、农药残留最高限量标准等多维度的自动统计和综合评价与预警。

总之，该《报告》数据庞大，信息丰富，内容翔实，图文并茂，直观易懂。它的出版，将有助于广大读者全面了解我国主要城市市售茶叶农药残留的现状、动态变化及风险水平。这对于全面认识我国茶叶食用安全水平、掌握各种农药残留对人体健康的影响，具有十分重要的理论价值和实用意义。

该书适合政府监管部门、食品安全专家、茶叶生产和经营者以及广大消费者等各类人员阅读参考，其受众之广、影响之大是该领域内前所未有的，值得大家高度关注。

2019 年 12 月

前　言

食品是人类生存和发展的基本物质基础，食品安全是全球的重大民生问题，也是世界各国目前所面临的共同难题，而食品中农药残留问题是引发食品安全事件的重要因素，尤其受到关注。目前，世界上常用的农药种类超过 1000 种，而且不断地有新的农药被研发和应用，在关注农药残留对人类身体健康和生存环境造成新的潜在危害的同时，也对农药残留的检测技术、监控手段和风险评估能力提出了更高的要求和全新的挑战。

为解决上述难题，作者团队此前一直围绕世界常用的 1200 多种农药和化学污染物展开多学科合作研究，例如，采用高分辨质谱技术开展无需实物标准品作参比的高通量非靶向农药残留检测技术研究；运用互联网技术与数据科学理论对海量农药残留检测数据的自动采集和智能分析研究；引入网络地理信息系统(Web-GIS)技术用于农药残留检测结果的空间可视化研究等等。与此同时，对这些前沿及主流技术进行多元融合研究，在农药残留检测技术、农药残留数据智能分析及结果可视化等多个方面取得了原创性突破，实现了农药残留检测技术信息化、检测结果大数据处理智能化、风险溯源可视化。这些创新研究成果已整理成《食用农产品农药残留监测与风险评估溯源技术研究》一书另行出版。

《中国市售茶叶农药残留报告》(以下简称《报告》)是上述多项研究成果综合应用于我国农产品农药残留检测与风险评估的科学报告。为了真实反映我国市售茶叶中农药残留污染状况以及残留农药的相关风险，2019 年作者团队采用液相色谱-四极杆飞行时间质谱(LC-Q-TOF/MS)及气相色谱-四极杆飞行时间质谱(GC-Q-TOF/MS)两种高分辨质谱技术，从全国 32 个城市(包括 27 个省会、4 个直辖市、1 个地级市)363 个采样点(包括超市、茶叶专营店、电商平台等)随机采集了 7 种市售茶叶 4944 例样品进行了非靶向农药残留筛查，初步摸清了这些城市市售茶叶农药残留的"家底"，形成了 2019 年全国重点城市市售茶叶农药残留检测报告。在这基础上，运用食品安全指数模型和风险系数模型，开发了风险评价应用程序，对上述茶叶农药残留分别开展膳食暴露风险评估和预警风险评估，形成了 2019 年全国重点城市市售茶叶农药残留膳食暴露风险与预警风险评估报告。现将这两大报告整理成书，以飨读者。

为了便于查阅，本次出版的《报告》按我国自然地理区域共分为八卷：华北卷(北京市、天津市、石家庄市、太原市、呼和浩特市)、东北卷-电商平台卷(沈阳市、长春市、哈尔滨市和电商平台)、华东卷一(上海市、南京市、杭州市、合肥市)、华东卷二(福州市、南昌市、济南市)、华中卷(郑州市、武汉市、长沙市)、华南卷(广州市、南宁市、海口市)、西南卷(重庆市、成都市、贵阳市、昆明市、拉萨市及林芝地区)和西北卷(西安市、兰州市、西宁市、银川市、乌鲁木齐市)。

《报告》的每一卷内容均采用统一的结构和方式进行叙述，对每个城市的市售茶叶农药残留状况和风险评估结果均按照 LC-Q-TOF/MS 及 GC-Q-TOF/MS 两种技术分别阐述。主要包括以下几方面内容：①每个城市的样品采集情况与农药残留检测结果；②每个城市的农药残留检出水平与最大残留限量（MRL）标准对比分析；③每个城市的茶叶中农药残留分布情况；④每个城市茶叶农药残留报告的初步结论；⑤农药残留风险评估方法及风险评价应用程序的开发；⑥每个城市的茶叶农药残留膳食暴露风险评估；⑦每个城市的茶叶农药残留预警风险评估；⑧每个城市茶叶农药残留风险评估结论与建议。

本《报告》是我国"十二五"国家科技支撑计划项目（2012BAD29B01）和"十三五"国家科技基础性工作专项（2015FY111200）的研究成果之一。该项研究成果紧扣国家"十三五"规划纲要"增强农产品安全保障能力"和"推进健康中国建设"的主题，可在这些领域的发展中，发挥重要的技术支撑作用。本《报告》的出版得到河北大学高层次人才科研启动经费项目（521000981273）的支持。

由于作者水平有限，书中不妥之处在所难免，恳请广大读者批评指正。

2019 年 11 月

缩 略 语 表

ADI	allowable daily intake		每日允许最大摄入量
CAC	Codex Alimentarius Commission		国际食品法典委员会
CCPR	Codex Committee on Pesticide Residues		农药残留法典委员会
FAO	Food and Agriculture Organization		联合国粮食及农业组织
GAP	Good Agricultural Practices		农业良好管理规范
GC-Q-TOF/MS	gas chromatograph/quadrupole time-of-flight mass spectrometry		气相色谱-四极杆飞行时间质谱
GEMS	Global Environmental Monitoring System		全球环境监测系统
IFS	index of food safety		食品安全指数
JECFA	Joint FAO/WHO Expert Committee on Food and Additives		FAO、WHO 食品添加剂联合专家委员会
JMPR	Joint FAO/WHO Meeting on Pesticide Residues		FAO、WHO 农药残留联合会议
LC-Q-TOF/MS	liquid chromatograph/quadrupole time-of-flight mass spectrometry		液相色谱-四极杆飞行时间质谱
MRL	maximum residue limit		最大残留限量
R	risk index		风险系数
WHO	World Health Organization		世界卫生组织

凡 例

- 采样城市包括 31 个直辖市及省会城市(未含台北市、香港特别行政区和澳门特别行政区)、1 个地级市及电商平台,分成华北卷(北京市、天津市、石家庄市、太原市、呼和浩特市)、东北卷-电商平台卷(沈阳市、长春市、哈尔滨市、电商平台)、华东卷一(上海市、南京市、杭州市、合肥市)、华东卷二(福州市、南昌市、济南市)、华中卷(郑州市、武汉市、长沙市)、华南卷(广州市、南宁市、海口市)、西南卷(重庆市、成都市、贵阳市、昆明市、拉萨市及林芝地区)、西北卷(西安市、兰州市、西宁市、银川市、乌鲁木齐市)共 8 卷。
- 表中标注*表示剧毒农药;标注◇表示高毒农药;标注▲表示禁用农药;标注 a 表示超标。
- 书中提及的附表(侦测原始数据),请扫描封底二维码,按对应城市获取。

目　录

沈　阳　市

第1章　LC-Q-TOF/MS 侦测沈阳市 70 例市售茶叶样品农药残留报告 ·················· 3
  1.1　样品种类、数量与来源 ··· 3
  1.2　农药残留检出水平与最大残留限量标准对比分析 ··························· 10
  1.3　茶叶中农药残留分布 ··· 15
  1.4　初步结论 ··· 20

第2章　LC-Q-TOF/MS 侦测沈阳市市售茶叶农药残留膳食暴露风险
      与预警风险评估 ··· 23
  2.1　农药残留风险评估方法 ··· 23
  2.2　LC-Q-TOF/MS 侦测沈阳市市售茶叶农药残留膳食暴露风险评估 ············· 28
  2.3　LC-Q-TOF/MS 侦测沈阳市市售茶叶农药残留预警风险评估 ················· 32
  2.4　LC-Q-TOF/MS 侦测沈阳市市售茶叶农药残留风险评估结论与建议 ··········· 38

第3章　GC-Q-TOF/MS 侦测沈阳市 70 例市售茶叶样品农药残留报告 ·················· 41
  3.1　样品种类、数量与来源 ··· 41
  3.2　农药残留检出水平与最大残留限量标准对比分析 ··························· 48
  3.3　茶叶中农药残留分布 ··· 54
  3.4　初步结论 ··· 58

第4章　GC-Q-TOF/MS 侦测沈阳市市售茶叶农药残留膳食暴露风险
      与预警风险评估 ··· 61
  4.1　农药残留风险评估方法 ··· 61
  4.2　GC-Q-TOF/MS 侦测沈阳市市售茶叶农药残留膳食暴露风险评估 ············· 67
  4.3　GC-Q-TOF/MS 侦测沈阳市市售茶叶农药残留预警风险评估 ················· 71
  4.4　GC-Q-TOF/MS 侦测沈阳市市售茶叶农药残留风险评估结论与建议 ··········· 78

长　春　市

第5章　LC-Q-TOF/MS 侦测长春市 110 例市售茶叶样品农药残留报告 ·················· 83
  5.1　样品种类、数量与来源 ··· 83
  5.2　农药残留检出水平与最大残留限量标准对比分析 ··························· 90
  5.3　茶叶中农药残留分布 ··· 95
  5.4　初步结论 ··· 97

第 6 章　LC-Q-TOF/MS 侦测长春市市售茶叶农药残留膳食暴露风险
　　　　与预警风险评估···100
　　6.1　农药残留风险评估方法··100
　　6.2　LC-Q-TOF/MS 侦测长春市市售茶叶农药残留膳食暴露风险评估·······106
　　6.3　LC-Q-TOF/MS 侦测长春市市售茶叶农药残留预警风险评估···········110
　　6.4　LC-Q-TOF/MS 侦测长春市市售茶叶农药残留风险评估结论与建议····116

第 7 章　GC-Q-TOF/MS 侦测长春市 110 例市售茶叶样品农药残留报告·······119
　　7.1　样品种类、数量与来源··119
　　7.2　农药残留检出水平与最大残留限量标准对比分析·······················126
　　7.3　茶叶中农药残留分布··134
　　7.4　初步结论··136

第 8 章　GC-Q-TOF/MS 侦测长春市市售茶叶农药残留膳食暴露风险
　　　　与预警风险评估···140
　　8.1　农药残留风险评估方法··140
　　8.2　GC-Q-TOF/MS 侦测长春市市售茶叶农药残留膳食暴露风险评估·····146
　　8.3　GC-Q-TOF/MS 侦测长春市市售茶叶农药残留预警风险评估···········150
　　8.4　GC-Q-TOF/MS 侦测长春市市售茶叶农药残留风险评估结论与建议···161

哈 尔 滨 市

第 9 章　LC-Q-TOF/MS 侦测哈尔滨市 70 例市售茶叶样品农药残留报告·······167
　　9.1　样品种类、数量与来源··167
　　9.2　农药残留检出水平与最大残留限量标准对比分析·······················174
　　9.3　茶叶中农药残留分布··180
　　9.4　初步结论··185

第 10 章　LC-Q-TOF/MS 侦测哈尔滨市市售茶叶农药残留膳食暴露风险
　　　　 与预警风险评估··188
　　10.1　农药残留风险评估方法··188
　　10.2　LC-Q-TOF/MS 侦测哈尔滨市市售茶叶农药残留膳食暴露风险评估···193
　　10.3　LC-Q-TOF/MS 侦测哈尔滨市市售茶叶农药残留预警风险评估·······197
　　10.4　LC-Q-TOF/MS 侦测哈尔滨市市售茶叶农药残留风险评估结论与建议···202

第 11 章　GC-Q-TOF/MS 侦测哈尔滨市 70 例市售茶叶样品农药残留报告·····205
　　11.1　样品种类、数量与来源··205
　　11.2　农药残留检出水平与最大残留限量标准对比分析······················212
　　11.3　茶叶中农药残留分布···219
　　11.4　初步结论···224

第12章 GC-Q-TOF/MS 侦测哈尔滨市市售茶叶农药残留膳食暴露风险
与预警风险评估·················227
   12.1 农药残留风险评估方法·················227
   12.2 GC-Q-TOF/MS 侦测哈尔滨市市售茶叶农药残留膳食暴露风险评估·········233
   12.3 GC-Q-TOF/MS 侦测哈尔滨市市售茶叶农药残留预警风险评估···········237
   12.4 GC-Q-TOF/MS 侦测哈尔滨市市售茶叶农药残留风险评估结论与建议·······245

电 商 平 台

第13章 LC-Q-TOF/MS 侦测电商平台 1089 例市售茶叶样品农药残留报告·········251
   13.1 样品种类、数量与来源·················251
   13.2 农药残留检出水平与最大残留限量标准对比分析············259
   13.3 茶叶中农药残留分布·················267
   13.4 初步结论·················273

第14章 LC-Q-TOF/MS 侦测电商平台市售茶叶农药残留膳食暴露风险
与预警风险评估·················278
   14.1 农药残留风险评估方法·················278
   14.2 LC-Q-TOF/MS 侦测电商平台市售茶叶农药残留膳食暴露风险评估········284
   14.3 LC-Q-TOF/MS 侦测电商平台市售茶叶农药残留预警风险评估···········288
   14.4 LC-Q-TOF/MS 侦测电商平台市售茶叶农药残留风险评估结论与建议·······299

第15章 GC-Q-TOF/MS 侦测电商平台 1089 例市售茶叶样品农药残留报告·········302
   15.1 样品种类、数量与来源·················302
   15.2 农药残留检出水平与最大残留限量标准对比分析············309
   15.3 茶叶中农药残留分布·················317
   15.4 初步结论·················324

第16章 GC-Q-TOF/MS 侦测电商平台市售茶叶农药残留膳食暴露风险
与预警风险评估·················329
   16.1 农药残留风险评估方法·················329
   16.2 GC-Q-TOF/MS 侦测电商平台市售茶叶农药残留膳食暴露风险评估········335
   16.3 GC-Q-TOF/MS 侦测电商平台市售茶叶农药残留预警风险评估···········339
   16.4 GC-Q-TOF/MS 侦测电商平台市售茶叶农药残留风险评估结论与建议·······350

参考文献·················353

沈 阳 市

第1章 LC-Q-TOF/MS 侦测沈阳市 70 例市售茶叶样品农药残留报告

从沈阳市所属 2 个区，随机采集了 70 例茶叶样品，使用液相色谱-四极杆飞行时间质谱(LC-Q-TOF/MS)对 825 种农药化学污染物示范侦测(7 种负离子模式 ESI⁻未涉及)。

1.1 样品种类、数量与来源

1.1.1 样品采集与检测

为了真实反映百姓日常饮用的茶叶中农药残留污染状况，本次所有检测样品均由检验人员于 2019 年 1 月期间，从沈阳市所属 5 个采样点，包括 5 个超市，以随机购买方式采集，总计 5 批 70 例样品，从中检出农药 29 种，303 频次。采样及监测概况见表 1-1 及图 1-1，样品及采样点明细见表 1-2 及表 1-3(侦测原始数据见附表 1)。

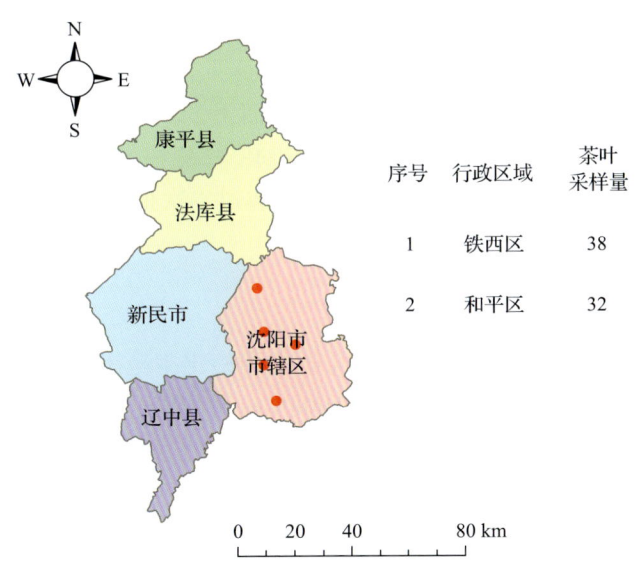

图 1-1 沈阳市所属 5 个采样点 70 例样品分布图

表 1-1 农药残留监测总体概况

采样行政区域	沈阳市所属 2 个区
采样点(超市)	5
样本总数	70
检出农药品种/频次	29/303
各采样点样本农药残留检出率范围	90.9%~100.0%

表 1-2　样品分类及数量

样品分类	样品名称(数量)	数量小计
1. 茶叶		70
1)发酵类茶叶	红茶(10)	10
2)未发酵类茶叶	花茶(10),绿茶(50)	60
合计	1.茶叶 3 种	70

表 1-3　沈阳市采样点信息

采样点序号	行政区域	采样点
超市(5)		
1	和平区	***超市(和平店)
2	和平区	***超市(太原街店)
3	铁西区	***超市(铁西店)
4	铁西区	***超市(金牛店)
5	铁西区	***超市(大天地店)

1.1.2　检测结果

这次使用的检测方法是庞国芳院士团队最新研发的不需使用标准品对照,而以高分辨精确质量数(0.0001 m/z)为基准的 LC-Q-TOF/MS 检测技术,对于 70 例样品,每个样品均侦测了 825 种农药化学污染物的残留现状。通过本次侦测,在 70 例样品中共计检出农药化学污染物 29 种,检出 303 频次。

1.1.2.1　各采样点样品检出情况

统计分析发现 5 个采样点中,被测样品的农药检出率范围为 90.9%~100.0%。其中,有 4 个采样点样品的检出率最高,达到了 100.0%,分别是:***超市(和平店)、***超市(铁西店)、***超市(金牛店)和***超市(大天地店)。***超市(太原街店)的检出率最低,为 90.9%,见图 1-2。

1.1.2.2　检出农药的品种总数与频次

统计分析发现,对于 70 例样品中 825 种农药化学污染物的侦测,共检出农药 303 频次,涉及农药 29 种,结果如图 1-3 所示。其中噻嗪酮检出频次最高,共检出 58 次。检出频次排名前 10 的农药如下:①噻嗪酮(58),②啶虫脒(40),③哒螨灵(36),④避蚊胺(35),⑤甲哌(14),⑥毒死蜱(13),⑦噻虫嗪(13),⑧噻虫啉(11),⑨茚虫威(10),⑩吡唑醚菌酯(9)。

由图 1-4 可见,绿茶、红茶和花茶这 3 种茶叶样品中检出的农药品种数较高,均超过 10 种,其中,绿茶检出农药品种最多,为 28 种。由图 1-5 可见,绿茶、花茶和红茶这 3 种茶叶样品中的农药检出频次较高,均超过 30 次,其中,绿茶检出农药频次最高,为 232 次。

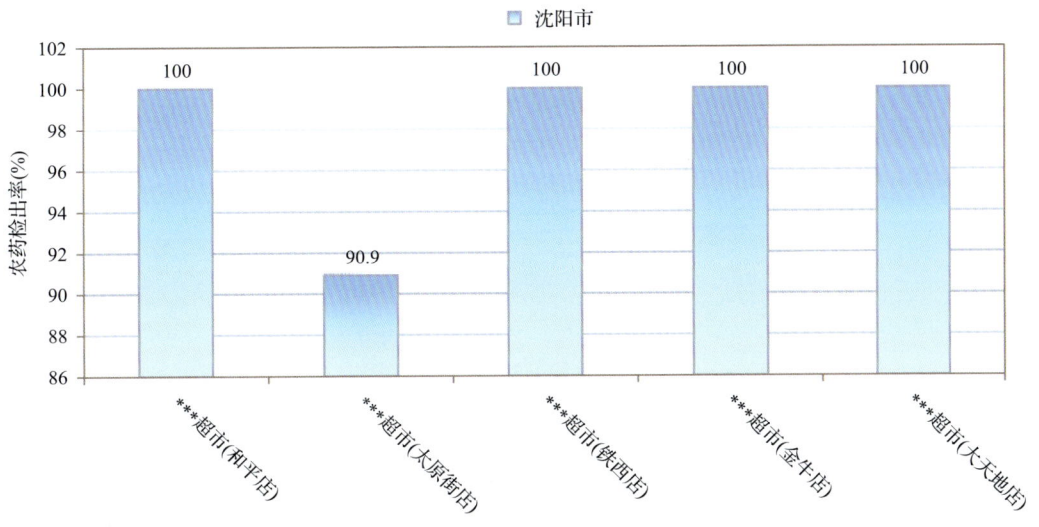

图1-2 各采样点样品中的农药检出率

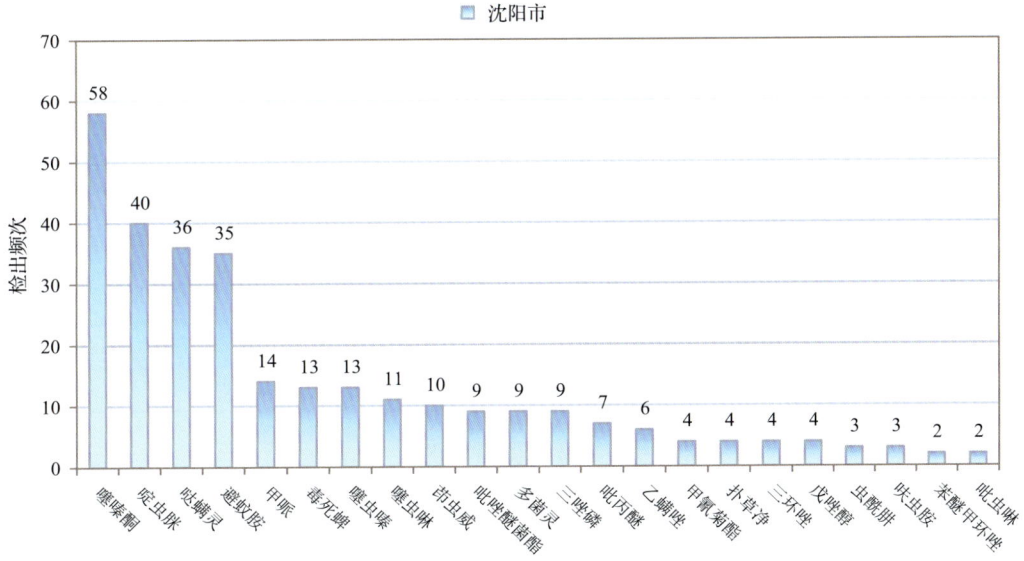

图1-3 检出农药品种及频次（仅列出检出农药2频次及以上的数据）

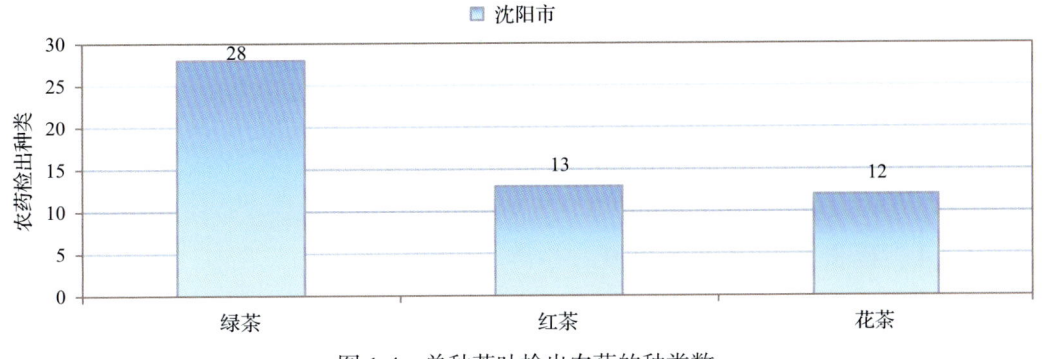

图1-4 单种茶叶检出农药的种类数

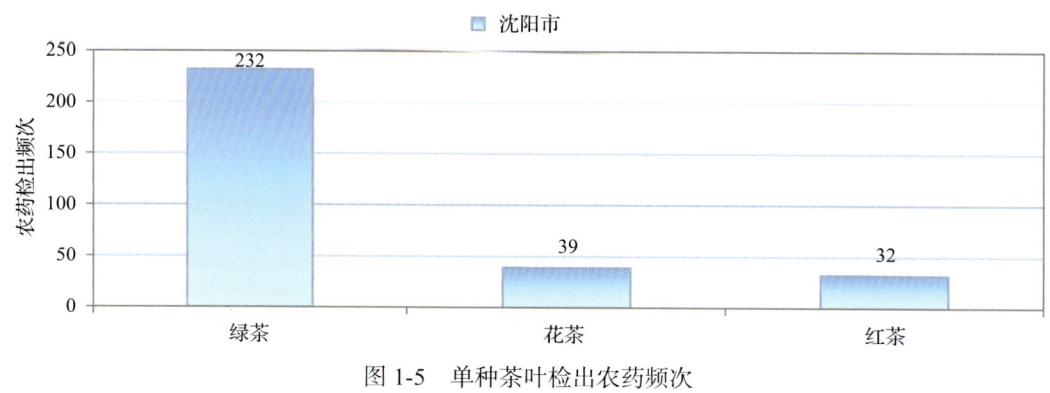

图 1-5　单种茶叶检出农药频次

1.1.2.3　单例样品农药检出种类与占比

对单例样品检出农药种类和频次进行统计发现，未检出农药的样品占总样品数的 2.9%，检出 1 种农药的样品占总样品数的 10.0%，检出 2~5 种农药的样品占总样品数的 60.0%，检出 6~10 种农药的样品占总样品数的 22.9%，检出大于 10 种农药的样品占总样品数的 4.3%。每例样品中平均检出农药为 4.3 种，数据见表 1-4 及图 1-6。

表 1-4　单例样品检出农药品种占比

检出农药品种数	样品数量/占比(%)
未检出	2/2.9
1 种	7/10.0
2~5 种	42/60.0
6~10 种	16/22.9
大于 10 种	3/4.3
单例样品平均检出农药品种	4.3 种

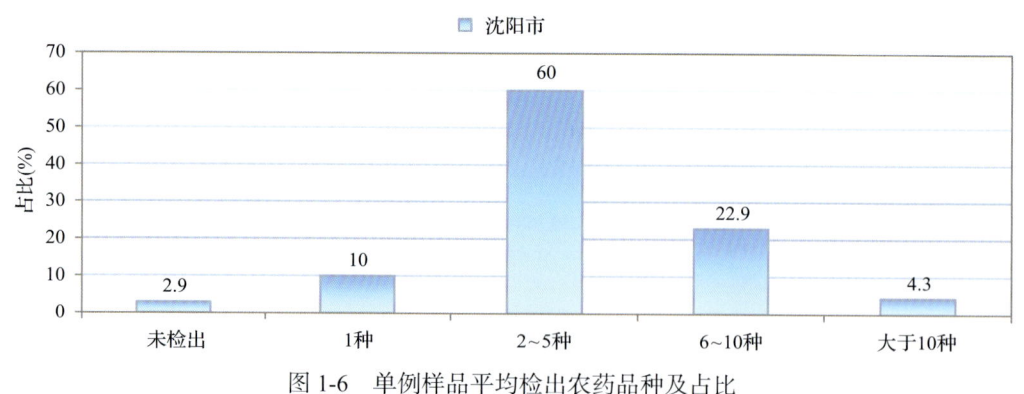

图 1-6　单例样品平均检出农药品种及占比

1.1.2.4　检出农药类别与占比

所有检出农药按功能分类，包括杀虫剂、杀菌剂、杀螨剂、除草剂、驱避剂、植物生长调节剂共 6 类。其中杀虫剂与杀菌剂为主要检出的农药类别，分别占总数的 55.2%

和 24.1%，见表 1-5 及图 1-7。

表 1-5 检出农药所属类别/占比

农药类别	数量/占比(%)
杀虫剂	16/55.2
杀菌剂	7/24.1
杀螨剂	3/10.3
除草剂	1/3.4
驱避剂	1/3.4
植物生长调节剂	1/3.4

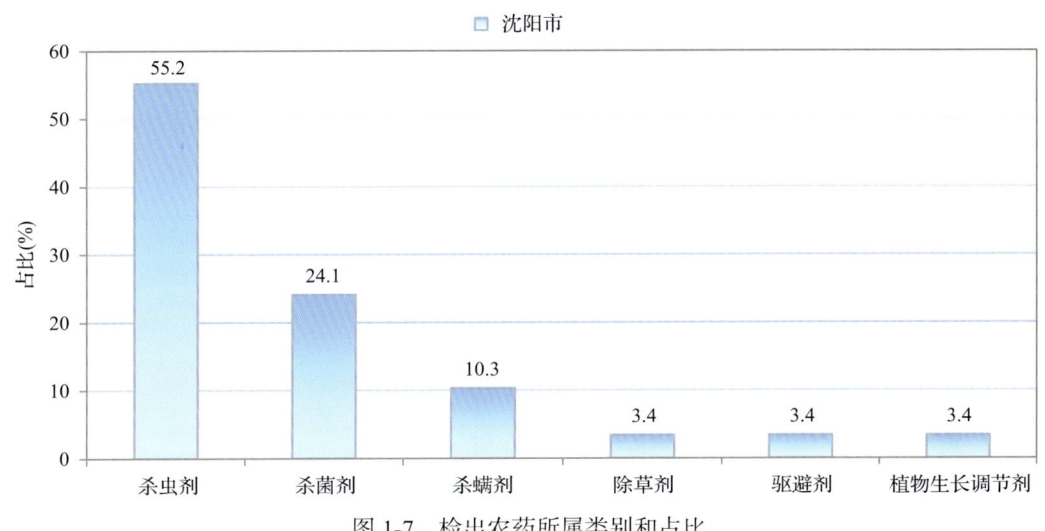

图 1-7 检出农药所属类别和占比

1.1.2.5 检出农药的残留水平

按检出农药残留水平进行统计，残留水平在 1~5 μg/kg(含)的农药占总数的 46.5%，在 5~10 μg/kg(含)的农药占总数的 12.9%，在 10~100 μg/kg(含)的农药占总数的 35.0%，在 100~1000 μg/kg 的农药占总数的 5.6%。

由此可见，这次检测的 5 批 70 例茶叶样品中农药多数处于较低残留水平。结果见表 1-6 及图 1-8，数据见附表 2。

表 1-6 农药残留水平/占比

残留水平(μg/kg)	检出频次数/占比(%)
1~5(含)	141/46.5
5~10(含)	39/12.9
10~100(含)	106/35.0
100~1000	17/5.6

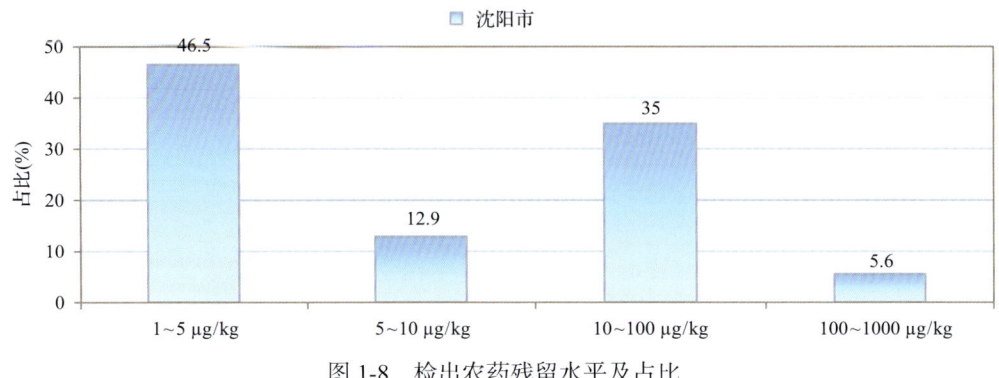

图 1-8 检出农药残留水平及占比

1.1.2.6 检出农药的毒性类别、检出频次和超标频次及占比

对这次检出的 29 种 303 频次的农药,按剧毒、高毒、中毒、低毒和微毒这五个毒性类别进行分类,从中可以看出,沈阳市目前普遍使用的农药为中低微毒农药,品种占 96.6%,频次占 97.0%。结果见表 1-7 及图 1-9。

表 1-7 检出农药毒性类别/占比

毒性分类	农药品种/占比(%)	检出频次/占比(%)	超标频次/超标率(%)
剧毒农药	0/0	0/0.0	0/0.0
高毒农药	1/3.4	9/3.0	0/0.0
中毒农药	16/55.2	153/50.5	0/0.0
低毒农药	8/27.6	116/38.3	0/0.0
微毒农药	4/13.8	25/8.3	0/0.0

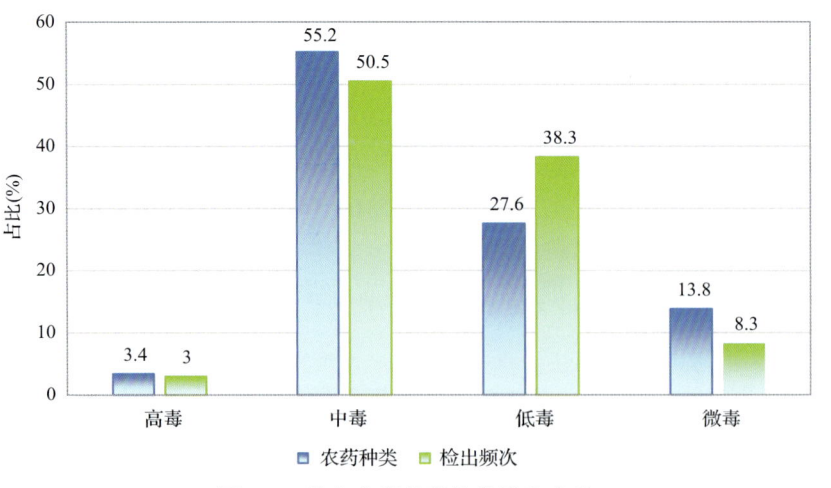

图 1-9 检出农药的毒性分类和占比

1.1.2.7 检出剧毒/高毒类农药的品种和频次

值得特别关注的是,在此次侦测的 70 例样品中有 3 种茶叶的 9 例样品检出了 1 种 9

频次的剧毒和高毒农药，占样品总量的 12.9%，详见图 1-10、表 1-8 及表 1-9。

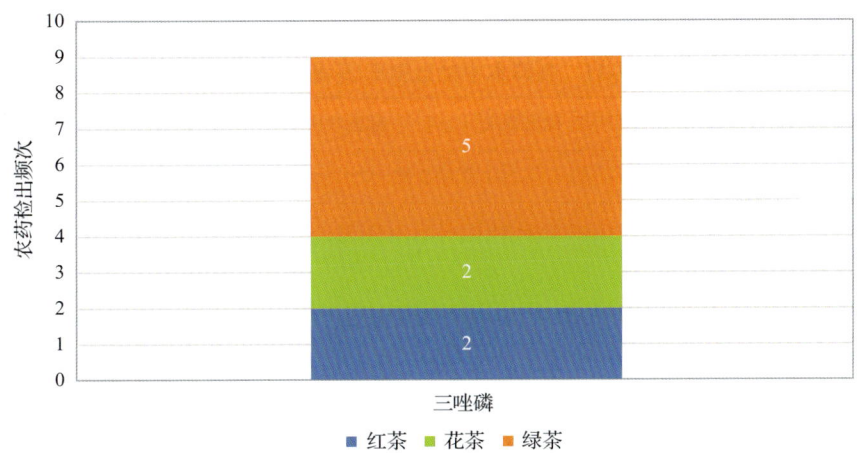

图 1-10　检出剧毒/高毒农药的样品情况

表 1-8　剧毒农药检出情况

序号	农药名称	检出频次	超标频次	超标率
茶叶中未检出剧毒农药				
合计		0	0	超标率：0.0%

表 1-9　高毒农药检出情况

序号	农药名称	检出频次	超标频次	超标率
从 3 种茶叶中检出 1 种高毒农药，共计检出 9 次				
1	三唑磷	9	0	0.0%
合计		9	0	超标率：0.0%

在检出的剧毒和高毒农药中，有 1 种是我国早已禁止在茶叶上使用的：三唑磷。禁用农药的检出情况见表 1-10。

表 1-10　禁用农药检出情况

序号	农药名称	检出频次	超标频次	超标率
从 3 种茶叶中检出 4 种禁用农药，共计检出 24 次				
1	毒死蜱	13	0	0.0%
2	三唑磷	9	0	0.0%
3	乐果	1	0	0.0%
4	乙酰甲胺磷	1	0	0.0%
合计		24	0	超标率：0.0%

注：超标结果参考 MRL 中国国家标准计算

此次抽检的茶叶样品中，没有检出剧毒农药。

样品中检出剧毒和高毒农药残留水平没有超过 MRL 中国国家标准,但本次检出结果仍表明,高毒、剧毒农药的使用现象依旧存在。详见表 1-11。

表 1-11 各样本中检出剧毒/高毒农药情况

样品名称	农药名称	检出频次	超标频次	检出浓度(μg/kg)
茶叶 3 种				
红茶	三唑磷▲	2	0	2.5, 9.0
花茶	三唑磷▲	2	0	2.4, 6.0
绿茶	三唑磷▲	5	0	6.0, 1.2, 1.4, 7.1, 35.3
合计		9	0	超标率:0.0%

注:▲为禁用农药

1.2 农药残留检出水平与最大残留限量标准对比分析

我国于 2016 年 12 月 18 日正式颁布并于 2017 年 6 月 18 日正式实施食品农药残留限量国家标准《食品中农药最大残留限量》(GB 2763—2016)。该标准包括 417 个农药条目,涉及最大残留限量(MRL)标准 4140 项。将 303 频次检出农药的浓度水平与 4140 项 MRL 中国国家标准进行核对,其中只有 175 频次的结果找到了对应的 MRL,占 57.8%,还有 128 频次的结果则无相关 MRL 标准供参考,占 42.2%。

将此次侦测结果与国际上现行 MRL 对比发现,在 303 频次的检出结果中有 303 频次的结果找到了对应的 MRL 欧盟标准,占 100.0%,其中,260 频次的结果有明确对应的 MRL,占 85.8%,其余 43 频次按照欧盟一律标准判定,占 14.2%;有 303 频次的结果找到了对应的 MRL 日本标准,占 100.0%,其中,228 频次的结果有明确对应的 MRL,占 75.2%,其余 75 频次按照日本一律标准判定,占 24.8%;有 176 频次的结果找到了对应的 MRL 中国香港标准,占 58.1%;有 133 频次的结果找到了对应的 MRL 美国标准,占 43.9%;有 93 频次的结果找到了对应的 MRL CAC 标准,占 30.7%(见图 1-11 和图 1-12,数据见附表 3 至附表 8)。

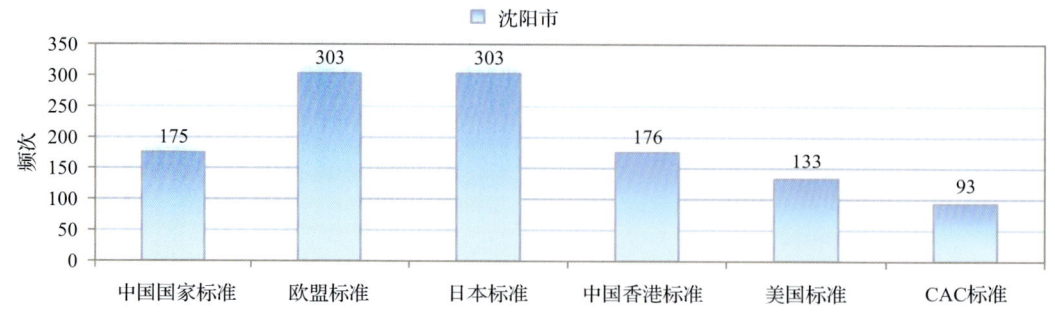

图 1-11 303 频次检出农药可用 MRL 中国国家标准、欧盟标准、日本标准、中国香港标准、美国标准、CAC 标准判定衡量的数量

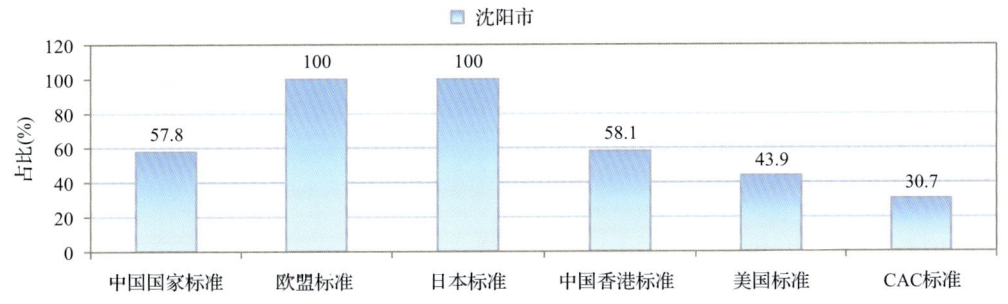

图 1-12　303 频次检出农药可用 MRL 中国国家标准、欧盟标准、日本标准、中国香港标准、美国标准、CAC 标准衡量的占比

1.2.1　超标农药样品分析

本次侦测的 70 例样品中，2 例样品未检出任何残留农药，占样品总量的 2.9%，68 例样品检出不同水平、不同种类的残留农药，占样品总量的 97.1%。在此，我们将本次侦测的农残检出情况与 MRL 中国国家标准、欧盟标准、日本标准、中国香港标准、美国标准和 CAC 标准这 6 大国际主流 MRL 标准进行对比分析，样品农残检出与超标情况见表 1-12、图 1-13 和图 1-14，详细数据见附表 9 至附表 14。

表 1-12　各 MRL 标准下样本农残检出与超标数量及占比

	中国国家标准 数量/占比(%)	欧盟标准 数量/占比(%)	日本标准 数量/占比(%)	中国香港标准 数量/占比(%)	美国标准 数量/占比(%)	CAC 标准 数量/占比(%)
未检出	2/2.9	2/2.9	2/2.9	2/2.9	2/2.9	2/2.9
检出未超标	68/97.1	53/75.7	47/67.1	68/97.1	68/97.1	68/97.1
检出超标	0/0.0	15/21.4	21/30.0	0/0.0	0/0.0	0/0.0

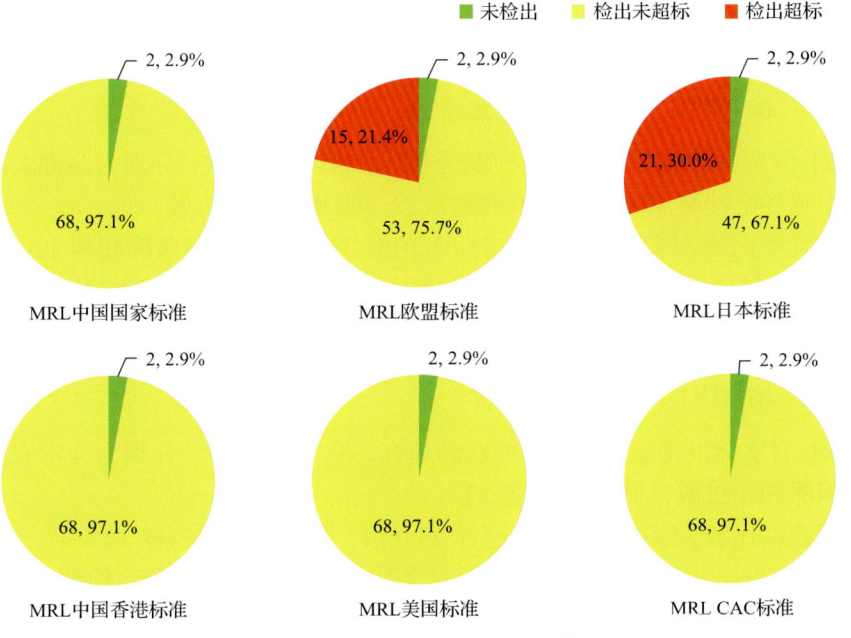

图 1-13　检出和超标样品比例情况

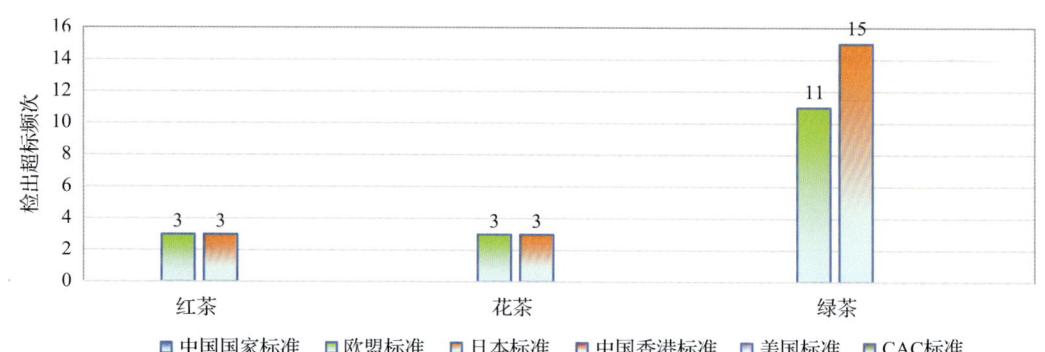

图 1-14 超过 MRL 中国国家标准、欧盟标准、日本标准、中国香港标准、美国标准和 CAC 标准结果在茶叶中的分布

1.2.2 超标农药种类分析

按照 MRL 中国国家标准、欧盟标准、日本标准、中国香港标准、美国标准和 CAC 标准这 6 大国际主流 MRL 标准衡量，本次侦测检出的农药超标品种及频次情况见表 1-13。

表 1-13 各 MRL 标准下超标农药品种及频次

	中国国家标准	欧盟标准	日本标准	中国香港标准	美国标准	CAC 标准
超标农药品种	0	6	4	0	0	0
超标农药频次	0	17	21	0	0	0

1.2.2.1 按 MRL 中国国家标准衡量

按 MRL 中国国家标准衡量，无样品检出超标农药残留。

1.2.2.2 按 MRL 欧盟标准衡量

按 MRL 欧盟标准衡量，共有 6 种农药超标，检出 17 频次，分别为高毒农药三唑磷，中毒农药甲哌和吡唑醚菌酯，低毒农药避蚊胺、噻嗪酮和呋虫胺。

按超标程度比较，绿茶中噻嗪酮超标 3.2 倍，绿茶中吡唑醚菌酯超标 1.5 倍，绿茶中呋虫胺超标 0.8 倍，绿茶中三唑磷超标 0.8 倍，绿茶中甲哌超标 0.4 倍。检测结果见图 1-15 和附表 15。

1.2.2.3 按 MRL 日本标准衡量

按 MRL 日本标准衡量，共有 4 种农药超标，检出 21 频次，分别为高毒农药三唑磷，中毒农药甲哌和茚虫威，低毒农药避蚊胺。

按超标程度比较，绿茶中茚虫威超标 29.0 倍，绿茶中甲哌超标 12.8 倍，红茶中甲哌超标 12.4 倍，花茶中甲哌超标 11.7 倍，绿茶中三唑磷超标 2.5 倍。检测结果见图 1-16 和附表 17。

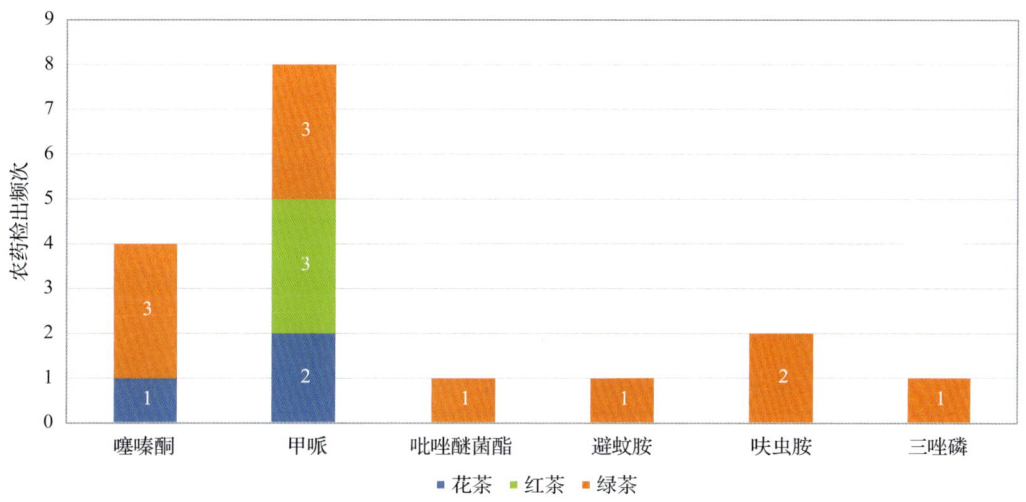

图 1-15　超过 MRL 欧盟标准农药品种及频次

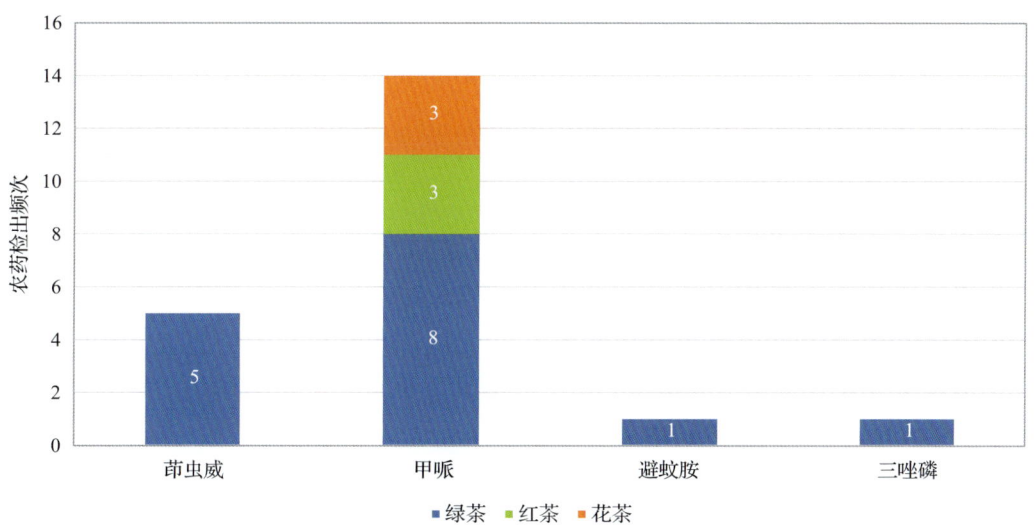

图 1-16　超过 MRL 日本标准农药品种及频次

1.2.2.4　按 MRL 中国香港标准衡量

按 MRL 中国香港标准衡量，无样品检出超标农药残留。

1.2.2.5　按 MRL 美国标准衡量

按 MRL 美国标准衡量，无样品检出超标农药残留。

1.2.2.6　按 MRL CAC 标准衡量

按 MRL CAC 标准衡量，无样品检出超标农药残留。

1.2.3　5个采样点超标情况分析

1.2.3.1　按MRL中国国家标准衡量

按MRL中国国家标准衡量，所有采样点的样品均未检出超标农药残留。

1.2.3.2　按MRL欧盟标准衡量

按MRL欧盟标准衡量，所有采样点的样品均存在不同程度的超标农药检出，其中***超市(铁西店)的超标率最高，为50.0%，如表1-14和图1-17所示。

表1-14　超过MRL欧盟标准茶叶在不同采样点分布

序号	采样点	样品总数	超标数量	超标率(%)	行政区域
1	***超市(太原街店)	22	4	18.2	和平区
2	***超市(大天地店)	21	2	9.5	铁西区
3	***超市(金牛店)	15	6	40.0	铁西区
4	***超市(和平店)	10	2	20.0	和平区
5	***超市(铁西店)	2	1	50.0	铁西区

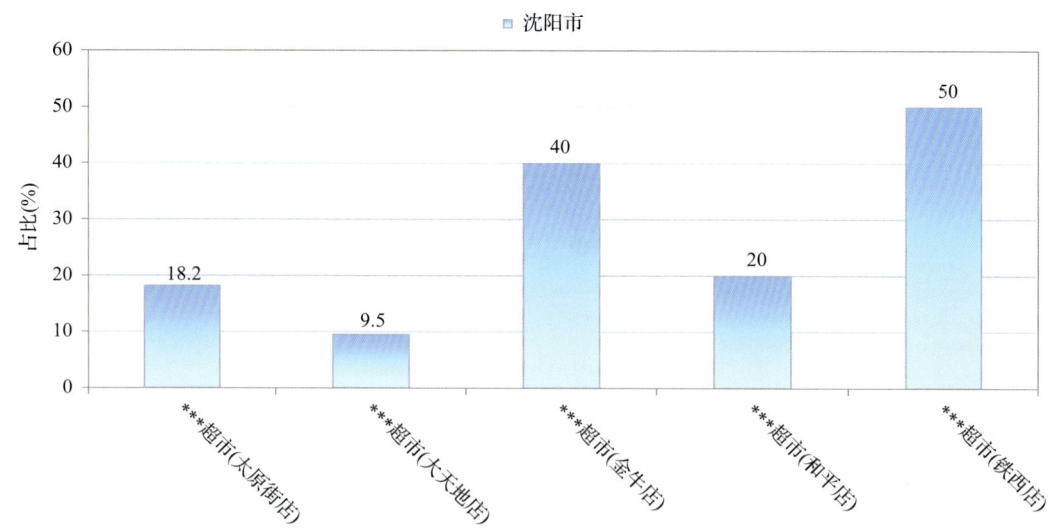

图1-17　超过MRL欧盟标准茶叶在不同采样点分布

1.2.3.3　按MRL日本标准衡量

按MRL日本标准衡量，所有采样点的样品均存在不同程度的超标农药检出，其中***超市(金牛店)的超标率最高，为53.3%，如表1-15和图1-18所示。

表 1-15 超过 MRL 日本标准茶叶在不同采样点分布

序号	采样点	样品总数	超标数量	超标率(%)	行政区域
1	***超市(太原街店)	22	5	22.7	和平区
2	***超市(大天地店)	21	5	23.8	铁西区
3	***超市(金牛店)	15	8	53.3	铁西区
4	***超市(和平店)	10	2	20.0	和平区
5	***超市(铁西店)	2	1	50.0	铁西区

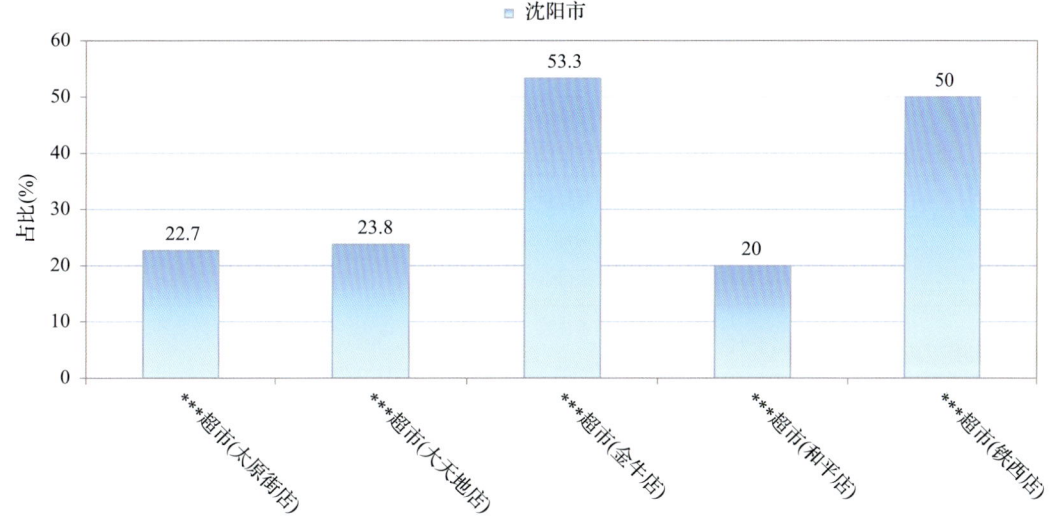

图 1-18 超过 MRL 日本标准茶叶在不同采样点分布

1.2.3.4 按 MRL 中国香港标准衡量

按 MRL 中国香港标准衡量，所有采样点的样品均未检出超标农药残留。

1.2.3.5 按 MRL 美国标准衡量

按 MRL 美国标准衡量，所有采样点的样品均未检出超标农药残留。

1.2.3.6 按 MRL CAC 标准衡量

按 MRL CAC 标准衡量，所有采样点的样品均未检出超标农药残留。

1.3 茶叶中农药残留分布

1.3.1 茶叶按检出农药品种和频次排名

本次残留侦测的茶叶共 3 种，包括红茶、花茶和绿茶。

根据检出农药品种及频次进行排名，将各项排名茶叶样品检出情况列表说明，详见表 1-16。

表 1-16 茶叶按检出农药品种和频次排名

按检出农药品种排名(品种)	①绿茶(28),②红茶(13),③花茶(12)
按检出农药频次排名(频次)	①绿茶(232),②花茶(39),③红茶(32)
按检出禁用、高毒及剧毒农药品种排名(品种)	①绿茶(4),②红茶(2),③花茶(1)
按检出禁用、高毒及剧毒农药频次排名(频次)	①绿茶(19),②红茶(3),③花茶(2)

1.3.2 茶叶按超标农药品种和频次排名

鉴于 MRL 欧盟标准和日本标准制定比较全面且覆盖率较高,我们参照 MRL 中国国家标准、欧盟标准和日本标准衡量茶叶样品中农残检出情况,将茶叶按超标农药品种及频次排名列表说明,详见表 1-17。

表 1-17 茶叶按超标农药品种和频次排名

按超标农药品种排名 (农药品种数)	MRL 中国国家标准	
	MRL 欧盟标准	①绿茶(6),②花茶(2),③红茶(1)
	MRL 日本标准	①绿茶(4),②红茶(1),③花茶(1)
按超标农药频次排名 (农药频次数)	MRL 中国国家标准	
	MRL 欧盟标准	①绿茶(11),②红茶(3),③花茶(3)
	MRL 日本标准	①绿茶(15),②红茶(3),③花茶(3)

通过对各品种茶叶样本总数及检出率进行综合分析发现,绿茶、红茶和花茶的残留污染最为严重,在此,我们参照 MRL 中国国家标准、欧盟标准和日本标准对这 3 种茶叶的农残检出情况进行进一步分析。

1.3.3 农药残留检出率较高的茶叶样品分析

1.3.3.1 绿茶

这次共检测 50 例绿茶样品,48 例样品中检出了农药残留,检出率为 96.0%,检出农药共计 28 种。其中噻嗪酮、啶虫脒、哒螨灵、避蚊胺和毒死蜱检出频次较高,分别检出了 43、31、28、26 和 12 次。绿茶中农药检出品种和频次见图 1-19,超标农药见图 1-20 和表 1-18。

1.3.3.2 红茶

这次共检测 10 例红茶样品,全部检出了农药残留,检出率为 100.0%,检出农药共计 13 种。其中噻嗪酮、避蚊胺、吡唑醚菌酯、啶虫脒和甲哌嗡检出频次较高,分别检出了 6、5、3、3 和 3 次。红茶中农药检出品种和频次见图 1-21,超标农药见图 1-22 和表 1-19。

1.3.3.3 花茶

这次共检测 10 例花茶样品,全部检出了农药残留,检出率为 100.0%,检出农药共计 12 种。其中噻嗪酮、哒螨灵、啶虫脒、避蚊胺和甲哌嗡检出频次较高,分别检出了 9、7、6、4 和 3 次。花茶中农药检出品种和频次见图 1-23,超标农药见图 1-24 和表 1-20。

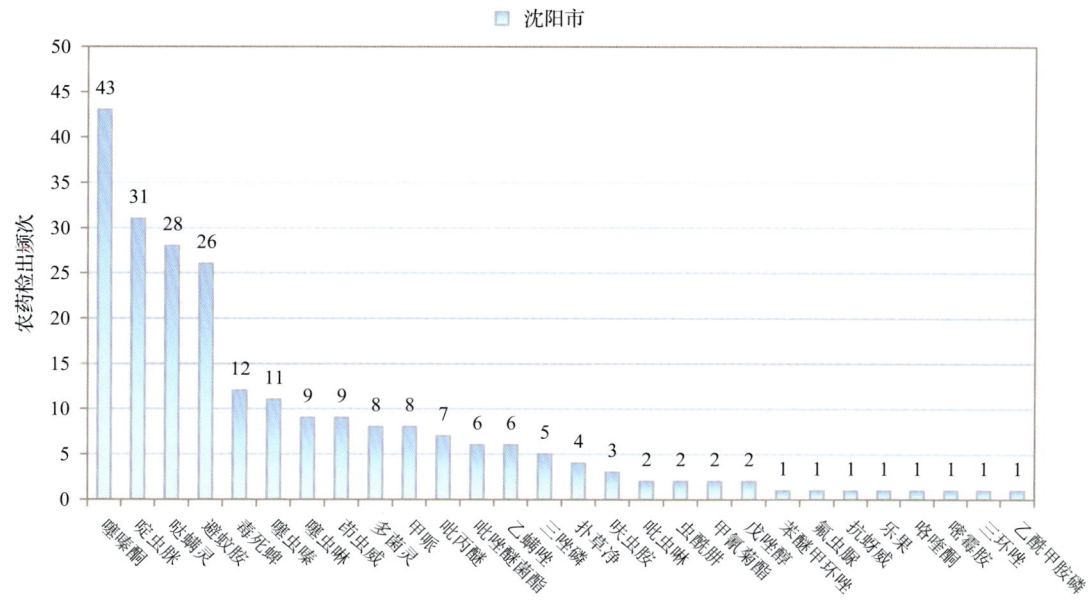

图 1-19 绿茶样品检出农药品种和频次分析

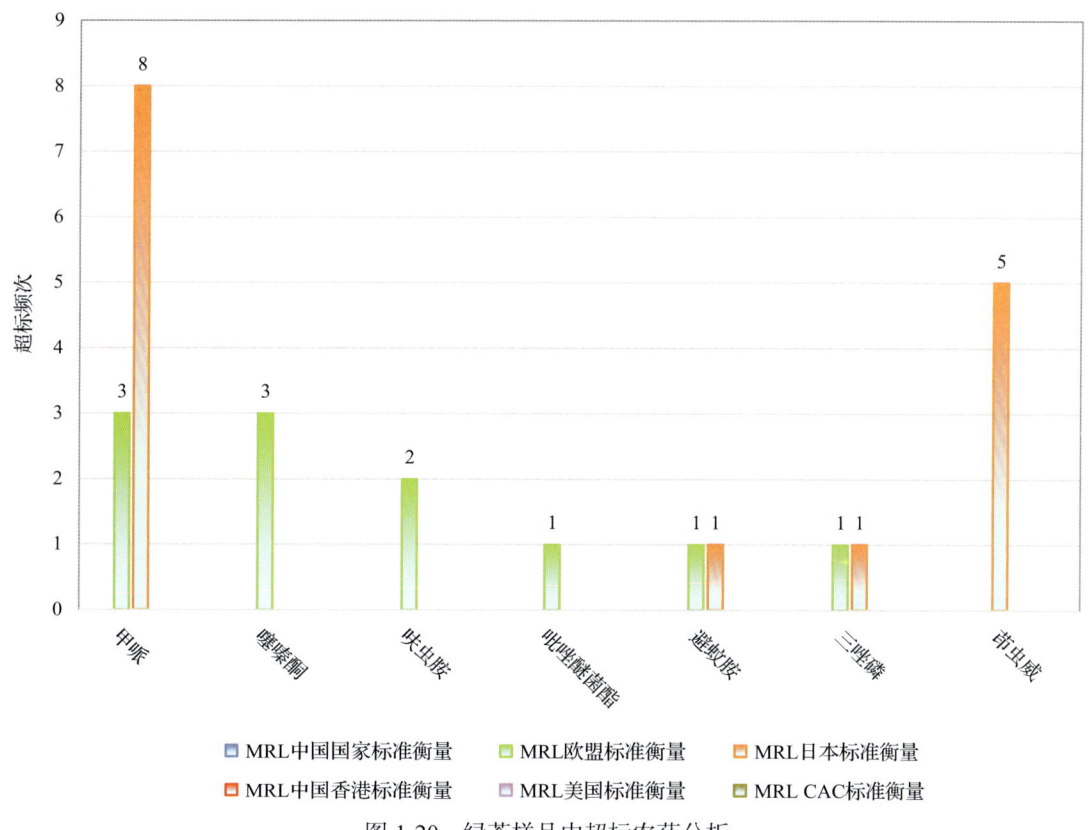

图 1-20 绿茶样品中超标农药分析

表 1-18 绿茶中农药残留超标情况明细表

样品总数		检出农药样品数	样品检出率(%)	检出农药品种总数
50		48	96	28
超标农药品种	超标农药频次	按照MRL中国国家标准、欧盟标准和日本标准衡量超标农药名称及频次		
中国国家标准	0	0		
欧盟标准	6	11	甲哌(3),噻嗪酮(3),呋虫胺(2),吡唑醚菌酯(1),避蚊胺(1),三唑磷(1)	
日本标准	4	15	甲哌(8),茚虫威(5),避蚊胺(1),三唑磷(1)	

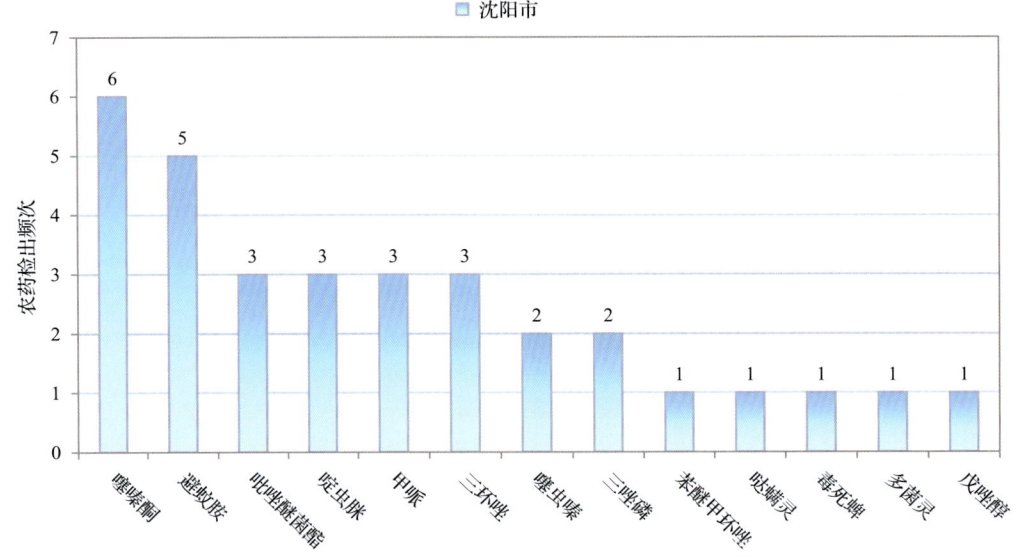

图 1-21 红茶样品检出农药品种和频次分析

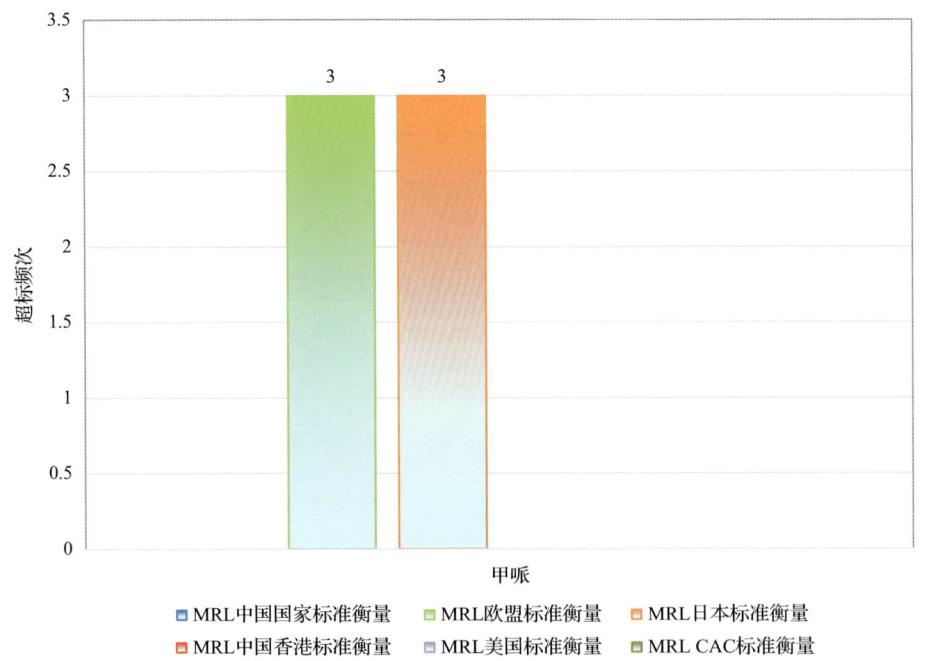

图 1-22 红茶样品中超标农药分析

表 1-19　红茶中农药残留超标情况明细表

样品总数		检出农药样品数	样品检出率(%)	检出农药品种总数
10		10	100	13
超标农药品种	超标农药频次	按照 MRL 中国国家标准、欧盟标准和日本标准衡量超标农药名称及频次		
中国国家标准　0	0			
欧盟标准　　　1	3	甲哌(3)		
日本标准　　　1	3	甲哌(3)		

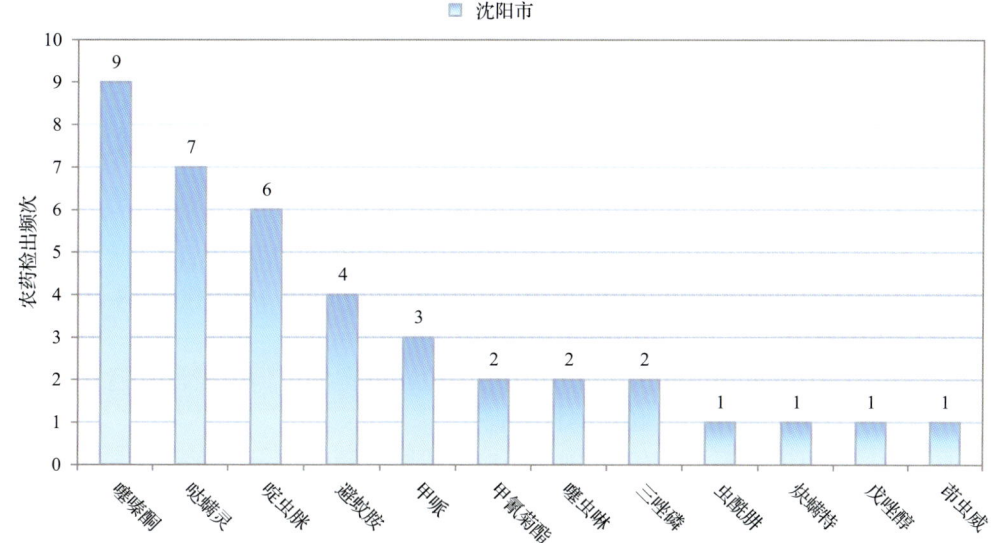

图 1-23　花茶样品检出农药品种和频次分析

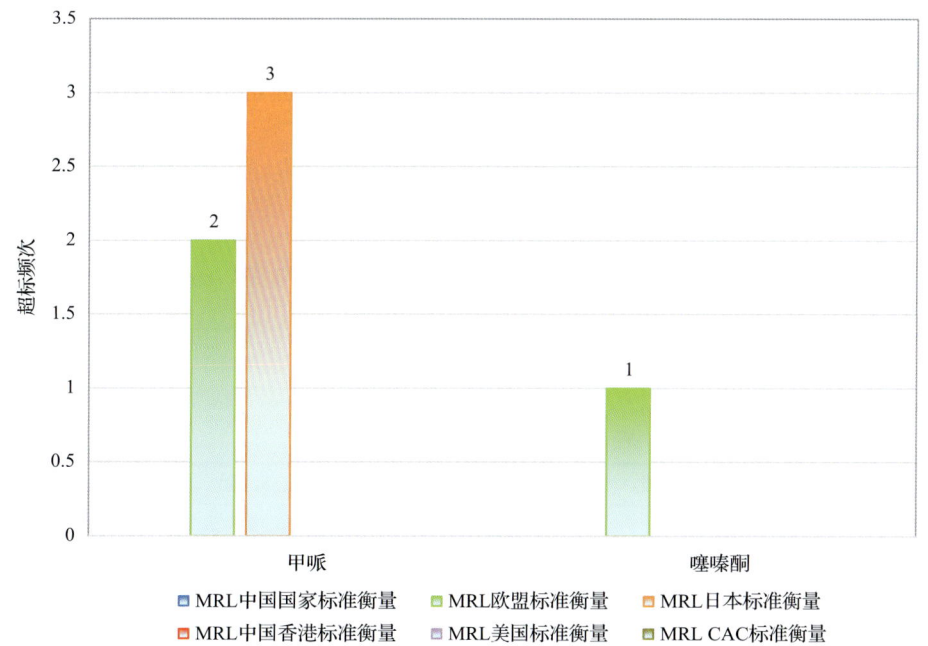

图 1-24　花茶样品中超标农药分析

表 1-20　花茶中农药残留超标情况明细表

样品总数	检出农药样品数	样品检出率(%)	检出农药品种总数
10	10	100	12

	超标农药品种	超标农药频次	按照MRL中国国家标准、欧盟标准和日本标准衡量超标农药名称及频次
中国国家标准	0	0	
欧盟标准	2	3	甲哌(2),噻嗪酮(1)
日本标准	1	3	甲哌(3)

1.4 初步结论

1.4.1 沈阳市市售茶叶按 MRL 中国国家标准和国际主要 MRL 标准衡量的合格率

本次侦测的 70 例样品中，2 例样品未检出任何残留农药，占样品总量的 2.9%，68 例样品检出不同水平、不同种类的残留农药，占样品总量的 97.1%。在这 68 例检出农药残留的样品中：

按照 MRL 中国国家标准衡量，有 68 例样品检出残留农药但含量没有超标，占样品总数的 97.1%，无检出残留农药超标的样品；

按照 MRL 欧盟标准衡量，有 53 例样品检出残留农药但含量没有超标，占样品总数的 75.7%，有 15 例样品检出了超标农药，占样品总数的 21.4%；

按照 MRL 日本标准衡量，有 47 例样品检出残留农药但含量没有超标，占样品总数的 67.1%，有 21 例样品检出了超标农药，占样品总数的 30.0%；

按照 MRL 中国香港标准衡量，有 68 例样品检出残留农药但含量没有超标，占样品总数的 97.1%，无检出残留农药超标的样品；

按照 MRL 美国标准衡量，有 68 例样品检出残留农药但含量没有超标，占样品总数的 97.1%，无检出残留农药超标的样品；

按照 MRL CAC 标准衡量，有 68 例样品检出残留农药但含量没有超标，占样品总数的 97.1%，无检出残留农药超标的样品。

1.4.2 沈阳市市售茶叶中检出农药以中低微毒农药为主，占市场主体的 96.6%

这次侦测的 70 例茶叶样品共检出了 29 种农药，检出农药的毒性以中低微毒为主，详见表 1-21。

表 1-21　市场主体农药毒性分布

毒性	检出品种	占比	检出频次	占比
高毒农药	1	3.4%	9	3.0%
中毒农药	16	55.2%	153	50.5%
低毒农药	8	27.6%	116	38.3%
微毒农药	4	13.8%	25	8.3%
中低微毒农药，品种占比 96.6%，频次占比 97.0%				

1.4.3 检出剧毒、高毒和禁用农药现象应该警醒

在此次侦测的 70 例样品中有 3 种茶叶的 21 例样品检出了 4 种 24 频次的剧毒和高毒或禁用农药,占样品总量的 30.0%。其中高毒农药三唑磷检出频次较高。

按 MRL 中国国家标准衡量,高毒农药按超标程度比较未超标。

剧毒、高毒或禁用农药的检出情况及按照 MRL 中国国家标准衡量的超标情况见表 1-22。

表 1-22 剧毒、高毒或禁用农药的检出及超标明细

序号	农药名称	样品名称	检出频次	超标频次	最大超标倍数	超标率
1.1	三唑磷◊▲	绿茶	5	0	0	0.0%
1.2	三唑磷◊▲	红茶	2	0	0	0.0%
1.3	三唑磷◊▲	花茶	2	0	0	0.0%
2.1	毒死蜱▲	绿茶	12	0	0	0.0%
2.2	毒死蜱▲	红茶	1	0	0	0.0%
3.1	乐果▲	绿茶	1	0	0	0.0%
4.1	乙酰甲胺磷▲	绿茶	1	0	0	0.0%
合计			24	0		0.0%

注:◊ 为高毒农药;▲为禁用农药;超标倍数参照 MRL 中国国家标准衡量

这些剧毒和高毒农药都是中国政府早有规定禁止在茶叶中使用的,为什么还屡次被检出,应该引起警惕。

1.4.4 残留限量标准与先进国家或地区差距较大

303 频次的检出结果与我国公布的《食品中农药最大残留限量》(GB 2763—2016)对比,有 175 频次能找到对应的 MRL 中国国家标准,占 57.8%;还有 128 频次的侦测数据无相关 MRL 标准供参考,占 42.2%。

与国际上现行 MRL 对比发现:

有 303 频次能找到对应的 MRL 欧盟标准,占 100.0%;

有 303 频次能找到对应的 MRL 日本标准,占 100.0%;

有 176 频次能找到对应的 MRL 中国香港标准,占 58.1%;

有 133 频次能找到对应的 MRL 美国标准,占 43.9%;

有 93 频次能找到对应的 MRL CAC 标准,占 30.7%。

由上可见,MRL 中国国家标准与先进国家或地区还有很大差距,我们无标准,境外有标准,这就会导致我们在国际贸易中,处于受制于人的被动地位。

1.4.5 茶叶单种样品检出 12~28 种农药残留,拷问农药使用的科学性

通过此次监测发现,绿茶、红茶和花茶是检出农药品种最多的 3 种茶叶,从中检出农药品种及频次详见表 1-23。

表 1-23 单种样品检出农药品种及频次

样品名称	样品总数	检出农药样品数	检出率	检出农药品种数	检出农药(频次)
绿茶	50	48	96.0%	28	噻嗪酮(43),啶虫脒(31),哒螨灵(28),避蚊胺(26),毒死蜱(12),噻虫嗪(11),噻虫啉(9),茚虫威(9),多菌灵(8),甲哌(8),吡丙醚(7),吡唑醚菌酯(6),乙螨唑(6),三唑磷(5),扑草净(4),呋虫胺(3),吡虫啉(2),虫酰肼(2),甲氰菊酯(2),戊唑醇(2),苯醚甲环唑(1),氟虫脲(1),抗蚜威(1),乐果(1),咯喹酮(1),嘧霉胺(1),三环唑(1),乙酰甲胺磷(1)
红茶	10	10	100.0%	13	噻嗪酮(6),避蚊胺(5),吡唑醚菌酯(3),啶虫脒(3),甲哌(3),三环唑(3),噻虫嗪(2),三唑磷(2),苯醚甲环唑(1),哒螨灵(1),毒死蜱(1),多菌灵(1),戊唑醇(1)
花茶	10	10	100.0%	12	噻嗪酮(9),哒螨灵(7),啶虫脒(6),避蚊胺(4),甲哌(3),甲氰菊酯(2),噻虫啉(2),三唑磷(2),虫酰肼(1),炔螨特(1),戊唑醇(1),茚虫威(1)

上述3种茶叶,检出农药12~28种,是多种农药综合防治,还是未严格实施农业良好管理规范(GAP),抑或根本就是乱施药,值得我们思考。

第 2 章　LC-Q-TOF/MS 侦测沈阳市市售茶叶农药残留膳食暴露风险与预警风险评估

2.1　农药残留风险评估方法

2.1.1　沈阳市农药残留侦测数据分析与统计

庞国芳院士科研团队建立的农药残留高通量侦测技术以高分辨精确质量数（0.0001 m/z 为基准）为识别标准，采用 LC-Q-TOF/MS 技术对 825 种农药化学污染物进行侦测。

科研团队于 2019 年 1 月期间在沈阳市 5 个采样点，随机采集了 70 例茶叶样品，具体位置如图 2-1 所示。

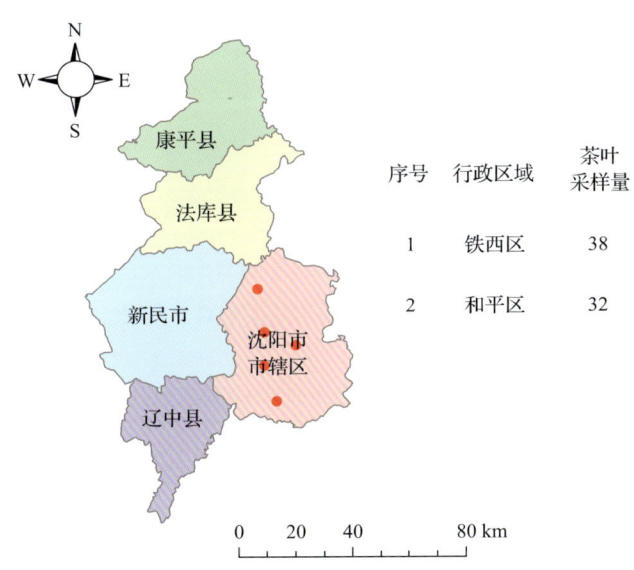

图 2-1　LC-Q-TOF/MS 侦测沈阳市 5 个采样点 70 例样品分布示意图

利用 LC-Q-TOF/MS 技术对 70 例样品中的农药进行侦测，侦测出残留农药 29 种，303 频次。侦测出农药残留水平如表 2-1 和图 2-2 所示。检出频次最高的前 10 种农药如表 2-2 所示。从检测结果中可以看出，在茶叶中农药残留普遍存在，且有些茶叶存在高浓度的农药残留，这些可能存在膳食暴露风险，对人体健康产生危害，因此，为了定量地评价茶叶中农药残留的风险程度，有必要对其进行风险评价。

表 2-1　侦测出农药的不同残留水平及其所占比例列表

残留水平(μg/kg)	检出频次	占比(%)
1~5(含)	141	46.5
5~10(含)	39	12.9
10~100(含)	106	35
100~1000(含)	17	5.6
合计	303	100

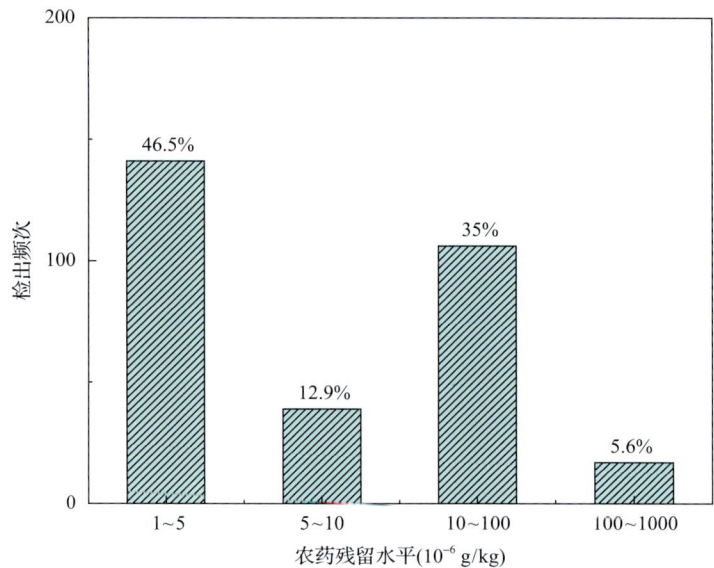

图 2-2　残留农药检出浓度频数分布图

表 2-2　检出频次最高的前 10 种农药列表

序号	农药	检出频次
1	噻嗪酮	58
2	啶虫脒	40
3	哒螨灵	36
4	避蚊胺	35
5	甲哌	14
6	毒死蜱	13
7	噻虫嗪	13
8	噻虫啉	11
9	茚虫威	10
10	吡唑醚菌酯	9

2.1.2 农药残留风险评价模型

对沈阳市茶叶中农药残留分别开展暴露风险评估和预警风险评估。膳食暴露风险评估利用食品安全指数模型对茶叶中的残留农药对人体可能产生的危害程度进行评价,该模型结合残留监测和膳食暴露评估评价化学污染物的危害;预警风险评价模型运用风险系数(risk index,R),风险系数综合考虑了危害物的超标率、施检频率及其本身敏感性的影响,能直观而全面地反映出危害物在一段时间内的风险程度。

2.1.2.1 食品安全指数模型

为了加强食品安全管理,《中华人民共和国食品安全法》第二章第十七条规定"国家建立食品安全风险评估制度,运用科学方法,根据食品安全风险监测信息、科学数据以及有关信息,对食品、食品添加剂、食品相关产品中生物性、化学性和物理性危害因素进行风险评估"[1],膳食暴露评估是食品危险度评估的重要组成部分,也是膳食安全性的衡量标准[2]。国际上最早研究膳食暴露风险评估的机构主要是 JMPR(FAO、WHO 农药残留联合会议),该组织自 1995 年就已制定了急性毒性物质的风险评估急性毒性农药残留摄入量的预测。1960 年美国规定食品中不得加入致癌物质进而提出零阈值理论,渐渐零阈值理论发展成在一定概率条件下可接受风险的概念[3],后衍变为食品中每日允许最大摄入量(ADI),而国际食品农药残留法典委员会(CCPR)认为 ADI 不是独立风险评估的唯一标准[4],1995 年 JMPR 开始研究农药急性膳食暴露风险评估,并对食品国际短期摄入量的计算方法进行了修正,亦对膳食暴露评估准则及评估方法进行了修正[5],2002 年,在对世界上现行的食品安全评价方法,尤其是国际公认的 CAC 评价方法、全球环境监测系统/食品污染监测和评估规划(WHO GEMS/Food)及 FAO、WHO 食品添加剂联合专家委员会(JECFA)和 JMPR 对食品安全风险评估工作研究的基础之上,检验检疫食品安全管理的研究人员提出了结合残留监控和膳食暴露评估,以食品安全指数 IFS 计算食品中各种化学污染物对消费者的健康危害程度[6]。IFS 是表示食品安全状态的新方法,可有效地评价某种农药的安全性,进而评价食品中各种农药化学污染物对消费者健康的整体危害程度[7,8]。从理论上分析,IFS_c 可指出食品中的污染物 c 对消费者健康是否存在危害及危害的程度[9]。其优点在于操作简单且结果容易被接受和理解,不需要大量的数据来对结果进行验证,使用默认的标准假设或者模型即可[10,11]。

1)IFS_c 的计算

IFS_c 计算公式如下:

$$IFS_c = \frac{EDI_c \times f}{SI_c \times bw} \tag{2-1}$$

式中,c 为所研究的农药;EDI_c 为农药 c 的实际日摄入量估算值,等于 $\sum(R_i \times F_i \times E_i \times P_i)$($i$ 为食品种类;R_i 为食品 i 中农药 c 的残留水平,mg/kg;F_i 为食品 i 的估计日消费量,g/(人·天);E_i 为食品 i 的可食用部分因子;P_i 为食品 i 的加工处理因子);SI_c 为安全摄入量,可采用每日允许最大摄入量 ADI;bw 为人平均体重,kg;f 为校正因子,如果安全摄入量采用 ADI,则 f 取 1。

IFS$_c$≪1，农药 c 对食品安全没有影响；IFS$_c$≤1，农药 c 对食品安全的影响可以接受；IFS$_c$>1，农药 c 对食品安全的影响不可接受。

本次评价中：

IFS$_c$≤0.1，农药 c 对茶叶安全没有影响；

0.1<IFS$_c$≤1，农药 c 对茶叶安全的影响可以接受；

IFS$_c$>1，农药 c 对茶叶安全的影响不可接受。

本次评价中残留水平 R_i 取值为中国检验检疫科学研究院庞国芳院士课题组利用以高分辨精确质量数(0.0001 m/z)为基准的 LC-Q-TOF/MS 侦测技术于 2019 年 1 月期间对沈阳市茶叶农药残留的侦测结果，估计日消费量 F_i 取值 0.0047 kg/(人·天)，E_i=1，P_i=1，f=1，SI$_c$ 采用《食品安全国家标准 食品中农药最大残留限量》(GB 2763—2016)中 ADI 值(具体数值见表 2-3)，人平均体重(bw)取值 60 kg。

表 2-3　沈阳市茶叶中侦测出农药的 ADI 值

序号	农药	ADI	序号	农药	ADI	序号	农药	ADI
1	噻嗪酮	0.009	11	多菌灵	0.03	21	乙螨唑	0.05
2	三唑磷	0.001	12	虫酰肼	0.03	22	扑草净	0.04
3	茚虫威	0.01	13	噻虫嗪	0.03	23	抗蚜威	0.02
4	毒死蜱	0.01	14	吡丙醚	0.03	24	呋虫胺	0.2
5	哒螨灵	0.01	15	苯醚甲环唑	0.03	25	三环唑	0.04
6	噻虫啉	0.01	16	氟虫脲	0.03	26	嘧霉胺	0.2
7	吡唑醚菌酯	0.03	17	吡虫啉	0.03	27	咯喹酮	—
8	炔螨特	0.01	18	乐果	0.03	28	甲哌	—
9	甲氰菊酯	0.03	19	戊唑醇	0.03	29	避蚊胺	—
10	啶虫脒	0.07	20	乙酰甲胺磷	0.03			

注："—"表示为国家标准中无 ADI 值规定；ADI 值单位为 mg/kg bw

2) 计算 IFS$_c$ 的平均值 $\overline{\text{IFS}}$，评价农药对食品安全的影响程度

以 $\overline{\text{IFS}}$ 评价各种农药对人体健康危害的总程度，评价模型见公式(2-2)。

$$\overline{\text{IFS}} = \frac{\sum_{i=1}^{n} \text{IFS}_c}{n} \qquad (2-2)$$

$\overline{\text{IFS}}$≪1，所研究消费者人群的食品安全状态很好；$\overline{\text{IFS}}$≤1，所研究消费者人群的食品安全状态可以接受；$\overline{\text{IFS}}$>1，所研究消费者人群的食品安全状态不可接受。

本次评价中：

$\overline{\text{IFS}}$≤0.1，所研究消费者人群的茶叶安全状态很好；

0.1<$\overline{\text{IFS}}$≤1，所研究消费者人群的茶叶安全状态可以接受；

$\overline{\text{IFS}}$>1，所研究消费者人群的茶叶安全状态不可接受。

2.1.2.2　预警风险评估模型

2003 年，我国检验检疫食品安全管理的研究人员根据 WTO 的有关原则和我国的具

体规定，结合危害物本身的敏感性、风险程度及其相应的施检频率，首次提出了食品中危害物风险系数 R 的概念[12]。R 是衡量一个危害物的风险程度大小最直观的参数，即在一定时期内其超标率或阳性检出率的高低，但受其施检频率的高低及其本身的敏感性(受关注程度)影响。该模型综合考察了农药在茶叶中的超标率、施检频率及其本身敏感性，能直观而全面地反映出农药在一段时间内的风险程度[13]。

1) R 计算方法

危害物的风险系数综合考虑了危害物的超标率或阳性检出率、施检频率和其本身的敏感性影响，并能直观而全面地反映出危害物在一段时间内的风险程度。风险系数 R 的计算公式如式(2-3)：

$$R = aP + \frac{b}{F} + S \tag{2-3}$$

式中，P 为该种危害物的超标率；F 为危害物的施检频率；S 为危害物的敏感因子；a, b 分别为相应的权重系数。

本次评价中 $F=1$；$S=1$；$a=100$；$b=0.1$，对参数 P 进行计算，计算时首先判断是否为禁用农药，如果为非禁用农药，$P=$ 超标的样品数(侦测出的含量高于食品最大残留限量标准值，即 MRL)除以总样品数(包括超标、不超标、未侦测出)；如果为禁用农药，则侦测出即为超标，$P=$ 能侦测出的样品数除以总样品数。判断沈阳市茶叶农药残留是否超标的标准限值 MRL 分别以 MRL 中国国家标准[14]和 MRL 欧盟标准作为对照，具体值列于本报告附表一中。

2) 评价风险程度

$R \leqslant 1.5$，受检农药处于低度风险；

$1.5 < R \leqslant 2.5$，受检农药处于中度风险；

$R > 2.5$，受检农药处于高度风险。

2.1.2.3 食品膳食暴露风险和预警风险评估应用程序的开发

1) 应用程序开发的步骤

为成功开发膳食暴露风险和预警风险评估应用程序，与软件工程师多次沟通讨论，逐步提出并描述清楚计算需求，开发了初步应用程序。为明确出不同茶叶、不同农药、不同地域和不同季节的风险水平，向软件工程师提出不同的计算需求，软件工程师对计算需求进行逐一分析，经过反复的细节沟通，需求分析得到明确后，开始进行解决方案的设计，在保证需求的完整性、一致性的前提下，编写出程序代码，最后设计出满足需求的风险评估专用计算软件，并通过一系列的软件测试和改进，完成专用程序的开发。软件开发基本步骤见图 2-3。

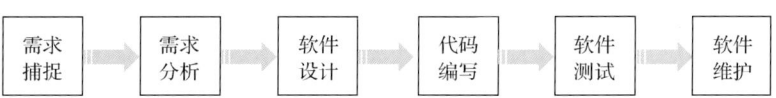

图 2-3 专用程序开发总体步骤

2) 膳食暴露风险评估专业程序开发的基本要求

首先直接利用公式(2-1)，分别计算 LC-Q-TOF/MS 和 GC-Q-TOF/MS 仪器侦测出的各茶叶样品中每种农药 IFS_c，将结果列出。为考察超标农药和禁用农药的使用安全性，分别以我国《食品安全国家标准　食品中农药最大残留限量》(GB 2763—2016)和欧盟食品中农药最大残留限量(以下简称 MRL 中国国家标准和 MRL 欧盟标准)为标准，对侦测出的禁用农药和超标的非禁用农药 IFS_c 单独进行评价；按 IFS_c 大小列表，并找出 IFS_c 值排名前 20 的样本重点关注。

对不同茶叶 i 中每一种侦测出的农药 c 的安全指数进行计算，多个样品时求平均值。按农药种类，计算整个监测时间段内每种农药的 IFS_c，不区分茶叶种类。

3) 预警风险评估专业程序开发的基本要求

分别以 MRL 中国国家标准和 MRL 欧盟标准，按公式(2-3)逐个计算不同茶叶、不同农药的风险系数，禁用农药和非禁用农药分别列表。

为清楚了解各种农药的预警风险，不分时间，不分茶叶种类，按禁用农药和非禁用农药分类，分别计算各种侦测出农药全部检测时段内风险系数。由于有 MRL 中国国家标准的农药种类太少，无法计算超标数，非禁用农药的风险系数只以 MRL 欧盟标准为标准，进行计算。

4) 风险程度评价专业应用程序的开发方法

采用 Python 计算机程序设计语言，Python 是一个高层次地结合了解释性、编译性、互动性和面向对象的脚本语言。风险评价专用程序主要功能包括：分别读入每例样品 LC-Q-TOF/MS 和 GC-Q-TOF/MS 农药残留检测数据，根据风险评价工作要求，依次对不同农药、不同食品、不同时间、不同采样点的 IFS_c 值和 R 值分别进行数据计算，筛选出禁用农药、超标农药(分别与 MRL 中国国家标准、MRL 欧盟标准限值进行对比)单独重点分析，再分别对各农药、各茶叶种类分类处理，设计出计算和排序程序，编写计算机代码，最后将生成的膳食暴露风险评估和超标风险评估定量计算结果列入设计好的各个表格中，并定性判断风险对目标的影响程度，直接用文字描述风险发生的高低，如"不可接受"、"可以接受"、"没有影响"、"高度风险"、"中度风险"、"低度风险"。

2.2　LC-Q-TOF/MS 侦测沈阳市市售茶叶农药残留膳食暴露风险评估

2.2.1　每例茶叶样品中农药残留安全指数分析

基于 2019 年 1 月的农药残留侦测数据，发现在 70 例样品中侦测出农药 303 频次，计算样品中每种残留农药的安全指数 IFS_c，并分析农药对样品安全的影响程度，结果详见附表二，农药残留对茶叶样品安全的影响程度频次分布情况如图 2-4 所示。

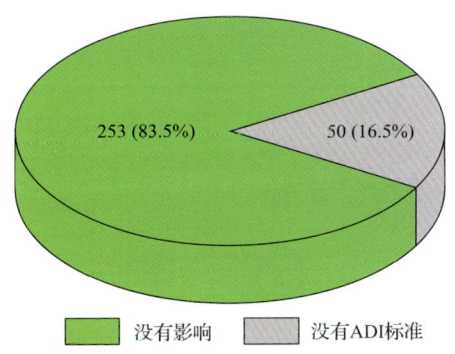

图 2-4　农药残留对茶叶样品安全的影响程度频次分布图

由图 2-4 可以看出，农药残留对样品安全的没有影响的频次为 253，占 83.5%。

部分样品侦测出禁用农药 4 种 24 频次，为了明确残留的禁用农药对样品安全的影响，分析侦测出禁用农药残留的样品安全指数，禁用农药残留对茶叶样品安全的影响程度频次分布情况如图 2-5 所示，农药残留对样品安全没有影响的频次为 24，占 100%。

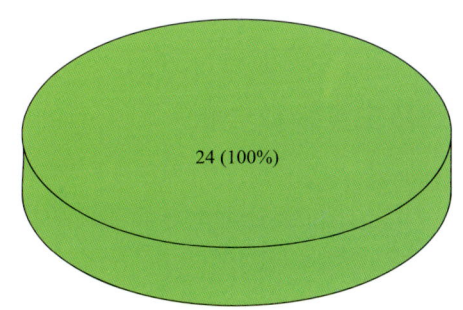

图 2-5　禁用农药对茶叶样品安全影响程度的频次分布图

此外，本次侦测发现部分样品中非禁用农药残留量超过了 MRL 欧盟标准，为了明确超标的非禁用农药对样品安全的影响，分析了非禁用农药残留超标的样品安全指数。

残留量超过 MRL 欧盟标准的非禁用农药对茶叶样品安全的影响程度频次分布情况如图 2-6 所示。可以看出超过 MRL 欧盟标准的非禁用农药共 16 频次，其中农药没有 ADI 的频次 9，占 56.25%；农药残留对样品安全没有影响的频次为 7，占 43.75%。表 2-4 为茶叶样品中安全指数排名前 7 的残留超标非禁用农药列表。

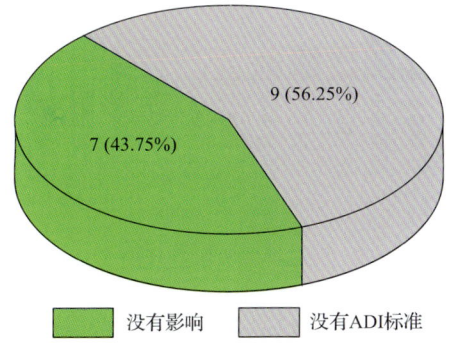

图 2-6　残留超标的非禁用农药对茶叶样品安全的影响程度频次分布图(MRL 欧盟标准)

表 2-4　茶叶样品中安全指数较高的残留超标非禁用农药列表（**MRL** 欧盟标准）

序号	样品编号	采样点	基质	农药	含量(mg/kg)	欧盟标准	IFS_c	影响程度
1	20190130-210100-QHDCIQ-GT-01A	***超市(金牛店)	绿茶	噻嗪酮	0.2103	0.05	1.83×10^{-3}	没有影响
2	20190130-210100-QHDCIQ-GT-01F	***超市(金牛店)	绿茶	噻嗪酮	0.1409	0.05	1.23×10^{-3}	没有影响
3	20190130-210100-QHDCIQ-GT-01E	***超市(金牛店)	绿茶	噻嗪酮	0.1349	0.05	1.17×10^{-3}	没有影响
4	20190130-210100-QHDCIQ-GT-02A	***超市(和平店)	绿茶	吡唑醚菌酯	0.2497	0.1	6.52×10^{-4}	没有影响
5	20190130-210100-QHDCIQ-FT-01B	***超市(金牛店)	花茶	噻嗪酮	0.0502	0.05	4.37×10^{-4}	没有影响
6	20190130-210100-QHDCIQ-GT-01E	***超市(金牛店)	绿茶	呋虫胺	0.0182	0.01	7.13×10^{-6}	没有影响
7	20190130-210100-QHDCIQ-GT-03G	***超市(太原街店)	绿茶	呋虫胺	0.0147	0.01	5.76×10^{-6}	没有影响

2.2.2　单种茶叶中农药残留安全指数分析

本次 3 种茶叶侦测 29 种农药，检出频次为 303 次，其中 3 种农药没有 ADI，26 种农药存在 ADI 标准。3 种茶叶按不同种类分别计算侦测出的具有 ADI 标准的各种农药的 IFS_c 值，农药残留对茶叶的安全指数分布图如图 2-7 所示。

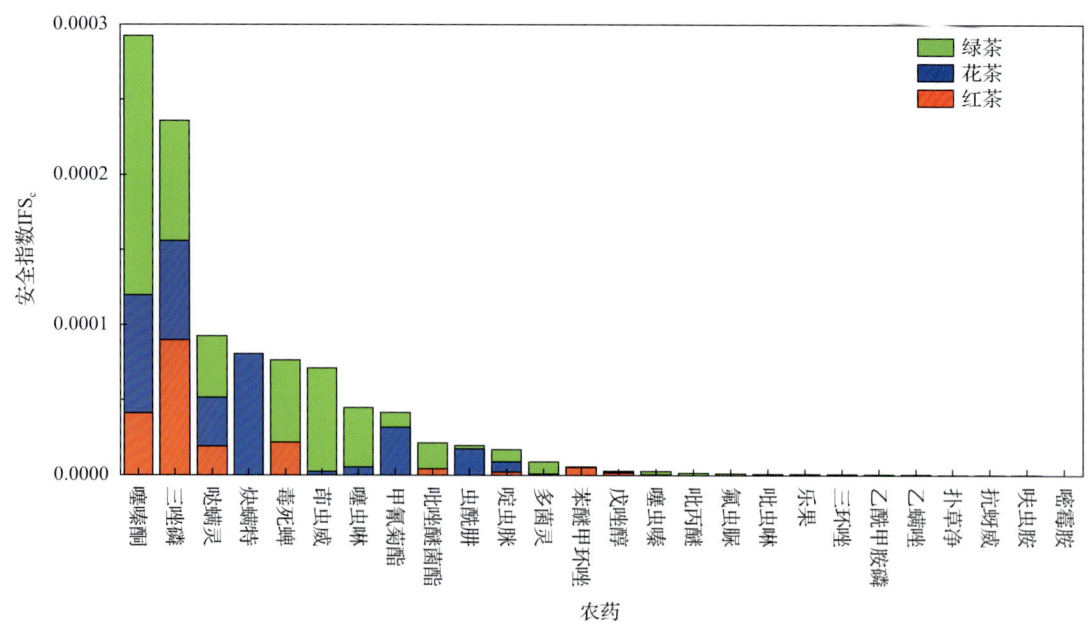

图 2-7　3 种茶叶中 26 种残留农药的安全指数分布图

本次侦测中，3 种茶叶和 29 种残留农药(包括没有 ADI)共涉及 53 个分析样本，农药对单种茶叶安全的影响程度分布情况如图 2-8 所示。可以看出，86.79%的样本中农药对茶叶安全没有影响。

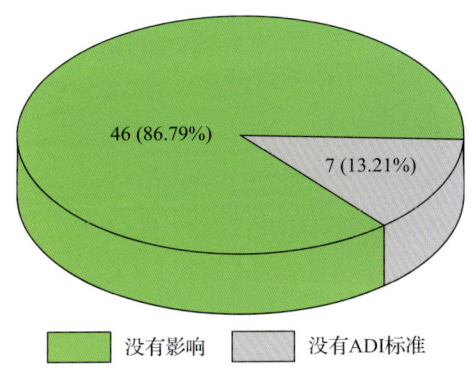

图 2-8　53 个分析样本的影响程度频次分布图

2.2.3　所有茶叶中农药残留安全指数分析

计算所有茶叶中 26 种农药的 IFS_c 值，结果如图 2-9 及表 2-5 所示。

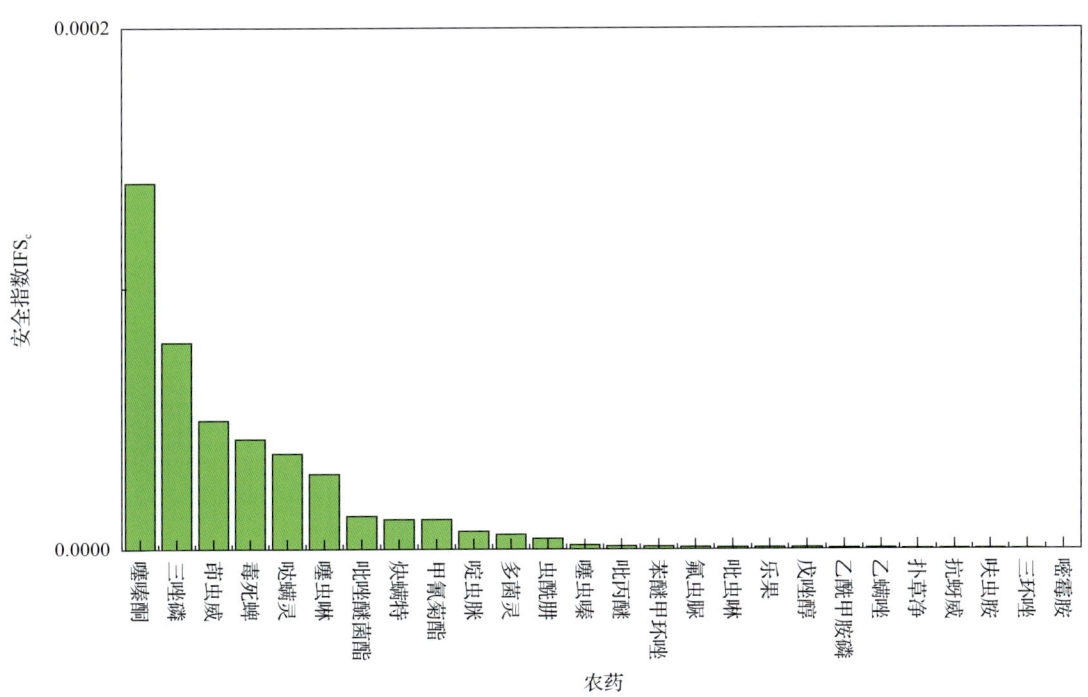

图 2-9　26 种残留农药对茶叶的安全影响程度统计图

分析发现，所有农药的 IFS_c 均小于 1，即农药对茶叶安全的影响程度均为没有影响，说明茶叶中残留的农药不会对茶叶安全造成影响。

表 2-5 茶叶中 26 种农药残留的安全指数表

序号	农药	检出频次	检出率(%)	IFS$_c$	影响程度	序号	农药	检出频次	检出率(%)	IFS$_c$	影响程度
1	噻嗪酮	58	82.86	$1.41×10^{-4}$	没有影响	14	吡丙醚	7	10.00	$1.13×10^{-6}$	没有影响
2	三唑磷	9	12.86	$7.93×10^{-5}$	没有影响	15	苯醚甲环唑	2	2.86	$1.10×10^{-6}$	没有影响
3	茚虫威	10	14.29	$4.93×10^{-5}$	没有影响	16	氟虫脲	1	1.43	$8.00×10^{-7}$	没有影响
4	毒死蜱	13	18.57	$4.22×10^{-5}$	没有影响	17	吡虫啉	2	2.86	$6.79×10^{-7}$	没有影响
5	哒螨灵	36	51.43	$3.68×10^{-5}$	没有影响	18	乐果	1	1.43	$6.71×10^{-7}$	没有影响
6	噻虫啉	11	15.71	$2.90×10^{-5}$	没有影响	19	戊唑醇	4	5.71	$6.68×10^{-7}$	没有影响
7	吡唑醚菌酯	9	12.86	$1.29×10^{-5}$	没有影响	20	乙酰甲胺磷	1	1.43	$4.96×10^{-7}$	没有影响
8	炔螨特	1	1.43	$1.15×10^{-5}$	没有影响	21	乙螨唑	6	8.57	$4.95×10^{-7}$	没有影响
9	甲氰菊酯	4	5.71	$1.15×10^{-5}$	没有影响	22	扑草净	4	5.71	$2.15×10^{-7}$	没有影响
10	啶虫脒	40	57.14	$7.03×10^{-6}$	没有影响	23	抗蚜威	1	1.43	$2.13×10^{-7}$	没有影响
11	多菌灵	9	12.86	$5.86×10^{-6}$	没有影响	24	呋虫胺	3	4.29	$2.12×10^{-7}$	没有影响
12	虫酰肼	3	4.29	$4.13×10^{-6}$	没有影响	25	三环唑	4	5.71	$1.37×10^{-7}$	没有影响
13	噻虫嗪	13	18.57	$1.62×10^{-6}$	没有影响	26	嘧霉胺	1	1.43	$1.79×10^{-8}$	没有影响

2.3 LC-Q-TOF/MS 侦测沈阳市市售茶叶农药残留预警风险评估

基于沈阳市茶叶样品中农药残留 LC-Q-TOF/MS 侦测数据,分析禁用农药的检出率,同时参照中华人民共和国国家标准 GB 2763—2016 和欧盟农药最大残留限量(MRL)标准分析非禁用农药残留的超标率,并计算农药残留风险系数。分析单种茶叶中农药残留以及所有茶叶中农药残留的风险程度。

2.3.1 单种茶叶中农药残留风险系数分析

2.3.1.1 单种茶叶中禁用农药残留风险系数分析

侦测出的 29 种残留农药中有 4 种为禁用农药,且它们分布在 3 种茶叶中,计算 3 种茶叶中禁用农药的检出率,根据检出率计算风险系数 R,进而分析茶叶中禁用农药的风险程度,结果如图 2-10 与表 2-6 所示。分析发现 4 种禁用农药在 3 种茶叶中的残留处均为高度风险。

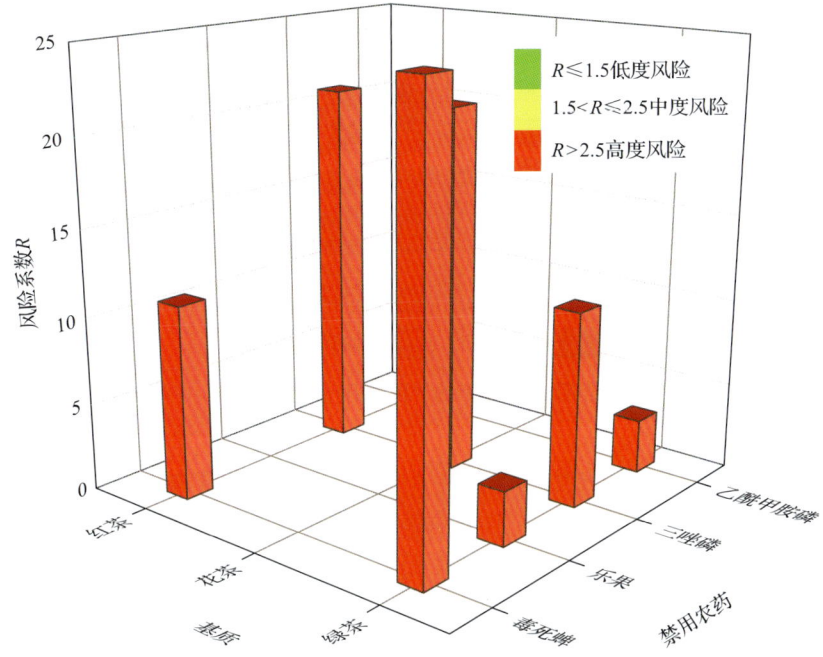

图 2-10　3 种茶叶中 4 种禁用农药的风险系数分布图

表 2-6　3 种茶叶中 4 种禁用农药的风险系数列表

序号	基质	农药	检出频次	检出率(%)	风险系数 R	风险程度
1	红茶	三唑磷	2	20	21.10	高度风险
2	红茶	毒死蜱	1	20	11.10	高度风险
3	绿茶	三唑磷	5	20	11.10	高度风险
4	绿茶	乐果	1	2	3.10	高度风险
5	绿茶	乙酰甲胺磷	1	2	3.10	高度风险
6	绿茶	毒死蜱	12	24	25.10	高度风险
7	花茶	三唑磷	2	20	21.10	高度风险

2.3.1.2　基于 MRL 中国国家标准的单种茶叶中非禁用农药残留风险系数分析

参照中华人民共和国国家标准 GB 2763—2016 中农药残留限量计算每种茶叶中每种非禁用农药的超标率，进而计算其风险系数，根据风险系数大小判断残留农药的预警风险程度，茶叶中非禁用农药残留风险程度分布情况如图 2-11 所示。

本次分析中，发现在 3 种茶叶检出 25 种残留非禁用农药，涉及样本 46 个，在 46 个样本中，43.48%处于低度风险，此外发现其余共有 26 个样本没有 MRL 中国国家标准值，无法判断其风险程度，有 MRL 中国国家标准值的 20 个样本涉及 3 种茶叶中的 9 种非禁用农药，其风险系数 R 值如图 2-12 所示。

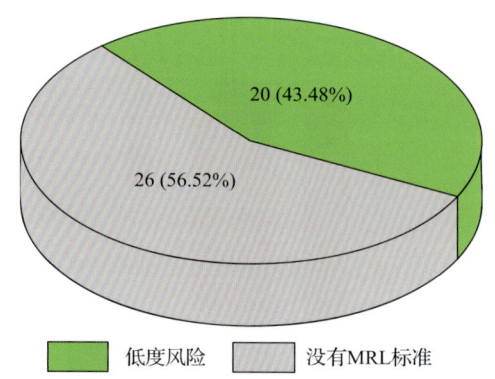

图 2-11 茶叶中非禁用农药残留的风险程度分布图（MRL 中国国家标准）

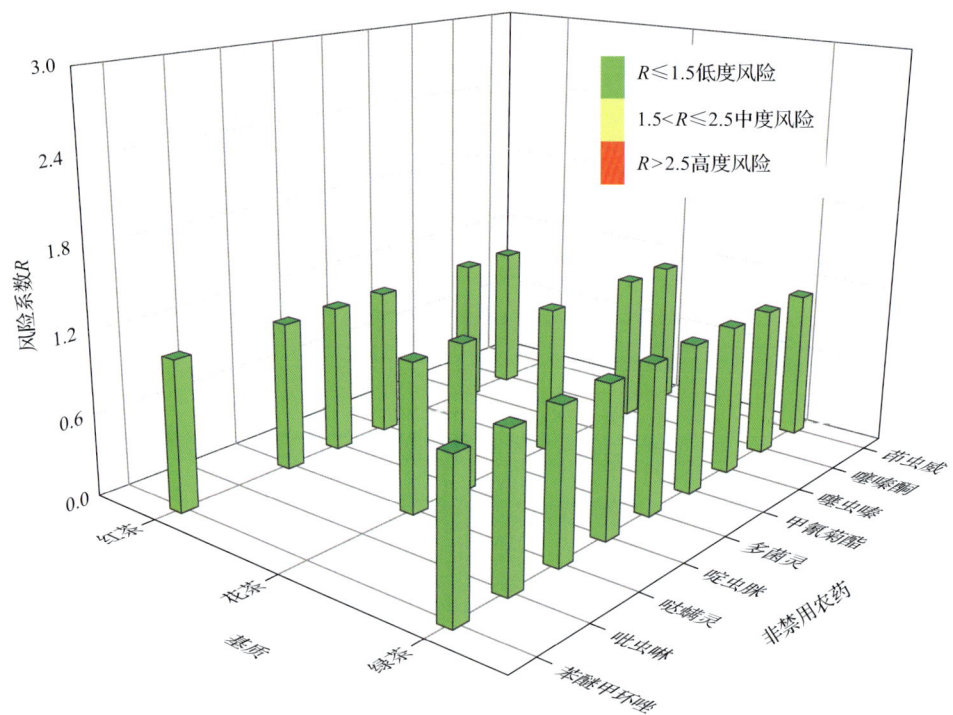

图 2-12 3 种茶叶中 9 种非禁用农药的风险系数分布图（MRL 中国国家标准）

2.3.1.3 基于 MRL 欧盟标准的单种茶叶中非禁用农药残留风险系数分析

参照 MRL 欧盟标准计算每种茶叶中每种非禁用农药的超标率，进而计算其风险系数，根据风险系数大小判断农药残留的预警风险程度，茶叶中非禁用农药残留风险程度分布情况如图 2-13 所示。

本次分析中，发现在 3 种茶叶中共侦测出 25 种非禁用农药，涉及样本 46 个，其中，17.39%处于高度风险，涉及 3 种茶叶和 5 种农药；82.61%处于低度风险，涉及 3 种茶叶和 23 种农药。单种茶叶中的非禁用农药风险系数分布图如图 2-14 所示。单种茶叶中处于高度风险的非禁用农药风险系数如图 2-15 和表 2-7 所示。

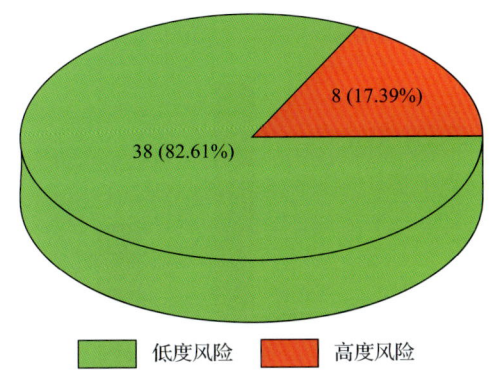

图 2-13 茶叶中非禁用农药残留的风险程度分布图（MRL 欧盟标准）

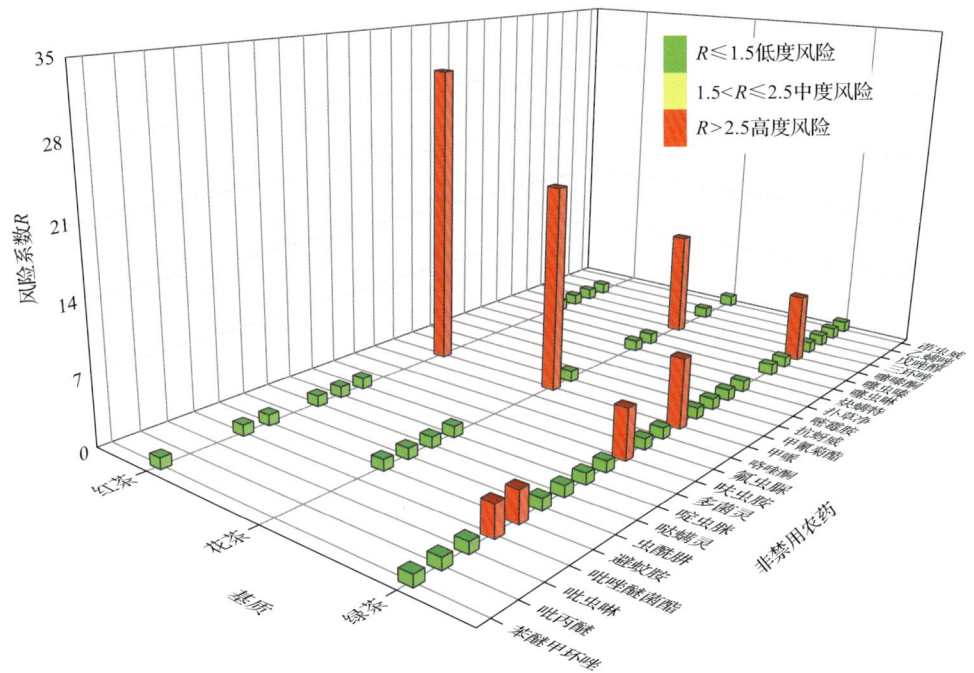

图 2-14 3 种茶叶中 25 种非禁用农药残留的风险系数图（MRL 欧盟标准）

表 2-7 单种茶叶中处于高度风险的非禁用农药残留的风险系数表（MRL 欧盟标准）

序号	基质	农药	超标频次	超标率 $P(\%)$	风险系数 R
1	红茶	甲哌	3	30	31.10
2	花茶	甲哌	2	20	21.10
3	花茶	噻嗪酮	1	10	11.10
4	绿茶	噻嗪酮	3	6	7.10
5	绿茶	甲哌	3	6	7.10
6	绿茶	呋虫胺	2	4	5.10
7	绿茶	吡唑醚菌酯	1	2	3.10
8	绿茶	避蚊胺	1	2	3.10

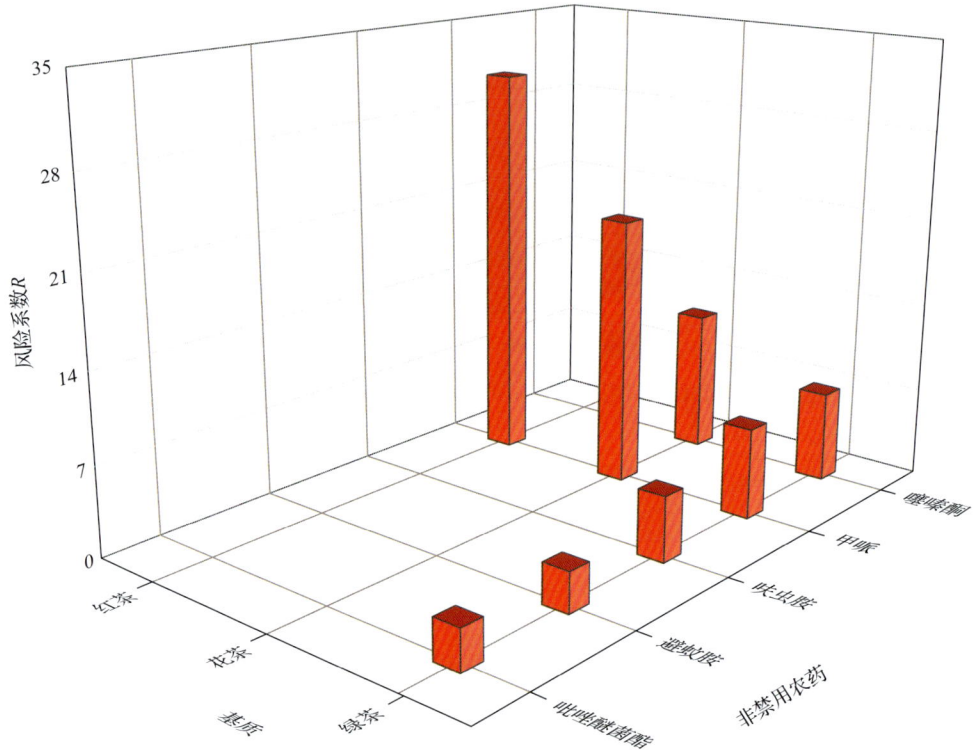

图 2-15 单种茶叶中处于高度风险的非禁用农药的风险系数分布图（MRL 欧盟标准）

2.3.2 所有茶叶中农药残留风险系数分析

2.3.2.1 所有茶叶中禁用农药残留风险系数分析

在侦测出的 29 种农药中有 4 种为禁用农药，计算所有茶叶中禁用农药的风险系数，结果如表 2-8 所示。禁用农药毒死蜱、三唑磷、乐果和乙酰甲胺磷均处于高度风险。

表 2-8 茶叶中 4 种禁用农药的风险系数表

序号	农药	检出频次	检出率(%)	风险系数 R	风险程度
1	毒死蜱	13	18.57	19.67	高度风险
2	三唑磷	9	12.86	13.96	高度风险
3	乐果	1	1.43	2.53	高度风险
4	乙酰甲胺磷	1	1.43	2.53	高度风险

2.3.2.2 所有茶叶中非禁用农药残留风险系数分析

参照 MRL 欧盟标准计算所有茶叶中每种非禁用农药残留的风险系数，如图 2-16 与表 2-9 所示。在侦测出的 25 种非禁用农药中，5 种农药(20%)残留处于高度风险，20 种农药(80%)残留处于低度风险。

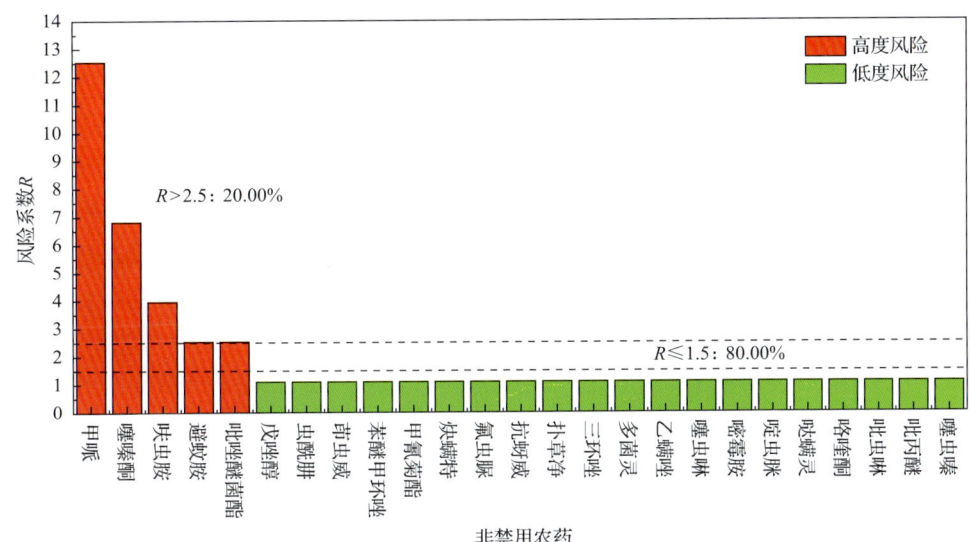

图 2-16 茶叶中 25 种非禁用农药的风险程度统计图

表 2-9 茶叶中 25 种非禁用农药的风险系数表

序号	农药	超标频次	超标率 $P(\%)$	风险系数 R	风险程度
1	甲哌	8	11.43	12.53	高度风险
2	噻嗪酮	4	5.71	6.81	高度风险
3	呋虫胺	2	2.86	3.96	高度风险
4	避蚊胺	1	1.43	2.53	高度风险
5	吡唑醚菌酯	1	1.43	2.53	高度风险
6	戊唑醇	0	0	1.10	低度风险
7	虫酰肼	0	0	1.10	低度风险
8	茚虫威	0	0	1.10	低度风险
9	苯醚甲环唑	0	0	1.10	低度风险
10	甲氰菊酯	0	0	1.10	低度风险
11	炔螨特	0	0	1.10	低度风险
12	氟虫脲	0	0	1.10	低度风险
13	抗蚜威	0	0	1.10	低度风险
14	扑草净	0	0	1.10	低度风险
15	三环唑	0	0	1.10	低度风险
16	多菌灵	0	0	1.10	低度风险
17	乙螨唑	0	0	1.10	低度风险
18	噻虫啉	0	0	1.10	低度风险
19	嘧霉胺	0	0	1.10	低度风险
20	啶虫脒	0	0	1.10	低度风险
21	哒螨灵	0	0	1.10	低度风险
22	咯喹酮	0	0	1.10	低度风险
23	吡虫啉	0	0	1.10	低度风险
24	吡丙醚	0	0	1.10	低度风险
25	噻虫嗪	0	0	1.10	低度风险

2.4 LC-Q-TOF/MS 侦测沈阳市市售茶叶农药残留风险评估结论与建议

农药残留是影响茶叶安全和质量的主要因素,也是我国食品安全领域备受关注的敏感话题和亟待解决的重大问题之一[15,16]。各种茶叶均存在不同程度的农药残留现象,本研究主要针对沈阳市各类茶叶存在的农药残留问题,基于 2019 年 1 月对沈阳市 70 例茶叶样品中农药残留侦测得出的 303 个侦测结果,分别采用食品安全指数模型和风险系数模型,开展茶叶中农药残留的膳食暴露风险和预警风险评估。茶叶样品取自超市和茶叶专营店,符合大众的膳食来源,风险评价时更具有代表性和可信度。

本研究力求通用简单地反映食品安全中的主要问题,且为管理部门和大众容易接受,为政府及相关管理机构建立科学的食品安全信息发布和预警体系提供科学的规律与方法,加强对农药残留的预警和食品安全重大事件的预防,控制食品风险。

2.4.1 沈阳市茶叶中农药残留膳食暴露风险评价结论

1) 茶叶样品中农药残留安全状态评价结论

采用食品安全指数模型,对 2019 年 1 月期间沈阳市茶叶食品农药残留膳食暴露风险进行评价,根据 IFS_c 的计算结果发现,茶叶中农药的 $\overline{IFS}$ 为 1.69×10^{-5},说明沈阳市茶叶总体处于可以接受的安全状态,但部分禁用农药、高残留农药在茶叶中仍有侦测出,导致膳食暴露风险的存在,成为不安全因素。

2) 禁用农药膳食暴露风险评价

本次检测发现部分茶叶样品中有禁用农药侦测出,侦测出禁用农药 4 种,侦测出频次为 24,茶叶样品中的禁用农药 IFS_c 计算结果表明,禁用农药残留膳食暴露风险没有影响的频次为 24,占 100%。

2.4.2 沈阳市茶叶中农药残留预警风险评价结论

1) 单种茶叶中禁用农药残留的预警风险评价结论

本次检测过程中,在 3 种茶叶中检测出 4 种禁用农药,禁用农药为:三唑磷、毒死蜱、乐果、乙酰甲胺磷,茶叶为:绿茶、花茶、红茶,茶叶中禁用农药的风险系数分析结果显示,4 种禁用农药在 3 种茶叶中的残留均处于高度风险,说明在单种茶叶中禁用农药的残留会导致较高的预警风险。

2) 单种茶叶中非禁用农药残留的预警风险评价结论

以 MRL 中国国家标准为标准,计算茶叶中非禁用农药风险系数情况下,46 个样本中,20 个处于低度风险(43.48%),26 个样本没有 MRL 中国国家标准(56.52%)。以 MRL 欧盟标准为标准,计算茶叶中非禁用农药风险系数情况下,发现有 8 个处于高度风险

(17.39%)，38 个处于低度风险(82.61%)。基于两种 MRL 标准，评价的结果差异显著，可以看出 MRL 欧盟标准比中国国家标准更加严格和完善,过于宽松的 MRL 中国国家标准值能否有效保障人体的健康有待研究。

2.4.3 加强沈阳市茶叶食品安全建议

我国食品安全风险评价体系仍不够健全，相关制度不够完善，多年来，由于农药用药次数多、用药量大或用药间隔时间短，产品残留量大，农药残留所造成的食品安全问题日益严峻，给人体健康带来了直接或间接的危害。据估计，美国与农药有关的癌症患者数约占全国癌症患者总数的 50%，中国更高。同样，农药对其他生物也会形成直接杀伤和慢性危害，植物中的农药可经过食物链逐级传递并不断蓄积，对人和动物构成潜在威胁，并影响生态系统。

基于本次农药残留侦测数据的风险评价结果，提出以下几点建议：

1) 加快食品安全标准制定步伐

我国食品标准中对农药每日允许最大摄入量 ADI 的数据严重缺乏，在本次评价所涉及的 29 种农药中，仅有 89.66%的农药具有 ADI 值，而 10.34%的农药中国尚未规定相应的 ADI 值，亟待完善。

我国食品中农药最大残留限量值的规定严重缺乏，对评估涉及的不同茶叶中不同农药 53 个 MRL 限值进行统计来看,我国仅制定出 21 个标准,我国标准完整率仅为 39.62%，欧盟的完整率达到 100%(表 2-10)。因此，中国更应加快 MRL 的制定步伐。

表 2-10 我国国家食品标准农药的 ADI、MRL 值与欧盟标准的数量差异

分类		中国 ADI	MRL 中国国家标准	MRL 欧盟标准
标准限值(个)	有	26	21	53
	无	3	32	0
总数(个)		29	53	53
无标准限值比例(%)		10.34	60.38	0

此外，MRL 中国国家标准限值普遍高于欧盟标准限值，这些标准中共有 17 个高于欧盟。过高的 MRL 值难以保障人体健康，建议继续加强对限值基准和标准的科学研究，将农产品中的危险性减少到尽可能低的水平。

2) 加强农药的源头控制和分类监管

在沈阳市某些茶叶中仍有禁用农药残留，利用 LC-Q-TOF/MS 技术侦测出 4 种禁用农药，检出频次为 24 次，残留禁用农药均存在较大的膳食暴露风险和预警风险。早已列入黑名单的禁用农药在我国并未真正退出，有些药物由于价格便宜、工艺简单，此类高毒农药一直生产和使用。建议在我国采取严格有效的控制措施，从源头控制禁用农药。

对于非禁用农药，在我国作为"田间地头"最典型单位的县级茶叶产地中，农药残留的检测几乎缺失。建议根据农药的毒性，对高毒、剧毒、中毒农药实现分类管理，减少使用高毒和剧毒高残留农药，进行分类监管。

3）加强农药生物基准和降解技术研究

市售茶叶中残留农药的品种多、频次高、禁用农药多次检出这一现状，说明了我国的田间土壤和水体因农药长期、频繁、不合理的使用而遭到严重污染。为此，建议中国相关部门出台相关政策，鼓励高校及科研院所积极开展分子生物学、酶学等研究，加强土壤、水体中残留农药的生物修复及降解新技术研究，切实加大农药监管力度，以控制农药的面源污染问题。

综上所述，在本工作基础上，根据茶叶残留危害，可进一步针对其成因提出和采取严格管理、大力推广无公害茶叶种植与生产、健全食品安全控制技术体系、加强茶叶质量检测体系建设和积极推行茶叶质量追溯制度等相应对策。建立和完善食品安全综合评价指数与风险监测预警系统，对食品安全进行实时、全面的监控与分析，为我国的食品安全科学监管与决策提供新的技术支持，可实现各类检验数据的信息化系统管理，降低食品安全事故的发生。

第 3 章　GC-Q-TOF/MS 侦测沈阳市 70 例市售茶叶样品农药残留报告

从沈阳市所属 2 个区，随机采集了 70 例茶叶样品，使用气相色谱-四极杆飞行时间质谱(GC-Q-TOF/MS)对 684 种农药化学污染物示范侦测。

3.1　样品种类、数量与来源

3.1.1　样品采集与检测

为了真实反映百姓日常饮用的茶叶中农药残留污染状况，本次所有检测样品均由检验人员于 2019 年 1 月期间，从沈阳市所属 5 个采样点，包括 5 个超市，以随机购买方式采集，总计 5 批 70 例样品，从中检出农药 40 种，354 频次。采样及监测概况见图 3-1 及表 3-1，样品及采样点明细见表 3-2 及表 3-3(侦测原始数据见附表 1)。

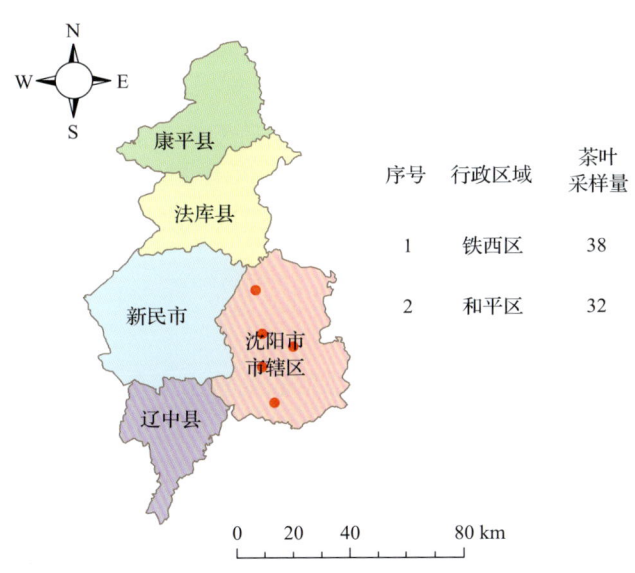

图 3-1　沈阳市所属 5 个采样点 70 例样品分布图

表 3-1　农药残留监测总体概况

采样行政区域	沈阳市所属 2 个区
采样点(超市)	5
样本总数	70
检出农药品种/频次	40/354
各采样点样本农药残留检出率范围	85.7%~100.0%

表 3-2　样品分类及数量

样品分类	样品名称(数量)	数量小计
1. 茶叶		70
1)发酵类茶叶	红茶(10)	10
2)未发酵类茶叶	花茶(10),绿茶(50)	60
合计	1.茶叶 3 种	70

表 3-3　沈阳市采样点信息

采样点序号	行政区域	采样点
超市(5)		
1	和平区	***超市(和平店)
2	和平区	***超市(太原街店)
3	铁西区	***超市(铁西店)
4	铁西区	***超市(金牛店)
5	铁西区	***超市(大天地店)

3.1.2　检测结果

这次使用的检测方法是庞国芳院士团队最新研发的不需使用标准品对照,而以高分辨精确质量数(0.0001 m/z)为基准的 GC-Q-TOF/MS 检测技术,对于 70 例样品,每个样品均侦测了 684 种农药化学污染物的残留现状。通过本次侦测,在 70 例样品中共计检出农药化学污染物 40 种,检出 354 频次。

3.1.2.1　各采样点样品检出情况

统计分析发现 5 个采样点中,被测样品的农药检出率范围为 85.7%~100.0%。其中,有 4 个采样点样品的检出率最高,达到了 100.0%,分别是:***超市(和平店)、***超市(太原街店)、***超市(铁西店)和***超市(金牛店)。***超市(大天地店)的检出率最低,为 85.7%,见图 3-2。

3.1.2.2　检出农药的品种总数与频次

统计分析发现,对于 70 例样品中 684 种农药化学污染物的侦测,共检出农药 354 频次,涉及农药 40 种,结果如图 3-3 所示。其中唑虫酰胺检出频次最高,共检出 55 次。检出频次排名前 10 的农药如下:①唑虫酰胺(55),②联苯菊酯(42),③毒死蜱(32),④氯氟氰菊酯(31),⑤虫螨腈(23),⑥甲氰菊酯(21),⑦噻嗪酮(14),⑧棉铃威(10),⑨三异丁基磷酸盐(10),⑩丁香酚(9)。

由图 3-4 可见,绿茶、花茶和红茶这 3 种茶叶样品中检出的农药品种数较高,均超过 10 种,其中,绿茶检出农药品种最多,为 29 种。由图 3-5 可见,绿茶、花茶和红茶这 3 种茶叶样品中的农药检出频次较高,均超过 30 次,其中,绿茶检出农药频次最高,为 235 次。

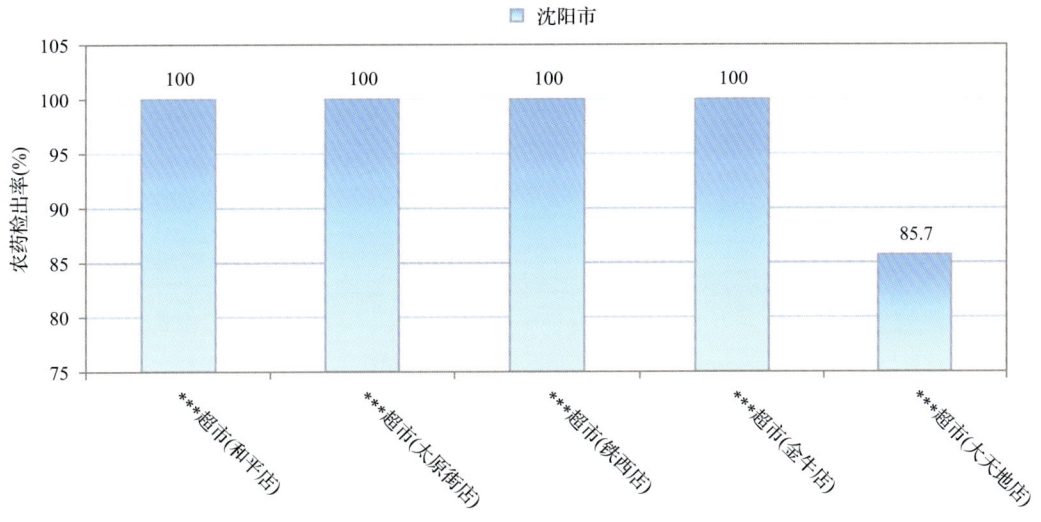

图 3-2 各采样点样品中的农药检出率

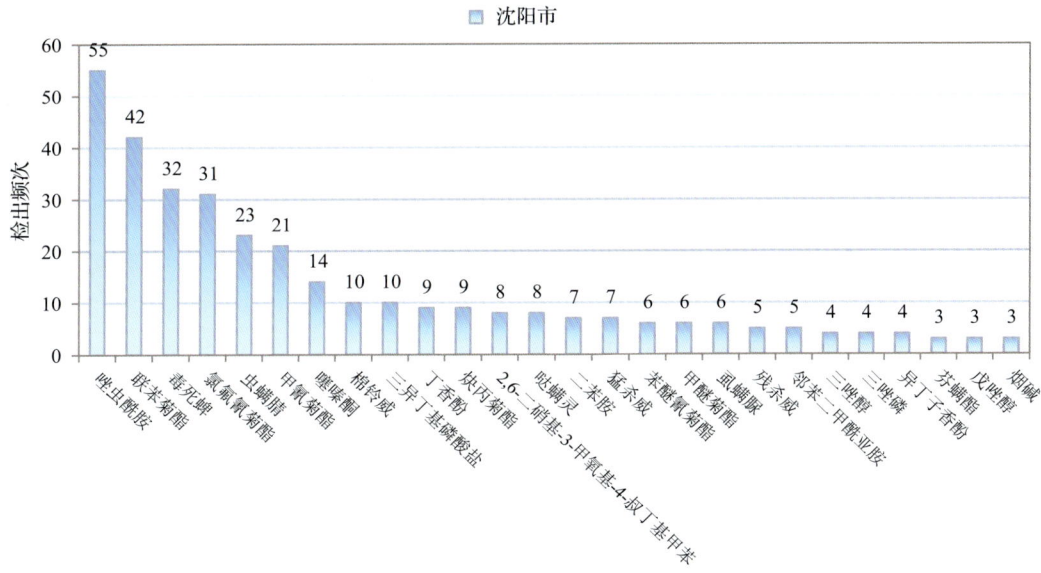

图 3-3 检出农药品种及频次(仅列出检出农药 3 频次及以上的数据)

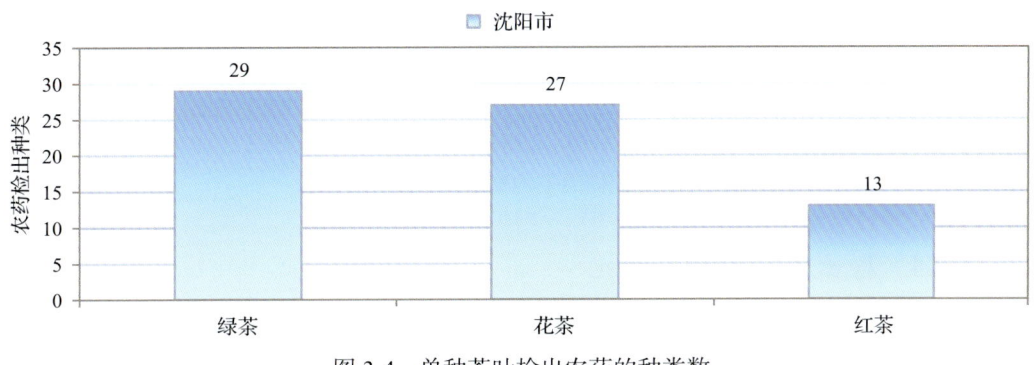

图 3-4 单种茶叶检出农药的种类数

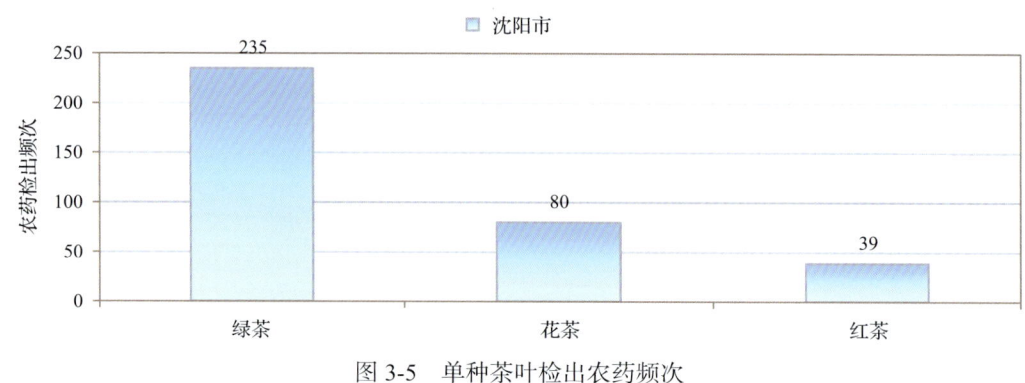

图 3-5 单种茶叶检出农药频次

3.1.2.3 单例样品农药检出种类与占比

对单例样品检出农药种类和频次进行统计发现，未检出农药的样品占总样品数的 4.3%，检出 1 种农药的样品占总样品数的 12.9%，检出 2~5 种农药的样品占总样品数的 37.1%，检出 6~10 种农药的样品占总样品数的 38.6%，检出大于 10 种农药的样品占总样品数的 7.1%。每例样品中平均检出农药为 5.1 种，数据见表 3-4 及图 3-6。

表 3-4 单例样品检出农药品种占比

检出农药品种数	样品数量/占比(%)
未检出	3/4.3
1 种	9/12.9
2~5 种	26/37.1
6~10 种	27/38.6
大于 10 种	5/7.1
单例样品平均检出农药品种	5.1 种

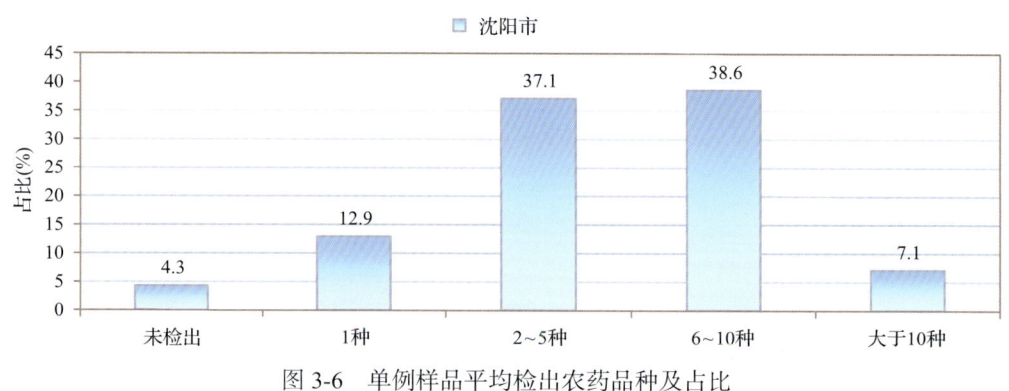

图 3-6 单例样品平均检出农药品种及占比

3.1.2.4 检出农药类别与占比

所有检出农药按功能分类，包括杀虫剂、杀菌剂、杀螨剂、除草剂、植物生长调节剂和其他共 6 类。其中杀虫剂与杀菌剂为主要检出的农药类别，分别占总数的 62.5% 和

15.0%,见表 3-5 及图 3-7。

表 3-5　检出农药所属类别及占比

农药类别	数量/占比(%)
杀虫剂	25/62.5
杀菌剂	6/15.0
杀螨剂	4/10.0
除草剂	1/2.5
植物生长调节剂	1/2.5
其他	3/7.5

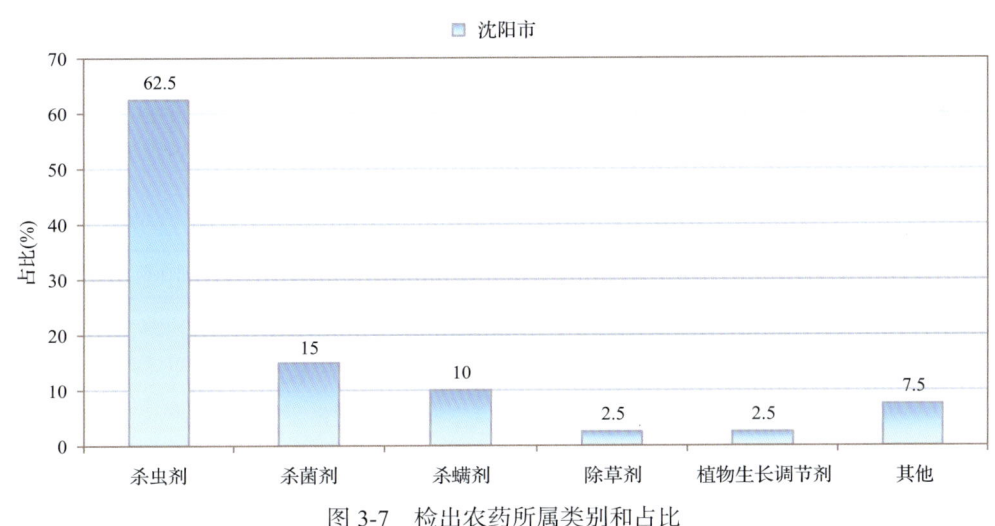

图 3-7　检出农药所属类别和占比

3.1.2.5　检出农药的残留水平

按检出农药残留水平进行统计,残留水平在 1~5 μg/kg(含)的农药占总数的 6.5%,在 5~10 μg/kg(含)的农药占总数的 5.6%,在 10~100 μg/kg(含)的农药占总数的 55.1%,在 100~1000 μg/kg(含)的农药占总数的 32.5%,在>1000 μg/kg 的农药占总数的 0.3%。

由此可见,这次检测的 5 批 70 例茶叶样品中农药多数处于中高残留水平。结果见表 3-6 及图 3-8,数据见附表 2。

表 3-6　农药残留水平/占比

残留水平(μg/kg)	检出频次数/占比(%)
1~5(含)	23/6.5
5~10(含)	20/5.6
10~100(含)	195/55.1
100~1000(含)	115/32.5
>1000	1/0.3

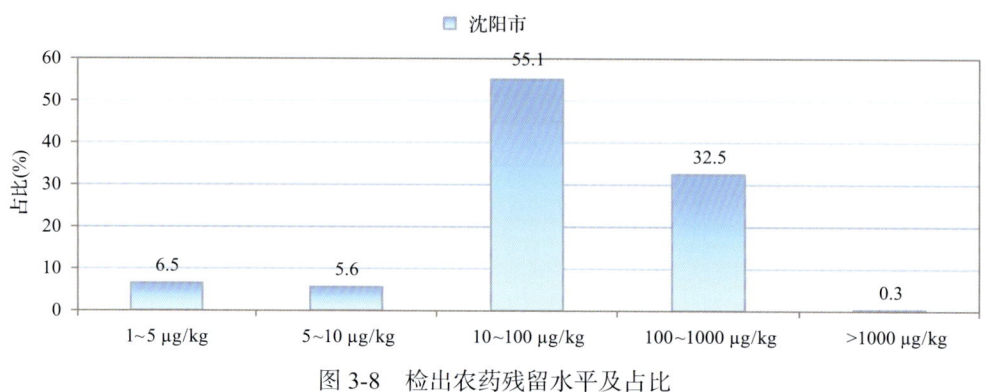

图 3-8 检出农药残留水平及占比

3.1.2.6 检出农药的毒性类别、检出频次和超标频次及占比

对这次检出的 40 种 354 频次的农药，按剧毒、高毒、中毒、低毒和微毒这五个毒性类别进行分类，从中可以看出，沈阳市目前普遍使用的农药为中低微毒农药，品种占 95.0%，频次占 98.0%。结果见表 3-7 及图 3-9。

表 3-7 检出农药毒性类别/占比

毒性分类	农药品种/占比(%)	检出频次/占比(%)	超标频次/超标率(%)
剧毒农药	0/0	0/0.0	0/0.0
高毒农药	2/5.0	7/2.0	0/0.0
中毒农药	21/52.5	269/76.0	0/0.0
低毒农药	16/40.0	76/21.5	0/0.0
微毒农药	1/2.5	2/0.6	0/0.0

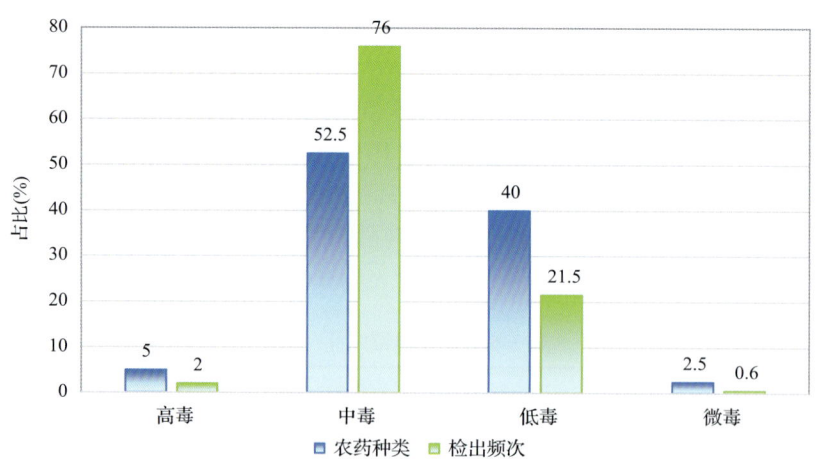

图 3-9 检出农药的毒性分类和占比

3.1.2.7 检出剧毒/高毒类农药的品种和频次

值得特别关注的是，在此次侦测的 70 例样品中有 3 种茶叶的 7 例样品检出了 2 种 7

频次的剧毒和高毒农药，占样品总量的 10.0%，详见图 3-10、表 3-8 及表 3-9。

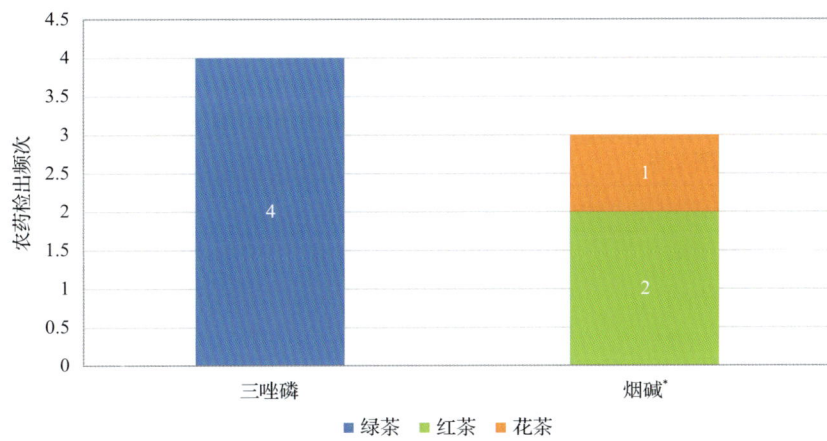

图 3-10　检出剧毒/高毒农药的样品情况

*表示允许在茶叶上使用的农药

表 3-8　剧毒农药检出情况

序号	农药名称	检出频次	超标频次	超标率
	茶叶中未检出剧毒农药			
合计		0	0	超标率：0.0%

表 3-9　高毒农药检出情况

序号	农药名称	检出频次	超标频次	超标率
	从 3 种茶叶中检出 2 种高毒农药，共计检出 7 次			
1	三唑磷	4	0	0.0%
2	烟碱	3	0	0.0%
合计		7	0	超标率：0.0%

在检出的剧毒和高毒农药中，有 1 种是我国早已禁止在茶叶上使用的：三唑磷。禁用农药的检出情况见表 3-10。

表 3-10　禁用农药检出情况

序号	农药名称	检出频次	超标频次	超标率
	从 3 种茶叶中检出 5 种禁用农药，共计检出 39 次			
1	毒死蜱	32	0	0.0%
2	三唑磷	4	0	0.0%
3	氟虫腈	1	0	0.0%
4	硫丹	1	0	0.0%
5	三氯杀螨醇	1	0	0.0%
合计		39	0	超标率：0.0%

注：超标结果参考 MRL 中国国家标准计算

此次抽检的茶叶样品中，没有检出剧毒农药。

样品中检出剧毒和高毒农药残留水平没有超过 MRL 中国国家标准,但本次检出结果仍表明，高毒、剧毒农药的使用现象依旧存在。详见表 3-11。

表 3-11　各样本中检出剧毒/高毒农药情况

样品名称	农药名称	检出频次	超标频次	检出浓度（µg/kg）
茶叶 3 种				
红茶	烟碱	2	0	57.5, 50.3
花茶	烟碱	1	0	63.6
绿茶	三唑磷▲	4	0	8.8, 14.1, 71.0, 295.8
合计		7	0	超标率：0.0%

注：▲为禁用农药

3.2　农药残留检出水平与最大残留限量标准对比分析

我国于 2016 年 12 月 18 日正式颁布并于 2017 年 6 月 18 日正式实施食品农药残留限量国家标准《食品中农药最大残留限量》（GB 2763—2016）。该标准包括 417 个农药条目，涉及最大残留限量（MRL）标准 4140 项。将 354 频次检出农药的浓度水平与 4140 项 MRL 中国国家标准进行核对,其中只有 143 频次的结果找到了对应的 MRL，占 40.4%，还有 211 频次的结果则无相关 MRL 标准供参考，占 59.6%。

将此次侦测结果与国际上现行 MRL 对比发现，在 354 频次的检出结果中有 354 频次的结果找到了对应的 MRL 欧盟标准，占 100.0%，其中，215 频次的结果有明确对应的 MRL，占 60.7%，其余 139 频次按照欧盟一律标准判定，占 39.3%；有 354 频次的结果找到了对应的 MRL 日本标准，占 100.0%，其中，271 频次的结果有明确对应的 MRL，占 76.6%，其余 83 频次按照日本一律标准判定，占 23.4%；有 121 频次的结果找到了对应的 MRL 中国香港标准，占 34.2%；有 160 频次的结果找到了对应的 MRL 美国标准，占 45.2%；有 152 频次的结果找到了对应的 MRL CAC 标准，占 42.9%（见图 3-11 和图 3-12，数据见附表 3 至附表 8）。

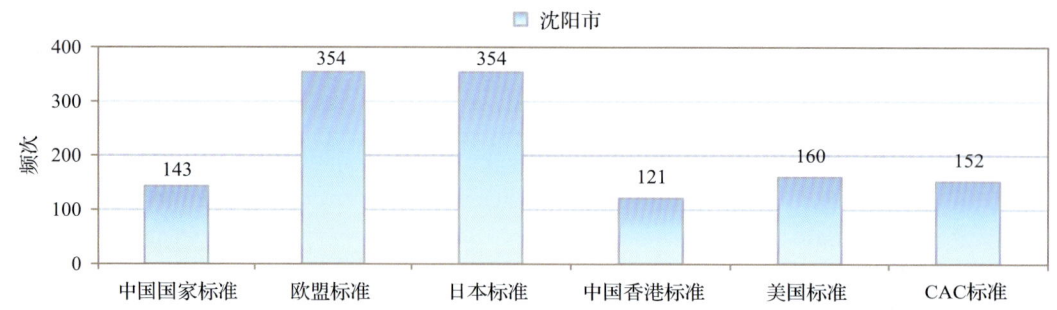

图 3-11　354 频次检出农药可用 MRL 中国国家标准、欧盟标准、日本标准、中国香港标准、美国标准、CAC 标准判定衡量的数量

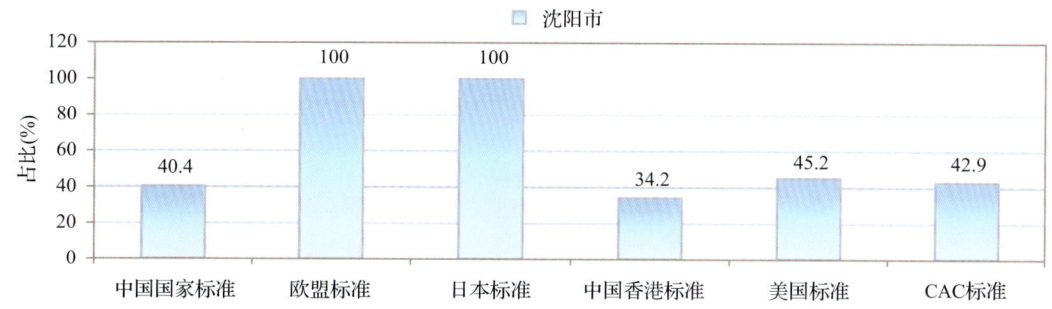

图 3-12　354 频次检出农药可用 MRL 中国国家标准、欧盟标准、日本标准、中国香港标准、美国标准、CAC 标准衡量的占比

3.2.1　超标农药样品分析

本次侦测的 70 例样品中，3 例样品未检出任何残留农药，占样品总量的 4.3%，67 例样品检出不同水平、不同种类的残留农药，占样品总量的 95.7%。在此，我们将本次侦测的农残检出情况与 MRL 中国国家标准、欧盟标准、日本标准、中国香港标准、美国标准和 CAC 标准这 6 大国际主流 MRL 标准进行对比分析，样品农残检出与超标情况见表 3-12、图 3-13 和图 3-14，详细数据见附表 9 至附表 14。

表 3-12　各 MRL 标准下样本农残检出与超标数量及占比

	中国国家标准 数量/占比(%)	欧盟标准 数量/占比(%)	日本标准 数量/占比(%)	中国香港标准 数量/占比(%)	美国标准 数量/占比(%)	CAC 标准 数量/占比(%)
未检出	3/4.3	3/4.3	3/4.3	3/4.3	3/4.3	3/4.3
检出未超标	67/95.7	7/10.0	35/50.0	67/95.7	67/95.7	67/95.7
检出超标	0/0.0	60/85.7	32/45.7	0/0.0	0/0.0	0/0.0

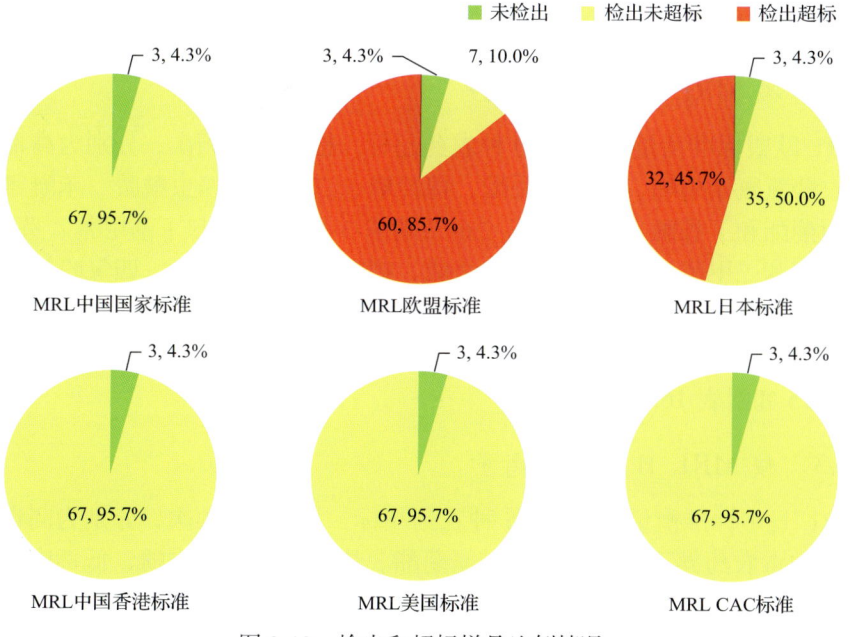

图 3-13　检出和超标样品比例情况

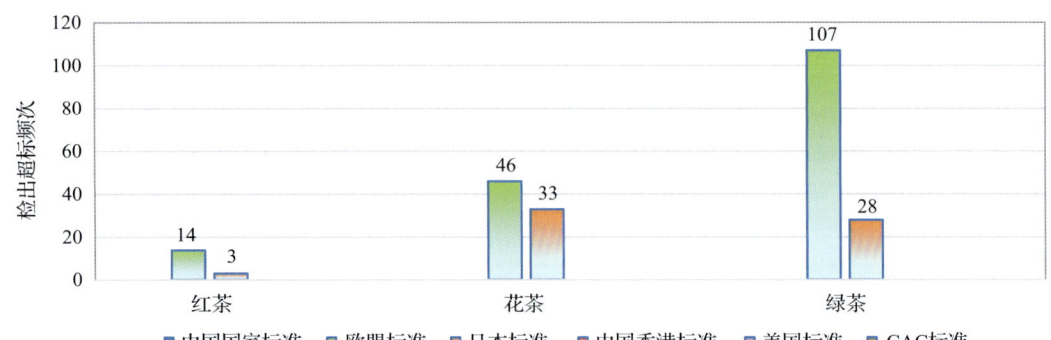

图 3-14　超过 MRL 中国国家标准、欧盟标准、日本标准、中国香港标准、美国标准和 CAC 标准结果在茶叶中的分布

3.2.2　超标农药种类分析

按照 MRL 中国国家标准、欧盟标准、日本标准、中国香港标准、美国标准和 CAC 标准这 6 大国际主流 MRL 标准衡量，本次侦测检出的农药超标品种及频次情况见表 3-13。

表 3-13　各 MRL 标准下超标农药品种及频次

	中国国家标准	欧盟标准	日本标准	中国香港标准	美国标准	CAC 标准
超标农药品种	0	20	15	0	0	0
超标农药频次	0	167	64	0	0	0

3.2.2.1　按 MRL 中国国家标准衡量

按 MRL 中国国家标准衡量，无样品检出超标农药残留。

3.2.2.2　按 MRL 欧盟标准衡量

按 MRL 欧盟标准衡量，共有 20 种农药超标，检出 167 频次，分别为高毒农药三唑磷，中毒农药氯氟氰菊酯、异丁子香酚、棉铃威、三唑醇、唑虫酰胺、苯醚氰菊酯、哒螨灵、炔丙菊酯和丁香酚，低毒农药 2,6-二硝基-3-甲氧基-4-叔丁基甲苯、芬螨酯、1,4-二甲基萘、邻苯二甲酰亚胺、联苯、猛杀威、噻嗪酮、甲醚菊酯、四氢吩胺和威杀灵。

按超标程度比较，绿茶中唑虫酰胺超标 132.7 倍，绿茶中棉铃威超标 79.4 倍，红茶中唑虫酰胺超标 65.9 倍，红茶中棉铃威超标 50.6 倍，绿茶中芬螨酯超标 46.4 倍。检测结果见图 3-15 和附表 16。

3.2.2.3　按 MRL 日本标准衡量

按 MRL 日本标准衡量，共有 15 种农药超标，检出 64 频次，分别为高毒农药三唑磷和烟碱，中毒农药异丁子香酚、苯醚氰菊酯、炔丙菊酯和丁香酚，低毒农药 2,6-二硝基-3-甲氧基-4-叔丁基甲苯、芬螨酯、1,4-二甲基萘、邻苯二甲酰亚胺、猛杀威、联苯、甲醚菊酯、四氢吩胺和威杀灵。

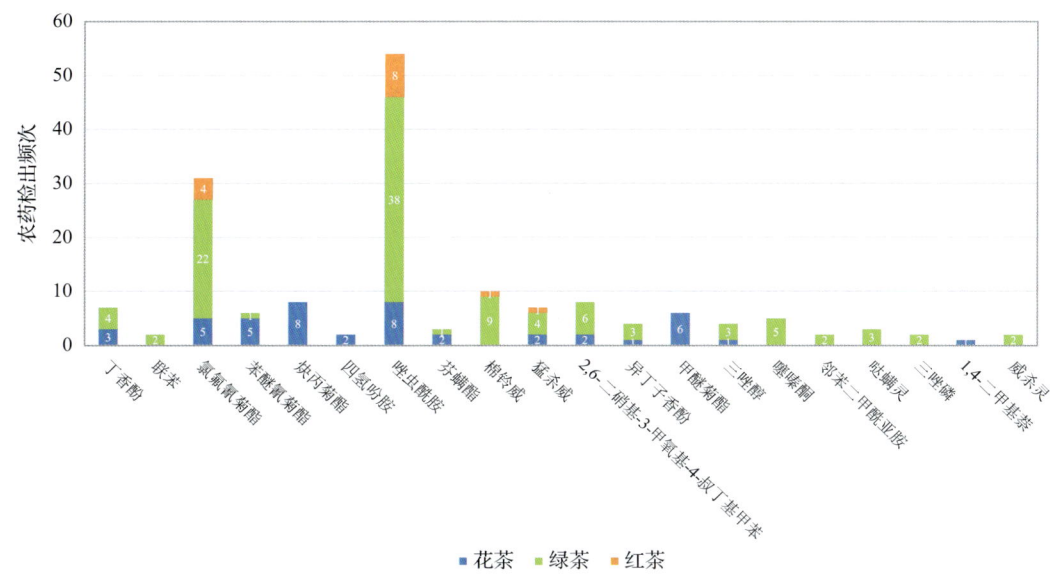

图 3-15 超过 MRL 欧盟标准农药品种及频次

按超标程度比较，绿茶中芬螨酯超标 46.4 倍，花茶中 2,6-二硝基-3-甲氧基-4-叔丁基甲苯超标 40.0 倍，绿茶中 2,6-二硝基-3-甲氧基-4-叔丁基甲苯超标 39.4 倍，绿茶中三唑磷超标 28.6 倍，绿茶中联苯超标 27.9 倍。检测结果见图 3-16 和附表 17。

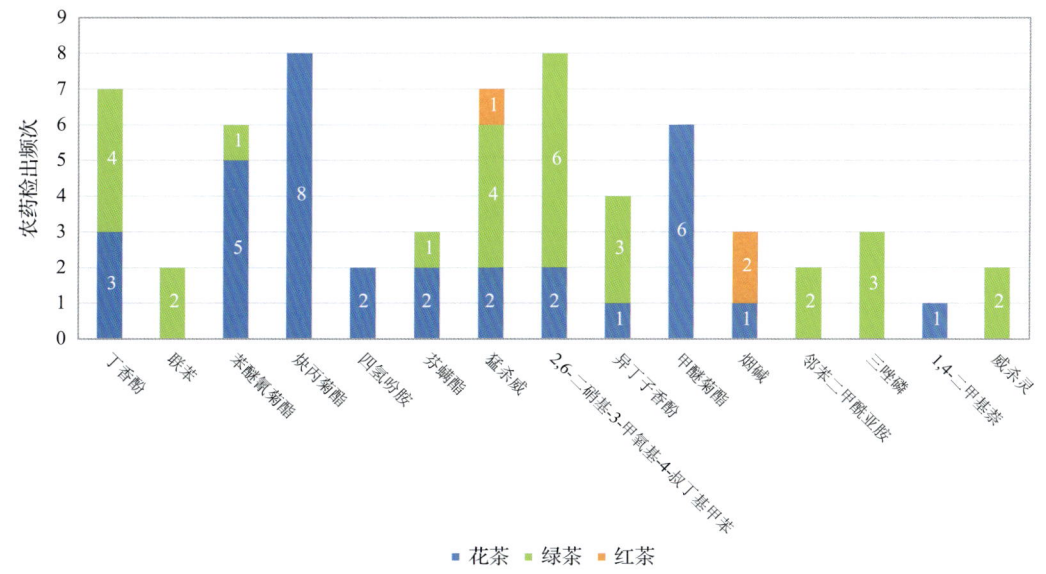

图 3-16 超过 MRL 日本标准农药品种及频次

3.2.2.4 按 MRL 中国香港标准衡量

按 MRL 中国香港标准衡量，无样品检出超标农药残留。

3.2.2.5 按 MRL 美国标准衡量

按 MRL 美国标准衡量，无样品检出超标农药残留。

3.2.2.6 按 MRL CAC 标准衡量

按 MRL CAC 标准衡量，无样品检出超标农药残留。

3.2.3 5 个采样点超标情况分析

3.2.3.1 按 MRL 中国国家标准衡量

按 MRL 中国国家标准衡量，所有采样点的样品均未检出超标农药残留。

3.2.3.2 按 MRL 欧盟标准衡量

按 MRL 欧盟标准衡量，所有采样点的样品均存在不同程度的超标农药检出，其中***超市(金牛店)和***超市(铁西店)的超标率最高，为 100.0%，如表 3-14 和图 3-17 所示。

表 3-14 超过 MRL 欧盟标准茶叶在不同采样点分布

序号	采样点	样品总数	超标数量	超标率(%)	行政区域
1	***超市(太原街店)	22	18	81.8	和平区
2	***超市(大天地店)	21	16	76.2	铁西区
3	***超市(金牛店)	15	15	100.0	铁西区
4	***超市(和平店)	10	9	90.0	和平区
5	***超市(铁西店)	2	2	100.0	铁西区

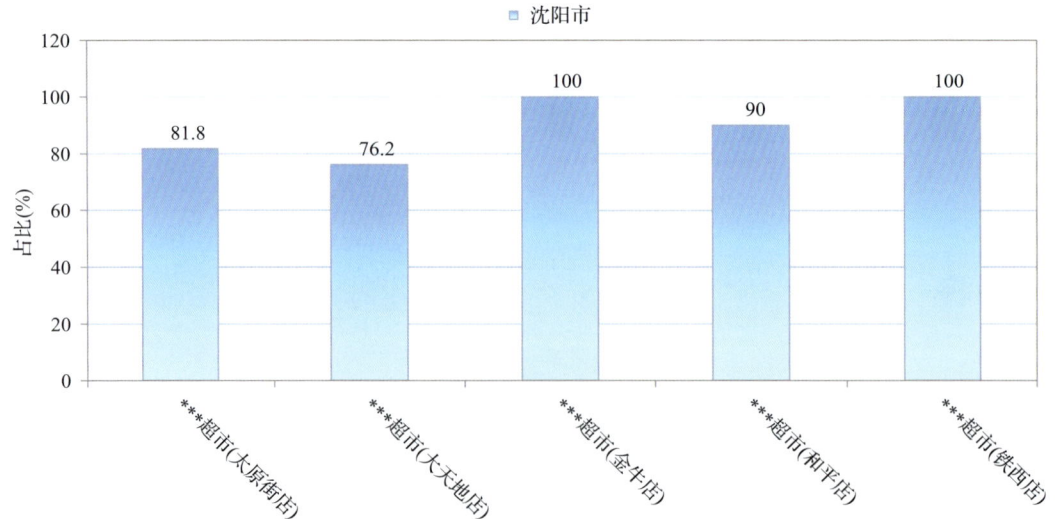

图 3-17 超过 MRL 欧盟标准茶叶在不同采样点分布

3.2.3.3 按 MRL 日本标准衡量

按 MRL 日本标准衡量，所有采样点的样品均存在不同程度的超标农药检出，其中***超市（金牛店）的超标率最高，为 66.7%，如表 3-15 和图 3-18 所示。

表 3-15 超过 MRL 日本标准茶叶在不同采样点分布

	采样点	样品总数	超标数量	超标率(%)	行政区域
1	***超市（太原街店）	22	10	45.5	和平区
2	***超市（大天地店）	21	5	23.8	铁西区
3	***超市（金牛店）	15	10	66.7	铁西区
4	***超市（和平店）	10	6	60.0	和平区
5	***超市（铁西店）	2	1	50.0	铁西区

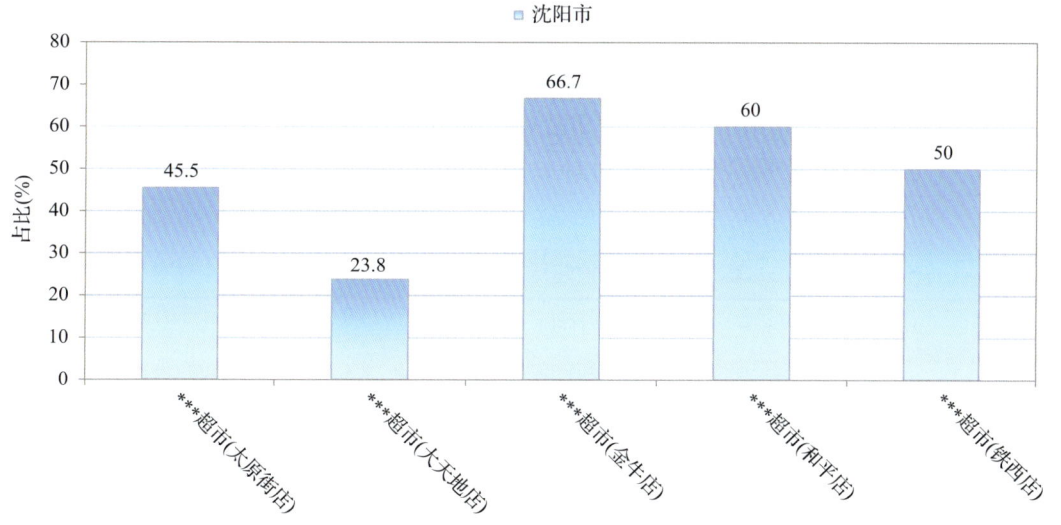

图 3-18 超过 MRL 日本标准茶叶在不同采样点分布

3.2.3.4 按 MRL 中国香港标准衡量

按 MRL 中国香港标准衡量，所有采样点的样品均未检出超标农药残留。

3.2.3.5 按 MRL 美国标准衡量

按 MRL 美国标准衡量，所有采样点的样品均未检出超标农药残留。

3.2.3.6 按 MRL CAC 标准衡量

按 MRL CAC 标准衡量，所有采样点的样品均未检出超标农药残留。

3.3 茶叶中农药残留分布

3.3.1 茶叶按检出农药品种和频次排名

本次残留侦测的茶叶共3种,包括红茶、花茶和绿茶。

根据检出农药品种及频次进行排名,将各项排名茶叶样品检出情况列表说明,详见表3-16。

表3-16 茶叶按检出农药品种和频次排名

按检出农药品种排名(品种)	①绿茶(29),②花茶(27),③红茶(13)
按检出农药频次排名(频次)	①绿茶(235),②花茶(80),③红茶(39)
按检出禁用、高毒及剧毒农药品种排名(品种)	①花茶(5),②红茶(2),③绿茶(2)
按检出禁用、高毒及剧毒农药频次排名(频次)	①绿茶(26),②花茶(10),③红茶(6)

3.3.2 茶叶按超标农药品种和频次排名

鉴于MRL欧盟标准和日本标准制定比较全面且覆盖率较高,我们参照MRL中国国家标准、欧盟标准和日本标准衡量茶叶样品中农残检出情况,将茶叶按超标农药品种及频次排名列表说明,详见表3-17。

表3-17 茶叶按超标农药品种和频次排名

按超标农药品种排名 (农药品种数)	MRL中国国家标准	
	MRL欧盟标准	①绿茶(16),②花茶(13),③红茶(4)
	MRL日本标准	①花茶(11),②绿茶(10),③红茶(2)
按超标农药频次排名 (农药频次数)	MRL中国国家标准	
	MRL欧盟标准	①绿茶(107),②花茶(46),③红茶(14)
	MRL日本标准	①花茶(33),②绿茶(28),③红茶(3)

通过对各品种茶叶样本总数及检出率进行综合分析发现,绿茶、花茶和红茶的残留污染最为严重,在此,我们参照MRL中国国家标准、欧盟标准和日本标准对这3种茶叶的农残检出情况进行进一步分析。

3.3.3 农药残留检出率较高的茶叶样品分析

3.3.3.1 绿茶

这次共检测50例绿茶样品,47例样品中检出了农药残留,检出率为94.0%,检出农药共计29种。其中唑虫酰胺、联苯菊酯、毒死蜱、氯氟氰菊酯和甲氰菊酯检出频次较高,分别检出了39、23、22、22和18次。绿茶中农药检出品种和频次见图3-19,超标农药见图3-20和表3-18。

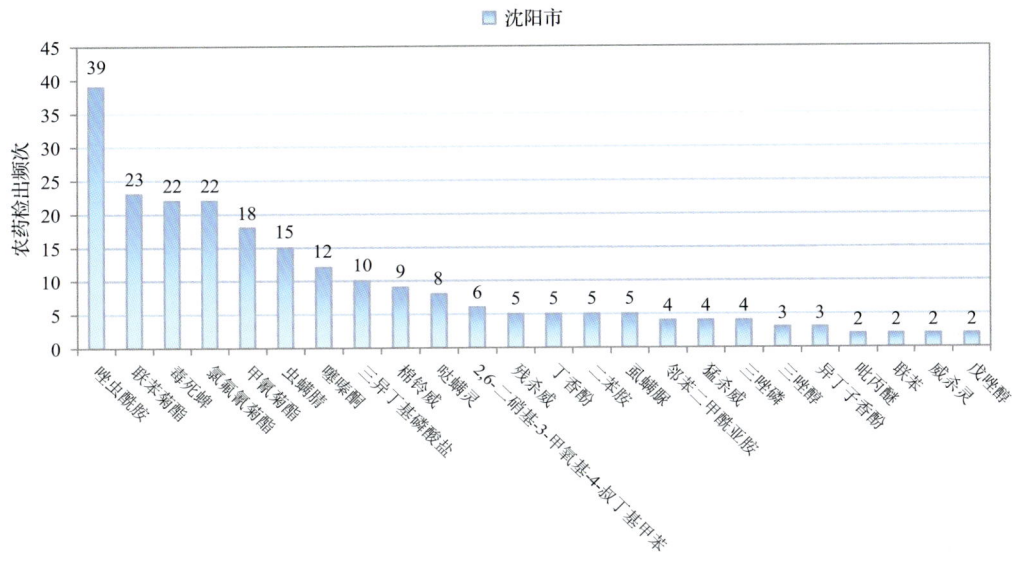

图 3-19 绿茶样品检出农药品种和频次分析(仅列出检出农药 2 频次及以上的数据)

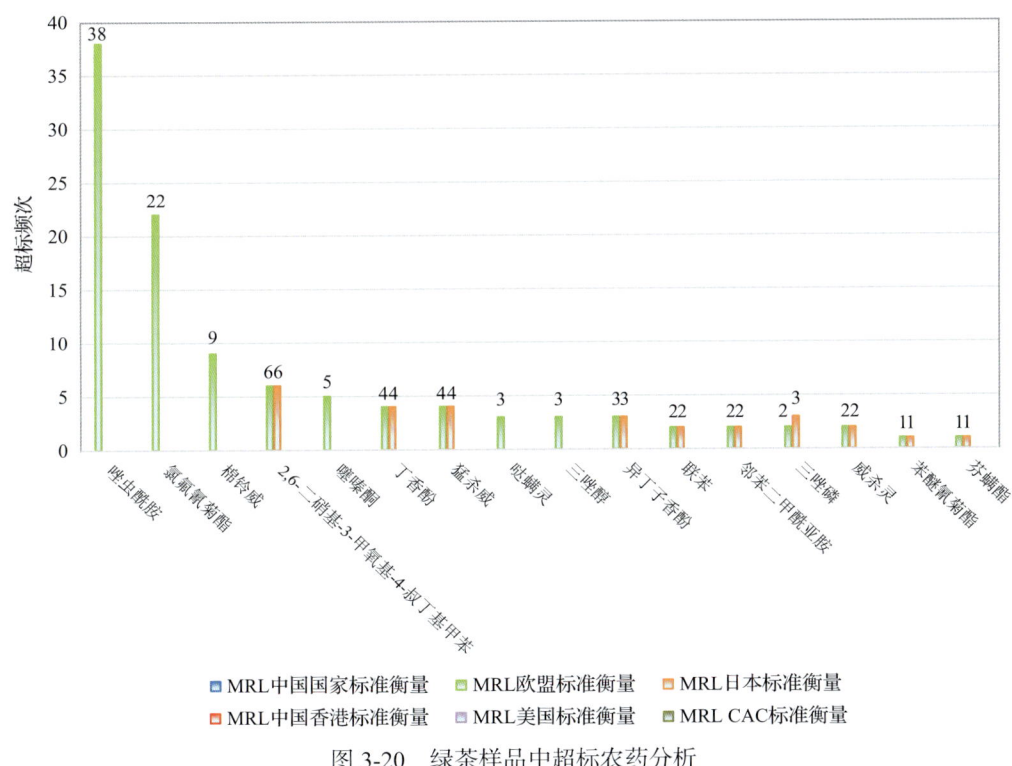

图 3-20 绿茶样品中超标农药分析

3.3.3.2 花茶

这次共检测 10 例花茶样品,全部检出了农药残留,检出率为 100.0%,检出农药共计 27 种。其中联苯菊酯、炔丙菊酯、唑虫酰胺、毒死蜱和甲醚菊酯检出频次较高,分别检出了 10、9、8、6 和 6 次。花茶中农药检出品种和频次见图 3-21,超标农药见表 3-19 和图 3-22。

表 3-18　绿茶中农药残留超标情况明细表

样品总数 50		检出农药样品数 47	样品检出率(%) 94	检出农药品种总数 29
超标农药品种	超标农药频次	按照 MRL 中国国家标准、欧盟标准和日本标准衡量超标农药名称及频次		
中国国家标准	0	0		
欧盟标准	16	107	唑虫酰胺(38),氯氟氰菊酯(22),棉铃威(9),2,6-二硝基-3-甲氧基-4-叔丁基甲苯(6),噻嗪酮(5),丁香酚(4),猛杀威(4),哒螨灵(3),三唑醇(3),异丁子香酚(3),联苯(2),邻苯二甲酰亚胺(2),三唑磷(2),威杀灵(2),苯醚氰菊酯(1),芬螨酯(1)		
日本标准	10	28	2,6-二硝基-3-甲氧基-4-叔丁基甲苯(6),丁香酚(4),猛杀威(4),三唑磷(3),异丁子香酚(3),联苯(2),邻苯二甲酰亚胺(2),威杀灵(2),苯醚氰菊酯(1),芬螨酯(1)		

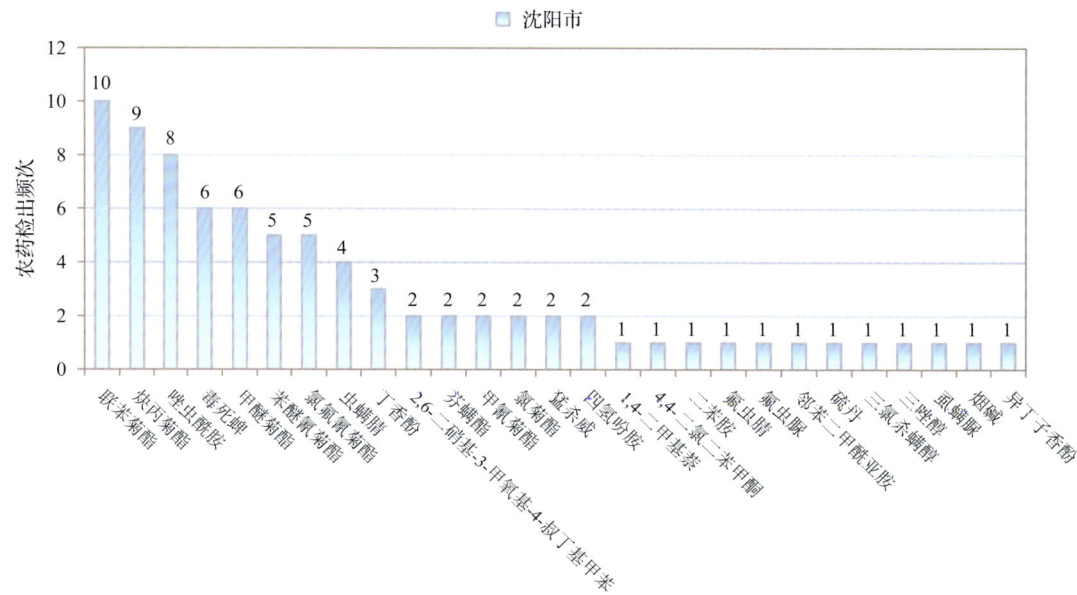

图 3-21　花茶样品检出农药品种和频次分析

表 3-19　花茶中农药残留超标情况明细表

样品总数 10		检出农药样品数 10	样品检出率(%) 100	检出农药品种总数 27
超标农药品种	超标农药频次	按照 MRL 中国国家标准、欧盟标准和日本标准衡量超标农药名称及频次		
中国国家标准	0	0		
欧盟标准	13	46	炔丙菊酯(8),唑虫酰胺(8),甲醚菊酯(6),苯醚氰菊酯(5),氯氟氰菊酯(5),丁香酚(3),2,6-二硝基-3-甲氧基-4-叔丁基甲苯(2),芬螨酯(2),猛杀威(2),四氢吩胺(2),1,4-二甲基萘(1),三唑醇(1),异丁子香酚(1)		
日本标准	11	33	炔丙菊酯(8),甲醚菊酯(6),苯醚氰菊酯(5),丁香酚(3),2,6-二硝基-3-甲氧基-4-叔丁基甲苯(2),芬螨酯(2),猛杀威(2),四氢吩胺(2),1,4-二甲基萘(1),烟碱(1),异丁子香酚(1)		

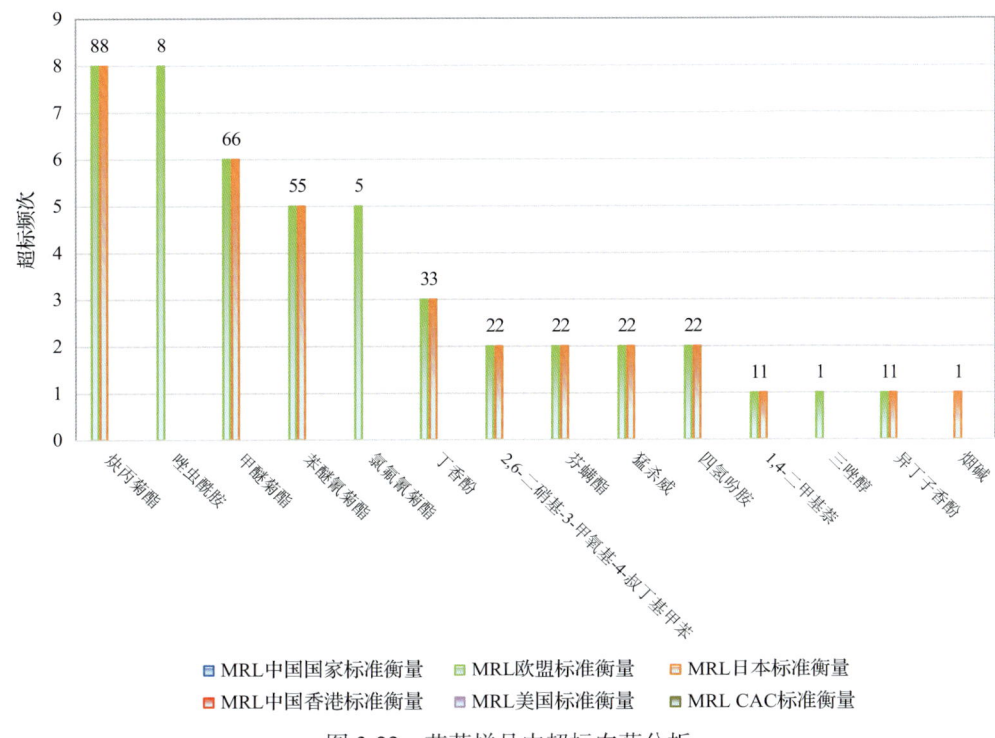

图 3-22 花茶样品中超标农药分析

3.3.3.3 红茶

这次共检测 10 例红茶样品,全部检出了农药残留,检出率为 100.0%,检出农药共计 13 种。其中联苯菊酯、唑虫酰胺、虫螨腈、毒死蜱和氯氟氰菊酯检出频次较高,分别检出了 9、8、4、4 和 4 次。红茶中农药检出品种和频次见图 3-23,超标农药见图 3-24 和表 3-20。

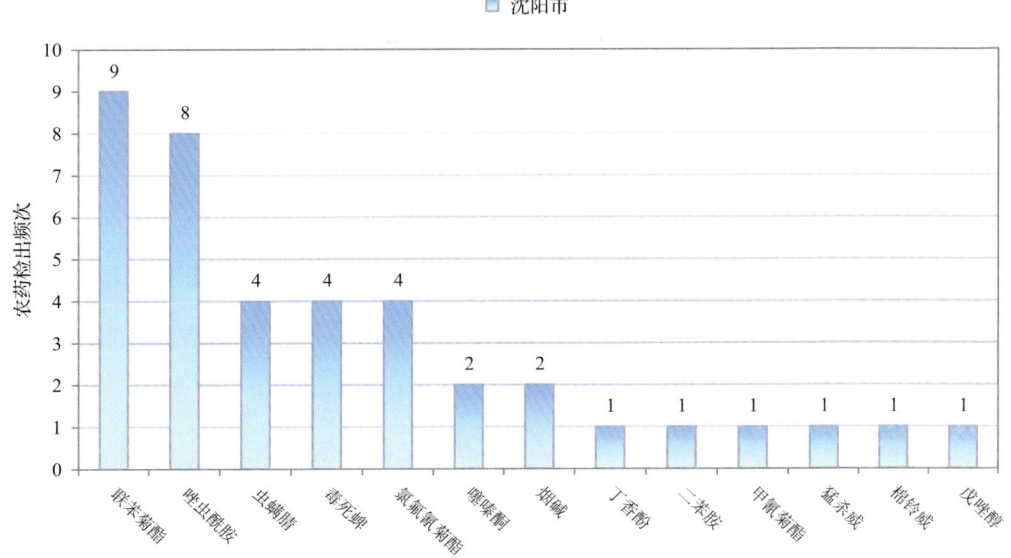

图 3-23 红茶样品检出农药品种和频次分析

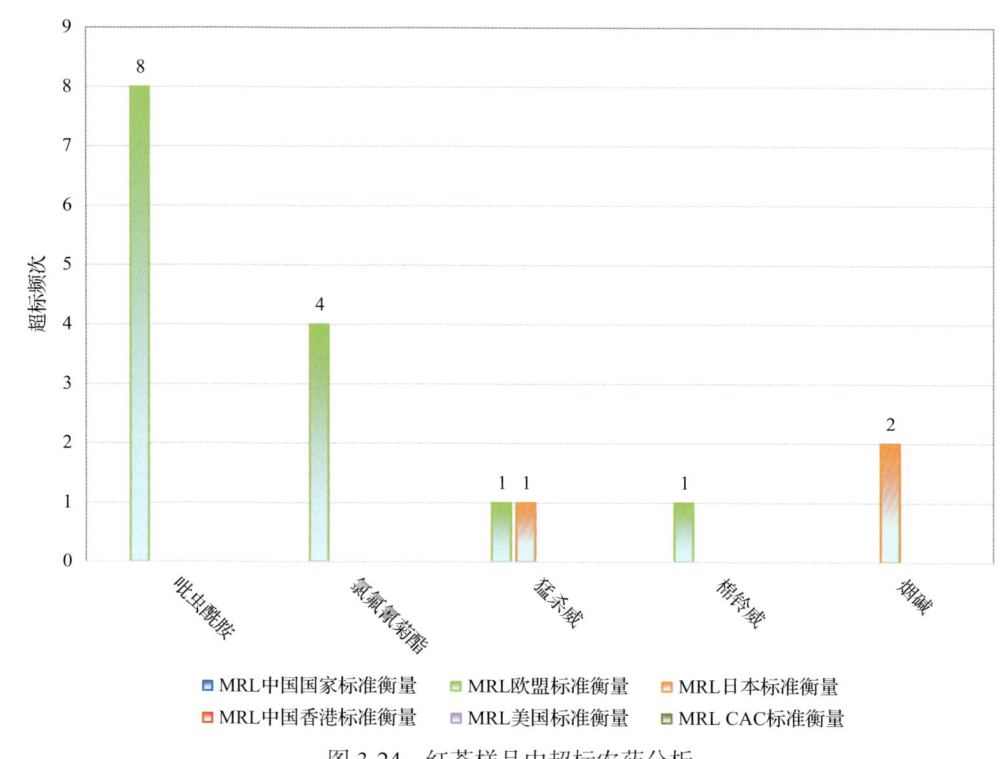

图 3-24　红茶样品中超标农药分析

表 3-20　红茶中农药残留超标情况明细表

样品总数		检出农药样品数	样品检出率(%)	检出农药品种总数
10		10	100	13
超标农药品种	超标农药频次	按照 MRL 中国国家标准、欧盟标准和日本标准衡量超标农药名称及频次		
中国国家标准	0	0		
欧盟标准	4	14	唑虫酰胺(8),氯氟氰菊酯(4),猛杀威(1),棉铃威(1)	
日本标准	2	3	烟碱(2),猛杀威(1)	

3.4　初 步 结 论

3.4.1　沈阳市市售茶叶按 MRL 中国国家标准和国际主要 MRL 标准衡量的合格率

本次侦测的 70 例样品中，3 例样品未检出任何残留农药，占样品总量的 4.3%，67 例样品检出不同水平、不同种类的残留农药，占样品总量的 95.7%。在这 67 例检出农药残留的样品中：

按照 MRL 中国国家标准衡量，有 67 例样品检出残留农药但含量没有超标，占样品总数的 95.7%，无检出残留农药超标的样品；

按照 MRL 欧盟标准衡量，有 7 例样品检出残留农药但含量没有超标，占样品总数的 10.0%，有 60 例样品检出了超标农药，占样品总数的 85.7%；

按照 MRL 日本标准衡量，有 35 例样品检出残留农药但含量没有超标，占样品总数的 50.0%，有 32 例样品检出了超标农药，占样品总数的 45.7%；

按照 MRL 中国香港标准衡量，有 67 例样品检出残留农药但含量没有超标，占样品总数的 95.7%，无检出残留农药超标的样品；

按照 MRL 美国标准衡量，有 67 例样品检出残留农药但含量没有超标，占样品总数的 95.7%，无检出残留农药超标的样品；

按照 MRL CAC 标准衡量，有 67 例样品检出残留农药但含量没有超标，占样品总数的 95.7%，无检出残留农药超标的样品。

3.4.2 沈阳市市售茶叶中检出农药以中低微毒农药为主，占市场主体的 95.0%

这次侦测的 70 例茶叶样品共检出了 40 种农药，检出农药的毒性以中低微毒为主，详见表 3-21。

表 3-21 市场主体农药毒性分布

毒性	检出品种	占比	检出频次	占比
高毒农药	2	5.0%	7	2.0%
中毒农药	21	52.5%	269	76.0%
低毒农药	16	40.0%	76	21.5%
微毒农药	1	2.5%	2	0.6%
中低微毒农药，品种占比 95.0%，频次占比 98.0%				

3.4.3 检出剧毒、高毒和禁用农药现象应该警醒

在此次侦测的 70 例样品中有 3 种茶叶的 36 例样品检出了 6 种 42 频次的剧毒和高毒或禁用农药，占样品总量的 51.4%。其中高毒农药三唑磷和烟碱检出频次较高。

按 MRL 中国国家标准衡量，高毒农药按超标程度比较未超标。

剧毒、高毒或禁用农药的检出情况及按照 MRL 中国国家标准衡量的超标情况见表 3-22。

表 3-22 剧毒、高毒或禁用农药的检出及超标明细

序号	农药名称	样品名称	检出频次	超标频次	最大超标倍数	超标率
1.1	三唑磷◇▲	绿茶	4	0	0	0.0%
2.1	烟碱◇	红茶	2	0	0	0.0%
2.2	烟碱◇	花茶	1	0	0	0.0%
3.1	毒死蜱▲	绿茶	22	0	0	0.0%
3.2	毒死蜱▲	花茶	6	0	0	0.0%
3.3	毒死蜱▲	红茶	4	0	0	0.0%
4.1	氟虫腈▲	花茶	1	0	0	0.0%
5.1	硫丹▲	花茶	1	0	0	0.0%
6.1	三氯杀螨醇▲	花茶	1	0	0	0.0%
合计			42	0		0.0%

注：◇为高毒农药；▲为禁用农药；超标倍数参照 MRL 中国国家标准衡量

这些剧毒和高毒农药都是中国政府早有规定禁止在茶叶中使用的,为什么还屡次被检出,应该引起警惕。

3.4.4 残留限量标准与先进国家或地区差距较大

354 频次的检出结果与我国公布的《食品中农药最大残留限量》(GB 2763—2016)对比,有 143 频次能找到对应的 MRL 中国国家标准,占 40.4%;还有 211 频次的侦测数据无相关 MRL 标准供参考,占 59.6%。

与国际上现行 MRL 对比发现:

有 354 频次能找到对应的 MRL 欧盟标准,占 100.0%;

有 354 频次能找到对应的 MRL 日本标准,占 100.0%;

有 121 频次能找到对应的 MRL 中国香港标准,占 34.2%;

有 160 频次能找到对应的 MRL 美国标准,占 45.2%;

有 152 频次能找到对应的 MRL CAC 标准,占 42.9%。

由上可见,MRL 中国国家标准与先进国家或地区还有很大差距,我们无标准,境外有标准,这就会导致我们在国际贸易中,处于受制于人的被动地位。

3.4.5 茶叶单种样品检出 13~29 种农药残留,拷问农药使用的科学性

通过此次监测发现,绿茶、花茶和红茶是检出农药品种最多的 3 种茶叶,从中检出农药品种及频次详见表 3-23。

表 3-23 单种样品检出农药品种及频次

样品名称	样品总数	检出农药样品数	检出率	检出农药品种数	检出农药(频次)
绿茶	50	47	94.0%	29	唑虫酰胺(39),联苯菊酯(23),毒死蜱(22),氯氟氰菊酯(22),甲氧菊酯(18),虫螨腈(15),噻嗪酮(12),三异丁基磷酸盐(10),棉铃威(9),哒螨灵(8),2,6-二硝基-3-甲氧基-4-叔丁基甲苯(6),残杀威(5),丁香酚(5),二苯胺(5),虱螨脲(5),邻苯二甲酰亚胺(4),猛杀威(4),三唑磷(4),三唑醇(3),异丁子香酚(3),吡丙醚(2),联苯(2),威杀灵(2),戊唑醇(2),苯醚氰菊酯(1),丙溴磷(1),草完隆(1),芬螨酯(1),腈苯唑(1)
花茶	10	10	100.0%	27	联苯菊酯(10),炔丙菊酯(9),唑虫酰胺(8),毒死蜱(6),甲醚菊酯(6),苯醚氰菊酯(5),氯氟氰菊酯(5),虫螨腈(4),丁香酚(3),2,6-二硝基-3-甲氧基-4-叔丁基甲苯(2),芬螨酯(2),甲氧菊酯(2),氯菊酯(2),猛杀威(2),四氢吩胺(2),1,4-二甲基萘(2),4,4-二氯二苯甲酮(1),二苯胺(1),氟虫腈(1),氟螨脲(1),邻苯二甲酰亚胺(1),硫丹(1),三氯杀螨醇(1),三唑醇(1),虱螨脲(1),烟碱(1),异丁子香酚(1)
红茶	10	10	100.0%	13	联苯菊酯(9),唑虫酰胺(8),虫螨腈(7),毒死蜱(4),氯氟氰菊酯(4),噻嗪酮(2),烟碱(2),丁香酚(1),二苯胺(1),甲氧菊酯(1),猛杀威(1),棉铃威(1),戊唑醇(1)

上述 3 种茶叶,检出农药 13~29 种,是多种农药综合防治,还是未严格实施农业良好管理规范(GAP),抑或根本就是乱施药,值得我们思考。

第4章 GC-Q-TOF/MS 侦测沈阳市市售茶叶农药残留膳食暴露风险与预警风险评估

4.1 农药残留风险评估方法

4.1.1 沈阳市农药残留侦测数据分析与统计

庞国芳院士科研团队建立的农药残留高通量侦测技术以高分辨精确质量数 (0.0001 m/z 为基准)为识别标准，采用 GC-Q-TOF/MS 技术对 684 种农药化学污染物进行侦测。

科研团队于 2019 年 1 月期间在沈阳市 5 个采样点，随机采集了 70 例茶叶样品，具体位置如图 4-1 所示。

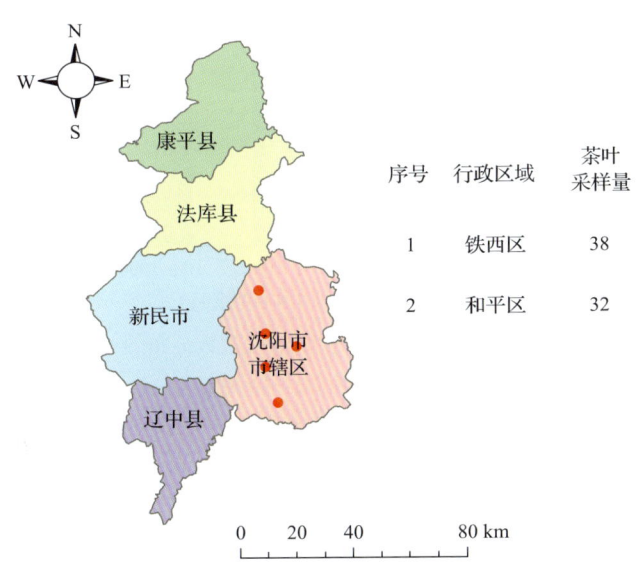

图 4-1 GC-Q-TOF/MS 侦测沈阳市 5 个采样点 70 例样品分布示意图

利用 GC-Q-TOF/MS 技术对 70 例样品中的农药进行侦测，侦测出残留农药 40 种，354 频次。侦测出农药残留水平如表 4-1 和图 4-2 所示。检出频次最高的前 10 种农药如表 4-2 所示。从检测结果中可以看出，在茶叶中农药残留普遍存在，且有些茶叶存在高浓度的农药残留，这些可能存在膳食暴露风险，对人体健康产生危害，因此，为了定量地评价茶叶中农药残留的风险程度，有必要对其进行风险评价。

表 4-1 侦测出农药的不同残留水平及其所占比例列表

残留水平(μg/kg)	检出频次	占比(%)
1~5(含)	23	6.5
5~10(含)	20	5.6
10~100(含)	195	55.1
100~1000(含)	115	32.5
>1000	1	0.3
合计	354	100

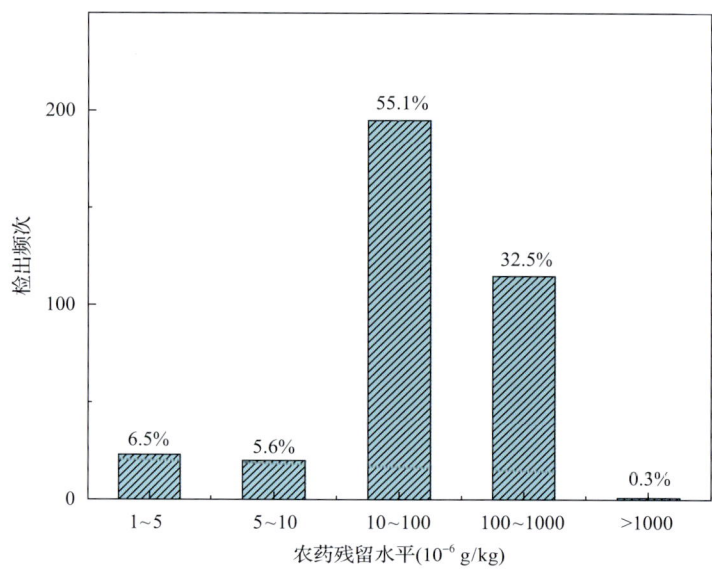

图 4-2 残留农药检出浓度频数分布图

表 4-2 检出频次最高的前 10 种农药列表

序号	农药	检出频次
1	唑虫酰胺	55
2	联苯菊酯	42
3	毒死蜱	32
4	氟氯氰菊酯	31
5	虫螨腈	23
6	甲氰菊酯	21
7	噻嗪酮	14
8	棉铃威	10
9	三异丁基磷酸盐	10
10	丁香酚	9

4.1.2 农药残留风险评价模型

对沈阳市茶叶中农药残留分别开展暴露风险评估和预警风险评估。膳食暴露风险评估利用食品安全指数模型对茶叶中的残留农药对人体可能产生的危害程度进行评价，该模型结合残留监测和膳食暴露评估评价化学污染物的危害；预警风险评价模型运用风险系数(risk index，R)，风险系数综合考虑了危害物的超标率、施检频率及其本身敏感性的影响，能直观而全面地反映出危害物在一段时间内的风险程度。

4.1.2.1 食品安全指数模型

为了加强食品安全管理，《中华人民共和国食品安全法》第二章第十七条规定"国家建立食品安全风险评估制度，运用科学方法，根据食品安全风险监测信息、科学数据以及有关信息，对食品、食品添加剂、食品相关产品中生物性、化学性和物理性危害因素进行风险评估"[1]，膳食暴露评估是食品危险度评估的重要组成部分，也是膳食安全性的衡量标准[2]。国际上最早研究膳食暴露风险评估的机构主要是JMPR(FAO、WHO农药残留联合会议)，该组织自1995年就已制定了急性毒性物质的风险评估急性毒性农药残留摄入量的预测。1960年美国规定食品中不得加入致癌物质进而提出零阈值理论，渐渐零阈值理论发展成在一定概率条件下可接受风险的概念[3]，后衍变为食品中每日允许最大摄入量(ADI)，而国际食品农药残留法典委员会(CCPR)认为ADI不是独立风险评估的唯一标准[4]，1995年JMPR开始研究农药急性膳食暴露风险评估，并对食品国际短期摄入量的计算方法进行了修正，亦对膳食暴露评估准则及评估方法进行了修正[5]，2002年，在对世界上现行的食品安全评价方法，尤其是国际公认的CAC评价方法、全球环境监测系统/食品污染监测和评估规划(WHO GEMS/Food)及FAO、WHO食品添加剂联合专家委员会(JECFA)和JMPR对食品安全风险评估工作研究的基础之上，检验检疫食品安全管理的研究人员提出了结合残留监控和膳食暴露评估，以食品安全指数IFS计算食品中各种化学污染物对消费者的健康危害程度[6]。IFS是表示食品安全状态的新方法，可有效地评价某种农药的安全性，进而评价食品中各种农药化学污染物对消费者健康的整体危害程度[7, 8]。从理论上分析，IFS_c可指出食品中的污染物c对消费者健康是否存在危害及危害的程度[9]。其优点在于操作简单且结果容易被接受和理解，不需要大量的数据来对结果进行验证，使用默认的标准假设或者模型即可[10, 11]。

1) IFS_c的计算

IFS_c计算公式如下：

$$IFS_c = \frac{EDI_c \times f}{SI_c \times bw} \tag{4-1}$$

式中，c为所研究的农药；EDI_c为农药c的实际日摄入量估算值，等于$\sum(R_i \times F_i \times E_i \times P_i)$($i$为食品种类；$R_i$为食品$i$中农药c的残留水平，mg/kg；$F_i$为食品$i$的估计日消费量，g/(人·天)；$E_i$为食品$i$的可食用部分因子；$P_i$为食品$i$的加工处理因子)；$SI_c$为安全摄入量，可采用每日允许最大摄入量ADI；bw为人平均体重，kg；f为校正因子，如果安全摄入量采用 ADI，则 f 取 1。

$IFS_c \ll 1$，农药 c 对食品安全没有影响；$IFS_c \leqslant 1$，农药 c 对食品安全的影响可以接受；$IFS_c > 1$，农药 c 对食品安全的影响不可接受。

本次评价中：

$IFS_c \leqslant 0.1$，农药 c 对茶叶安全没有影响；

$0.1 < IFS_c \leqslant 1$，农药 c 对茶叶安全的影响可以接受；

$IFS_c > 1$，农药 c 对茶叶安全的影响不可接受。

本次评价中残留水平 R_i 取值为中国检验检疫科学研究院庞国芳院士课题组利用以高分辨精确质量数（0.0001 m/z）为基准的 GC-Q-TOF/MS 侦测技术于 2019 年 1 月期间对沈阳市茶叶农药残留的侦测结果，估计日消费量 F_i 取值 0.0047 kg/(人·天)，$E_i = 1$，$P_i = 1$，$f = 1$，SI_c 采用《食品安全国家标准 食品中农药最大残留限量》（GB 2763—2016）中 ADI 值（具体数值见表 4-3），人平均体重（bw）取值 60 kg。

表 4-3 沈阳市茶叶中侦测出农药的 ADI 值

序号	农药	ADI	序号	农药	ADI	序号	农药	ADI
1	唑虫酰胺	0.006	15	三氯杀螨醇	0.002	29	威杀灵	—
2	三唑磷	0.001	16	硫丹	0.006	30	异丁子香酚	—
3	联苯菊酯	0.01	17	戊唑醇	0.03	31	棉铃威	—
4	烟碱	0.0008	18	腈苯唑	0.03	32	残杀威	—
5	噻唑酮	0.009	19	吡丙醚	0.1	33	炔丙菊酯	—
6	氯氟氰菊酯	0.02	20	氯菊酯	0.05	34	猛杀威	—
7	毒死蜱	0.01	21	二苯胺	0.08	35	甲醚菊酯	—
8	虫螨腈	0.03	22	丙溴磷	0.03	36	联苯	—
9	甲氰菊酯	0.03	23	1,4-二甲基萘	—	37	芬螨酯	—
10	哒螨灵	0.01	24	2,6-二硝基-3-甲氧基-4-叔丁基甲苯	—	38	苯醚氰菊酯	—
11	氟虫腈	0.0002	25	4,4-二氯二苯甲酮	—	39	草完隆	—
12	氟虫脲	0.04	26	丁香酚	—	40	邻苯二甲酰亚胺	—
13	三唑醇	0.03	27	三异丁基磷酸盐	—			
14	虱螨脲	0.015	28	四氢吩胺	—			

注："—"表示为国家标准中无 ADI 值规定；ADI 值单位为 mg/kg bw

2) 计算 IFS_c 的平均值 $\overline{IFS}$，评价农药对食品安全的影响程度

以 $\overline{IFS}$ 评价各种农药对人体健康危害的总程度，评价模型见公式（4-2）。

$$\overline{IFS} = \frac{\sum_{i=1}^{n} IFS_c}{n} \quad (4\text{-}2)$$

$\overline{IFS} \ll 1$，所研究消费者人群的食品安全状态很好；$\overline{IFS} \leqslant 1$，所研究消费者人群的

食品安全状态可以接受；$\overline{IFS}>1$，所研究消费者人群的食品安全状态不可接受。

本次评价中：

$\overline{IFS} \leqslant 0.1$，所研究消费者人群的茶叶安全状态很好；

$0.1 < \overline{IFS} \leqslant 1$，所研究消费者人群的茶叶安全状态可以接受；

$\overline{IFS}>1$，所研究消费者人群的茶叶安全状态不可接受。

4.1.2.2 预警风险评估模型

2003 年，我国检验检疫食品安全管理的研究人员根据 WTO 的有关原则和我国的具体规定，结合危害物本身的敏感性、风险程度及其相应的施检频率，首次提出了食品中危害物风险系数 R 的概念[12]。R 是衡量一个危害物的风险程度大小最直观的参数，即在一定时期内其超标率或阳性检出率的高低，但受其施检频率的高低及其本身的敏感性(受关注程度)影响。该模型综合考察了农药在茶叶中的超标率、施检频率及其本身敏感性，能直观而全面地反映出农药在一段时间内的风险程度[13]。

1) R 计算方法

危害物的风险系数综合考虑了危害物的超标率或阳性检出率、施检频率和其本身的敏感性影响，并能直观而全面地反映出危害物在一段时间内的风险程度。风险系数 R 的计算公式如式(4-3)：

$$R = aP + \frac{b}{F} + S \tag{4-3}$$

式中，P 为该种危害物的超标率；F 为危害物的施检频率；S 为危害物的敏感因子；a, b 分别为相应的权重系数。

本次评价中 $F=1$；$S=1$；$a=100$；$b=0.1$，对参数 P 进行计算，计算时首先判断是否为禁用农药，如果为非禁用农药，$P=$ 超标的样品数(侦测出的含量高于食品最大残留限量标准值，即 MRL)除以总样品数(包括超标、不超标、未侦测出)；如果为禁用农药，则侦测出即为超标，$P=$ 能侦测出的样品数除以总样品数。判断沈阳市茶叶农药残留是否超标的标准限值 MRL 分别以 MRL 中国国家标准[14]和 MRL 欧盟标准作为对照，具体值列于本报告附表一中。

2) 评价风险程度

$R \leqslant 1.5$，受检农药处于低度风险；

$1.5 < R \leqslant 2.5$，受检农药处于中度风险；

$R > 2.5$，受检农药处于高度风险。

4.1.2.3 食品膳食暴露风险和预警风险评估应用程序的开发

1) 应用程序开发的步骤

为成功开发膳食暴露风险和预警风险评估应用程序，与软件工程师多次沟通讨论，逐步提出并描述清楚计算需求，开发了初步应用程序。为明确出不同茶叶、不同农药、不同地域的风险水平，向软件工程师提出不同的计算需求，软件工程师对计算需求进行逐一分析，经过反复的细节沟通，需求分析得到明确后，开始进行解决方案的设计，在保证需求的完整性、一致性的前提下，编写出程序代码，最后设计出满足需求的风险评估专用计算软件，并通过一系列的软件测试和改进，完成专用程序的开发。软件开发基本步骤见图4-3。

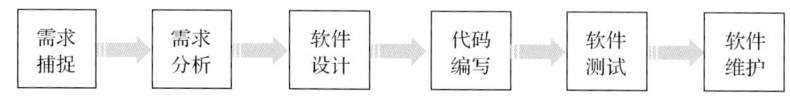

图4-3 专用程序开发总体步骤

2) 膳食暴露风险评估专业程序开发的基本要求

首先直接利用公式(4-1)，分别计算LC-Q-TOF/MS和GC-Q-TOF/MS仪器侦测出的各茶叶样品中每种农药IFS_c，将结果列出。为考察超标农药和禁用农药的使用安全性，分别以我国《食品安全国家标准 食品中农药最大残留限量》(GB 2763—2016)和欧盟食品中农药最大残留限量(以下简称MRL中国国家标准和MRL欧盟标准)为标准，对侦测出的禁用农药和超标的非禁用农药IFS_c单独进行评价；按IFS_c大小列表，并找出IFS_c值排名前20的样本重点关注。

对不同茶叶i中每一种侦测出的农药c的安全指数进行计算，多个样品时求平均值。按农药种类，计算整个监测时间段内每种农药的IFS_c，不区分茶叶种类。

3) 预警风险评估专业程序开发的基本要求

分别以MRL中国国家标准和MRL欧盟标准，按公式(4-3)逐个计算不同茶叶、不同农药的风险系数，禁用农药和非禁用农药分别列表。

为清楚了解各种农药的预警风险，不分时间，不分茶叶，按禁用农药和非禁用农药分类，分别计算各种侦测出农药全部检测时段内风险系数。由于有MRL中国国家标准的农药种类太少，无法计算超标数，非禁用农药的风险系数只以MRL欧盟标准为标准，进行计算。

4) 风险程度评价专业应用程序的开发方法

采用Python计算机程序设计语言，Python是一个高层次地结合了解释性、编译性、互动性和面向对象的脚本语言。风险评价专用程序主要功能包括：分别读入每例样品LC-Q-TOF/MS和GC-Q-TOF/MS农药残留检测数据，根据风险评价工作要求，依次对不同农药、不同食品、不同时间、不同采样点的IFS_c值和R值分别进行数据计算，筛选出禁用农药、超标农药(分别与MRL中国国家标准、MRL欧盟标准限值进行对比)单独重点分析，再分别对各农药、各茶叶种类分类处理，设计出计算和排序程序，编写计算机代码，最后将生成的膳食暴露风险评估和超标风险评估定量计算结果列入设计好的各个表格中，并定性判断风险对目标的影响程度，直接用文字描述风险发生的高低，如"不可接受"、"可以接受"、"没有影响"、"高度风险"、"中度风险"、"低度风险"。

4.2 GC-Q-TOF/MS 侦测沈阳市市售茶叶农药残留膳食暴露风险评估

4.2.1 每例茶叶样品中农药残留安全指数分析

基于 2019 年 1 月的农药残留侦测数据，发现在 70 例样品中侦测出农药 354 频次，计算样品中每种残留农药的安全指数 IFS_c，并分析农药对样品安全的影响程度，结果详见附表二，农药残留对茶叶样品安全的影响程度频次分布情况如图 4-4 所示。

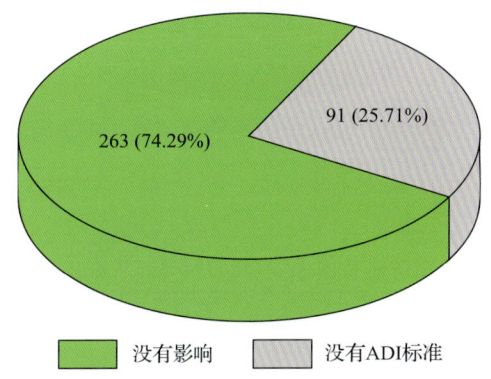

图 4-4　农药残留对茶叶样品安全的影响程度频次分布图

由图 4-4 可以看出，农药残留对样品安全的没有影响的频次为 263，占 74.29%。

部分样品侦测出禁用农药 5 种 39 频次，为了明确残留的禁用农药对样品安全的影响，分析侦测出禁用农药残留的样品安全指数，禁用农药残留对茶叶样品安全的影响程度频次分布情况如图 4-5 所示，农药残留对样品安全没有影响的频次为 39，占 100%。

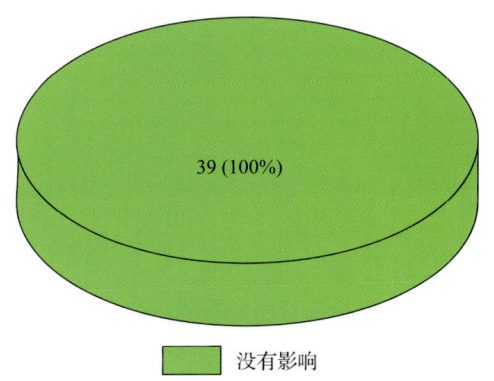

图 4-5　禁用农药对茶叶样品安全影响程度的频次分布图

此外，本次侦测发现部分样品中非禁用农药残留量超过了 MRL 欧盟标准，为了明确超标的非禁用农药对样品安全的影响，分析了非禁用农药残留超标的样品安全指数。

残留量超过 MRL 欧盟标准的非禁用农药对茶叶样品安全的影响程度频次分布情况如图 4-6 所示。可以看出超过 MRL 欧盟标准的非禁用农药共 165 频次，其中农药没有 ADI 的频次为 68，占 41.21%；农药残留对样品安全没有影响的频次为 97，占 58.79%。表 4-4 为茶叶样品中安全指数排名前 10 的残留超标非禁用农药列表。

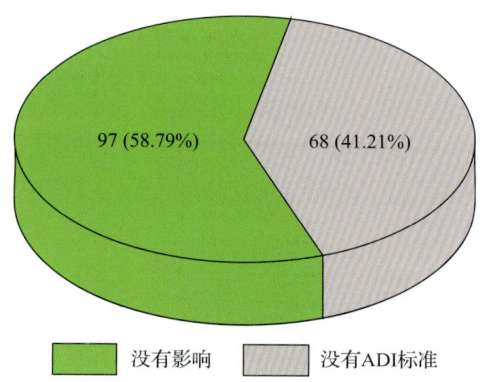

图 4-6 残留超标的非禁用农药对茶叶样品安全的影响程度频次分布图(MRL 欧盟标准)

表 4-4 茶叶样品中安全指数排名前 10 的残留超标非禁用农药列表(MRL 欧盟标准)

序号	样品编号	采样点	基质	农药	含量(mg/kg)	欧盟标准	IFS_c	影响程度
1	20190130-210100-QHDCIQ-GT-05R	***超市(大天地店)	绿茶	唑虫酰胺	1.3368	0.01	1.75×10^{-2}	没有影响
2	20190130-210100-QHDCIQ-GT-01E	***超市(金牛店)	绿茶	唑虫酰胺	0.8603	0.01	1.12×10^{-2}	没有影响
3	20190130-210100-QHDCIQ-GT-03C	***超市(太原街店)	绿茶	唑虫酰胺	0.7894	0.01	1.03×10^{-2}	没有影响
4	20190130-210100-QHDCIQ-GT-05K	***超市(大天地店)	绿茶	唑虫酰胺	0.6894	0.01	9.00×10^{-3}	没有影响
5	20190130-210100-QHDCIQ-BT-03C	***超市(太原街店)	红茶	唑虫酰胺	0.6693	0.01	8.74×10^{-3}	没有影响
6	20190130-210100-QHDCIQ-GT-03L	***超市(太原街店)	绿茶	唑虫酰胺	0.5413	0.01	7.07×10^{-3}	没有影响
7	20190130-210100-QHDCIQ-GT-01A	***超市(金牛店)	绿茶	唑虫酰胺	0.5288	0.01	6.90×10^{-3}	没有影响
8	20190130-210100-QHDCIQ-GT-05L	***超市(大天地店)	绿茶	唑虫酰胺	0.4791	0.01	6.25×10^{-3}	没有影响
9	20190130-210100-QHDCIQ-GT-03N	***超市(太原街店)	绿茶	唑虫酰胺	0.4665	0.01	6.09×10^{-3}	没有影响
10	20190130-210100-QHDCIQ-GT-03H	***超市(太原街店)	绿茶	唑虫酰胺	0.4465	0.01	5.83×10^{-3}	没有影响

4.2.2 单种茶叶中农药残留安全指数分析

本次 3 种茶叶侦测 40 种农药，检出频次为 354 次，其中 18 种农药没有 ADI，22 种农药存在 ADI 标准。3 种茶叶按不同种类分别计算侦测出的具有 ADI 标准的各种农药的

IFS$_c$值，农药残留对茶叶的安全指数分布图如图4-7所示。

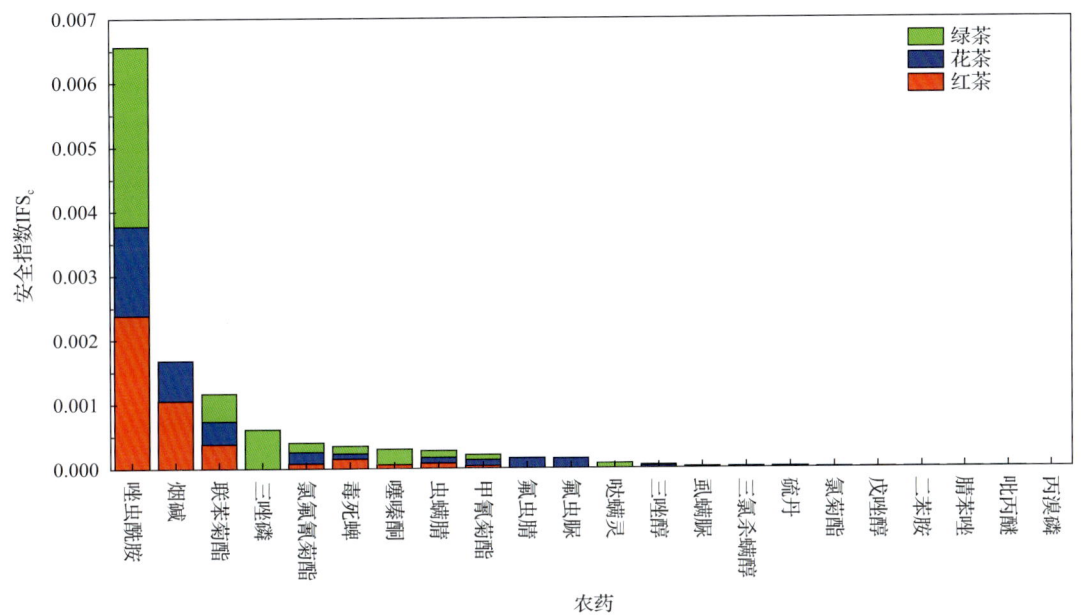

图4-7　3种茶叶中22种残留农药的安全指数分布图

本次侦测中，3种茶叶和40种残留农药(包括没有ADI)共涉及69个分析样本，农药对单种茶叶安全的影响程度分布情况如图4-8所示。可以看出，59.42%的样本中农药对茶叶安全没有影响。

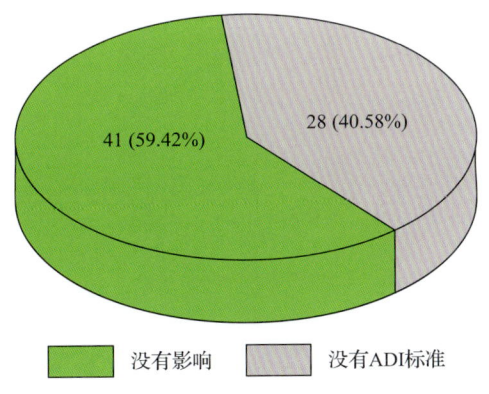

图4-8　69个分析样本的影响程度频次分布图

4.2.3　所有茶叶中农药残留安全指数分析

计算所有茶叶中22种农药的IFS$_c$值，结果如图4-9及表4-5所示。

分析发现，所有农药的IFS$_c$均小于1，即所有农药对茶叶安全的影响程度均为没有影响，说明茶叶中残留的农药不会对茶叶安全造成影响。

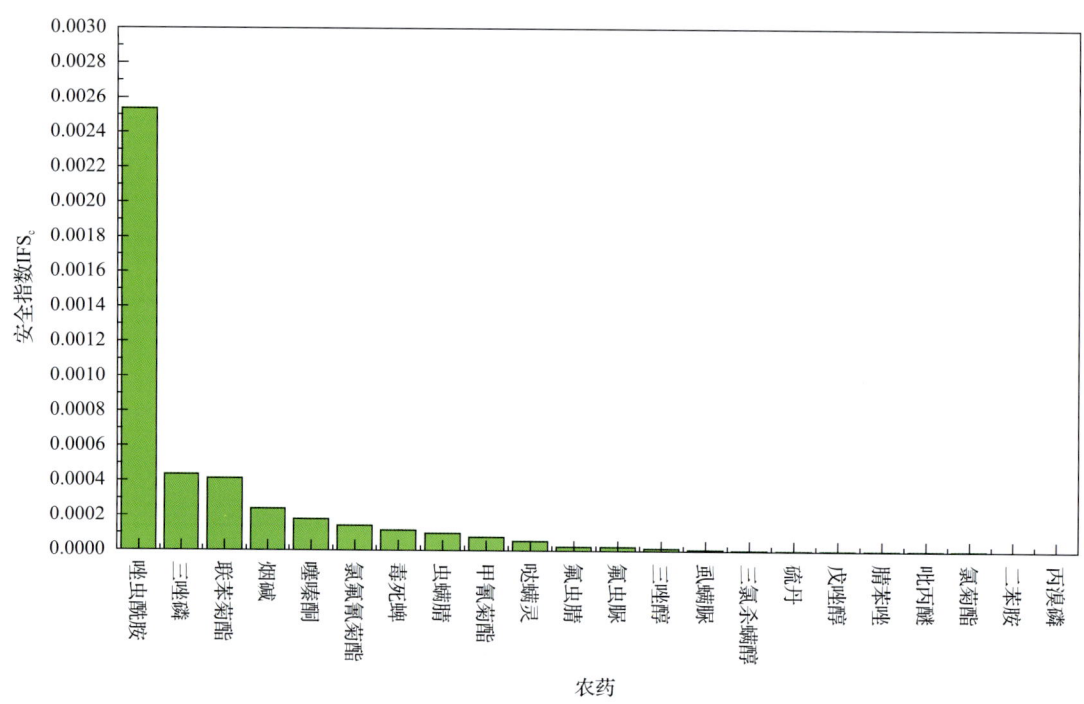

图 4-9 22 种残留农药对茶叶的安全影响程度统计图

表 4-5 茶叶中 22 种农药残留的安全指数表

序号	农药	检出频次	检出率(%)	IFS_c	影响程度	序号	农药	检出频次	检出率(%)	IFS_c	影响程度
1	唑虫酰胺	55	78.57	2.53×10^{-3}	没有影响	12	氟虫脲	1	1.43	2.19×10^{-5}	没有影响
2	三唑磷	4	5.71	4.36×10^{-4}	没有影响	13	三唑醇	4	1.43	1.42×10^{-5}	没有影响
3	联苯菊酯	42	60.00	4.13×10^{-4}	没有影响	14	虱螨脲	6	5.71	7.51×10^{-6}	没有影响
4	烟碱	3	4.29	2.40×10^{-4}	没有影响	15	三氯杀螨醇		8.57	2.74×10^{-6}	没有影响
5	噻嗪酮	14	20.00	1.80×10^{-4}	没有影响	16	硫丹	1	1.43	2.48×10^{-6}	没有影响
6	氯氟氰菊酯	31	44.29	1.41×10^{-4}	没有影响	17	戊唑醇	3	1.43	2.07×10^{-6}	没有影响
7	毒死蜱	32	45.71	1.16×10^{-4}	没有影响	18	腈苯唑	1	4.29	1.53×10^{-6}	没有影响
8	虫螨腈	23	32.86	9.89×10^{-5}	没有影响	19	吡丙醚	2	1.43	1.36×10^{-6}	没有影响
9	甲氰菊酯	21	30.00	7.64×10^{-5}	没有影响	20	氯菊酯	2	2.86	1.28×10^{-6}	没有影响
10	哒螨灵	8	11.43	5.47×10^{-5}	没有影响	21	二苯胺	7	2.86	7.33×10^{-7}	没有影响
11	氟虫腈	1	1.43	2.29×10^{-5}	没有影响	22	丙溴磷	1	10.00	4.48×10^{-8}	没有影响

4.3 GC-Q-TOF/MS 侦测沈阳市市售茶叶农药残留预警风险评估

基于沈阳市茶叶样品中农药残留 GC-Q-TOF/MS 侦测数据，分析禁用农药的检出率，同时参照中华人民共和国国家标准 GB 2763—2016 和欧盟农药最大残留限量（MRL）标准分析非禁用农药残留的超标率，并计算农药残留风险系数。分析单种茶叶中农药残留以及所有茶叶中农药残留的风险程度。

4.3.1 单种茶叶中农药残留风险系数分析

4.3.1.1 单种茶叶中禁用农药残留风险系数分析

侦测出的 40 种残留农药中有 5 种为禁用农药，且它们分布在 3 种茶叶，计算 3 种茶叶中禁用农药的检出率，根据检出率计算风险系数 R，进而分析茶叶中禁用农药的风险程度，结果如图 4-10 与表 4-6 所示。分析发现 5 种禁用农药在 3 种茶叶中的残留处均于高度风险。

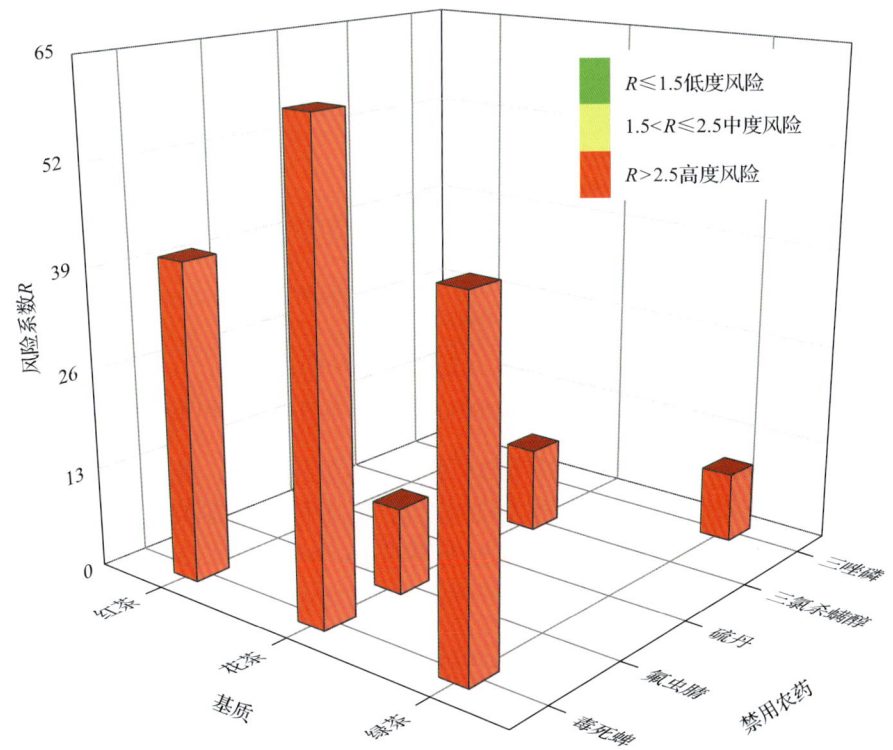

图 4-10 3 种茶叶中 5 种禁用农药的风险系数分布图

表 4-6　3 种茶叶中 5 种禁用农药的风险系数列表

序号	基质	农药	检出频次	检出率(%)	风险系数 R	风险程度
1	绿茶	三唑磷	4	8	9.10	高度风险
2	绿茶	毒死蜱	22	44	45.10	高度风险
3	花茶	三氯杀螨醇	1	10	11.10	高度风险
4	花茶	毒死蜱	6	60	61.10	高度风险
5	花茶	氟虫腈	1	10	11.10	高度风险
6	花茶	硫丹	1	10	11.10	高度风险
7	红茶	毒死蜱	4	40	41.10	高度风险

4.3.1.2　基于 MRL 中国国家标准的单种茶叶中非禁用农药残留风险系数分析

参照中华人民共和国国家标准 GB 2763—2016 中农药残留限量计算每种茶叶中每种非禁用农药的超标率，进而计算其风险系数，根据风险系数大小判断残留农药的预警风险程度，茶叶中非禁用农药残留风险程度分布情况如图 4-11 所示。

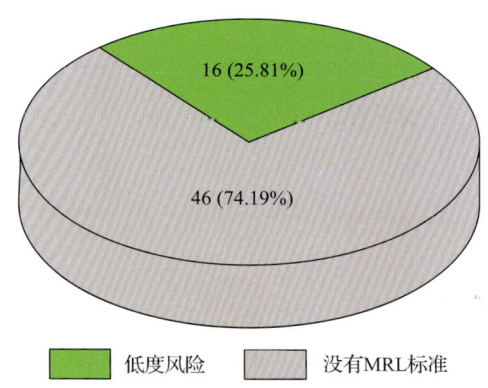

图 4-11　茶叶中非禁用农药残留的风险程度分布图(MRL 中国国家标准)

本次分析中，发现在 3 种茶叶检出 35 种残留非禁用农药，涉及样本 62 个，在 62 个样本中，25.81%处于低度风险，此外发现其余有 46 个样本没有 MRL 中国国家标准值，无法判断其风险程度，有 MRL 中国国家标准值的 16 个样本涉及 3 种茶叶中的 7 种非禁用农药，其风险系数 R 值如图 4-12 所示。

4.3.1.3　基于 MRL 欧盟标准的单种茶叶中非禁用农药残留风险系数分析

参照 MRL 欧盟标准计算每种茶叶中每种非禁用农药的超标率，进而计算其风险系数，根据风险系数大小判断农药残留的预警风险程度，茶叶中非禁用农药残留风险程度分布情况如图 4-13 所示。

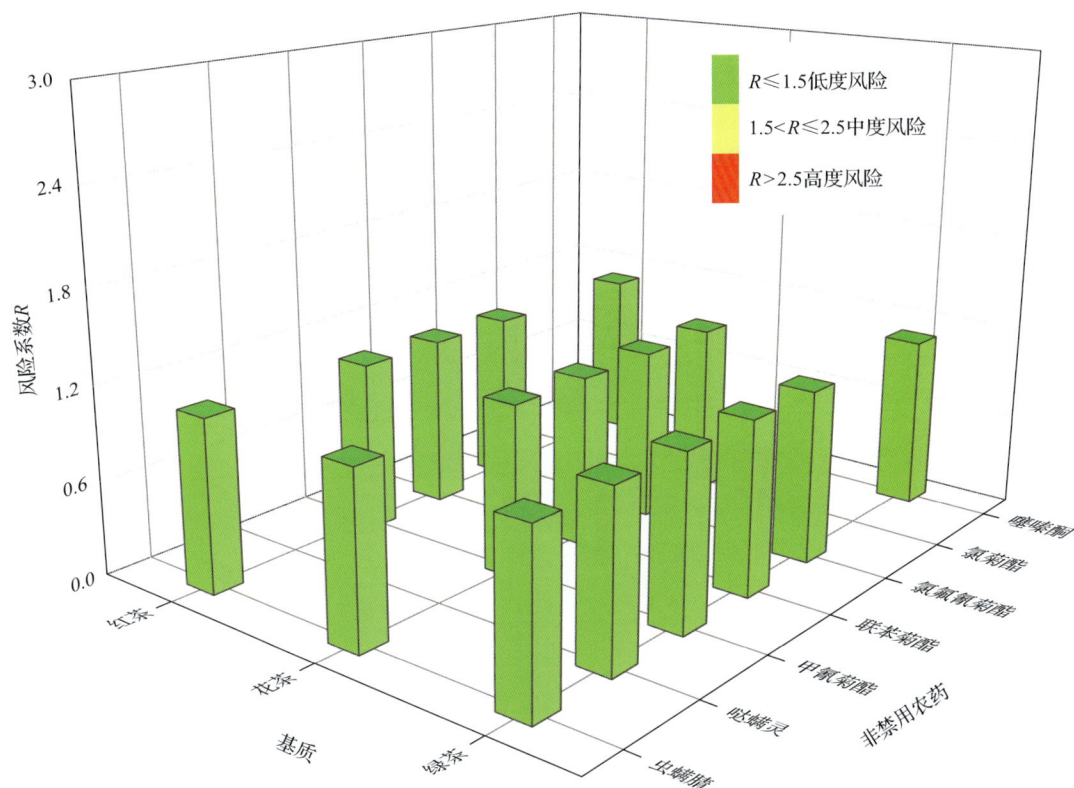

图 4-12　3 种茶叶中 7 种非禁用农药的风险系数分布图（MRL 中国国家标准）

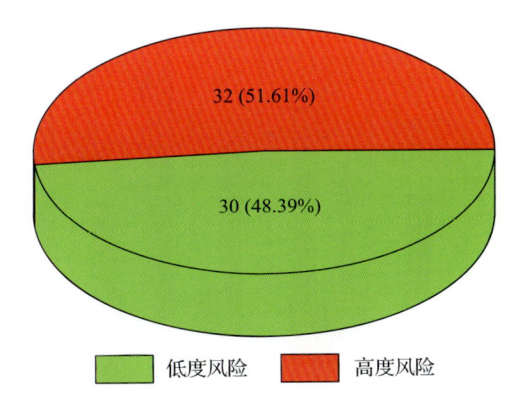

图 4-13　茶叶中非禁用农药残留的风险程度分布图（MRL 欧盟标准）

本次分析中，发现在 3 种茶叶中共侦测出 35 种非禁用农药，涉及样本 62 个，其中，51.61%处于高度风险，涉及 3 种茶叶和 19 种农药；48.39%处于低度风险，涉及 3 种茶叶和 19 种农药。单种茶叶中的非禁用农药风险系数分布图如图 4-14 所示。单种茶叶中处于高度风险的非禁用农药风险系数如图 4-15 和表 4-7 所示。

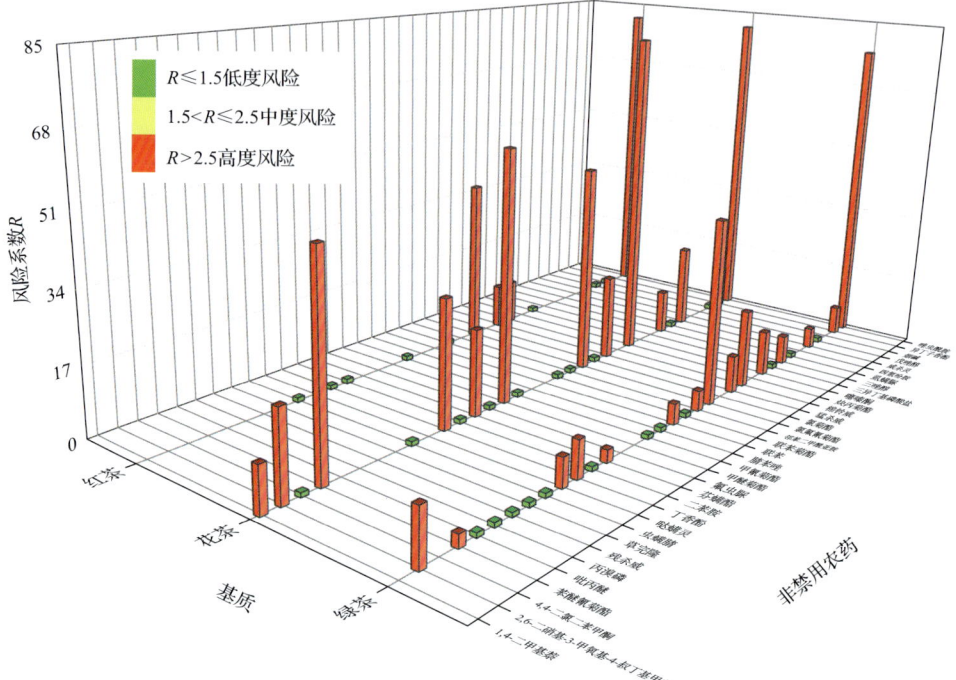

图 4-14 3 种茶叶中 35 种非禁用农药残留的风险系数图（MRL 欧盟标准）

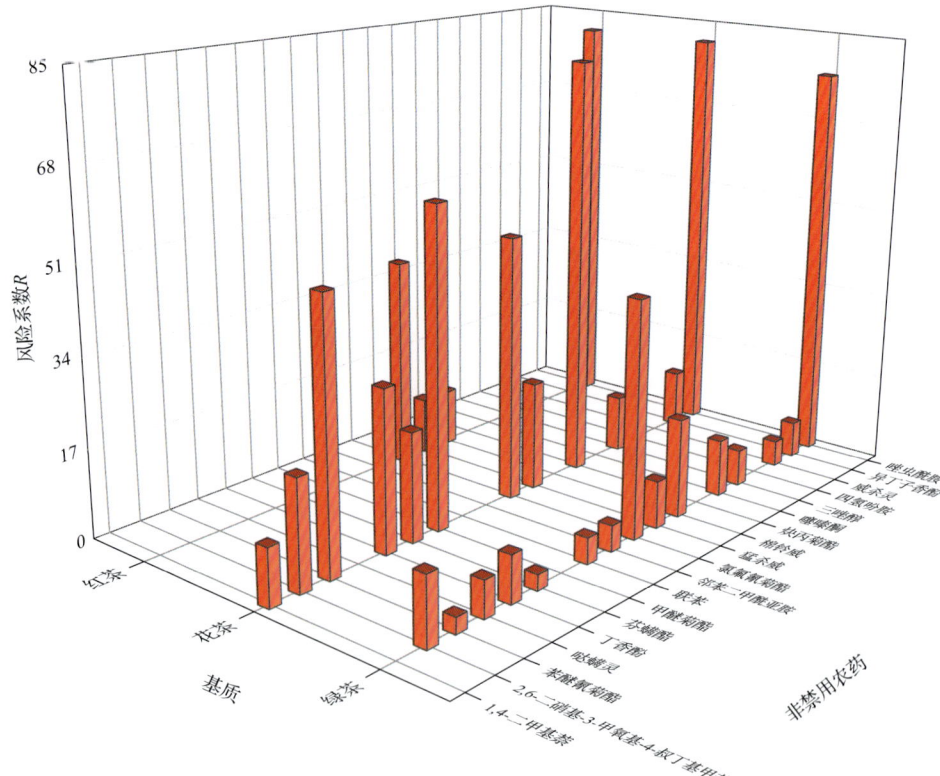

图 4-15 单种茶叶中处于高度风险的非禁用农药的风险系数图（MRL 欧盟标准）

表 4-7　单种茶叶中处于高度风险的非禁用农药的风险系数表（**MRL** 欧盟标准）

序号	基质	农药	超标频次	超标率 P(%)	风险系数 R
1	红茶	唑虫酰胺	8	80	81.10
2	花茶	唑虫酰胺	8	80	81.10
3	花茶	炔丙菊酯	8	80	81.10
4	绿茶	唑虫酰胺	38	76	77.10
5	花茶	甲醚菊酯	6	60	61.10
6	花茶	氯氟氰菊酯	5	50	51.10
7	花茶	苯醚氰菊酯	5	50	51.10
8	绿茶	氯氟氰菊酯	22	44	45.10
9	红茶	氯氟氰菊酯	4	40	41.10
10	花茶	丁香酚	3	30	31.10
11	花茶	2,6-二硝基-3-甲氧基-4-叔丁基甲苯	2	20	21.10
12	花茶	四氢吩胺	2	20	21.10
13	花茶	猛杀威	2	20	21.10
14	花茶	芬螨酯	2	20	21.10
15	绿茶	棉铃威	9	18	19.10
16	绿茶	2,6-二硝基-3-甲氧基-4-叔丁基甲苯	6	12	13.10
17	红茶	棉铃威	1	10	11.10
18	红茶	猛杀威	1	10	11.10
19	绿茶	噻嗪酮	5	10	11.10
20	花茶	1,4-二甲基萘	1	10	11.10
21	花茶	三唑醇	1	10	11.10
22	花茶	异丁子香酚	1	10	11.10
23	绿茶	丁香酚	4	8	9.10
24	绿茶	猛杀威	4	8	9.10
25	绿茶	三唑醇	3	6	7.10
26	绿茶	哒螨灵	3	6	7.10
27	绿茶	异丁子香酚	3	6	7.10
28	绿茶	威杀灵	2	4	5.10
29	绿茶	联苯	2	4	5.10
30	绿茶	邻苯二甲酰亚胺	2	4	5.10
31	绿茶	芬螨酯	1	2	3.10
32	绿茶	苯醚氰菊酯	1	2	3.10

4.3.2 所有茶叶中农药残留风险系数分析

4.3.2.1 所有茶叶中禁用农药残留风险系数分析

在侦测出的 40 种农药中有 5 种为禁用农药，计算所有茶叶中禁用农药的风险系数，结果如表 4-8 所示。五种禁用农药毒死蜱、三唑磷、三氯杀螨醇、氟虫腈和硫丹均处于高度风险。

表 4-8 茶叶中 5 种禁用农药的风险系数表

序号	农药	检出频次	检出率(%)	风险系数 R	风险程度
1	毒死蜱	32	45.71	46.81	高度风险
2	三唑磷	4	5.71	6.81	高度风险
3	三氯杀螨醇	1	1.43	2.53	高度风险
4	氟虫腈	1	1.43	2.53	高度风险
5	硫丹	1	1.43	2.53	高度风险

4.3.2.2 所有茶叶中非禁用农药残留风险系数分析

参照 MRL 欧盟标准计算所有茶叶中每种非禁用农药残留的风险系数，如图 4-16 与表 4-9 所示。在侦测出的 35 种非禁用农药中，19 种农药(54.29%)残留处于高度风险，16 种农药(45.71%)残留处于低度风险。

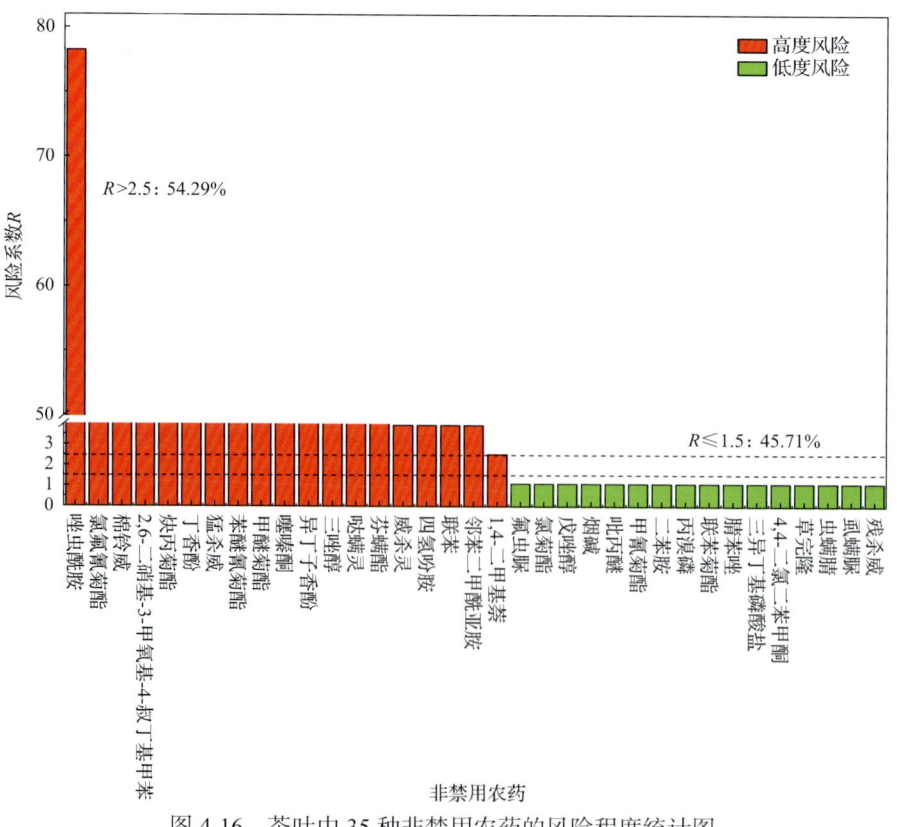

图 4-16 茶叶中 35 种非禁用农药的风险程度统计图

表 4-9 茶叶中 35 种非禁用农药的风险系数表

序号	农药	超标频次	超标率 P(%)	风险系数 R	风险程度
1	啶虫酰胺	54	77.14	78.24	高度风险
2	氯氟氰菊酯	31	44.29	45.39	高度风险
3	棉铃威	10	14.29	15.39	高度风险
4	2,6-二硝基-3-甲氧基-4-叔丁基甲苯	8	11.43	12.53	高度风险
5	炔丙菊酯	8	11.43	12.53	高度风险
6	丁香酚	7	10.00	11.10	高度风险
7	猛杀威	7	10.00	11.10	高度风险
8	苯醚氰菊酯	6	8.57	9.67	高度风险
9	甲醚菊酯	6	8.57	9.67	高度风险
10	噻嗪酮	5	7.14	8.24	高度风险
11	异丁子香酚	4	5.71	6.81	高度风险
12	三唑醇	4	5.71	6.81	高度风险
13	哒螨灵	3	4.29	5.39	高度风险
14	芬螨酯	3	4.29	5.39	高度风险
15	威杀灵	2	2.86	3.96	高度风险
16	四氢吩胺	2	2.86	3.96	高度风险
17	联苯	2	2.86	3.96	高度风险
18	邻苯二甲酰亚胺	2	2.86	3.96	高度风险
19	1,4-二甲基萘	1	1.43	2.53	高度风险
20	氟虫脲	0	0	1.10	低度风险
21	氯菊酯	0	0	1.10	低度风险
22	戊唑醇	0	0	1.10	低度风险
23	烟碱	0	0	1.10	低度风险
24	吡丙醚	0	0	1.10	低度风险
25	甲氰菊酯	0	0	1.10	低度风险
26	二苯胺	0	0	1.10	低度风险
27	丙溴磷	0	0	1.10	低度风险
28	联苯菊酯	0	0	1.10	低度风险
29	腈苯唑	0	0	1.10	低度风险
30	三异丁基磷酸盐	0	0	1.10	低度风险
31	4,4-二氯二苯甲酮	0	0	1.10	低度风险
32	草完隆	0	0	1.10	低度风险
33	虫螨腈	0	0	1.10	低度风险
34	虱螨脲	0	0	1.10	低度风险
35	残杀威	0	0	1.10	低度风险

4.4 GC-Q-TOF/MS 侦测沈阳市市售茶叶农药残留风险评估结论与建议

农药残留是影响茶叶安全和质量的主要因素，也是我国食品安全领域备受关注的敏感话题和亟待解决的重大问题之一[15,16]。各种茶叶均存在不同程度的农药残留现象，本研究主要针对沈阳市各类茶叶存在的农药残留问题，基于 2019 年 1 月对沈阳市 70 例茶叶样品中农药残留侦测得出的 354 个侦测结果，分别采用食品安全指数模型和风险系数模型，开展茶叶中农药残留的膳食暴露风险和预警风险评估。茶叶样品取自超市和茶叶专营店，符合大众的膳食来源，风险评价时更具有代表性和可信度。

本研究力求通用简单地反映食品安全中的主要问题，且为管理部门和大众容易接受，为政府及相关管理机构建立科学的食品安全信息发布和预警体系提供科学的规律与方法，加强对农药残留的预警和食品安全重大事件的预防，控制食品风险。

4.4.1 沈阳市茶叶中农药残留膳食暴露风险评价结论

1) 茶叶样品中农药残留安全状态评价结论

采用食品安全指数模型，对 2019 年 1 月期间沈阳市茶叶农药残留膳食暴露风险进行评价，根据 IFS_c 的计算结果发现，茶叶中农药的 $\overline{IFS}$ 为 1.99×10^{-4}，说明沈阳市茶叶总体处于可以接受的安全状态，但部分禁用农药、高残留农药在茶叶中仍有侦测出，导致膳食暴露风险的存在，成为不安全因素。

2) 禁用农药膳食暴露风险评价

本次检测发现部分茶叶样品中有禁用农药侦测出，侦测出禁用农药 5 种，侦测出频次为 39，茶叶样品中的禁用农药 IFS_c 计算结果表明，禁用农药残留膳食暴露风险没有影响的频次为 39，占 100%。

4.4.2 沈阳市茶叶中农药残留预警风险评价结论

1) 单种茶叶中禁用农药残留的预警风险评价结论

本次检测过程中，在 3 种茶叶中检测出 5 种禁用农药，禁用农药为：毒死蜱、三唑磷、三氯杀螨醇、硫丹、氟虫腈，茶叶为：红茶、绿茶、花茶，茶叶中禁用农药的风险系数分析结果显示，5 种禁用农药在 3 种茶叶中的残留均处于高度风险，说明在单种茶叶中禁用农药的残留会导致较高的预警风险。

2) 单种茶叶中非禁用农药残留的预警风险评价结论

以 MRL 中国国家标准为标准，计算茶叶中非禁用农药风险系数情况下，62 个样本中，16 个处于低度风险(25.81%)，46 个样本没有 MRL 中国国家标准(74.19%)。以 MRL 欧盟标准为标准，计算茶叶中非禁用农药风险系数情况下，发现有 32 个处于高度风险

(51.61%)，30 个处于低度风险(48.39%)。基于两种 MRL 标准，评价的结果差异显著，可以看出 MRL 欧盟标准比中国国家标准更加严格和完善，过于宽松的 MRL 中国国家标准值能否有效保障人体的健康有待研究。

4.4.3 加强沈阳市茶叶食品安全建议

我国食品安全风险评价体系仍不够健全，相关制度不够完善，多年来，由于农药用药次数多、用药量大或用药间隔时间短，产品残留量大，农药残留所造成的食品安全问题日益严峻，给人体健康带来了直接或间接的危害。据估计，美国与农药有关的癌症患者数约占全国癌症患者总数的 50%，中国更高。同样，农药对其他生物也会形成直接杀伤和慢性危害，植物中的农药可经过食物链逐级传递并不断蓄积，对人和动物构成潜在威胁，并影响生态系统。

基于本次农药残留侦测数据的风险评价结果，提出以下几点建议：

1) 加快食品安全标准制定步伐

我国食品标准中对农药每日允许最大摄入量 ADI 的数据严重缺乏，在本次评价所涉及的 40 种农药中，仅有 55%的农药具有 ADI 值，而 45%的农药中国尚未规定相应的 ADI 值，亟待完善。

我国食品中农药最大残留限量值的规定严重缺乏，对评估涉及的不同茶叶中不同农药 69 个 MRL 限值进行统计来看，我国仅制定出 18 个标准，我国标准完整率仅为 26.09%，欧盟的完整率达到 100%（表 4-10）。因此，中国更应加快 MRL 的制定步伐。

表 4-10　我国国家食品标准农药的 ADI、MRL 值与欧盟标准的数量差异

分类		中国 ADI	MRL 中国国家标准	MRL 欧盟标准
标准限值(个)	有	22	18	69
	无	18	51	0
总数(个)		40	69	69
无标准限值比例(%)		45	73.91	0

此外，MRL 中国国家标准限值普遍高于欧盟标准限值，这些标准中共有 10 个高于欧盟。过高的 MRL 值难以保障人体健康，建议继续加强对限值基准和标准的科学研究，将农产品中的危险性减少到尽可能低的水平。

2) 加强农药的源头控制和分类监管

在沈阳市某些茶叶中仍有禁用农药残留，利用 GC-Q-TOF/MS 技术侦测出 5 种禁用农药，检出频次为 39 次，残留禁用农药均存在较大的膳食暴露风险和预警风险。早已列入黑名单的禁用农药在我国并未真正退出，有些药物由于价格便宜、工艺简单，此类高毒农药一直生产和使用。建议在我国采取严格有效的控制措施，从源头控制禁用农药。

对于非禁用农药，在我国作为"田间地头"最典型单位的县级茶叶产地中，农药残留的检测几乎缺失。建议根据农药的毒性，对高毒、剧毒、中毒农药实现分类管理，减少使用高毒和剧毒高残留农药，进行分类监管。

3）加强农药生物基准和降解技术研究

市售茶叶中残留农药的品种多、频次高、禁用农药多次检出这一现状，说明了我国的田间土壤和水体因农药长期、频繁、不合理的使用而遭到严重污染。为此，建议中国相关部门出台相关政策，鼓励高校及科研院所积极开展分子生物学、酶学等研究，加强土壤、水体中残留农药的生物修复及降解新技术研究，切实加大农药监管力度，以控制农药的面源污染问题。

综上所述，在本工作基础上，根据茶叶残留危害，可进一步针对其成因提出和采取严格管理、大力推广无公害茶叶种植与生产、健全食品安全控制技术体系、加强茶叶质量检测体系建设和积极推行茶叶质量追溯制度等相应对策。建立和完善食品安全综合评价指数与风险监测预警系统，对食品安全进行实时、全面的监控与分析，为我国的食品安全科学监管与决策提供新的技术支持，可实现各类检验数据的信息化系统管理，降低食品安全事故的发生。

长春市

第 5 章 LC-Q-TOF/MS 侦测长春市 110 例市售茶叶样品农药残留报告

从长春市所属 2 个区,随机采集了 110 例茶叶样品,使用液相色谱-四极杆飞行时间质谱(LC-Q-TOF/MS)对 825 种农药化学污染物示范侦测(7 种负离子模式 ESI 未涉及)。

5.1 样品种类、数量与来源

5.1.1 样品采集与检测

为了真实反映百姓日常饮用的茶叶中农药残留污染状况,本次所有检测样品均由检验人员于 2019 年 3 月期间,从长春市所属 5 个采样点,包括 1 个茶叶专营店 4 个超市,以随机购买方式采集,总计 5 批 110 例样品,从中检出农药 33 种,319 频次。采样及监测概况见表 5-1 及图 5-1,样品及采样点明细见表 5-2 及表 5-3(侦测原始数据见附表 1)。

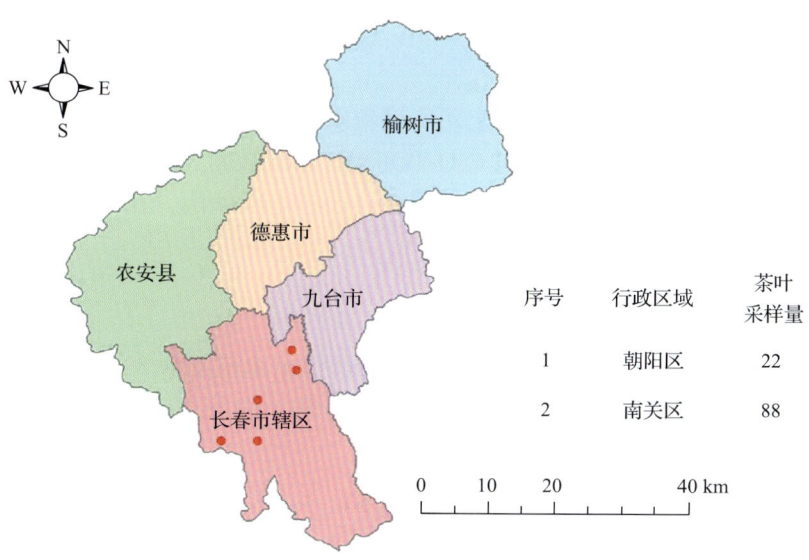

图 5-1 长春市所属 5 个采样点 110 例样品分布图

表 5-1 农药残留监测总体概况

采样行政区域	长春市所属 2 个区
采样点(茶叶专营店+超市)	5
样本总数	110
检出农药品种/频次	33/319
各采样点样本农药残留检出率范围	82.4%~100.0%

表 5-2 样品分类及数量

样品分类	样品名称(数量)	数量小计
1. 茶叶		110
1) 发酵类茶叶	红茶(20), 乌龙茶(20)	40
2) 未发酵类茶叶	花茶(20), 绿茶(50)	70
合计	1.茶叶 4 种	110

表 5-3 长春市采样点信息

采样点序号	行政区域	采样点
茶叶专营店(1)		
1	南关区	***茶叶店
超市(4)		
1	朝阳区	***超市(红旗店)
2	朝阳区	***超市(前进广场店)
3	朝阳区	***超市(红旗街店)
4	南关区	***超市(***购物公园店)

5.1.2 检测结果

这次使用的检测方法是庞国芳院士团队最新研发的不需使用标准品对照,而以高分辨精确质量数(0.0001 m/z)为基准的 LC-Q-TOF/MS 检测技术,对于 110 例样品,每个样品均侦测了 825 种农药化学污染物的残留现状。通过本次侦测,在 110 例样品中共计检出农药化学污染物 33 种,检出 319 频次。

5.1.2.1 各采样点样品检出情况

统计分析发现 5 个采样点中,被测样品的农药检出率范围为 82.4%~100.0%。其中,***超市(红旗店)和***超市(红旗街店)的检出率最高,均为 100.0%。***超市(***购物公园店)的检出率最低,为 82.4%,见图 5-2。

5.1.2.2 检出农药的品种总数与频次

统计分析发现,对于 110 例样品中 825 种农药化学污染物的侦测,共检出农药 319 频次,涉及农药 33 种,结果如图 5-3 所示。其中避蚊胺检出频次最高,共检出 75 次。检出频次排名前 10 的农药如下,①避蚊胺(75),②噻嗪酮(52),③啶虫脒(43),④哒螨灵(28),⑤扑草净(21),⑥甲哌(14),⑦苯醚甲环唑(10),⑧吡丙醚(7),⑨毒死蜱(7),⑩噻虫嗪(7)。

由图 5-4 可见,绿茶、乌龙茶和红茶这 3 种茶叶样品中检出的农药品种数较高,均超过 15 种,其中,绿茶检出农药品种最多,为 23 种。由图 5-5 可见,绿茶、乌龙茶和红茶这 3 种茶叶样品中的农药检出频次较高,均超过 50 次,其中,绿茶检出农药频次最高,为 167 次。

第 5 章　LC-Q-TOF/MS 侦测长春市 110 例市售茶叶样品农药残留报告

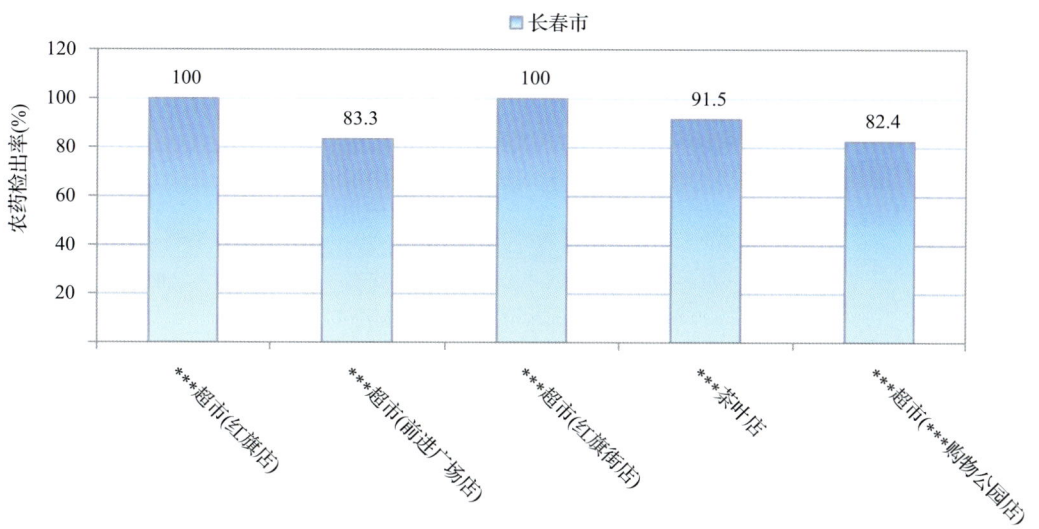

图 5-2　各采样点样品中的农药检出率

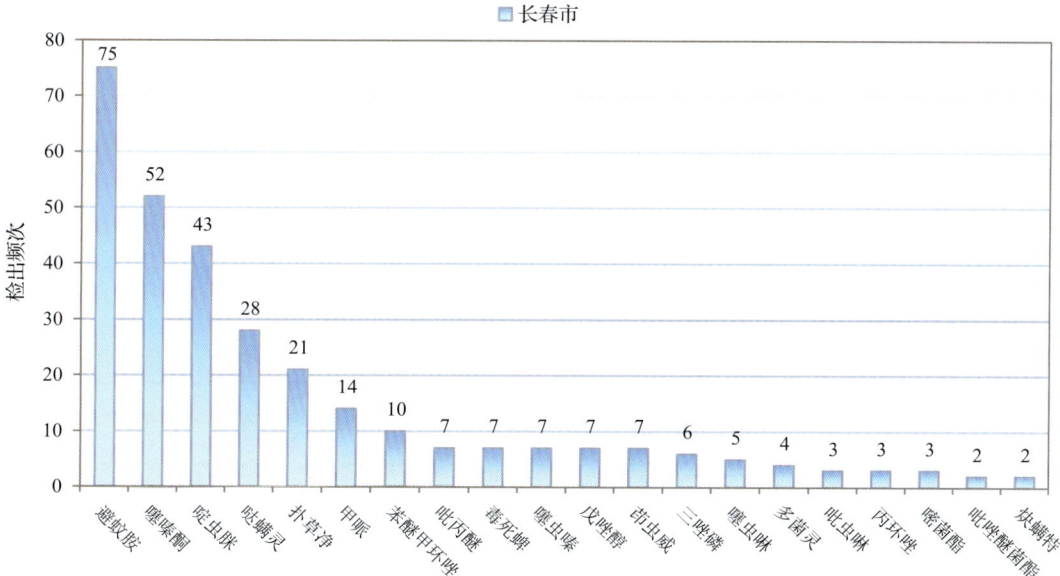

图 5-3　检出农药品种及频次（仅列出 2 频次及以上的数据）

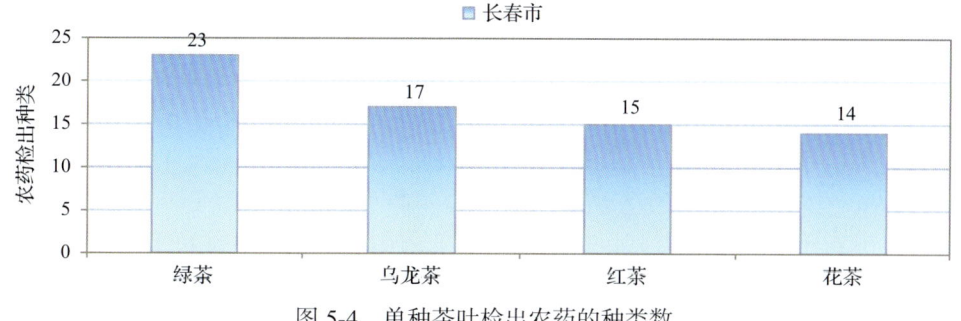

图 5-4　单种茶叶检出农药的种类数

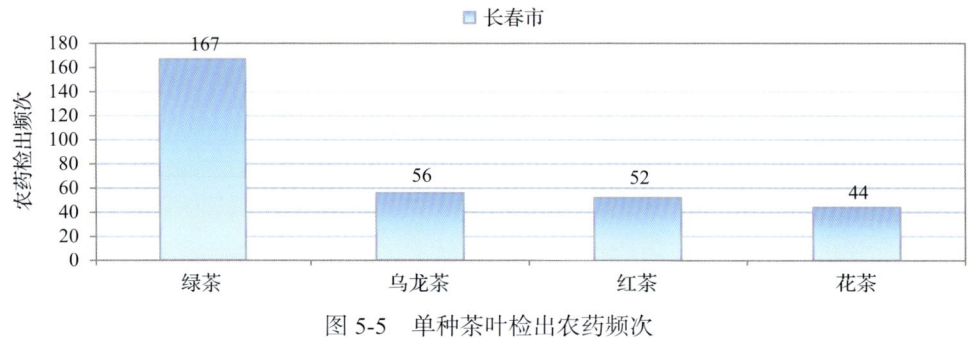

图 5-5　单种茶叶检出农药频次

5.1.2.3　单例样品农药检出种类与占比

对单例样品检出农药种类和频次进行统计发现，未检出农药的样品占总样品数的 9.1%，检出 1 种农药的样品占总样品数的 17.3%，检出 2~5 种农药的样品占总样品数的 61.8%，检出 6~10 种农药的样品占总样品数的 10.9%，检出大于 10 种农药的样品占总样品数的 0.9%。每例样品中平均检出农药为 2.9 种，数据见表 5-4 及图 5-6。

表 5-4　单例样品检出农药品种占比

检出农药品种数	样品数量/占比(%)
未检出	10/9.1
1 种	19/17.3
2~5 种	68/61.8
6~10 种	12/10.9
大于 10 种	1/0.9
单例样品平均检出农药品种	2.9 种

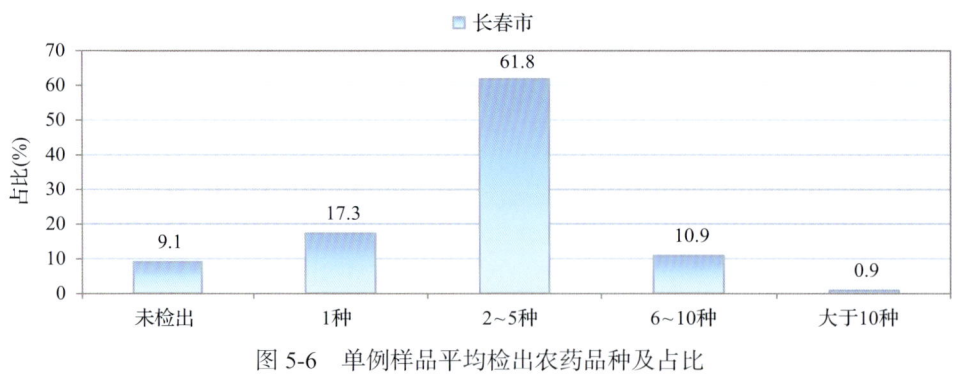

图 5-6　单例样品平均检出农药品种及占比

5.1.2.4　检出农药类别与占比

所有检出农药按功能分类，包括杀虫剂、杀菌剂、杀螨剂、除草剂、驱避剂、增效剂、植物生长调节剂共 7 类。其中杀虫剂与杀菌剂为主要检出的农药类别，分别占总数的 45.5%和 33.3%，见表 5-5 及图 5-7。

表 5-5　检出农药所属类别/占比

农药类别	数量/占比(%)
杀虫剂	15/45.5
杀菌剂	11/33.3
杀螨剂	3/9.1
除草剂	1/3.0
驱避剂	1/3.0
增效剂	1/3.0
植物生长调节剂	1/3.0

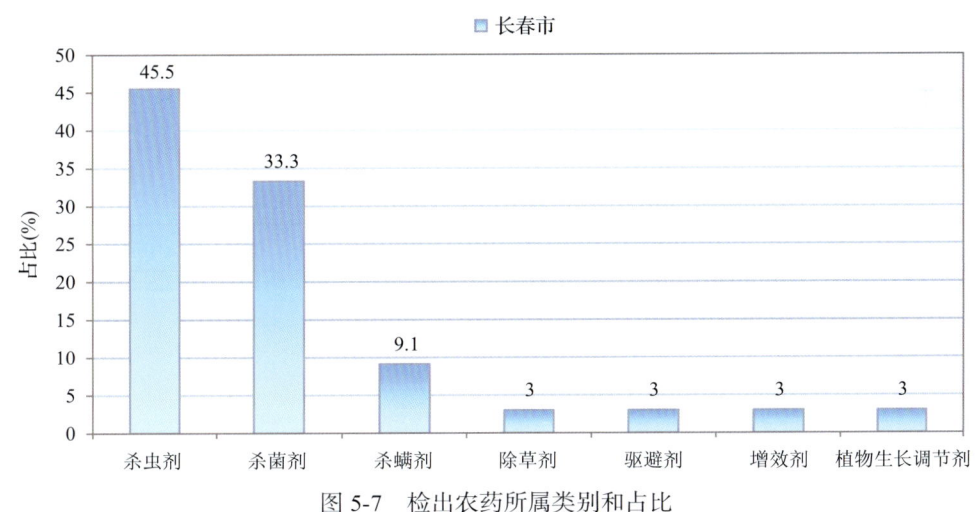

图 5-7　检出农药所属类别和占比

5.1.2.5　检出农药的残留水平

按检出农药残留水平进行统计,残留水平在 1~5 μg/kg(含)的农药占总数的 57.1%,在 5~10 μg/kg(含)的农药占总数的 19.1%,在 10~100 μg/kg(含)的农药占总数的 21.0%,在 100~1000 μg/kg 的农药占总数的 2.8%。

由此可见,这次检测的 5 批 110 例茶叶样品中农药多数处于较低残留水平。结果见表 5-6 及图 5-8,数据见附表 2。

表 5-6　农药残留水平/占比

残留水平(μg/kg)	检出频次数/占比(%)
1~5(含)	182/57.1
5~10(含)	61/19.1
10~100(含)	67/21.0
100~1000	9/2.8

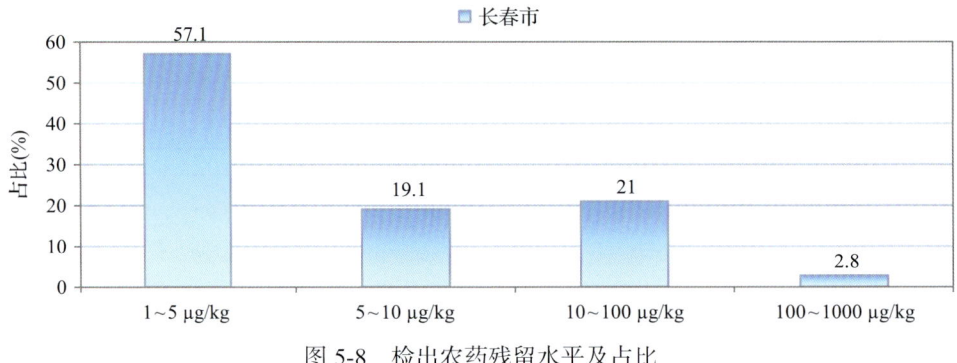

图 5-8　检出农药残留水平及占比

5.1.2.6　检出农药的毒性类别、检出频次和超标频次及占比

对这次检出的 33 种 319 频次的农药，按剧毒、高毒、中毒、低毒和微毒这五个毒性类别进行分类，从中可以看出，长春市目前普遍使用的农药为中低微毒农药，品种占 87.9%，频次占 97.2%。结果见表 5-7 及图 5-9。

表 5-7　检出农药毒性类别/占比

毒性分类	农药品种/占比(%)	检出频次/占比(%)	超标频次/超标率(%)
剧毒农药	1/3.0	1/0.3	0/0.0
高毒农药	3/9.1	8/2.5	0/0.0
中毒农药	17/51.5	135/42.3	0/0.0
低毒农药	7/21.2	159/49.8	0/0.0
微毒农药	5/15.2	16/5.0	0/0.0

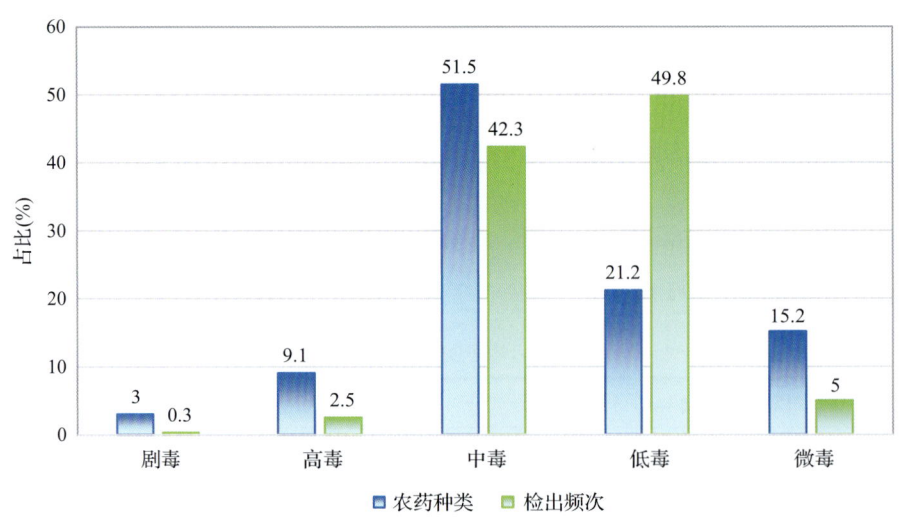

图 5-9　检出农药的毒性分类和占比

5.1.2.7 检出剧毒/高毒类农药的品种和频次

值得特别关注的是，在此次侦测的 110 例样品中有 4 种茶叶的 9 例样品检出了 4 种 9 频次的剧毒和高毒农药，占样品总量的 8.2%，详见图 5-10、表 5-8 及表 5-9。

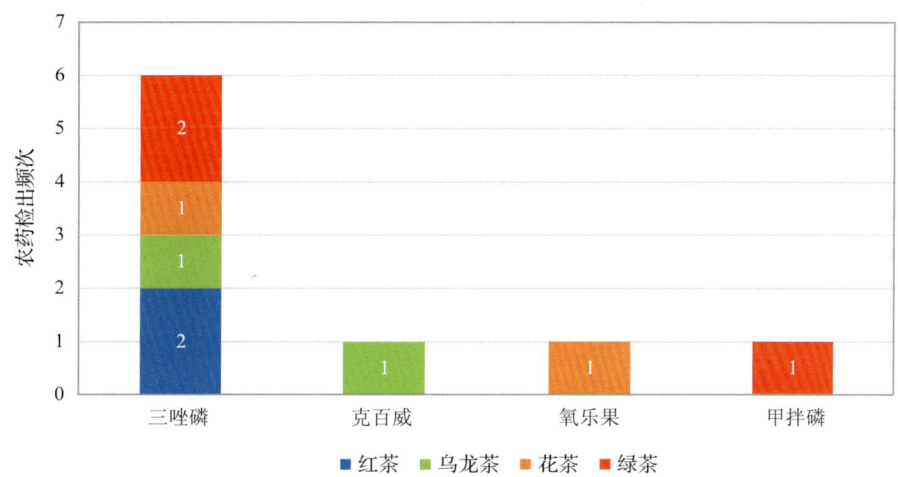

图 5-10 检出剧毒/高毒农药的样品情况

表 5-8 剧毒农药检出情况

序号	农药名称	检出频次	超标频次	超标率
		从 1 种茶叶中检出 1 种剧毒农药，共计检出 1 次		
1	甲拌磷*	1	0	0.0%
	合计	1	0	超标率：0.0%

表 5-9 高毒农药检出情况

序号	农药名称	检出频次	超标频次	超标率
		从 4 种茶叶中检出 3 种高毒农药，共计检出 8 次		
1	三唑磷	6	0	0.0%
2	克百威	1	0	0.0%
3	氧乐果	1	0	0.0%
	合计	8	0	超标率：0.0%

在检出的剧毒和高毒农药中，有 4 种是我国早已禁止在茶叶上使用的，分别是：克百威、氧乐果、三唑磷和甲拌磷。禁用农药的检出情况见表 5-10。

表 5-10 禁用农药检出情况

序号	农药名称	检出频次	超标频次	超标率
		从 4 种茶叶中检出 5 种禁用农药，共计检出 16 次		
1	毒死蜱	7	0	0.0%
2	三唑磷	6	0	0.0%

续表

序号	农药名称	检出频次	超标频次	超标率
3	甲拌磷*	1	0	0.0%
4	克百威	1	0	0.0%
5	氧乐果	1	0	0.0%
	合计	16	0	超标率：0.0%

注：*为剧毒农药；超标结果参考 MRL 中国国家标准计算

此次抽检的茶叶样品中，有 1 种茶叶检出了剧毒农药，为绿茶中检出甲拌磷 1 次。

样品中检出剧毒和高毒农药残留水平没有超过 MRL 中国国家标准，但本次检出结果仍表明，高毒、剧毒农药的使用现象依旧存在。详见表 5-11。

表 5-11　各样本中检出剧毒/高毒农药情况

样品名称	农药名称	检出频次	超标频次	检出浓度(μg/kg)
茶叶 4 种				
红茶	三唑磷▲	2	0	2.2, 1.1
花茶	三唑磷▲	1	0	9.6
花茶	氧乐果▲	1	0	5.2
绿茶	甲拌磷*▲	1	0	2.7
绿茶	三唑磷▲	2	0	47.1, 2.8
乌龙茶	克百威▲	1	0	1.4
乌龙茶	三唑磷▲	1	0	4.7
	合计	9	0	超标率：0.0%

注：*为剧毒农药；▲为禁用农药

5.2　农药残留检出水平与最大残留限量标准对比分析

我国于 2016 年 12 月 18 日正式颁布并于 2017 年 6 月 18 日正式实施食品农药残留限量国家标准《食品中农药最大残留限量》(GB 2763—2016)。该标准包括 417 个农药条目，涉及最大残留限量(MRL)标准 4140 项。将 319 频次检出农药的浓度水平与 4140 项 MRL 中国国家标准进行核对，其中只有 157 频次的结果找到了对应的 MRL，占 49.2%，还有 162 频次的结果则无相关 MRL 标准供参考，占 50.8%。

将此次侦测结果与国际上现行 MRL 对比发现，在 319 频次的检出结果中有 319 频次的结果找到了对应的 MRL 欧盟标准，占 100.0%，其中，220 频次的结果有明确对应的 MRL，占 69.0%，其余 99 频次按照欧盟一律标准判定，占 31.0%；有 319 频次的结果找到了对应的 MRL 日本标准，占 100.0%，其中，192 频次的结果有明确对应的 MRL，占 60.2%，其余 127 频次按照日本一律标准判定，占 39.8%；有 149 频次的结果找到了对应的 MRL 中国香港标准，占 46.7%；有 119 频次的结果找到了对应的 MRL 美国标准，占 37.3%；有 53 频次的结果找到了对应的 MRL CAC 标准，占 16.6%(见图 5-11 和图 5-12，数据见附表 3 至附表 8)。

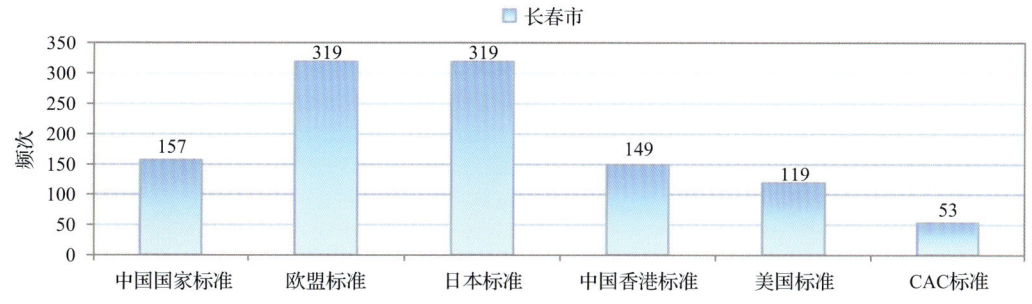

图 5-11　319 频次检出农药可用 MRL 中国国家标准、欧盟标准、日本标准、
中国香港标准、美国标准、CAC 标准判定衡量的数量

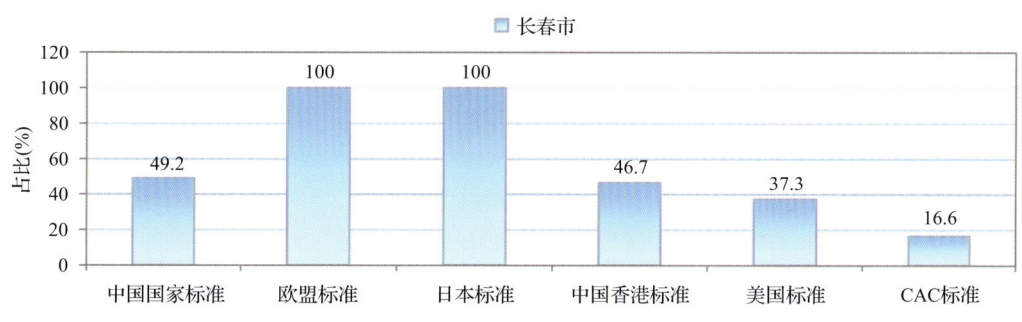

图 5-12　319 频次检出农药可用 MRL 中国国家标准、欧盟标准、日本标准、
中国香港标准、美国标准、CAC 标准衡量的占比

5.2.1　超标农药样品分析

本次侦测的 110 例样品中，10 例样品未检出任何残留农药，占样品总量的 9.1%，100 例样品检出不同水平、不同种类的残留农药，占样品总量的 90.9%。在此，我们将本次侦测的农残检出情况与 MRL 中国国家标准、欧盟标准、日本标准、中国香港标准、美国标准和 CAC 标准这 6 大国际主流标准进行对比分析，样品农残检出与超标情况见表 5-12、图 5-13 和图 5-14，详细数据见附表 9 至附表 14。

5.2.2　超标农药种类分析

按照 MRL 中国国家标准、欧盟标准、日本标准、中国香港标准、美国标准和 CAC 标准这 6 大国际主流标准衡量，本次侦测检出的农药超标品种及频次情况见表 5-13。

表 5-12　各 MRL 标准下样本农残检出与超标数量及占比

	中国国家标准 数量/占比(%)	欧盟标准 数量/占比(%)	日本标准 数量/占比(%)	中国香港标准 数量/占比(%)	美国标准 数量/占比(%)	CAC 标准 数量/占比(%)
未检出	10/9.1	10/9.1	10/9.1	10/9.1	10/9.1	10/9.1
检出未超标	100/90.9	90/81.8	84/76.4	100/90.9	100/90.9	100/90.9
检出超标	0/0.0	10/9.1	16/14.5	0/0.0	0/0.0	0/0.0

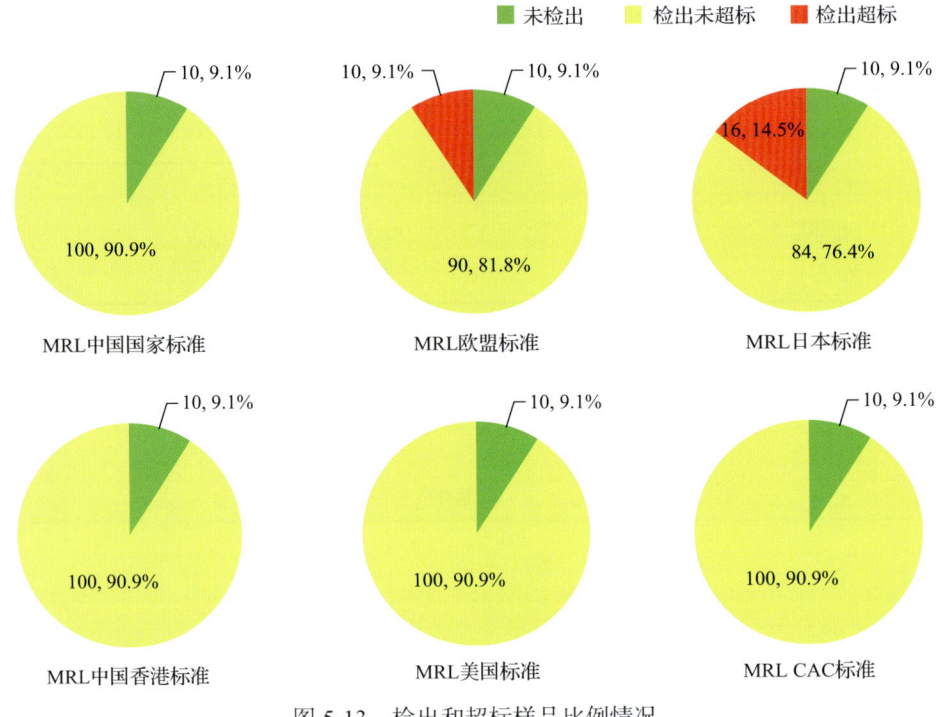

图 5-13 检出和超标样品比例情况

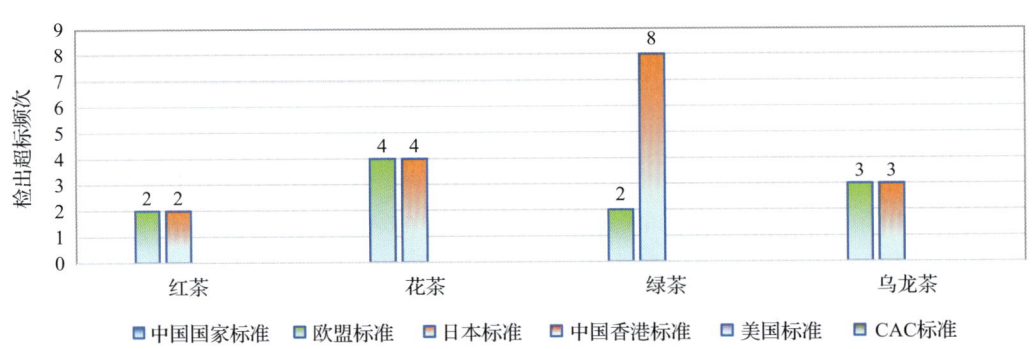

图 5-14 超过 MRL 中国国家标准、欧盟标准、日本标准、中国香港标准、美国标准和 CAC 标准结果在茶叶中的分布

表 5-13 各 MRL 标准下超标农药品种及频次

	中国国家标准	欧盟标准	日本标准	中国香港标准	美国标准	CAC 标准
超标农药品种	0	7	4	0	0	0
超标农药频次	0	11	17	0	0	0

5.2.2.1 按 MRL 中国国家标准衡量

按 MRL 中国国家标准衡量，无样品检出超标农药残留。

5.2.2.2 按 MRL 欧盟标准衡量

按 MRL 欧盟标准衡量，共有 7 种农药超标，检出 11 频次，分别为高毒农药三唑磷，中毒农药甲哌、吡虫啉、吡唑醚菌酯、啶虫脒和哒螨灵，低毒农药避蚊胺。

按超标程度比较，乌龙茶中哒螨灵超标 2.4 倍，花茶中避蚊胺超标 2.3 倍，花茶中吡虫啉超标 2.2 倍，绿茶中三唑磷超标 1.4 倍，花茶中啶虫脒超标 1.3 倍。检测结果见图 5-15 和附表 16。

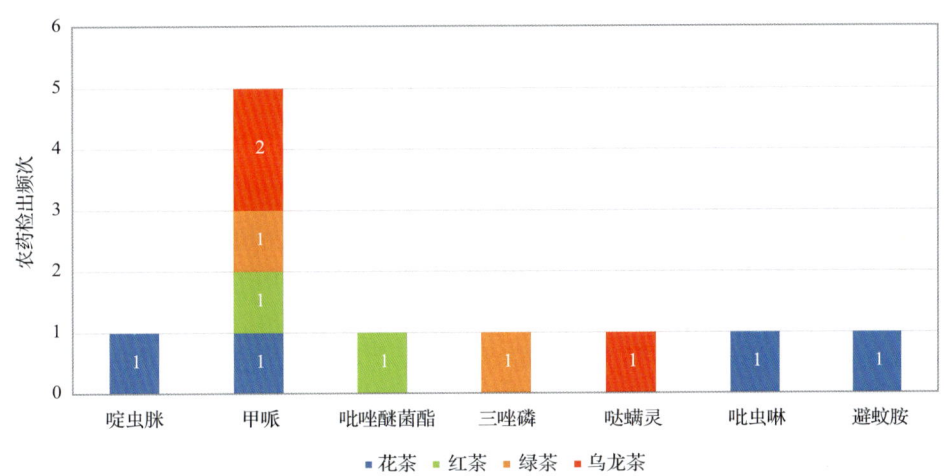

图 5-15　超过 MRL 欧盟标准农药品种及频次

5.2.2.3 按 MRL 日本标准衡量

按 MRL 日本标准衡量，共有 4 种农药超标，检出 17 频次，分别为高毒农药三唑磷，中毒农药甲哌和茚虫威，低毒农药避蚊胺。

按超标程度比较，红茶中甲哌超标 13.7 倍，花茶中甲哌超标 11.6 倍，乌龙茶中甲哌超标 10.2 倍，绿茶中甲哌超标 9.0 倍，绿茶中三唑磷超标 3.7 倍。检测结果见图 5-16 和附表 17。

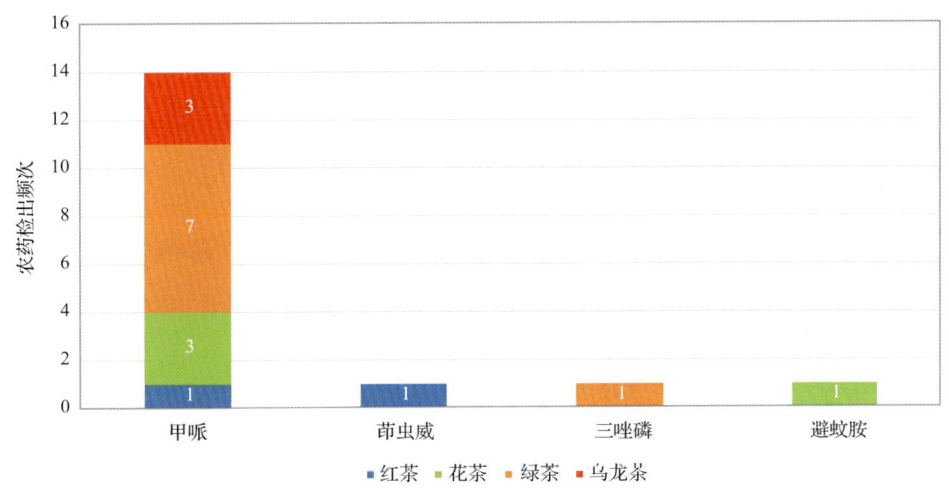

图 5-16　超过 MRL 日本标准农药品种及频次

5.2.2.4 按 MRL 中国香港标准衡量

按 MRL 中国香港标准衡量，无样品检出超标农药残留。

5.2.2.5 按 MRL 美国标准衡量

按 MRL 美国标准衡量，无样品检出超标农药残留。

5.2.2.6 按 MRL CAC 标准衡量

按 MRL CAC 标准衡量，无样品检出超标农药残留。

5.2.3 5 个采样点超标情况分析

5.2.3.1 按 MRL 中国国家标准衡量

按 MRL 中国国家标准衡量，所有采样点的样品均未检出超标农药残留。

5.2.3.2 按 MRL 欧盟标准衡量

按 MRL 欧盟标准衡量，有 2 个采样点的样品存在不同程度的超标农药检出，其中***茶叶店的超标率最高，为 12.7%，如表 5-14 和图 5-17 所示。

表 5-14 超过 MRL 欧盟标准茶叶在不同采样点分布

序号	采样点	样品总数	超标数量	超标率(%)	行政区域
1	***茶叶店	71	9	12.7	南关区
2	***超市(***购物公园店)	17	1	5.9	南关区

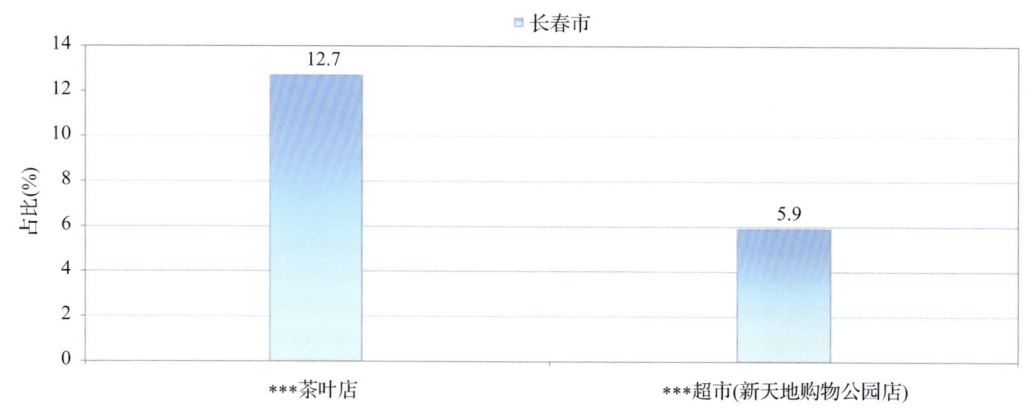

图 5-17 超过 MRL 欧盟标准茶叶在不同采样点分布

5.2.3.3 按 MRL 日本标准衡量

按 MRL 日本标准衡量，有 4 个采样点的样品存在不同程度的超标农药检出，其中***超市(红旗店)的超标率最高，为 50.0%，如表 5-15 和图 5-18 所示。

表 5-15 超过 MRL 日本标准茶叶在不同采样点分布

序号	采样点	样品总数	超标数量	超标率(%)	行政区域
1	***茶叶店	71	12	16.9	南关区
2	***超市(***购物公园店)	17	1	5.9	南关区
3	***超市(红旗街店)	12	1	8.3	朝阳区
4	***超市(红旗店)	4	2	50.0	朝阳区

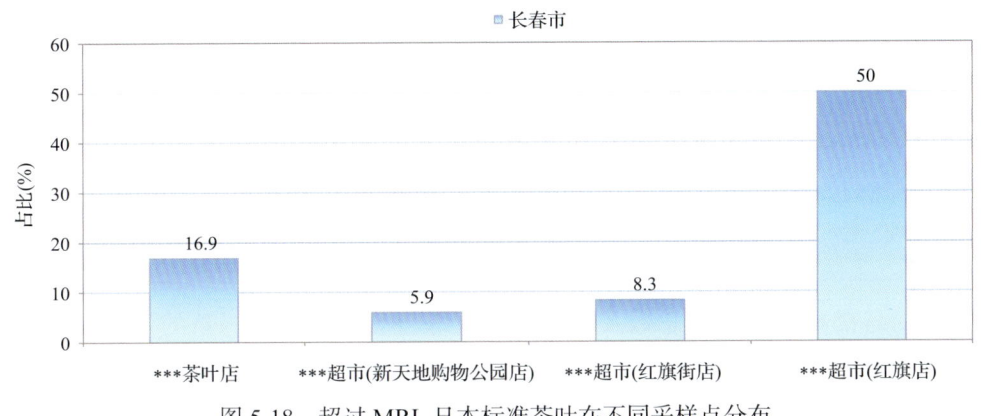

图 5-18 超过 MRL 日本标准茶叶在不同采样点分布

5.2.3.4 按 MRL 中国香港标准衡量

按 MRL 中国香港标准衡量，所有采样点的样品均未检出超标农药残留。

5.2.3.5 按 MRL 美国标准衡量

按 MRL 美国标准衡量，所有采样点的样品均未检出超标农药残留。

5.2.3.6 按 MRL CAC 标准衡量

按 MRL CAC 标准衡量，所有采样点的样品均未检出超标农药残留。

5.3 茶叶中农药残留分布

5.3.1 茶叶按检出农药品种和频次排名

本次残留侦测的茶叶共 4 种，包括红茶、乌龙茶、花茶和绿茶。

根据检出农药品种及频次进行排名，将各项排名茶叶样品检出情况列表说明，详见表 5-16。

表 5-16 茶叶按检出农药品种和频次排名

按检出农药品种排名(品种)	①绿茶(23)，②乌龙茶(17)，③红茶(15)，④花茶(14)
按检出农药频次排名(频次)	①绿茶(167)，②乌龙茶(56)，③红茶(52)，④花茶(44)
按检出禁用、高毒及剧毒农药品种排名(品种)	①绿茶(3)，②乌龙茶(3)，③花茶(2)，④红茶(1)
按检出禁用、高毒及剧毒农药频次排名(频次)	①绿茶(8)，②乌龙茶(4)，③红茶(2)，④花茶(2)

5.3.2 茶叶按超标农药品种和频次排名

鉴于MRL欧盟标准和日本标准制定比较全面且覆盖率较高，我们参照MRL中国国家标准、欧盟标准和日本标准衡量茶叶样品中农残检出情况，将茶叶按超标农药品种及频次排名列表说明，详见表5-17。

表5-17 茶叶按超标农药品种和频次排名

按超标农药品种排名 （农药品种数）	MRL中国国家标准	
	MRL欧盟标准	①花茶(4)，②红茶(2)，③绿茶(2)，④乌龙茶(2)
	MRL日本标准	①红茶(2)，②花茶(2)，③绿茶(2)，④乌龙茶(1)
按超标农药频次排名 （农药频次数）	MRL中国国家标准	
	MRL欧盟标准	①花茶(4)，②乌龙茶(3)，③红茶(2)，④绿茶(2)
	MRL日本标准	①绿茶(8)，②花茶(4)，③乌龙茶(3)，④红茶(2)

通过对各品种茶叶样本总数及检出率进行综合分析发现，绿茶的残留污染最为严重，在此，我们参照MRL中国国家标准、欧盟标准和日本标准对这3种茶叶的农残检出情况进行进一步分析。

5.3.3 农药残留检出率较高的茶叶样品分析

5.3.3.1 绿茶

这次共检测50例绿茶样品，45例样品中检出了农药残留，检出率为90.0%，检出农药共计23种。其中避蚊胺、啶虫脒、噻嗪酮、扑草净和哒螨灵检出频次较高，分别检出了34、28、26、20和18次。绿茶中农药检出品种和频次见图5-19，超标农药见图5-20和表5-18。

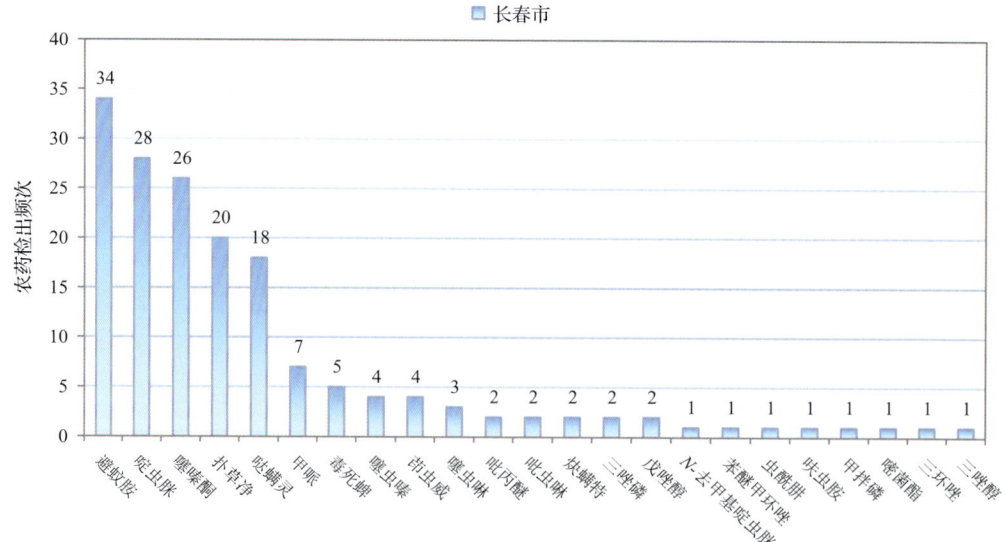

图5-19 绿茶样品检出农药品种和频次分析

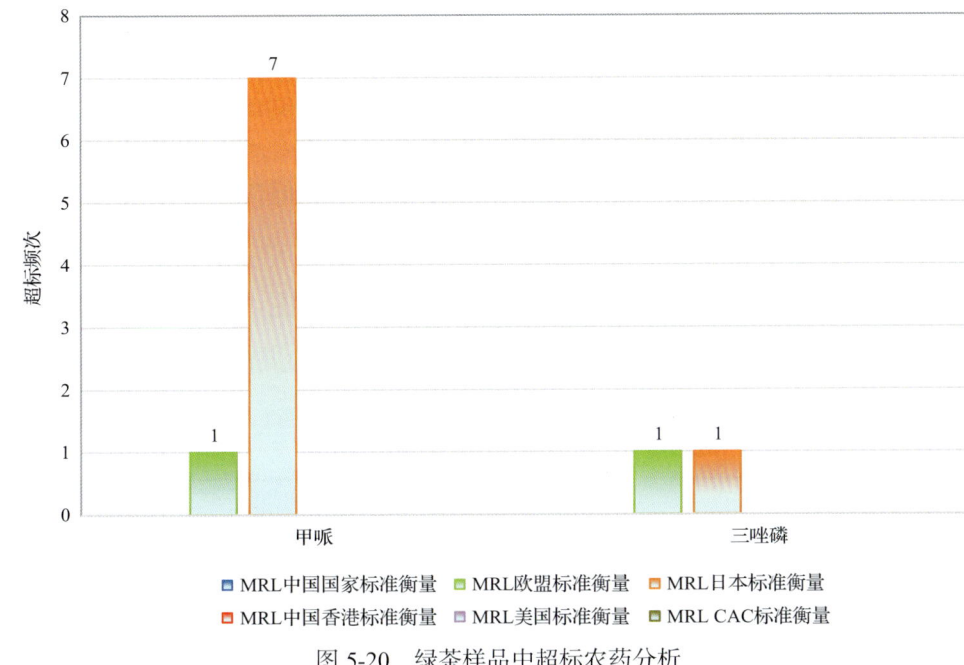

图 5-20　绿茶样品中超标农药分析

表 5-18　绿茶中农药残留超标情况明细表

样品总数	检出农药样品数	样品检出率(%)	检出农药品种总数
50	45	90	23

	超标农药品种	超标农药频次	按照 MRL 中国国家标准、欧盟标准和日本标准衡量超标农药名称及频次
中国国家标准	0	0	
欧盟标准	2	2	甲哌(1)，三唑磷(1)
日本标准	2	8	甲哌(7)，三唑磷(1)

5.4　初 步 结 论

5.4.1　长春市市售茶叶按 MRL 中国国家标准和国际主要 MRL 标准衡量的合格率

本次侦测的 110 例样品中，10 例样品未检出任何残留农药，占样品总量的 9.1%，100 例样品检出不同水平、不同种类的残留农药，占样品总量的 90.9%。在这 100 例检出农药残留的样品中：

按照 MRL 中国国家标准衡量，有 100 例样品检出残留农药但含量没有超标，占样品总数的 90.9%，无检出残留农药超标的样品；

按照 MRL 欧盟标准衡量，有 90 例样品检出残留农药但含量没有超标，占样品总数的 81.8%，有 10 例样品检出了超标农药，占样品总数的 9.1%；

按照 MRL 日本标准衡量，有 84 例样品检出残留农药但含量没有超标，占样品总数的 76.4%，有 16 例样品检出了超标农药，占样品总数的 14.5%；

按照 MRL 中国香港标准衡量，有 100 例样品检出残留农药但含量没有超标，占样品总数的 90.9%，无检出残留农药超标的样品；

按照 MRL 美国标准衡量，有 100 例样品检出残留农药但含量没有超标，占样品总数的 90.9%，无检出残留农药超标的样品；

按照 MRL CAC 标准衡量，有 100 例样品检出残留农药但含量没有超标，占样品总数的 90.9%，无检出残留农药超标的样品。

5.4.2 长春市市售茶叶中检出农药以中低微毒农药为主，占市场主体的 87.9%

这次侦测的 110 例茶叶样品共检出了 33 种农药，检出农药的毒性以中低微毒为主，详见表 5-19。

表 5-19 市场主体农药毒性分布

毒性	检出品种	占比	检出频次	占比
剧毒农药	1	3.0%	1	0.3%
高毒农药	3	9.1%	8	2.5%
中毒农药	17	51.5%	135	42.3%
低毒农药	7	21.2%	159	49.8%
微毒农药	5	15.2%	16	5.0%

中低微毒农药，品种占比 87.9%，频次占比 97.2%

5.4.3 检出剧毒、高毒和禁用农药现象应该警醒

在此次侦测的 110 例样品中有 4 种茶叶的 15 例样品检出了 5 种 16 频次的剧毒和高毒或禁用农药，占样品总量的 13.6%。其中剧毒农药甲拌磷以及高毒农药三唑磷、克百威和氧乐果检出频次较高。

按 MRL 中国国家标准衡量，剧毒农药和高毒农药按超标程度比较均未超标。

剧毒、高毒或禁用农药的检出情况及按照 MRL 中国国家标准衡量的超标情况见表 5-20。

表 5-20 剧毒、高毒或禁用农药的检出及超标明细

序号	农药名称	样品名称	检出频次	超标频次	最大超标倍数	超标率
1.1	甲拌磷*▲	绿茶	1	0	0	0.0%
2.1	克百威◊▲	乌龙茶	1	0	0	0.0%
3.1	三唑磷◊▲	红茶	2	0	0	0.0%
3.2	三唑磷◊▲	绿茶	2	0	0	0.0%
3.3	三唑磷◊▲	花茶	1	0	0	0.0%
3.4	三唑磷◊▲	乌龙茶	1	0	0	0.0%
4.1	氧乐果◊▲	花茶	1	0	0	0.0%
5.1	毒死蜱▲	绿茶	5	0	0	0.0%
5.2	毒死蜱▲	乌龙茶	2	0	0	0.0%
合计			16	0		0.0%

注：*为剧毒农药；◊为高毒农药；▲为禁用农药；超标倍数参照 MRL 中国国家标准衡量

这些剧毒和高毒农药都是中国政府早有规定禁止在茶叶中使用的，为什么还屡次被检出，应该引起警惕。

5.4.4 残留限量标准与先进国家或地区差距较大

319 频次的检出结果与我国公布的《食品中农药最大残留限量》(GB 2763—2016) 对比，有 157 频次能找到对应的 MRL 中国国家标准，占 49.2%；还有 162 频次的侦测数据无相关 MRL 标准供参考，占 50.8%。

与国际上现行 MRL 对比发现：

有 319 频次能找到对应的 MRL 欧盟标准，占 100.0%；

有 319 频次能找到对应的 MRL 日本标准，占 100.0%；

有 149 频次能找到对应的 MRL 中国香港标准，占 46.7%；

有 119 频次能找到对应的 MRL 美国标准，占 37.3%；

有 53 频次能找到对应的 MRL CAC 标准，占 16.6%。

由上可见，MRL 中国国家标准与先进国家或地区还有很大差距，我们无标准，境外有标准，这就会导致我们在国际贸易中，处于受制于人的被动地位。

5.4.5 茶叶单种样品检出 15~23 种农药残留，拷问农药使用的科学性

通过此次监测发现，绿茶、乌龙茶和红茶是检出农药品种最多的 3 种茶叶，从中检出农药品种及频次详见表 5-21。

表 5-21 单种样品检出农药品种及频次

样品名称	样品总数	检出农药样品数	检出率	检出农药品种数	检出农药(频次)
绿茶	50	45	90.0%	23	避蚊胺(34)，啶虫脒(28)，噻嗪酮(26)，扑草净(20)，哒螨灵(18)，甲哌(7)，毒死蜱(5)，噻虫嗪(4)，茚虫威(4)，噻虫啉(3)，吡丙醚(2)，吡虫啉(2)，炔螨特(2)，三唑磷(2)，戊唑醇(2)，N-去甲基啶虫脒(1)，苯醚甲环唑(1)，虫酰肼(1)，呋虫胺(1)，甲拌磷(1)，嘧菌酯(1)，三环唑(1)，三唑醇(1)
乌龙茶	20	19	95.0%	17	避蚊胺(12)，苯醚甲环唑(8)，啶虫脒(8)，噻嗪酮(5)，哒螨灵(4)，丙环唑(3)，甲哌(3)，毒死蜱(2)，戊唑醇(2)，茚虫威(2)，吡唑醚菌酯(1)，克百威(1)，噻虫啉(1)，噻虫嗪(1)，三唑磷(1)，乙氧喹啉(1)，唑螨酯(1)
红茶	20	19	95.0%	15	避蚊胺(16)，噻嗪酮(14)，吡丙醚(3)，哒螨灵(3)，戊唑醇(3)，多菌灵(2)，嘧菌酯(2)，三唑磷(2)，苯醚甲环唑(1)，吡唑醚菌酯(1)，啶虫脒(1)，氟硅唑(1)，甲哌(1)，抑霉唑(1)，茚虫威(1)

上述 3 种茶叶，检出农药 15~23 种，是多种农药综合防治，还是未严格实施农业良好管理规范(GAP)，抑或根本就是乱施药，值得我们思考。

第6章 LC-Q-TOF/MS 侦测长春市市售茶叶农药残留膳食暴露风险与预警风险评估

6.1 农药残留风险评估方法

6.1.1 长春市农药残留侦测数据分析与统计

庞国芳院士科研团队建立的农药残留高通量侦测技术以高分辨精确质量数（0.0001 m/z 为基准）为识别标准，采用 LC-Q-TOF/MS 技术对 825 种农药化学污染物进行侦测。

科研团队于 2019 年 3 月期间在长春市 5 个采样点，随机采集了 110 例茶叶样品，具体位置如图 6-1 所示。

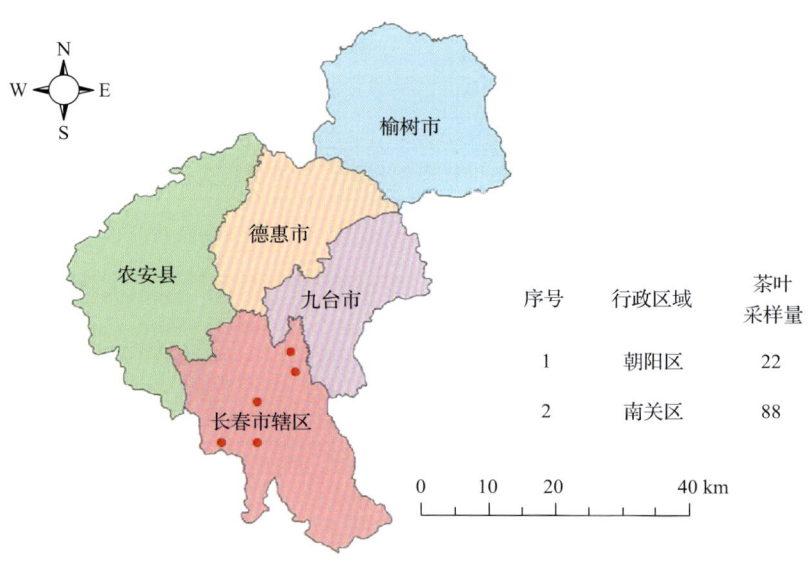

图 6-1 LC-Q-TOF/MS 侦测长春市 5 个采样点 110 例样品分布示意图

利用 LC-Q-TOF/MS 技术对 110 例样品中的农药进行侦测，侦测出残留农药 33 种，319 频次。侦测出农药残留水平如表 6-1 和图 6-2 所示。检出频次最高的前 10 种农药如表 6-2 所示。从检测结果中可以看出，在茶叶中农药残留普遍存在，且有些茶叶存在高浓度的农药残留，这些可能存在膳食暴露风险，对人体健康产生危害，因此，为了定量地评价茶叶中农药残留的风险程度，有必要对其进行风险评价。

表 6-1　侦测出农药的不同残留水平及其所占比例列表

残留水平(μg/kg)	检出频次	占比(%)
1~5(含)	182	57.1
5~10(含)	61	19.1
10~100(含)	67	21.0
100~1000	9	2.8
合计	319	100

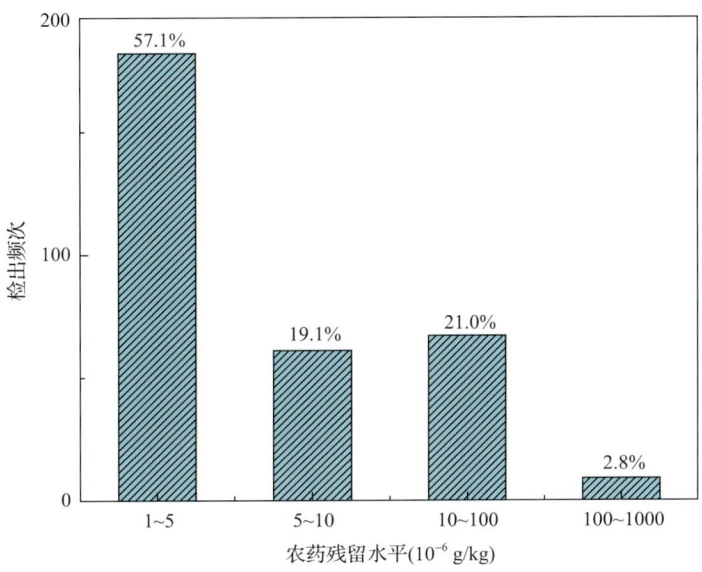

图 6-2　残留农药检出浓度频数分布图

表 6-2　检出频次最高的前 10 种农药列表

序号	农药	检出频次
1	避蚊胺	75
2	噻嗪酮	52
3	啶虫脒	43
4	哒螨灵	28
5	扑草净	21
6	甲哌	14
7	苯醚甲环唑	10
8	吡丙醚	7
9	毒死蜱	7
10	噻虫嗪	7

6.1.2 农药残留风险评价模型

对长春市茶叶中农药残留分别开展暴露风险评估和预警风险评估。膳食暴露风险评估利用食品安全指数模型对茶叶中的残留农药对人体可能产生的危害程度进行评价，该模型结合残留监测和膳食暴露评估评价化学污染物的危害；预警风险评价模型运用风险系数（risk index，R），风险系数综合考虑了危害物的超标率、施检频率及其本身敏感性的影响，能直观而全面地反映出危害物在一段时间内的风险程度。

6.1.2.1 食品安全指数模型

为了加强食品安全管理，《中华人民共和国食品安全法》第二章第十七条规定"国家建立食品安全风险评估制度，运用科学方法，根据食品安全风险监测信息、科学数据以及有关信息，对食品、食品添加剂、食品相关产品中生物性、化学性和物理性危害因素进行风险评估"[1]，膳食暴露评估是食品危险度评估的重要组成部分，也是膳食安全性的衡量标准[2]。国际上最早研究膳食暴露风险评估的机构主要是 JMPR（FAO、WHO 农药残留联合会议），该组织自 1995 年就已制定了急性毒性物质的风险评估急性毒性农药残留摄入量的预测。1960 年美国规定食品中不得加入致癌物质进而提出零阈值理论，渐渐零阈值理论发展成在一定概率条件下可接受风险的概念[3]，后衍变为食品中每日允许最大摄入量（ADI），而国际食品农药残留法典委员会（CCPR）认为 ADI 不是独立风险评估的唯一标准[4]，1995 年 JMPR 开始研究农药急性膳食暴露风险评估，并对食品国际短期摄入量的计算方法进行了修正，亦对膳食暴露评估准则及评估方法进行了修正[5]。2002 年，在对世界上现行的食品安全评价方法，尤其是国际公认的 CAC 评价方法、全球环境监测系统/食品污染监测和评估规划（WHO GEMS/Food）及 FAO、WHO 食品添加剂联合专家委员会（JECFA）和 JMPR 对食品安全风险评估工作研究的基础之上，检验检疫食品安全管理的研究人员提出了结合残留监控和膳食暴露评估，以食品安全指数 IFS 计算食品中各种化学污染物对消费者的健康危害程度[6]。IFS 是表示食品安全状态的新方法，可有效地评价某种农药的安全性，进而评价食品中各种农药化学污染物对消费者健康的整体危害程度[7,8]。从理论上分析，IFS_c 可指出食品中的污染物 c 对消费者健康是否存在危害及危害的程度[9]。其优点在于操作简单且结果容易被接受和理解，不需要大量的数据来对结果进行验证，使用默认的标准假设或者模型即可[10,11]。

1）IFS_c 的计算

IFS_c 计算公式如下：

$$IFS_c = \frac{EDI_c \times f}{SI_c \times bw} \tag{6-1}$$

式中，c 为所研究的农药；EDI_c 为农药 c 的实际日摄入量估算值，等于 $\sum(R_i \times F_i \times E_i \times P_i)$（i 为食品种类；$R_i$ 为食品 i 中农药 c 的残留水平，mg/kg；F_i 为食品 i 的估计日消费量，g/（人·天）；E_i 为食品 i 的可食用部分因子；P_i 为食品 i 的加工处理因子）；SI_c 为安全摄入量，可采用每日允许最大摄入量 ADI；bw 为人平均体重，kg；f 为校正因子，如果安全摄入量采用 ADI，则 f 取 1。

$IFS_c \ll 1$，农药 c 对食品安全没有影响；$IFS_c \leq 1$，农药 c 对食品安全的影响可以接受；$IFS_c > 1$，农药 c 对食品安全的影响不可接受。

本次评价中：

$IFS_c \leq 0.1$，农药 c 对茶叶安全没有影响；

$0.1 < IFS_c \leq 1$，农药 c 对茶叶安全的影响可以接受；

$IFS_c > 1$，农药 c 对茶叶安全的影响不可接受。

本次评价中残留水平 R_i 取值为中国检验检疫科学研究院庞国芳院士课题组利用以高分辨精确质量数(0.0001 m/z)为基准的 LC-Q-TOF/MS 侦测技术于 2019 年 3 月期间对长春市茶叶农药残留的侦测结果，估计日消费量 F_i 取值 0.0047 kg/(人·天)，$E_i=1$，$P_i=1$，$f=1$，SI_c 采用《食品安全国家标准 食品中农药最大残留限量》(GB 2763—2016)中 ADI 值(具体数值见表 6-3)，人平均体重(bw)取值 60 kg。

表 6-3 长春市茶叶中侦测出农药的 ADI 值

序号	农药	ADI	序号	农药	ADI	序号	农药	ADI
1	三唑磷	0.001	12	吡虫啉	0.06	23	唑螨酯	0.01
2	噻嗪酮	0.009	13	多菌灵	0.03	24	虫酰肼	0.02
3	哒螨灵	0.01	14	炔螨特	0.01	25	丙环唑	0.07
4	氧乐果	0.0003	15	乙氧喹啉	0.005	26	吡丙醚	0.1
5	啶虫脒	0.07	16	克百威	0.001	27	三环唑	0.04
6	毒死蜱	0.01	17	噻虫嗪	0.08	28	呋虫胺	0.2
7	苯醚甲环唑	0.01	18	三唑醇	0.03	29	嘧菌酯	0.2
8	茚虫威	0.01	19	扑草净	0.04	30	增效醚	0.2
9	吡唑醚菌酯	0.03	20	氟硅唑	0.007	31	N-去甲基啶虫脒	—
10	甲拌磷	0.0007	21	戊唑醇	0.03	32	甲哌	—
11	噻虫啉	0.01	22	抑霉唑	0.03	33	避蚊胺	—

注："—"表示为国家标准中无 ADI 值规定；ADI 值单位为 mg/kg bw

2) 计算 IFS_c 的平均值 $\overline{IFS}$，评价农药对食品安全的影响程度

以 $\overline{IFS}$ 评价各种农药对人体健康危害的总程度，评价模型见公式(6-2)。

$$\overline{IFS} = \frac{\sum_{i=1}^{n} IFS_c}{n} \tag{6-2}$$

$\overline{IFS} \ll 1$，所研究消费者人群的食品安全状态很好；$\overline{IFS} \leq 1$，所研究消费者人群的食品安全状态可以接受；$\overline{IFS} > 1$，所研究消费者人群的食品安全状态不可接受。

本次评价中：

$\overline{\text{IFS}} \leq 0.1$，所研究消费者人群的茶叶安全状态很好；

$0.1 < \overline{\text{IFS}} \leq 1$，所研究消费者人群的茶叶安全状态可以接受；

$\overline{\text{IFS}} > 1$，所研究消费者人群的茶叶安全状态不可接受。

6.1.2.2 预警风险评估模型

2003 年，我国检验检疫食品安全管理的研究人员根据 WTO 的有关原则和我国的具体规定，结合危害物本身的敏感性、风险程度及其相应的施检频率，首次提出了食品中危害物风险系数 R 的概念[12]。R 是衡量一个危害物的风险程度大小最直观的参数，即在一定时期内其超标率或阳性检出率的高低，但受其施检频率的高低及其本身的敏感性（受关注程度）影响。该模型综合考察了农药在茶叶中的超标率、施检频率及其本身敏感性，能直观而全面地反映出农药在一段时间内的风险程度[13]。

1) R 计算方法

危害物的风险系数综合考虑了危害物的超标率或阳性检出率、施检频率和其本身的敏感性影响，并能直观而全面地反映出危害物在一段时间内的风险程度。风险系数 R 的计算公式如式 (6-3)：

$$R = aP + \frac{b}{F} + S \tag{6-3}$$

式中，P 为该种危害物的超标率；F 为危害物的施检频率；S 为危害物的敏感因子；a,b 分别为相应的权重系数。

本次评价中 $F=1$；$S=1$；$a=100$；$b=0.1$，对参数 P 进行计算，计算时首先判断是否为禁用农药，如果为非禁用农药，$P=$超标的样品数（侦测出的含量高于食品最大残留限量标准值，即 MRL）除以总样品数（包括超标、不超标、未侦测出）；如果为禁用农药，则侦测出即为超标，$P=$能侦测出的样品数除以总样品数。判断长春市茶叶农药残留是否超标的标准限值 MRL 分别以 MRL 中国国家标准[14]和 MRL 欧盟标准作为对照，具体值列于本报告附表一中。

2) 评价风险程度

$R \leq 1.5$，受检农药处于低度风险；

$1.5 < R \leq 2.5$，受检农药处于中度风险；

$R > 2.5$，受检农药处于高度风险。

6.1.2.3 食品膳食暴露风险和预警风险评估应用程序的开发

1) 应用程序开发的步骤

为成功开发膳食暴露风险和预警风险评估应用程序，与软件工程师多次沟通讨论，逐步提出并描述清楚计算需求，开发了初步应用程序。为明确出不同茶叶、不同农药、不同地域和不同季节的风险水平，向软件工程师提出不同的计算需求，软件工程师对计算需求进行逐一分析，经过反复的细节沟通，需求分析得到明确后，开始进行解决方案的设计，在保证需求的完整性、一致性的前提下，编写出程序代码，最后设计出满足需求的风险评估专用计算软件，并通过一系列的软件测试和改进，完成专用程序的开发。软件开发基本步骤见图6-3。

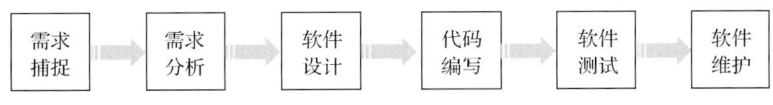

图6-3 专用程序开发总体步骤

2) 膳食暴露风险评估专业程序开发的基本要求

首先直接利用公式(6-1)，分别计算LC-Q-TOF/MS和GC-Q-TOF/MS仪器侦测出的各茶叶样品中每种农药IFS_c，将结果列出。为考察超标农药和禁用农药的使用安全性，分别以我国《食品安全国家标准　食品中农药最大残留限量》(GB 2763—2016)和欧盟食品中农药最大残留限量(以下简称MRL中国国家标准和MRL欧盟标准)为标准，对侦测出的禁用农药和超标的非禁用农药IFS_c单独进行评价；按IFS_c大小列表，并找出IFS_c值排名前20的样本重点关注。

对不同茶叶i中每一种侦测出的农药c的安全指数进行计算，多个样品时求平均值。按农药种类，计算整个监测时间段内每种农药的IFS_c，不区分茶叶种类。

3) 预警风险评估专业程序开发的基本要求

分别以MRL中国国家标准和MRL欧盟标准，按公式(6-3)逐个计算不同茶叶、不同农药的风险系数，禁用农药和非禁用农药分别列表。

为清楚了解各种农药的预警风险，不分时间，不分茶叶，按禁用农药和非禁用农药分类，分别计算各种侦测出农药全部检测时段内风险系数。由于有MRL中国国家标准的农药种类太少，无法计算超标数，非禁用农药的风险系数只以MRL欧盟标准为标准，进行计算。

4) 风险程度评价专业应用程序的开发方法

采用Python计算机程序设计语言，Python是一个高层次地结合了解释性、编译性、互动性和面向对象的脚本语言。风险评价专用程序主要功能包括：分别读入每例样品LC-Q-TOF/MS和GC-Q-TOF/MS农药残留检测数据，根据风险评价工作要求，依次对不同农药、不同食品、不同时间、不同采样点的IFS_c值和R值分别进行数据计算，筛选出禁用农药、超标农药(分别与MRL中国国家标准、MRL欧盟标准限值进行对比)单独重点分析，再分别对各农药、各茶叶种类分类处理，设计出计算和排序程序，编写计算机代码，最后将生成的膳食暴露风险评估和超标风险评估定量计算结果列入设计好的各个表格中，并定性判断风险对目标的影响程度，直接用文字描述风险发生的高低，如"不可接受"、"可以接受"、"没有影响"、"高度风险"、"中度风险"、"低度风险"。

6.2 LC-Q-TOF/MS 侦测长春市市售茶叶农药残留膳食暴露风险评估

6.2.1 每例茶叶样品中农药残留安全指数分析

基于 2019 年 3 月的农药残留侦测数据，发现在 110 例样品中侦测出农药 319 频次，计算样品中每种残留农药的安全指数 IFS_c，并分析农药对样品安全的影响程度，结果详见附表二，农药残留对茶叶样品安全的影响程度频次分布情况如图 6-4 所示。

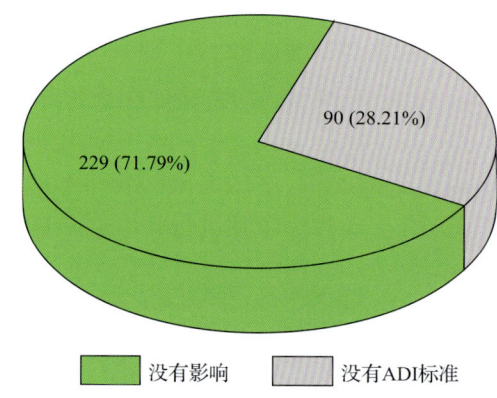

图 6-4 农药残留对茶叶样品安全的影响程度频次分布图

由图 6-4 可以看出，农药残留对样品安全的没有影响的频次为 229，占 71.79%。

部分样品侦测出禁用农药 5 种 16 频次，为了明确残留的禁用农药对样品安全的影响，分析侦测出禁用农药残留的样品安全指数，禁用农药残留对茶叶样品安全的影响程度频次分布情况如图 6-5 所示，农药残留对样品安全没有影响的频次为 16，占 100%。

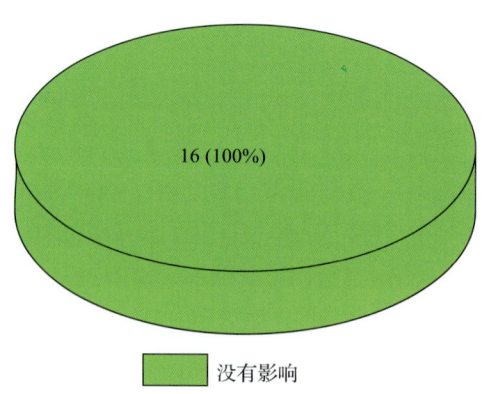

图 6-5 禁用农药对茶叶样品安全影响程度的频次分布图

此外,本次侦测发现部分样品中非禁用农药残留量超过了 MRL 欧盟标准,为了明确超标的非禁用农药对样品安全的影响,分析了非禁用农药残留超标的样品安全指数。

残留量超过 MRL 欧盟标准的非禁用农药对茶叶样品安全的影响程度频次分布情况如图 6-6 所示。可以看出超过 MRL 欧盟标准的非禁用农药共 10 频次,其中农药没有 ADI 的频次为 6,占 60%;农药残留对样品安全没有影响的频次为 4,占 40%。表 6-4 为茶叶样品中安全指数排名前 4 的残留超标非禁用农药列表。

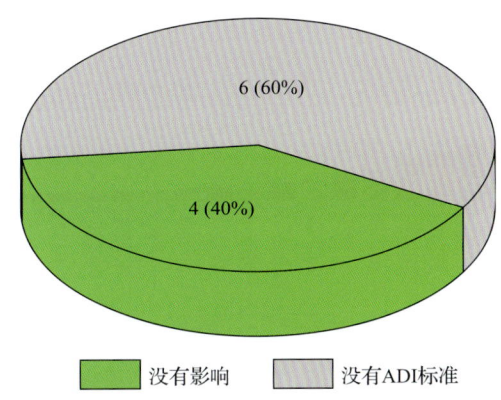

图 6-6　残留超标的非禁用农药对茶叶样品安全的影响程度频次分布图(MRL 欧盟标准)

表 6-4　茶叶样品中安全指数残留超标非禁用农药列表(MRL 欧盟标准)

序号	样品编号	采样点	基质	农药	含量(mg/kg)	欧盟标准	超标倍数	IFS$_c$	影响程度
1	20190302-220100-QHDCIQ-OT-02N	***茶叶店	乌龙茶	哒螨灵	0.1712	0.05	2.424	0.0013	没有影响
2	20190302-220100-QHDCIQ-BT-02J	***茶叶店	红茶	吡唑醚菌酯	0.1111	0.10	0.111	0.0001	没有影响
3	20190302-220100-QHDCIQ-FT-01B	***超市(新天地购物公园店)	花茶	吡虫啉	0.1591	0.05	2.182	0.0002	没有影响
4	20190302-220100-QHDCIQ-FT-01B	***超市(新天地购物公园店)	花茶	啶虫脒	0.1148	0.05	1.296	0.0001	没有影响

6.2.2　单种茶叶中农药残留安全指数分析

本次 4 种茶叶侦测 33 种农药,检出频次为 319 次,其中 3 种农药没有 ADI,30 种农药存在 ADI 标准。4 种茶叶按不同种类分别计算侦测出的具有 ADI 标准的各种农药的 IFS$_c$ 值,农药残留对茶叶的安全指数分布图如图 6-7 所示。

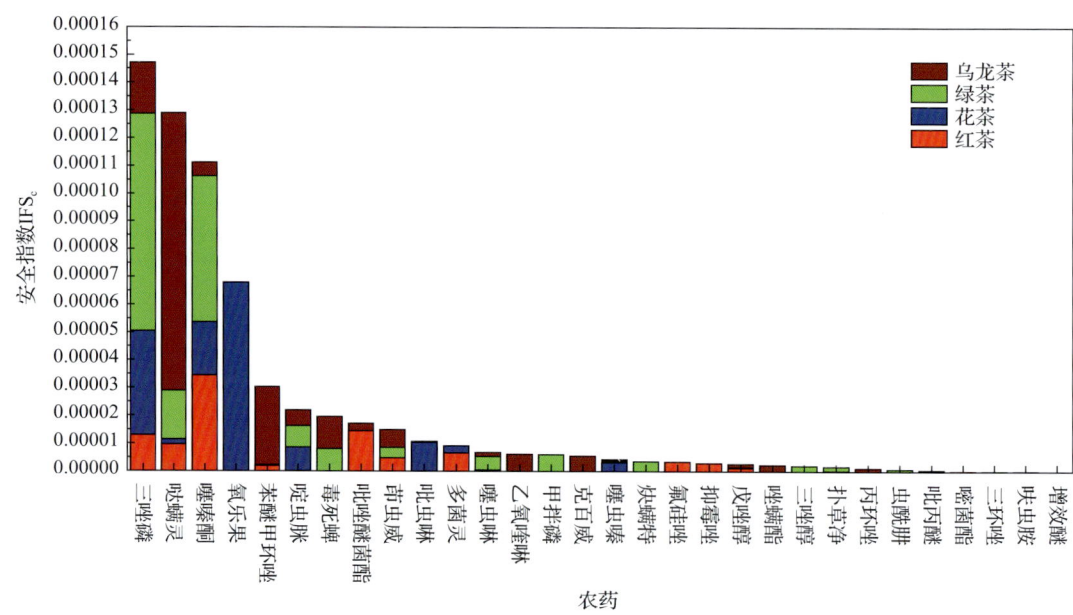

图 6-7 4 种茶叶中 30 种残留农药的安全指数分布图

本次侦测中,4 种茶叶和 33 种残留农药(包括没有 ADI)共涉及 69 个分析样本,农药对单种茶叶安全的影响程度分布情况如图 6-8 所示。可以看出,86.96%的样本中农药对茶叶安全没有影响。

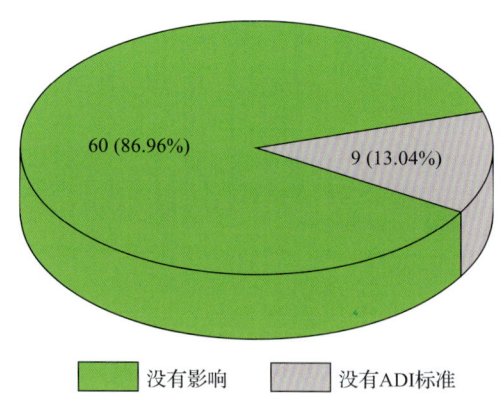

图 6-8 69 个分析样本的影响程度频次分布图

6.2.3 所有茶叶中农药残留安全指数分析

计算所有茶叶中 30 种农药的 IFS_c 值,结果如图 6-9 及表 6-5 所示。

分析发现,所有的农药对茶叶安全的影响程度均为没有影响,说明茶叶中残留的农药不会对茶叶安全造成影响。

第 6 章　LC-Q-TOF/MS 侦测长春市市售茶叶农药残留膳食暴露风险与预警风险评估

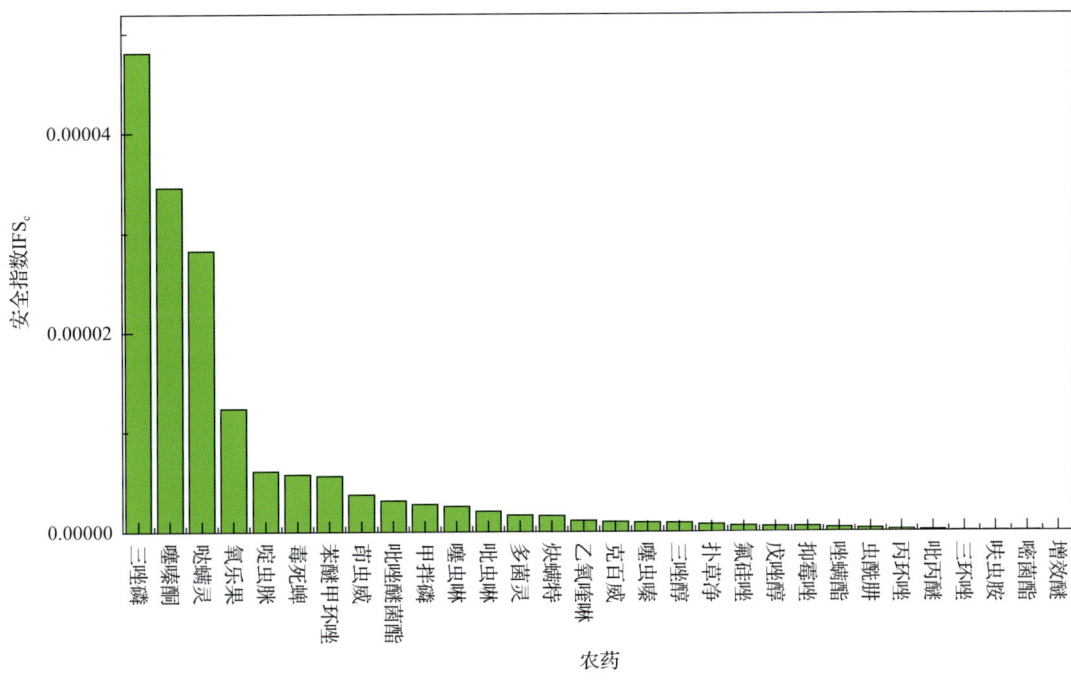

图 6-9　30 种残留农药对茶叶的安全影响程度统计图

表 6-5　茶叶中 30 种农药残留的安全指数表

序号	农药	检出频次	检出率(%)	IFS$_c$	影响程度	序号	农药	检出频次	检出率(%)	IFS$_c$	影响程度
1	三唑磷	6	5	$4.8068×10^{-5}$	没有影响	16	克百威	1	1	$9.9697×10^{-7}$	没有影响
2	噻嗪酮	52	47	$3.4570×10^{-5}$	没有影响	17	噻虫嗪	7	6	$9.2932×10^{-7}$	没有影响
3	哒螨灵	28	25	$2.8214×10^{-5}$	没有影响	18	三唑醇	1	1	$9.0439×10^{-7}$	没有影响
4	氧乐果	1	1	$1.2343×10^{-5}$	没有影响	19	扑草净	21	19	$7.5307×10^{-7}$	没有影响
5	啶虫脒	43	39	$6.0825×10^{-6}$	没有影响	20	氟硅唑	1	1	$6.2056×10^{-7}$	没有影响
6	毒死蜱	7	6	$5.7611×10^{-6}$	没有影响	21	戊唑醇	7	6	$5.5783×10^{-7}$	没有影响
7	苯醚甲环唑	10	9	$5.5973×10^{-6}$	没有影响	22	抑霉唑	1	1	$5.3409×10^{-7}$	没有影响
8	茚虫威	7	6	$3.7386×10^{-6}$	没有影响	23	唑螨酯	1	1	$4.1303×10^{-7}$	没有影响
9	吡唑醚菌酯	2	2	$3.1215×10^{-6}$	没有影响	24	虫酰肼	1	1	$3.3470×10^{-7}$	没有影响
10	甲拌磷	1	1	$2.7468×10^{-6}$	没有影响	25	丙环唑	3	30	$1.9939×10^{-7}$	没有影响
11	噻虫啉	5	5	$2.5494×10^{-6}$	没有影响	26	吡丙醚	7	6	$1.3530×10^{-7}$	没有影响
12	吡虫啉	3	3	$2.0568×10^{-6}$	没有影响	27	三环唑	1	1	$3.5606×10^{-8}$	没有影响
13	多菌灵	4	4	$1.6664×10^{-6}$	没有影响	28	呋虫胺	1	1	$3.3114×10^{-8}$	没有影响
14	炔螨特	2	2	$1.6094×10^{-6}$	没有影响	29	嘧菌酯	3	3	$1.8871×10^{-8}$	没有影响
15	乙氧喹啉	1	1	$1.1109×10^{-6}$	没有影响	30	增效醚	1	1	$4.6288×10^{-9}$	没有影响

6.3 LC-Q-TOF/MS 侦测长春市市售茶叶农药残留预警风险评估

基于长春市茶叶样品中农药残留 LC-Q-TOF/MS 侦测数据,分析禁用农药的检出率,同时参照中华人民共和国国家标准 GB2763—2016 和欧盟农药最大残留限量(MRL)标准分析非禁用农药残留的超标率,并计算农药残留风险系数。分析单种茶叶中农药残留以及所有茶叶中农药残留的风险程度。

6.3.1 单种茶叶中农药残留风险系数分析

6.3.1.1 单种茶叶中禁用农药残留风险系数分析

侦测出的 33 种残留农药中有 5 种为禁用农药,且它们分布在 4 种茶叶中,计算 4 种茶叶中禁用农药的检出率,根据检出率计算风险系数 R,进而分析茶叶中禁用农药的风险程度,结果如图 6-10 与表 6-6 所示。分析发现 5 种禁用农药在 4 种茶叶中的残留处均于高度风险。

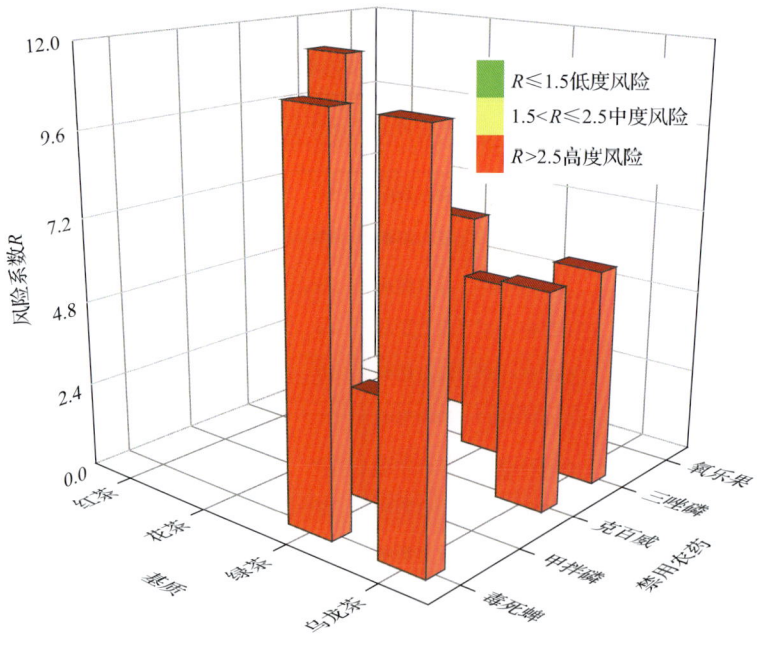

图 6-10 4 种茶叶中 5 种禁用农药残留的风险系数

表 6-6 4 种茶叶中 5 种禁用农药残留的风险系数列表

序号	基质	农药	检出频次	检出率(%)	风险系数 R	风险程度
1	乌龙茶	三唑磷	1	5	6.1	高度风险
2	乌龙茶	克百威	1	5	6.1	高度风险

续表

序号	基质	农药	检出频次	检出率(%)	风险系数 R	风险程度
3	乌龙茶	毒死蜱	2	10	11.1	高度风险
4	红茶	三唑磷	2	10	11.1	高度风险
5	绿茶	三唑磷	2	4	5.1	高度风险
6	绿茶	毒死蜱	5	10	11.1	高度风险
7	绿茶	甲拌磷	1	2	3.1	高度风险
8	花茶	三唑磷	1	5	6.1	高度风险
9	花茶	氧乐果	1	5	6.1	高度风险

6.3.1.2 基于 MRL 中国国家标准的单种茶叶中非禁用农药残留风险系数分析

参照中华人民共和国国家标准 GB 2763—2016 中农药残留限量计算每种茶叶中每种非禁用农药的超标率，进而计算其风险系数，根据风险系数大小判断残留农药的预警风险程度，茶叶中非禁用农药残留风险程度分布情况如图 6-11 所示。

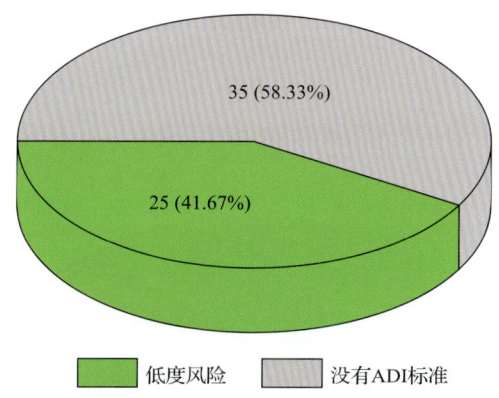

图 6-11 茶叶中非禁用农药残留的风险程度分布图（MRL 中国国家标准）

本次分析中，发现在 4 种茶叶检出 28 种残留非禁用农药，涉及样本 60 个，在 60 个样本中，41.67%处于低度风险，此外发现有 36 个样本没有 MRL 中国国家标准值，无法判断其风险程度，有 MRL 中国国家标准值的 25 个样本涉及 4 种茶叶中的 8 种非禁用农药，其风险系数 R 值如图 6-12 所示。

6.3.1.3 基于 MRL 欧盟标准的单种茶叶中非禁用农药残留风险系数分析

参照 MRL 欧盟标准计算每种茶叶中每种非禁用农药的超标率，进而计算其风险系数，根据风险系数大小判断农药残留的预警风险程度，茶叶中非禁用农药残留风险程度分布情况如图 6-13 所示。

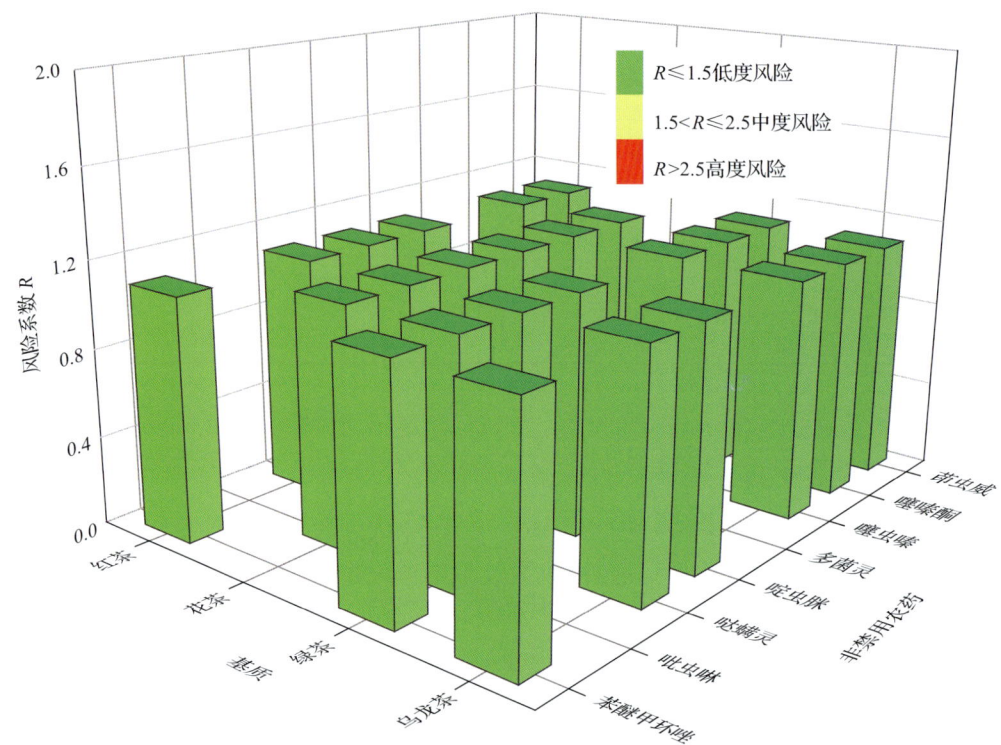

图 6-12　4 种茶叶中 8 种非禁用农药的风险系数分布图（MRL 中国国家标准）

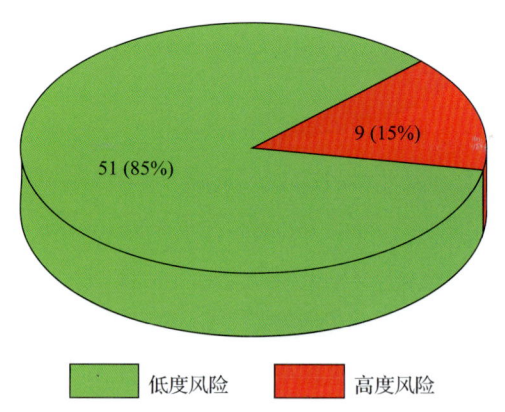

图 6-13　茶叶中非禁用农药残留的风险程度分布图（MRL 欧盟标准）

本次分析中，发现在 4 种茶叶中共侦测出 28 种非禁用农药，涉及样本 60 个，其中，15%处于高度风险，涉及 4 种茶叶和 6 种农药；85%处于低度风险，涉及 4 种茶叶和 27 种农药。单种茶叶中的非禁用农药风险系数分布图如图 6-14 所示。单种茶叶中处于高度风险的非禁用农药风险系数如图 6-15 和表 6-7 所示。

第 6 章 LC-Q-TOF/MS 侦测长春市市售茶叶农药残留膳食暴露风险与预警风险评估

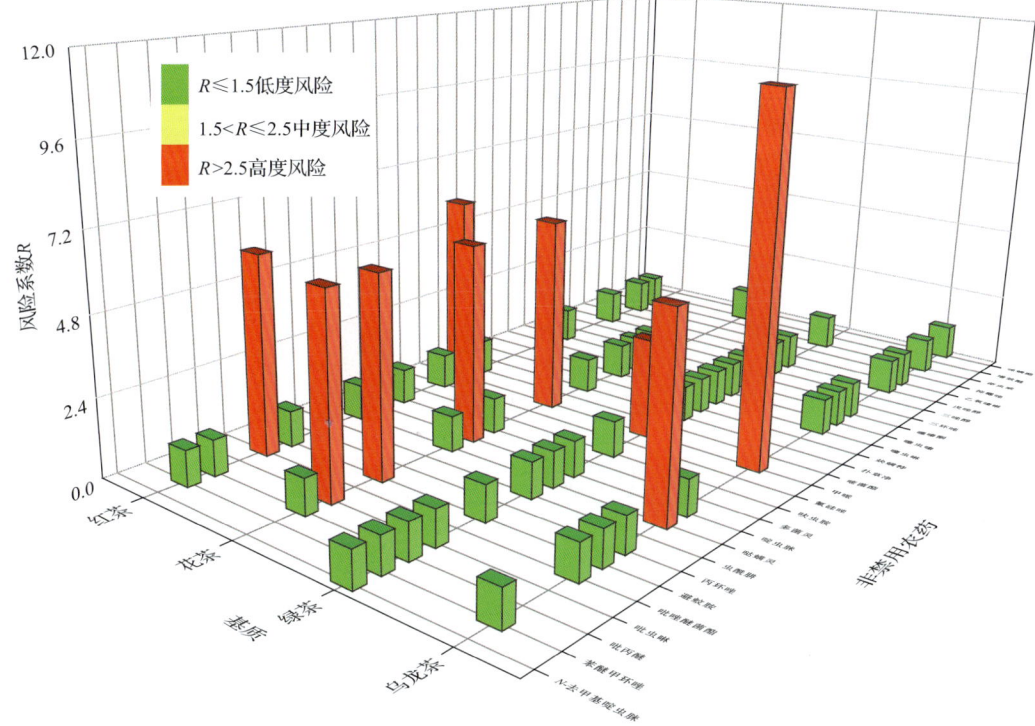

图 6-14 4 种茶叶中 28 种非禁用农药残留的风险系数（MRL 欧盟标准）

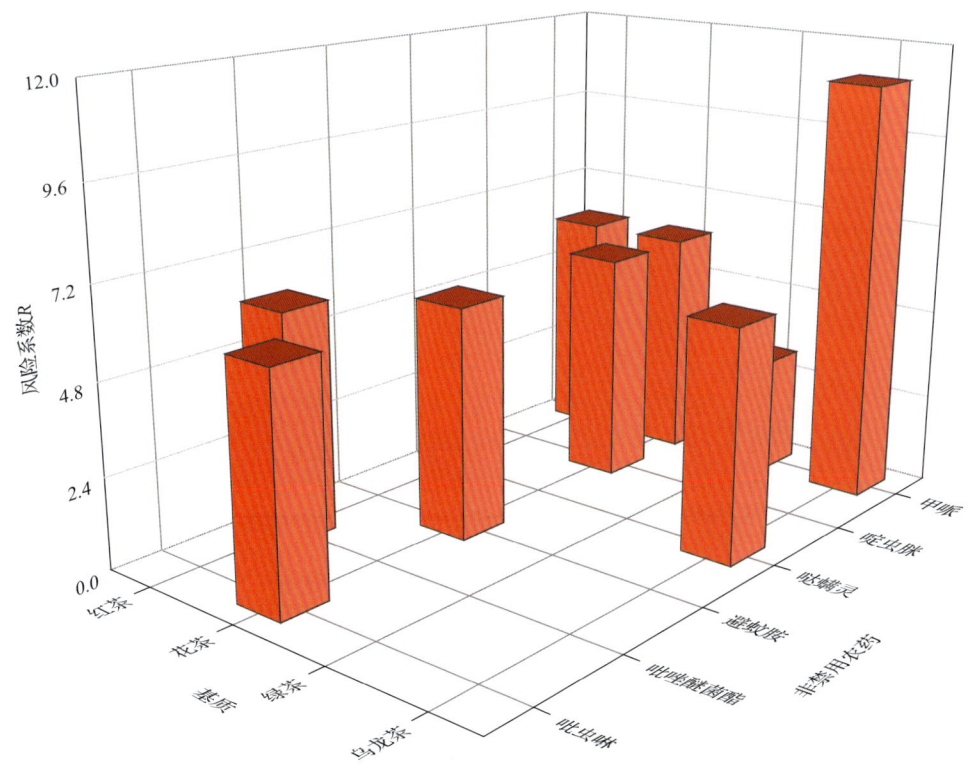

图 6-15 单种茶叶中处于高度风险的非禁用农药的风险系数（MRL 欧盟标准）

表 6-7　单种茶叶中处于高度风险的非禁用农药残留的风险系数表(MRL 欧盟标准)

序号	基质	农药	超标频次	超标率 P(%)	风险系数 R
1	乌龙茶	哒螨灵	1	5	6.1
2	乌龙茶	甲哌	2	10	11.1
3	红茶	吡唑醚菌酯	1	5	6.1
4	红茶	甲哌	1	5	6.1
5	绿茶	甲哌	1	2	3.1
6	花茶	吡虫啉	1	5	6.1
7	花茶	啶虫脒	1	5	6.1
8	花茶	甲哌	1	5	6.1
9	花茶	避蚊胺	1	5	6.1

6.3.2　所有茶叶中农药残留风险系数分析

6.3.2.1　所有茶叶中禁用农药残留风险系数分析

在侦测出的 33 种农药中有 5 种为禁用农药,计算所有茶叶中禁用农药的风险系数,结果如表 6-8 所示。在 5 种禁用农药中,2 种农药残留处于高度风险,3 种农药残留处于中度风险。

表 6-8　茶叶中 5 种禁用农药的风险系数表

序号	农药	检出频次	检出率(%)	风险系数 R	风险程度
1	毒死蜱	7	6.36	7.46	高度风险
2	三唑磷	6	5.45	6.55	高度风险
3	克百威	1	0.91	2.01	中度风险
4	氧乐果	1	0.91	2.01	中度风险
5	甲拌磷	1	0.91	2.01	中度风险

6.3.2.2　所有茶叶中非禁用农药残留风险系数分析

参照 MRL 欧盟标准计算所有茶叶中每种非禁用农药残留的风险系数,如图 6-16 与表 6-9 所示。在侦测出的 28 种非禁用农药中,1 种农药(3.57%)残留处于高度风险,5 种农药(17.86%)残留处于中度风险,22 种农药(78.57%)残留处于低度风险。

第 6 章 LC-Q-TOF/MS 侦测长春市市售茶叶农药残留膳食暴露风险与预警风险评估

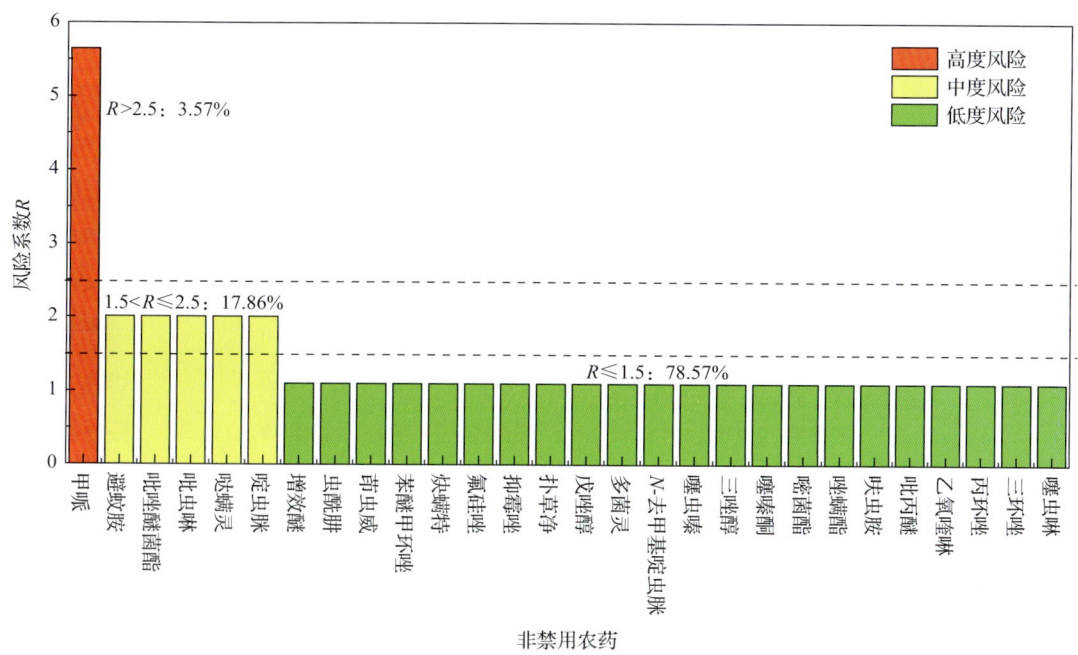

图 6-16 茶叶中 28 种非禁用农药的风险程度统计图

表 6-9 茶叶中 28 种非禁用农药的风险系数表

序号	农药	超标频次	超标率 P(%)	风险系数 R	风险程度
1	甲哌	5	4.55	5.65	高度风险
2	避蚊胺	1	0.91	2.01	中度风险
3	吡唑醚菌酯	1	0.91	2.01	中度风险
4	吡虫啉	1	0.91	2.01	中度风险
5	哒螨灵	1	0.91	2.01	中度风险
6	啶虫脒	1	0.91	2.01	中度风险
7	增效醚	0	0	1.10	低度风险
8	虫酰肼	0	0	1.10	低度风险
9	茚虫威	0	0	1.10	低度风险
10	苯醚甲环唑	0	0	1.10	低度风险
11	炔螨特	0	0	1.10	低度风险
12	氟硅唑	0	0	1.10	低度风险
13	抑霉唑	0	0	1.10	低度风险
14	扑草净	0	0	1.10	低度风险
15	戊唑醇	0	0	1.10	低度风险
16	多菌灵	0	0	1.10	低度风险

续表

序号	农药	超标频次	超标率 $P(\%)$	风险系数 R	风险程度
17	N-去甲基啶虫脒	0	0	1.10	低度风险
18	噻虫嗪	0	0	1.10	低度风险
19	三唑醇	0	0	1.10	低度风险
20	噻嗪酮	0	0	1.10	低度风险
21	嘧菌酯	0	0	1.10	低度风险
22	唑螨酯	0	0	1.10	低度风险
23	呋虫胺	0	0	1.10	低度风险
24	吡丙醚	0	0	1.10	低度风险
25	乙氧喹啉	0	0	1.10	低度风险
26	丙环唑	0	0	1.10	低度风险
27	三环唑	0	0	1.10	低度风险
28	噻虫啉	0	0	1.10	低度风险

6.4 LC-Q-TOF/MS 侦测长春市市售茶叶农药残留风险评估结论与建议

农药残留是影响茶叶安全和质量的主要因素，也是我国食品安全领域备受关注的敏感话题和亟待解决的重大问题之一[15,16]。各种茶叶均存在不同程度的农药残留现象，本研究主要针对长春市各类茶叶存在的农药残留问题，基于2019年3月对长春市110例茶叶样品中农药残留侦测得出的319个侦测结果，分别采用食品安全指数模型和风险系数模型，开展茶叶中农药残留的膳食暴露风险和预警风险评估。茶叶样品取自超市和茶叶专营店，符合大众的膳食来源，风险评价时更具有代表性和可信度。

本研究力求通用简单地反映食品安全中的主要问题，且为管理部门和大众容易接受，为政府及相关管理机构建立科学的食品安全信息发布和预警体系提供科学的规律与方法，加强对农药残留的预警和食品安全重大事件的预防，控制食品风险。

6.4.1 长春市茶叶中农药残留膳食暴露风险评价结论

1) 茶叶样品中农药残留安全状态评价结论

采用食品安全指数模型，对2019年3月期间长春市茶叶农药残留膳食暴露风险进行评价，根据IFS_c的计算结果发现，茶叶中农药的$\overline{IFS}$为5.52×10^{-6}，说明长春市茶叶总体处于可以接受的安全状态，但部分禁用农药、高残留农药在茶叶中仍有侦测出，导致膳食暴露风险的存在，成为不安全因素。

2) 禁用农药膳食暴露风险评价

本次检测发现部分茶叶样品中有禁用农药侦测出，侦测出禁用农药 5 种，侦测出频次为 16，茶叶样品中的禁用农药 IFS_c 计算结果表明，禁用农药残留膳食暴露风险没有影响的频次为 16，占 100%。

6.4.2 长春市茶叶中农药残留预警风险评价结论

1) 单种茶叶中禁用农药残留的预警风险评价结论

本次检测过程中，在 4 种茶叶中检测出 5 种禁用农药，禁用农药为：三唑磷、克百威、毒死蜱、甲拌磷、氧乐果，茶叶为：乌龙茶、红茶、绿茶、花茶，茶叶中禁用农药的风险系数分析结果显示，5 种禁用农药在 4 种茶叶中的残留均处于高度风险，说明在单种茶叶中禁用农药的残留会导致较高的预警风险。

2) 单种茶叶中非禁用农药残留的预警风险评价结论

以 MRL 中国国家标准为标准，计算茶叶中非禁用农药风险系数情况下，60 个样本中，25 个处于低度风险(41.67%)，35 个样本没有 MRL 中国国家标准(58.33%)。以 MRL 欧盟标准为标准，计算茶叶中非禁用农药风险系数情况下，发现有 9 个处于高度风险(15%)，51 个处于低度风险(85%)。基于两种 MRL 标准，评价的结果差异显著，可以看出 MRL 欧盟标准比中国国家标准更加严格和完善，过于宽松的 MRL 中国国家标准值能否有效保障人体的健康有待研究。

6.4.3 加强长春市茶叶食品安全建议

我国食品安全风险评价体系仍不够健全，相关制度不够完善，多年来，由于农药用药次数多、用药量大或用药间隔时间短，产品残留量大，农药残留所造成的食品安全问题日益严峻，给人体健康带来了直接或间接的危害。据估计，美国与农药有关的癌症患者数约占全国癌症患者总数的 50%，中国更高。同样，农药对其他生物也会形成直接杀伤和慢性危害，植物中的农药可经过食物链逐级传递并不断蓄积，对人和动物构成潜在威胁，并影响生态系统。

基于本次农药残留侦测数据的风险评价结果，提出以下几点建议：

1) 加快食品安全标准制定步伐

我国食品标准中对农药每日允许最大摄入量 ADI 的数据严重缺乏，在本次评价所涉及的 33 种农药中，仅有 90.9%的农药具有 ADI 值，而 9.1%的农药中国尚未规定相应的 ADI 值，亟待完善。

我国食品中农药最大残留限量值的规定严重缺乏，对评估涉及的不同茶叶中不同农药 69 个 MRL 限值进行统计来看，我国仅制定出 28 个标准，我国标准完整率仅为 40.6%，欧盟的完整率达到 100%(表 6-10)。因此，中国更应加快 MRL 的制定步伐。

表 6-10 我国国家食品标准农药的 ADI、MRL 值与欧盟标准的数量差异

分类		中国 ADI	MRL 中国国家标准	MRL 欧盟标准
标准限值(个)	有	30	28	69
	无	3	41	0
总数(个)		33	69	69
无标准限值比例(%)		9.1	59.4	0

此外，MRL 中国国家标准限值普遍高于欧盟标准限值，这些标准中共有 19 个高于欧盟。过高的 MRL 值难以保障人体健康，建议继续加强对限值基准和标准的科学研究，将农产品中的危险性减少到尽可能低的水平。

2) 加强农药的源头控制和分类监管

在长春市某些茶叶中仍有禁用农药残留，利用 LC-Q-TOF/MS 技术侦测出 5 种禁用农药，检出频次为 16 次，残留禁用农药均存在较大的膳食暴露风险和预警风险。早已列入黑名单的禁用农药在我国并未真正退出，有些药物由于价格便宜、工艺简单，此类高毒农药一直生产和使用。建议在我国采取严格有效的控制措施，从源头控制禁用农药。

对于非禁用农药，在我国作为"田间地头"最典型单位的县级茶叶产地中，农药残留的检测几乎缺失。建议根据农药的毒性，对高毒、剧毒、中毒农药实现分类管理，减少使用高毒和剧毒高残留农药，进行分类监管。

3) 加强农药生物基准和降解技术研究

市售茶叶中残留农药的品种多、频次高、禁用农药多次检出这一现状，说明了我国的田间土壤和水体因农药长期、频繁、不合理的使用而遭到严重污染。为此，建议中国相关部门出台相关政策，鼓励高校及科研院所积极开展分子生物学、酶学等研究，加强土壤、水体中残留农药的生物修复及降解新技术研究，切实加大农药监管力度，以控制农药的面源污染问题。

综上所述，在本工作基础上，根据茶叶残留危害，可进一步针对其成因提出和采取严格管理、大力推广无公害茶叶种植与生产、健全食品安全控制技术体系、加强茶叶质量检测体系建设和积极推行茶叶质量追溯制度等相应对策。建立和完善食品安全综合评价指数与风险监测预警系统，对食品安全进行实时、全面的监控与分析，为我国的食品安全科学监管与决策提供新的技术支持，可实现各类检验数据的信息化系统管理，降低食品安全事故的发生。

第7章 GC-Q-TOF/MS 侦测长春市 110 例市售茶叶样品农药残留报告

从长春市所属 2 个区，随机采集了 110 例茶叶样品，使用气相色谱-四极杆飞行时间质谱(GC-Q-TOF/MS)对 684 种农药化学污染物示范侦测。

7.1 样品种类、数量与来源

7.1.1 样品采集与检测

为了真实反映百姓日常饮用的茶叶中农药残留污染状况，本次所有样品均由检验人员于 2019 年 3 月期间，从长春市所属 5 个采样点，包括 1 个茶叶专营店 4 个超市，以随机购买方式采集，总计 5 批 110 例样品，从中检出农药 87 种，859 频次。采样及监测概况见图 7-1 及表 7-1，样品及采样点明细见表 7-2 及表 7-3（侦测原始数据见附表 1）。

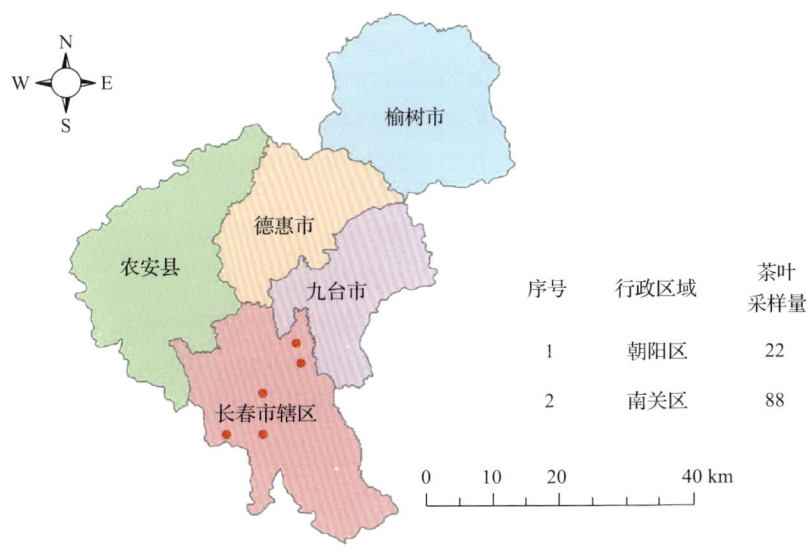

图 7-1 长春市所属 5 个采样点 110 例样品分布图

表 7-1 农药残留监测总体概况

采样行政区域	长春市所属 2 个区
采样点(茶叶专营店+超市)	5
样本总数	110
检出农药品种/频次	87/859
各采样点样本农药残留检出率范围	93.0% ~ 100.0%

表 7-2　样品分类及数量

样品分类	样品名称(数量)	数量小计
1. 茶叶		110
1)发酵类茶叶	红茶(20),乌龙茶(20)	40
2)未发酵类茶叶	花茶(20),绿茶(50)	70
合计	1.茶叶 4 种	110

表 7-3　长春市采样点信息

采样点序号	行政区域	采样点
茶叶专营店(1)		
1	南关区	***茶叶店
超市(4)		
1	朝阳区	***超市(红旗店)
2	朝阳区	***超市(前进广场店)
3	朝阳区	***超市(红旗街店)
4	南关区	***超市(***购物公园店)

7.1.2　检测结果

这次使用的检测方法是庞国芳院士团队最新研发的不需使用标准品对照,而以高分辨精确质量数(0.0001 m/z)为基准的 GC-Q-TOF/MS 检测技术,对于 110 例样品,每个样品均侦测了 684 种农药化学污染物的残留现状。通过本次侦测,在 110 例样品中共计检出农药化学污染物 87 种,检出 859 频次。

7.1.2.1　各采样点样品检出情况

统计分析发现 5 个采样点中,被测样品的农药检出率范围为 93.0%~100.0%。其中,有 4 个采样点样品的检出率最高,达到了 100.0%,分别是:***超市(红旗店)、***超市(前进广场店)、***超市(红旗街店)和***超市(***购物公园店)。***茶叶店的检出率最低,为 93.0%,见图 7-2。

7.1.2.2　检出农药的品种总数与频次

统计分析发现,对于 110 例样品中 684 种农药化学污染物的侦测,共检出农药 859 频次,涉及农药 87 种,结果如图 7-3 所示。其中炔丙菊酯检出频次最高,共检出 60 次。检出频次排名前 10 的农药如下,①炔丙菊酯(60),②联苯菊酯(54),③毒死蜱(49),④炔咪菊酯(45),⑤甲醚菊酯(39),⑥唑虫酰胺(39),⑦氯氟氰菊酯(33),⑧草完隆(32),⑨猛杀威(32),⑩2,6-二硝基-3-甲氧基-4-叔丁基甲苯(31)。

由图 7-4 可见,绿茶、乌龙茶和花茶这 3 种茶叶样品中检出的农药品种数较高,均超过 25 种,其中,绿茶检出农药品种最多,为 68 种。由图 7-5 可见,绿茶、乌龙茶和花茶这 3 种茶叶样品中的农药检出频次较高,均超过 100 次,其中,绿茶检出农药频次最高,为 592 次。

第 7 章 GC-Q-TOF/MS 侦测长春市 110 例市售茶叶样品农药残留报告

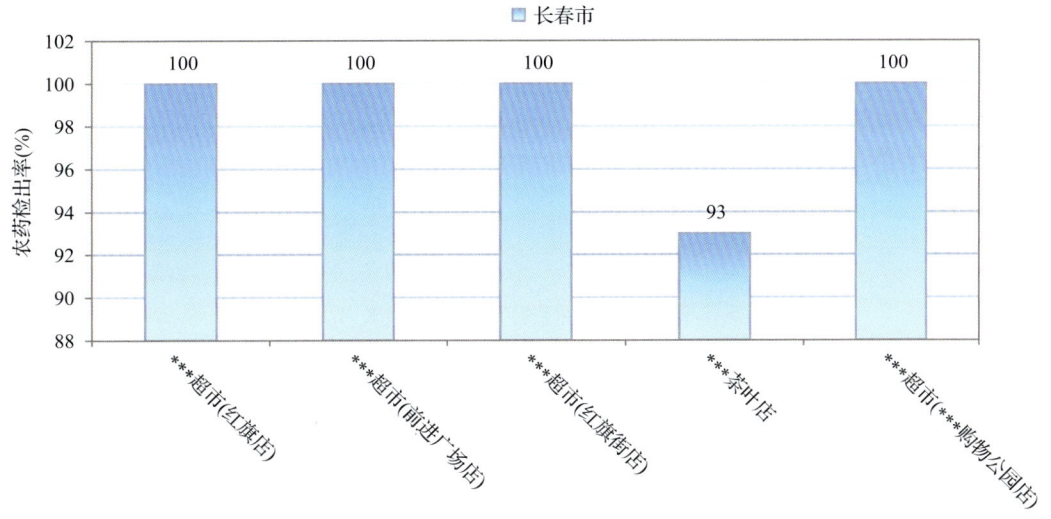

图 7-2 各采样点样品中的农药检出率

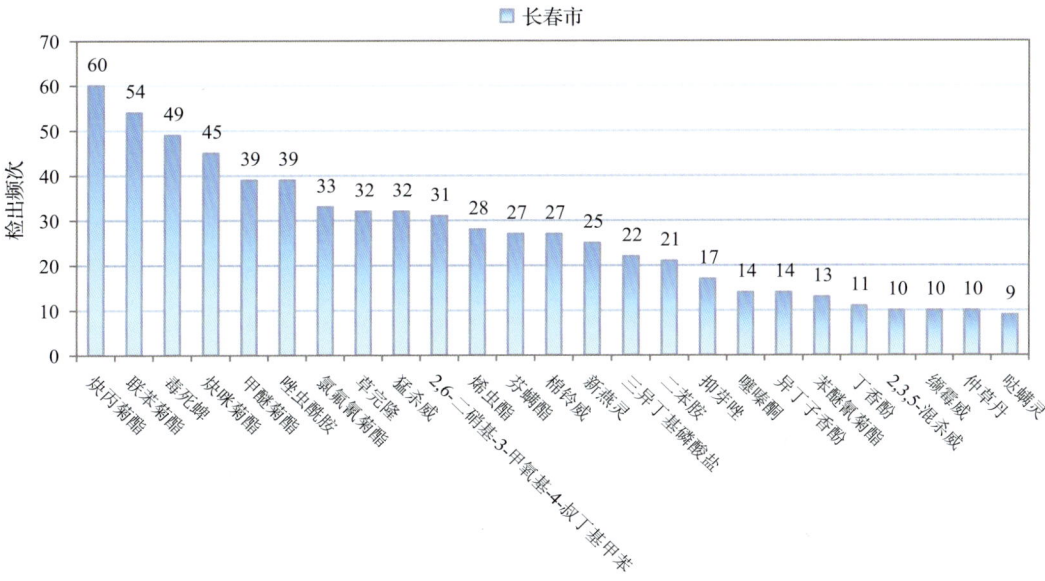

图 7-3 检出农药品种及频次(仅列出 9 频次及以上的数据)

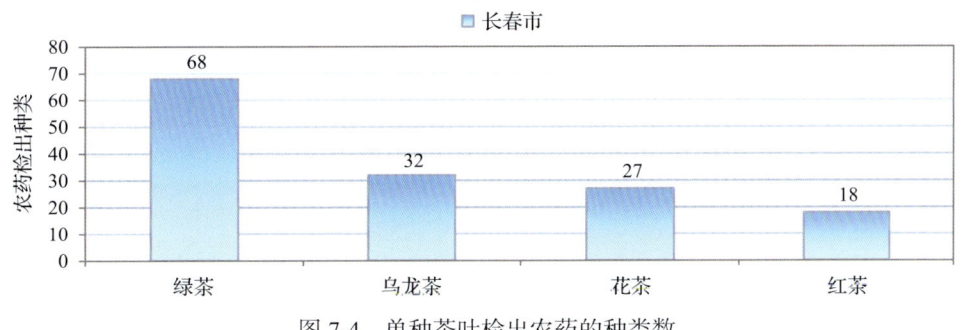

图 7-4 单种茶叶检出农药的种类数

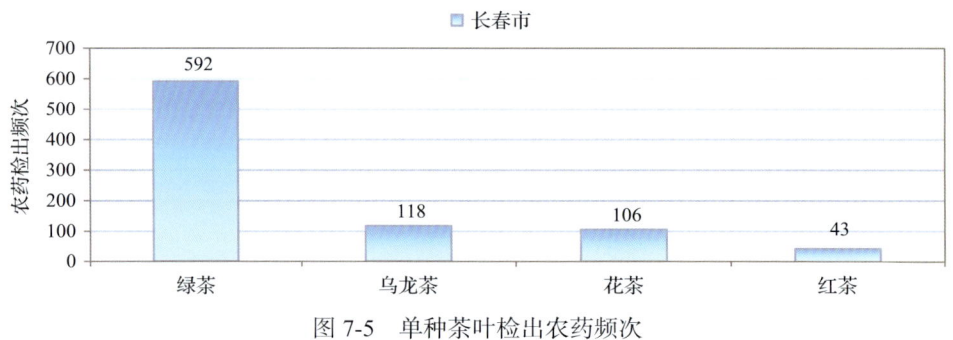

图 7-5　单种茶叶检出农药频次

7.1.2.3　单例样品农药检出种类与占比

对单例样品检出农药种类和频次进行统计发现，未检出农药的样品占总样品数的 4.5%，检出 1 种农药的样品占总样品数的 3.6%，检出 2~5 种农药的样品占总样品数的 29.1%，检出 6~10 种农药的样品占总样品数的 30.9%，检出大于 10 种农药的样品占总样品数的 31.8%。每例样品中平均检出农药为 7.8 种，数据见表 7-4 及图 7-6。

表 7-4　单例样品检出农药品种占比

检出农药品种数	样品数量/占比(%)
未检出	5/4.5
1 种	4/3.6
2~5 种	32/29.1
6~10 种	34/30.9
大于 10 种	35/31.8
单例样品平均检出农药品种	7.8 种

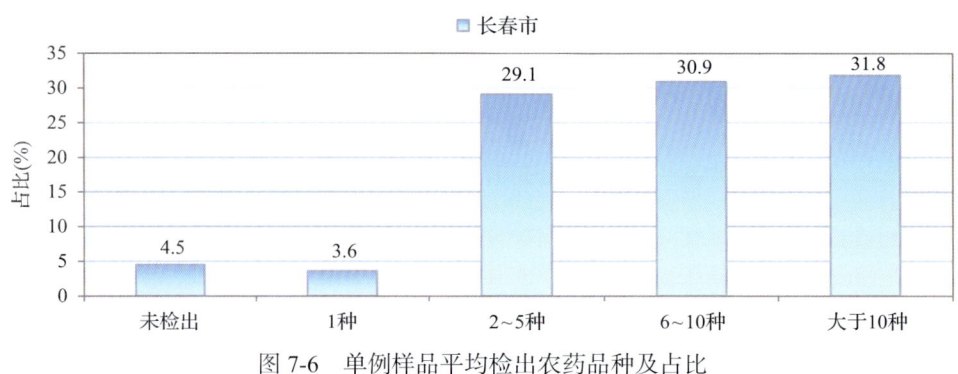

图 7-6　单例样品平均检出农药品种及占比

7.1.2.4　检出农药类别与占比

所有检出农药按功能分类，包括杀虫剂、除草剂、杀菌剂、杀螨剂、植物生长调节剂和其他共 6 类。其中杀虫剂与除草剂为主要检出的农药类别，分别占总数的 47.1% 和 20.7%，见表 7-5 及图 7-7。

表 7-5 检出农药所属类别/占比

农药类别	数量/占比(%)
杀虫剂	41/47.1
除草剂	18/20.7
杀菌剂	15/17.2
杀螨剂	6/6.9
植物生长调节剂	2/2.3
其他	5/5.7

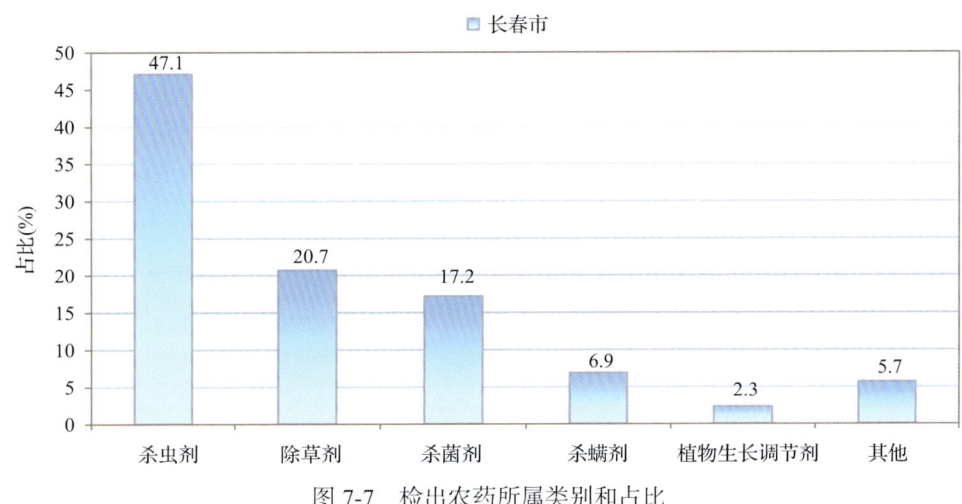

图 7-7 检出农药所属类别和占比

7.1.2.5 检出农药的残留水平

按检出农药残留水平进行统计,残留水平在 1~5 μg/kg(含)的农药占总数的 11.3%,在 5~10 μg/kg(含)的农药占总数的 7.2%,在 10~100 μg/kg(含)的农药占总数的 50.6%,在 100~1000 μg/kg 的农药占总数的 30.8%。

由此可见,这次检测的 5 批 110 例茶叶样品中农药多数处于中高残留水平。结果见表 7-6 及图 7-8,数据见附表 2。

表 7-6 农药残留水平/占比

残留水平(μg/kg)	检出频次数/占比(%)
1~5(含)	97/11.3
5~10(含)	62/7.2
10~100(含)	435/50.6
100~1000	265/30.8

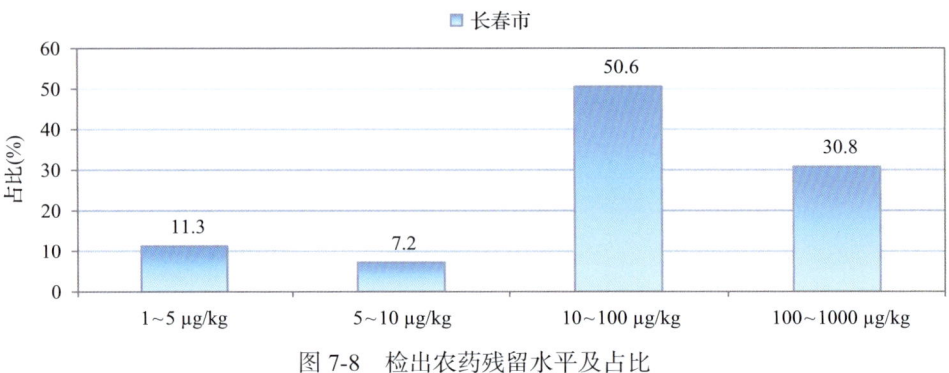

图 7-8　检出农药残留水平及占比

7.1.2.6　检出农药的毒性类别、检出频次和超标频次及占比

对这次检出的 87 种 859 频次的农药，按剧毒、高毒、中毒、低毒和微毒这五个毒性类别进行分类，从中可以看出，长春市目前普遍使用的农药为中低微毒农药，品种占 92.0%，频次占 98.5%。结果见表 7-7 及图 7-9。

表 7-7　检出农药毒性类别/占比

毒性分类	农药品种/占比(%)	检出频次/占比(%)	超标频次/超标率(%)
剧毒农药	0/0.0	0/0.0	0/0.0
高毒农药	7/8.0	13/1.5	1/7.7
中毒农药	37/42.5	480/55.9	1/0.2
低毒农药	32/36.8	303/35.3	0/0.0
微毒农药	11/12.6	63/7.3	0/0.0

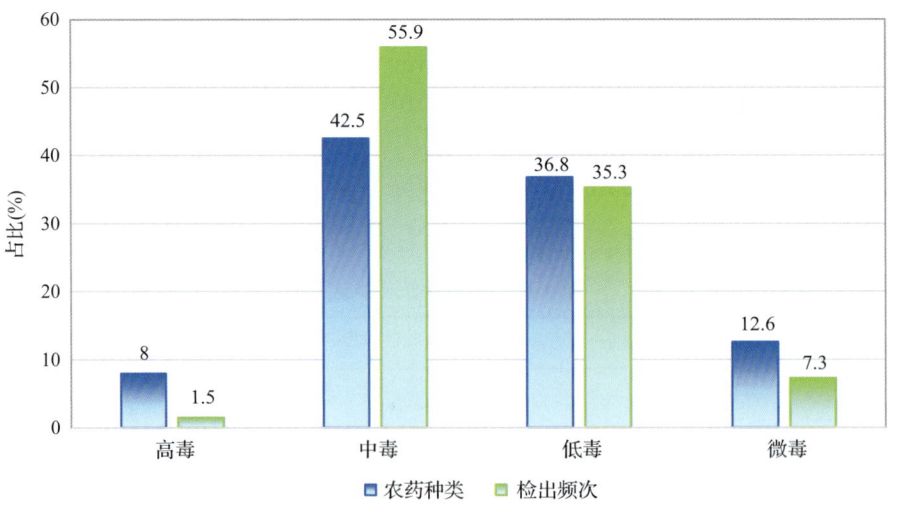

图 7-9　检出农药的毒性分类和占比

7.1.2.7 检出剧毒/高毒类农药的品种和频次

值得特别关注的是，在此次侦测的 110 例样品中有 3 种茶叶的 13 例样品检出了 7 种 13 频次的剧毒和高毒农药，占样品总量的 11.8%，详见图 7-10、表 7-8 及表 7-9。

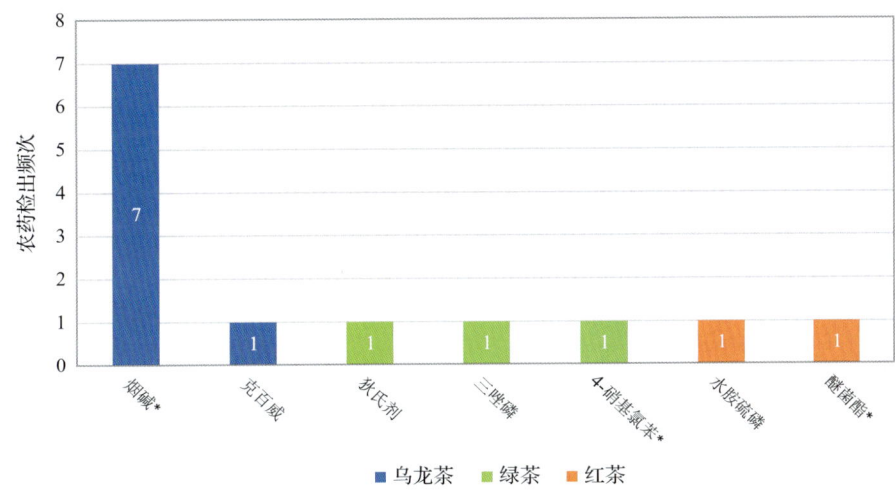

图 7-10　检出剧毒/高毒农药的样品情况

*表示允许在茶叶上使用的农药

表 7-8　剧毒农药检出情况

序号	农药名称	检出频次	超标频次	超标率
	茶叶中未检出剧毒农药			
	合计	0	0	超标率：0.0%

表 7-9　高毒农药检出情况

序号	农药名称	检出频次	超标频次	超标率
	从 3 种茶叶中检出 7 种高毒农药，共计检出 13 次			
1	烟碱	7	0	0.0%
2	4-硝基氯苯	1	0	0.0%
3	狄氏剂	1	0	0.0%
4	克百威	1	1	100.0%
5	醚菌酯	1	0	0.0%
6	三唑磷	1	0	0.0%
7	水胺硫磷	1	0	0.0%
	合计	13	1	超标率：7.7%

在检出的剧毒和高毒农药中，有 4 种是我国早已禁止在茶叶上使用的，分别是：克百威、狄氏剂、三唑磷和水胺硫磷。禁用农药的检出情况见表 7-10。

表 7-10 禁用农药检出情况

序号	农药名称	检出频次	超标频次	超标率
从 4 种茶叶中检出 10 种禁用农药，共计检出 79 次				
1	毒死蜱	49	0	0.0%
2	硫丹	8	0	0.0%
3	氟虫腈	7	0	0.0%
4	三氯杀螨醇	7	0	0.0%
5	2,4-滴丁酯	3	0	0.0%
6	狄氏剂	1	0	0.0%
7	克百威	1	1	100.0%
8	氰戊菊酯	1	1	100.0%
9	三唑磷	1	0	0.0%
10	水胺硫磷	1	0	0.0%
	合计	79	2	超标率：2.5%

注：超标结果参考 MRL 中国国家标准计算

此次抽检的茶叶样品中，没有检出剧毒农药。

样品中检出剧毒和高毒农药残留水平超过 MRL 中国国家标准的频次为 1 次，其中：乌龙茶检出克百威超标 1 次。本次检出结果表明，高毒、剧毒农药的使用现象依旧存在。详见表 7-11。

表 7-11 各样本中检出剧毒/高毒农药情况

样品名称	农药名称	检出频次	超标频次	检出浓度（μg/kg）
茶叶 3 种				
红茶	醚菌酯	1	0	95.6
红茶	水胺硫磷▲	1	0	7.8
绿茶	4-硝基氯苯	1	0	620.4
绿茶	狄氏剂▲	1	0	6.2
绿茶	三唑磷▲	1	0	35.9
乌龙茶	烟碱	7	0	71.7, 59.8, 22.3, 16.6, 92.7, 53.1, 69.1
乌龙茶	克百威▲	1	1	204.6[a]
	合计	13	1	超标率：7.7%

注：▲为禁用农药；a 为超标结果（参考 MRL 中国国家标准）

7.2 农药残留检出水平与最大残留限量标准对比分析

我国于 2016 年 12 月 18 日正式颁布并于 2017 年 6 月 18 日正式实施食品农药残留

限量国家标准《食品中农药最大残留限量》(GB 2763—2016)。该标准包括 417 个农药条目，涉及最大残留限量(MRL)标准 4140 项。将 859 频次检出农药的浓度水平与 4140 项 MRL 中国国家标准进行核对，其中只有 145 频次的结果找到了对应的 MRL，占 16.9%，还有 714 频次的结果则无相关 MRL 标准供参考，占 83.1%。

将此次侦测结果与国际上现行 MRL 对比发现，在 859 频次的检出结果中有 859 频次的结果找到了对应的 MRL 欧盟标准，占 100.0%，其中，331 频次的结果有明确对应的 MRL，占 38.5%，其余 528 频次按照欧盟一律标准判定，占 61.5%；有 859 频次的结果找到了对应的 MRL 日本标准，占 100.0%，其中，321 频次的结果有明确对应的 MRL，占 37.4%，其余 538 频次按照日本一律标准判定，占 62.6%；有 150 频次的结果找到了对应的 MRL 中国香港标准，占 17.5%；有 148 频次的结果找到了对应的 MRL 美国标准，占 17.2%；有 165 频次的结果找到了对应的 MRL CAC 标准，占 19.2%（见图 7-11 和图 7-12，数据见附表 3 至附表 8）。

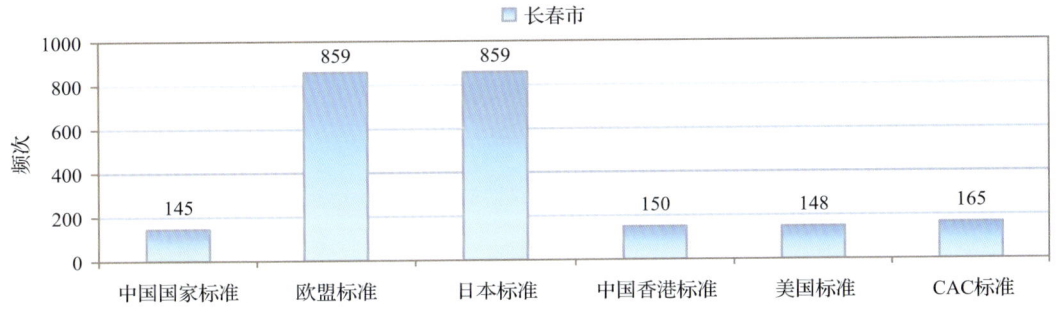

图 7-11　859 频次检出农药可用 MRL 中国国家标准、欧盟标准、日本标准、中国香港标准、美国标准、CAC 标准判定衡量的数量

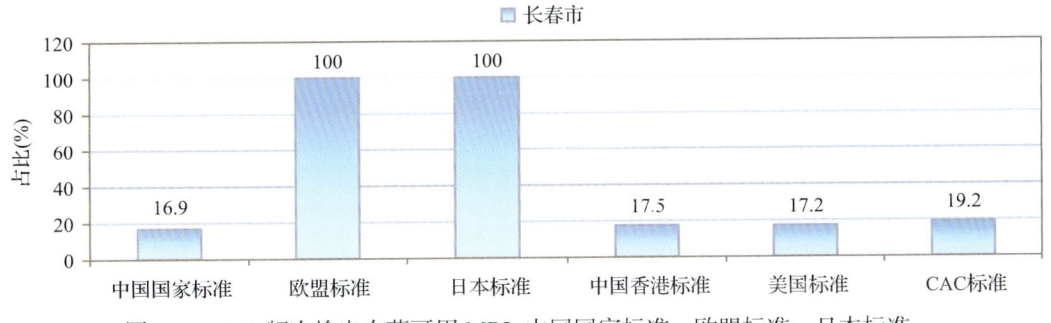

图 7-12　859 频次检出农药可用 MRL 中国国家标准、欧盟标准、日本标准、中国香港标准、美国标准、CAC 标准衡量的占比

7.2.1　超标农药样品分析

本次侦测的 110 例样品中，5 例样品未检出任何残留农药，占样品总量的 4.5%，105 例样品检出不同水平、不同种类的残留农药，占样品总量的 95.5%。在此，我们将本次侦测的农残检出情况与 MRL 中国国家标准、欧盟标准、日本标准、中国香港标准、美国标准和 CAC 标准这 6 大国际主流标准进行对比分析，样品农残检出与超标情况

见表 7-12、图 7-13 和图 7-14，详细数据见附表 9 至附表 14。

表 7-12 各 MRL 标准下样本农残检出与超标数量及占比

	中国国家标准 数量/占比(%)	欧盟标准 数量/占比(%)	日本标准 数量/占比(%)	中国香港标准 数量/占比(%)	美国标准 数量/占比(%)	CAC 标准 数量/占比(%)
未检出	5/4.5	5/4.5	5/4.5	5/4.5	5/4.5	5/4.5
检出未超标	103/93.6	2/1.8	12/10.9	105/95.5	105/95.5	105/95.5
检出超标	2/1.8	103/93.6	93/84.5	0/0.0	0/0.0	0/0.0

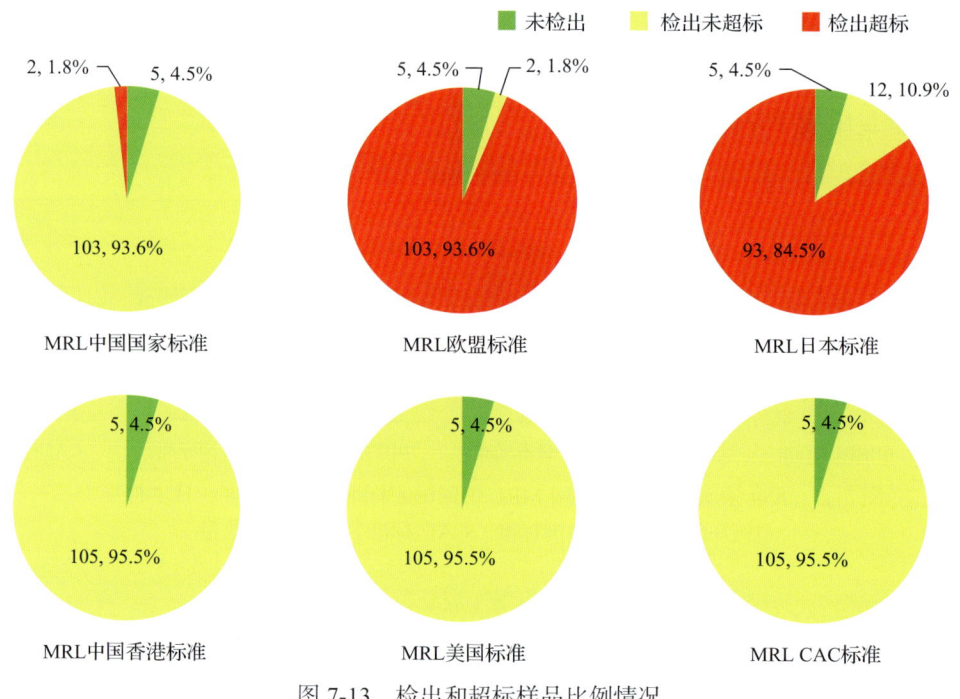

图 7-13 检出和超标样品比例情况

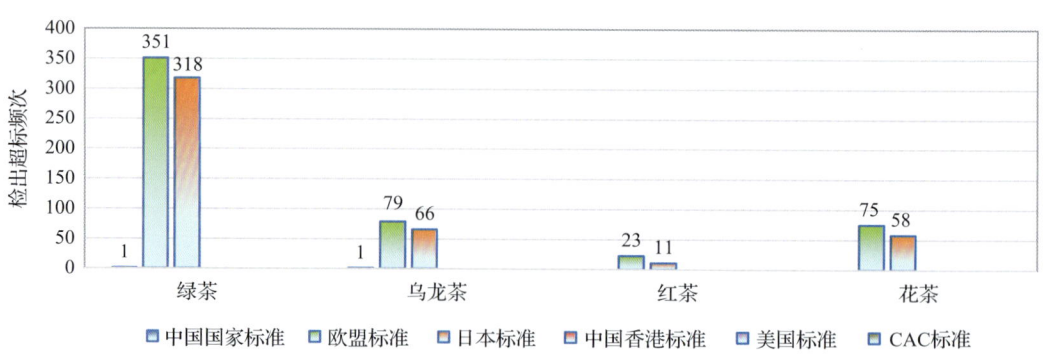

图 7-14 超过 MRL 中国国家标准、欧盟标准、日本标准、中国香港标准、美国标准和 CAC 标准结果在茶叶中的分布

7.2.2 超标农药种类分析

按照 MRL 中国国家标准、欧盟标准、日本标准、中国香港标准、美国标准和 CAC 标准这 6 大国际主流标准衡量，本次侦测检出的农药超标品种及频次情况见表 7-13。

表 7-13 各 MRL 标准下超标农药品种及频次

	中国国家标准	欧盟标准	日本标准	中国香港标准	美国标准	CAC 标准
超标农药品种	2	56	53	0	0	0
超标农药频次	2	528	453	0	0	0

7.2.2.1 按 MRL 中国国家标准衡量

按 MRL 中国国家标准衡量，共有 2 种农药超标，检出 2 频次，分别为高毒农药克百威，中毒农药氰戊菊酯。

按超标程度比较，乌龙茶中克百威超标 3.1 倍，绿茶中氰戊菊酯超标 0.3 倍。检测结果见图 7-15 和附表 15。

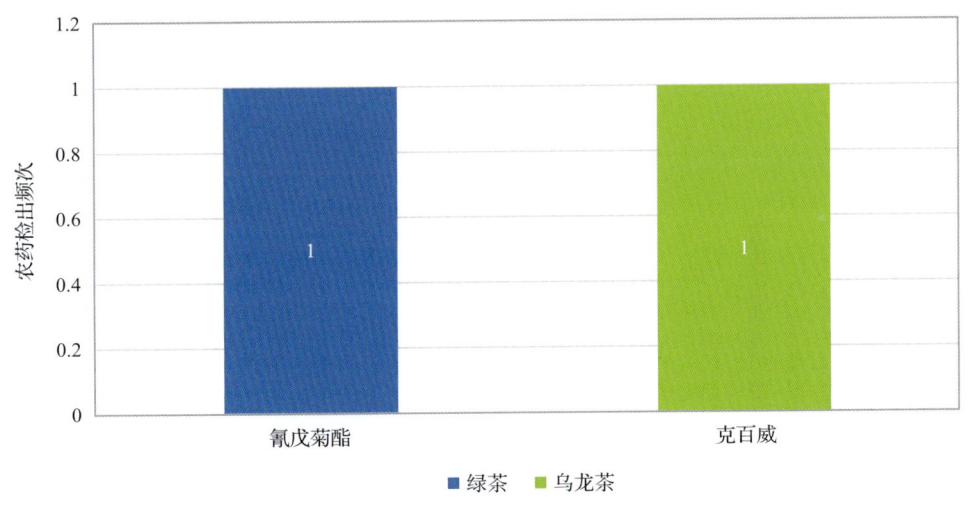

图 7-15 超过 MRL 中国国家标准农药品种及频次

7.2.2.2 按 MRL 欧盟标准衡量

按 MRL 欧盟标准衡量，共有 56 种农药超标，检出 528 频次，分别为高毒农药三唑磷、克百威、4-硝基氯苯和醚菌酯，中毒农药苯醚甲环唑、丙环唑、炔咪菊酯、速灭威、氯氟氰菊酯、草完隆、邻二氯苯、异丁子香酚、氟虫腈、棉铃威、丙溴磷、唑虫酰胺、灭除威、氰戊菊酯、苯醚氰菊酯、哒螨灵、炔丙菊酯、3,4,5-混杀威、哌草丹、马拉氧磷、辛酰溴苯腈、丁香酚和灭蚁灵，低毒农药乙草胺、1,4-二甲基萘、2,6-二硝基-3-甲氧基-4-叔丁基甲苯、芬螨酯、邻苯二甲酰亚胺、呋草黄、联苯、三异丁基磷酸盐、猛杀威、腈吡螨酯、噻嗪酮、甲醚菊酯、唑胺菌酯、二甲苯麝香、麦草氟甲酯、新燕灵、威杀灵、四氢吩胺、苄呋菊酯、4,4-二氯二苯甲酮、杀螨特、二苯胺、麦草氟异丙酯和戊草丹，微毒农药醚菊酯、烯虫炔酯、缬霉威、咪草酸和仲草丹。

按超标程度比较，绿茶中氟虫腈超标 171.0 倍，花茶中棉铃威超标 97.0 倍，绿茶中腈吡螨酯超标 89.2 倍，绿茶中 2,6-二硝基-3-甲氧基-4-叔丁基甲苯超标 87.1 倍，乌龙茶中棉铃威超标 83.8 倍。检测结果见图 7-16 和附表 16。

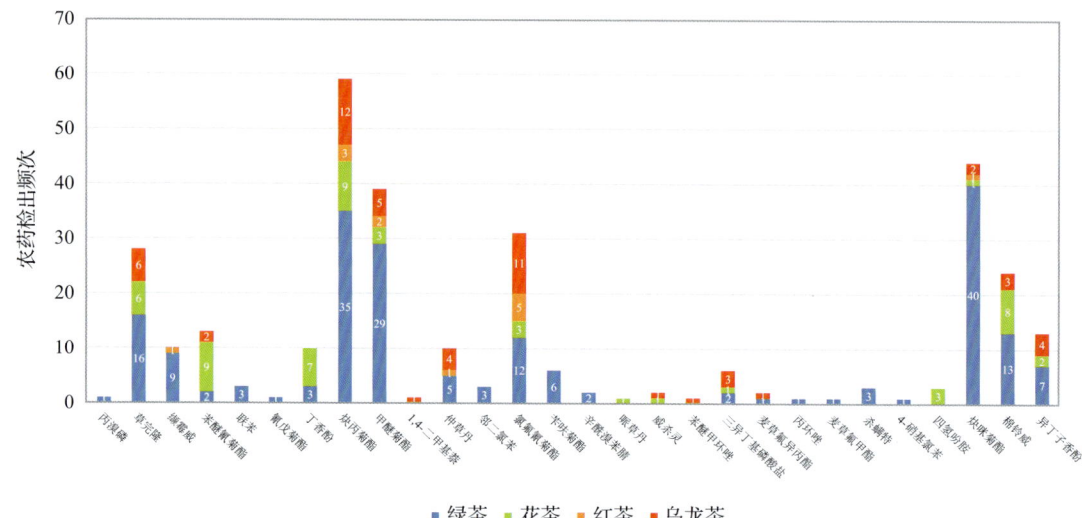

图 7-16-1 超过 MRL 欧盟标准农药品种及频次

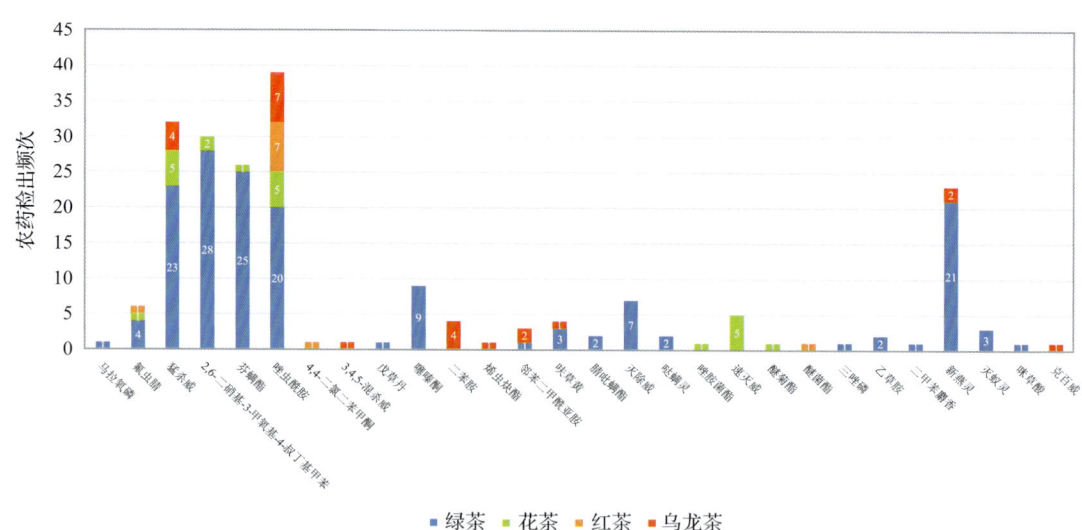

图 7-16-2 超过 MRL 欧盟标准农药品种及频次

7.2.2.3 按 MRL 日本标准衡量

按 MRL 日本标准衡量，共有 53 种农药超标，检出 453 频次，分别为高毒农药三唑磷、克百威、4-硝基氯苯、狄氏剂和烟碱，中毒农药炔咪菊酯、速灭威、氟硅唑、草完隆、邻二氯苯、异丁子香酚、螺环菌胺、氟虫腈、丙溴磷、灭除威、苯醚氰菊酯、烯唑醇、炔丙菊酯、3,4,5-混杀威、哌草丹、马拉氧磷、辛酰溴苯腈、丁香酚和灭蚁灵，低毒农药 1,4-二甲基萘、2,6-二硝基-3-甲氧基-4-叔丁基甲苯、芬螨酯、嘧霉胺、乙草胺、邻苯二甲酰亚胺、呋草黄、三异丁基磷酸盐、猛杀威、联苯、甲醚菊酯、唑胺菌酯、二甲苯麝香、麦草氟甲酯、异丙甲草胺、新燕灵、威杀灵、四氢吩胺、苄呋菊酯、4,4-二氯二苯甲酮、二苯胺、麦草氟异丙酯、戊草丹和杀螨特，微毒农药烯虫酯、烯虫炔酯、缬霉威、咪草酸和仲草丹。

按超标程度比较，绿茶中 2,6-二硝基-3-甲氧基-4-叔丁基甲苯超标 87.1 倍，绿茶中氟虫腈超标 85.0 倍，绿茶中缬霉威超标 73.5 倍，绿茶中芬螨酯超标 70.0 倍，绿茶中杀螨特超标 68.3 倍。检测结果见图 7-17 和附表 17。

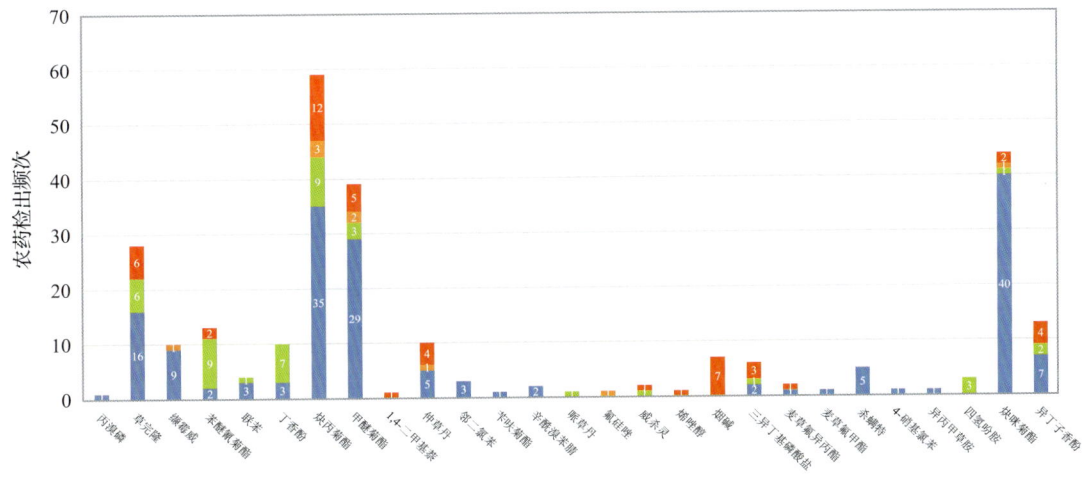

图 7-17-1 超过 MRL 日本标准农药品种及频次

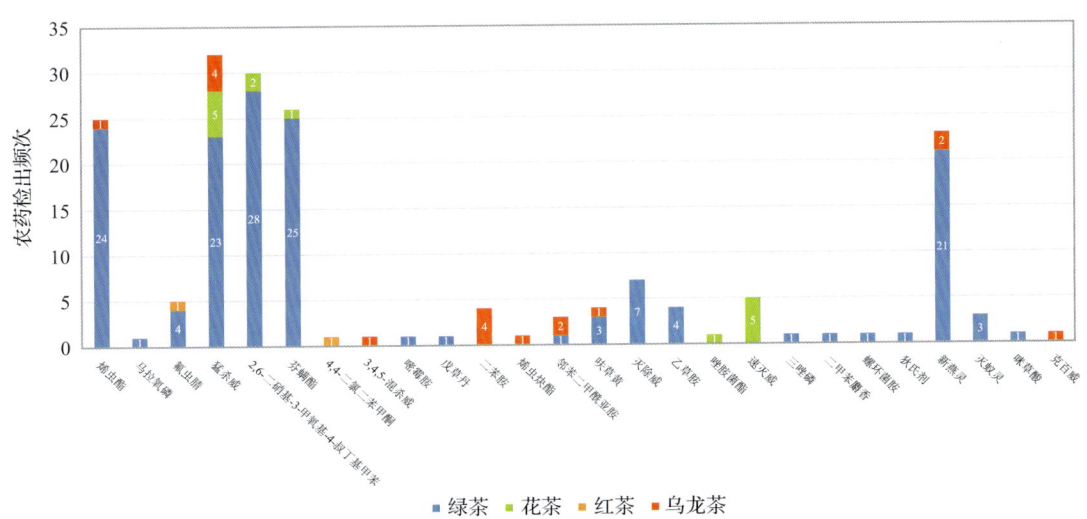

图 7-17-2 超过 MRL 日本标准农药品种及频次

7.2.2.4 按 MRL 中国香港标准衡量

按 MRL 中国香港标准衡量，无样品检出超标农药残留。

7.2.2.5 按 MRL 美国标准衡量

按 MRL 美国标准衡量，无样品检出超标农药残留。

7.2.2.6 按 MRL CAC 标准衡量

按 MRL CAC 标准衡量，无样品检出超标农药残留。

7.2.3 5个采样点超标情况分析

7.2.3.1 按 MRL 中国国家标准衡量

按 MRL 中国国家标准衡量，有 2 个采样点的样品存在不同程度的超标农药检出，其中***超市(红旗街店)的超标率最高，为 8.3%，如表 7-14 和图 7-18 所示。

表 7-14 超过 MRL 中国国家标准茶叶在不同采样点分布

序号	采样点	样品总数	超标数量	超标率(%)	行政区域
1	***茶叶店	71	1	1.4	南关区
2	***超市(红旗街店)	12	1	8.3	朝阳区

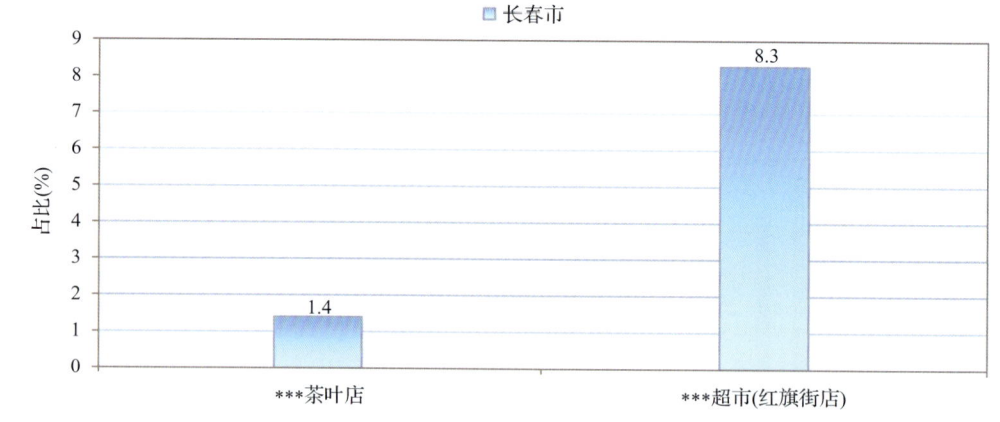

图 7-18 超过 MRL 中国国家标准茶叶在不同采样点分布

7.2.3.2 按 MRL 欧盟标准衡量

按 MRL 欧盟标准衡量，所有采样点的样品均存在不同程度的超标农药检出，其中***超市(***购物公园店)、***超市(红旗街店)、***超市(前进广场店)和***超市(红旗店)的超标率最高，为 100.0%，如表 7-15 和图 7-19 所示。

表 7-15　超过 MRL 欧盟标准茶叶在不同采样点分布

序号	采样点	样品总数	超标数量	超标率(%)	行政区域
1	***茶叶店	71	64	90.1	南关区
2	***超市(***购物公园店)	17	17	100.0	南关区
3	***超市(红旗街店)	12	12	100.0	朝阳区
4	***超市(前进广场店)	6	6	100.0	朝阳区
5	***超市(红旗店)	4	4	100.0	朝阳区

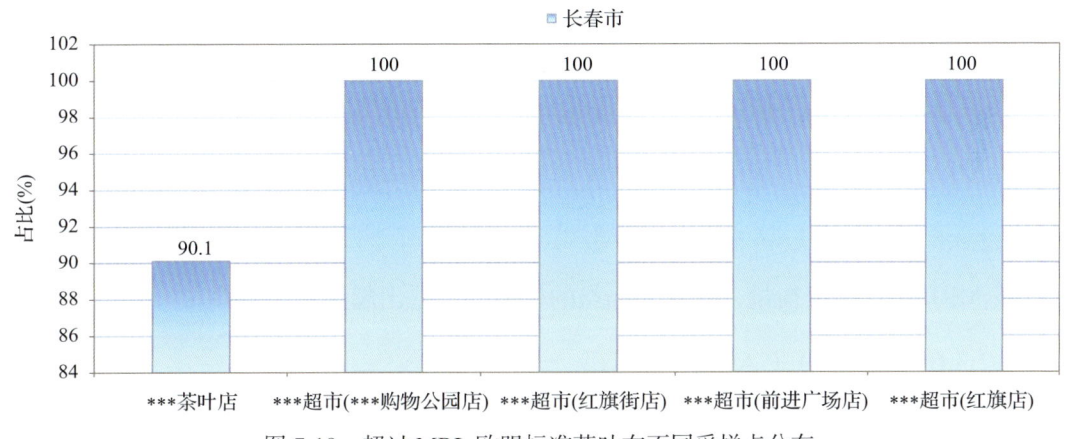

图 7-19　超过 MRL 欧盟标准茶叶在不同采样点分布

7.2.3.3　按 MRL 日本标准衡量

按 MRL 日本标准衡量，所有采样点的样品均存在不同程度的超标农药检出，其中***超市(***购物公园店)、***超市(红旗街店)、***超市(前进广场店)和***超市(红旗店)的超标率最高，为 100.0%，如表 7-16 和图 7-20 所示。

表 7-16　超过 MRL 日本标准茶叶在不同采样点分布

序号	采样点	样品总数	超标数量	超标率(%)	行政区域
1	***茶叶店	71	54	76.1	南关区
2	***超市(***购物公园店)	17	17	100.0	南关区
3	***超市(红旗街店)	12	12	100.0	朝阳区
4	***超市(前进广场店)	6	6	100.0	朝阳区
5	***超市(红旗店)	4	4	100.0	朝阳区

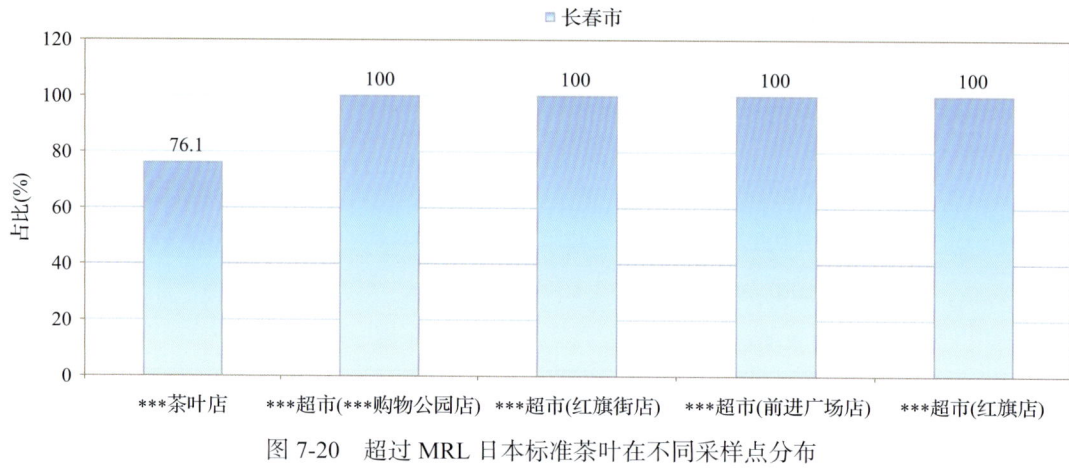

图 7-20 超过 MRL 日本标准茶叶在不同采样点分布

7.2.3.4 按 MRL 中国香港标准衡量

按 MRL 中国香港标准衡量，所有采样点的样品均未检出超标农药残留。

7.2.3.5 按 MRL 美国标准衡量

按 MRL 美国标准衡量，所有采样点的样品均未检出超标农药残留。

7.2.3.6 按 MRL CAC 标准衡量

按 MRL CAC 标准衡量，所有采样点的样品均未检出超标农药残留。

7.3 茶叶中农药残留分布

7.3.1 茶叶按检出农药品种和频次排名

本次残留侦测的茶叶共 4 种，包括红茶、乌龙茶、花茶和绿茶。

根据检出农药品种及频次进行排名，将各项排名茶叶样品检出情况列表说明，详见表 7-17。

表 7-17 茶叶按检出农药品种和频次排名

按检出农药品种排名(品种)	①绿茶(68)，②乌龙茶(32)，③花茶(27)，④红茶(18)
按检出农药频次排名(频次)	①绿茶(592)，②乌龙茶(118)，③花茶(106)，④红茶(43)
按检出禁用、高毒及剧毒农药品种排名(品种)	①绿茶(9)，②红茶(5)，③花茶(3)，④乌龙茶(3)
按检出禁用、高毒及剧毒农药频次排名(频次)	①绿茶(57)，②乌龙茶(16)，③红茶(10)，④花茶(5)

7.3.2 茶叶按超标农药品种和频次排名

鉴于 MRL 欧盟标准和日本标准制定比较全面且覆盖率较高，我们参照 MRL 中国国家标准、欧盟标准和日本标准衡量茶叶样品中农残检出情况，将茶叶按超标农药品种及频次排名列表说明，详见表 7-18。

表 7-18　茶叶按超标农药品种和频次排名

按超标农药品种排名 （农药品种数）	MRL 中国国家标准	①绿茶(1)，②乌龙茶(1)
	MRL 欧盟标准	①绿茶(42)，②乌龙茶(23)，③花茶(21)，④红茶(10)
	MRL 日本标准	①绿茶(39)，②乌龙茶(22)，③花茶(17)，④红茶(8)
按超标农药频次排名 （农药频次数）	MRL 中国国家标准	①绿茶(1)，②乌龙茶(1)
	MRL 欧盟标准	①绿茶(351)，②乌龙茶(79)，③花茶(75)，④红茶(23)
	MRL 日本标准	①绿茶(318)，②乌龙茶(66)，③花茶(58)，④红茶(11)

通过对各品种茶叶样本总数及检出率进行综合分析发现，绿茶的残留污染最为严重，在此，我们参照 MRL 中国国家标准、欧盟标准和日本标准对这 3 种茶叶的农残检出情况进行进一步分析。

7.3.3　农药残留检出率较高的茶叶样品分析

7.3.3.1　绿茶

这次共检测 50 例绿茶样品，全部检出了农药残留，检出率为 100.0%，检出农药共计 68 种。其中炔咪菊酯、联苯菊酯、炔丙菊酯、毒死蜱和 2,6-二硝基-3-甲氧基-4-叔丁基甲苯检出频次较高，分别检出了 41、35、35、34 和 29 次。绿茶中农药检出品种和频次见图 7-21，超标农药见图 7-22 和表 7-19。

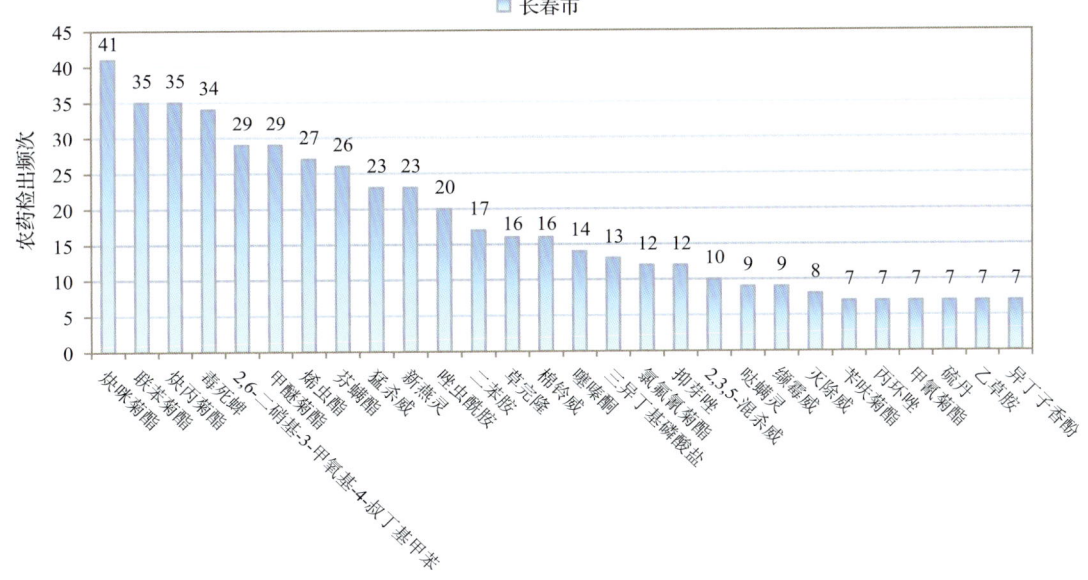

图 7-21　绿茶样品检出农药品种和频次分析（仅列出 7 频次及以上的数据）

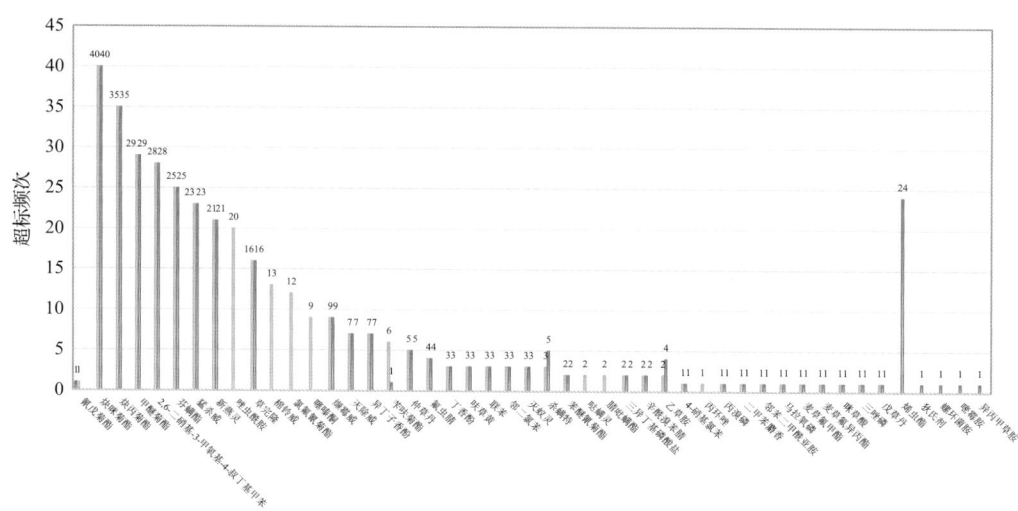

图 7-22 绿茶样品中超标农药分析

表 7-19 绿茶中农药残留超标情况明细表

样品总数			检出农药样品数	样品检出率(%)	检出农药品种总数
50			50	100	68
	超标农药品种	超标农药频次	按照 MRL 中国国家标准、欧盟标准和日本标准衡量超标农药名称及频次		
中国国家标准	1	1	氰戊菊酯(1)		
欧盟标准	42	351	炔咪菊酯(40)、炔丙菊酯(35)、甲醚菊酯(29)、2,6-二硝基-3-甲氧基-4-叔丁基甲苯(28)、芬螨酯(25)、猛杀威(23)、新燕灵(21)、唑虫酰胺(20)、草完隆(16)、棉铃威(13)、氯氟氰菊酯(12)、噻嗪酮(9)、缬霉威(9)、灭除威(7)、异丁子香酚(7)、苄呋菊酯(6)、仲丁丹(5)、氟虫腈(4)、丁香酚(3)、呋草黄(3)、联苯(3)、邻二氯苯(3)、灭蚁灵(3)、杀螨特(3)、苯醚氰菊酯(2)、哒螨灵(2)、腈吡螨酯(2)、三异丁基磷酸盐(2)、辛酰溴苯腈(2)、乙草胺(2)、4-硝基氯苯(1)、丙环唑(1)、丙溴磷(1)、二甲苯麝香(1)、邻苯二甲酰亚胺(1)、马拉氧磷(1)、麦草氟甲酯(1)、麦草氟异丙酯(1)、咪草酸(1)、氰戊菊酯(1)、三唑磷(1)、戊草丹(1)		
日本标准	39	318	炔咪菊酯(40)、炔丙菊酯(35)、甲醚菊酯(29)、2,6-二硝基-3-甲氧基-4-叔丁基甲苯(28)、芬螨酯(25)、烯虫酯(24)、猛杀威(23)、新燕灵(21)、草完隆(16)、缬霉威(9)、灭除威(7)、异丁子香酚(7)、杀螨特(5)、仲丁丹(5)、氟虫腈(4)、乙草胺(4)、丁香酚(3)、呋草黄(3)、联苯(3)、邻二氯苯(3)、灭蚁灵(3)、苯醚氰菊酯(2)、三异丁基磷酸盐(2)、辛酰溴苯腈(2)、4-硝基氯苯(1)、苄呋菊酯(1)、丙溴磷(1)、狄氏剂(1)、二甲苯麝香(1)、邻苯二甲酰亚胺(1)、螺环菌胺(1)、马拉氧磷(1)、麦草氟甲酯(1)、麦草氟异丙酯(1)、咪草酸(1)、嘧霉胺(1)、三唑磷(1)、戊草丹(1)、异丙甲草胺(1)		

7.4 初 步 结 论

7.4.1 长春市市售茶叶按 MRL 中国国家标准和国际主要 MRL 标准衡量的合格率

本次侦测的 110 例样品中，5 例样品未检出任何残留农药，占样品总量的 4.5%，105

例样品检出不同水平、不同种类的残留农药，占样品总量的 95.5%。在这 105 例检出农药残留的样品中：

按照 MRL 中国国家标准衡量，有 103 例样品检出残留农药但含量没有超标，占样品总数的 93.6%，有 2 例样品检出了超标农药，占样品总数的 1.8%；

按照 MRL 欧盟标准衡量，有 2 例样品检出残留农药但含量没有超标，占样品总数的 1.8%，有 103 例样品检出了超标农药，占样品总数的 93.6%；

按照 MRL 日本标准衡量，有 12 例样品检出残留农药但含量没有超标，占样品总数的 10.9%，有 93 例样品检出了超标农药，占样品总数的 84.5%；

按照 MRL 中国香港标准衡量，有 105 例样品检出残留农药但含量没有超标，占样品总数的 95.5%，无检出残留农药超标的样品；

按照 MRL 美国标准衡量，有 105 例样品检出残留农药但含量没有超标，占样品总数的 95.5%，无检出残留农药超标的样品；

按照 MRL CAC 标准衡量，有 105 例样品检出残留农药但含量没有超标，占样品总数的 95.5%，无检出残留农药超标的样品。

7.4.2　长春市市售茶叶中检出农药以中低微毒农药为主，占市场主体的 92.0%

这次侦测的 110 例茶叶样品共检出了 87 种农药，检出农药的毒性以中低微毒为主，详见表 7-20。

表 7-20　市场主体农药毒性分布

毒性	检出品种	占比	检出频次	占比
高毒农药	7	8.0%	13	1.5%
中毒农药	37	42.5%	480	55.9%
低毒农药	32	36.8%	303	35.3%
微毒农药	11	12.6%	63	7.3%

中低微毒农药，品种占比 92.0%，频次占比 98.5%

7.4.3　检出剧毒、高毒和禁用农药现象应该警醒

在此次侦测的 110 例样品中有 4 种茶叶的 61 例样品检出了 13 种 88 频次的剧毒和高毒或禁用农药，占样品总量的 55.5%。其中高毒农药烟碱、4-硝基氯苯和狄氏剂检出频次较高。

按 MRL 中国国家标准衡量，高毒农药按超标程度比较，乌龙茶中克百威超标 3.1 倍。

剧毒、高毒或禁用农药的检出情况及按照 MRL 中国国家标准衡量的超标情况见表 7-21。

表 7-21 剧毒、高毒或禁用农药的检出及超标明细

序号	农药名称	样品名称	检出频次	超标频次	最大超标倍数	超标率
1.1	4-硝基氯苯◊	绿茶	1	0	0	0.0%
2.1	狄氏剂▲	绿茶	1	0	0	0.0%
3.1	克百威◊▲	乌龙茶	1	1	3.1	100.0%
4.1	醚菌酯◊	红茶	1	0	0	0.0%
5.1	三唑磷◊▲	绿茶	1	0	0	0.0%
6.1	水胺硫磷◊▲	红茶	1	0	0	0.0%
7.1	烟碱◊	乌龙茶	7	0	0	0.0%
8.1	毒死蜱▲	绿茶	34	0	0	0.0%
8.2	毒死蜱▲	乌龙茶	8	0	0	0.0%
8.3	毒死蜱▲	红茶	4	0	0	0.0%
8.4	毒死蜱▲	花茶	3	0	0	0.0%
9.1	氟虫腈▲	绿茶	5	0	0	0.0%
9.2	氟虫腈▲	红茶	1	0	0	0.0%
9.3	氟虫腈▲	花茶	1	0	0	0.0%
10.1	硫丹▲	绿茶	7	0	0	0.0%
10.2	硫丹▲	花茶	1	0	0	0.0%
11.1	氰戊菊酯▲	绿茶	1	1	0.3	100.0%
12.1	三氯杀螨醇▲	绿茶	4	0	0	0.0%
12.2	三氯杀螨醇▲	红茶	3	0	0	0.0%
13.1	2,4-滴丁酯▲	绿茶	3	0	0	0.0%
合计			88	2		2.3%

注：◊为高毒农药；▲为禁用农药；超标倍数参照 MRL 中国国家标准衡量

这些剧毒和高毒农药都是中国政府早有规定禁止在茶叶中使用的，为什么还屡次被检出，应该引起警惕。

7.4.4 残留限量标准与先进国家或地区差距较大

859 频次的检出结果与我国公布的《食品中农药最大残留限量》（GB 2763—2016）对比，有 145 频次能找到对应的 MRL 中国国家标准，占 16.9%；还有 714 频次的侦测数据无相关 MRL 标准供参考，占 83.1%。

与国际上现行 MRL 对比发现：

有 859 频次能找到对应的 MRL 欧盟标准，占 100.0%；

有 859 频次能找到对应的 MRL 日本标准，占 100.0%；

有 150 频次能找到对应的 MRL 中国香港标准，占 17.5%；

有 148 频次能找到对应的 MRL 美国标准，占 17.2%；

有 165 频次能找到对应的 MRL CAC 标准，占 19.2%。

由上可见，MRL 中国国家标准与先进国家或地区还有很大差距，我们无标准，境外有标准，这就会导致我们在国际贸易中，处于受制于人的被动地位。

7.4.5 茶叶单种样品检出 27~68 种农药残留，拷问农药使用的科学性

通过此次监测发现，绿茶、乌龙茶和花茶是检出农药品种最多的 3 种茶叶，从中检出农药品种及频次详见表 7-22。

表 7-22 单种样品检出农药品种及频次

样品名称	样品总数	检出农药样品数	检出率	检出农药品种数	检出农药（频次）
绿茶	50	50	100.0%	68	炔咪菊酯(41)、联苯菊酯(35)、炔丙菊酯(35)、毒死蜱(34)、2,6-二硝基-3-甲氧基-4-叔丁基甲苯(29)、甲醚菊酯(29)、烯虫酯(27)、芬螨酯(26)、猛杀威(23)、新燕灵(23)、唑虫酰胺(20)、二苯胺(17)、草完隆(16)、棉铃威(16)、噻嗪酮(14)、三异丁基磷酸盐(13)、氯氟氰菊酯(12)、抑芽唑(12)、2,3,5-混杀威(10)、哒螨灵(9)、缬霉威(9)、灭除威(8)、苄呋菊酯(7)、丙环唑(7)、甲氰菊酯(7)、硫丹(7)、乙草胺(7)、异丁子香酚(7)、氟虫腈(5)、麦草氟异丙酯(5)、嘧菌胺(5)、杀螨特(5)、仲草丹(5)、4,4-二氯二苯甲酮(4)、丁香酚(4)、三氯杀螨醇(4)、2,4-滴丁酯(3)、吡丙醚(3)、丙溴磷(3)、呋草灵(3)、联苯(3)、邻二氯苯(3)、灭蚁灵(3)、苯醚氰菊酯(2)、敌草胺(2)、二甲苯麝香(2)、禾草敌(2)、腈吡螨酯(2)、螺环菌胺(2)、扑草净(2)、戊草丹(2)、辛酰溴苯腈(2)、4-硝基氯苯(1)、狄氏剂(1)、环草敌(1)、甲氧滴滴涕(1)、邻苯二甲酰亚胺(1)、氯菊酯(1)、马拉氧磷(1)、麦草氟甲酯(1)、咪草酸(1)、嘧霉胺(1)、氰戊菊酯(1)、三唑磷(1)、威杀灵(1)、五氯苯甲腈(1)、乙螨唑(1)、异丙甲草胺(1)
乌龙茶	20	20	100.0%	32	氯氟氰菊酯(13)、炔丙菊酯(12)、毒死蜱(8)、烟碱(7)、唑虫酰胺(7)、草完隆(6)、联苯菊酯(6)、甲醚菊酯(5)、虱螨脲(5)、异丁子香酚(5)、抑芽唑(5)、二苯胺(4)、猛杀威(4)、仲草丹(4)、棉铃威(3)、三异丁基磷酸盐(3)、苯醚氰菊酯(2)、邻苯二甲酰亚胺(2)、麦草氟异丙酯(2)、炔咪菊酯(2)、新燕灵(2)、1,4-二甲基萘(2)、3,4,5-混杀威(1)、4,4-二氯二苯甲酮(1)、苯醚甲环唑(1)、残杀威(1)、呋草黄(1)、克百威(1)、威杀灵(1)、烯虫炔酯(1)、烯虫酯(1)、烯唑醇(1)
花茶	20	20	100.0%	27	草完隆(10)、联苯菊酯(10)、炔丙菊酯(10)、苯醚氰菊酯(9)、棉铃威(8)、丁香酚(7)、速灭威(7)、三异丁基磷酸盐(6)、猛杀威(5)、唑虫酰胺(5)、虫螨腈(3)、毒死蜱(3)、甲醚菊酯(3)、氯氟氰菊酯(3)、四氢吩胺(3)、2,6-二硝基-3-甲氧基-4-叔丁基甲苯(2)、异丁子香酚(2)、芬螨腈(1)、氟虫腈(1)、甲氰菊酯(1)、联苯(1)、硫丹(1)、醚菊酯(1)、哌草丹(1)、炔咪菊酯(1)、威杀灵(1)、唑胺菌酯(1)

上述 3 种茶叶，检出农药 27~68 种，是多种农药综合防治，还是未严格实施农业良好管理规范(GAP)，抑或根本就是乱施药，值得我们思考。

第8章 GC-Q-TOF/MS 侦测长春市市售茶叶农药残留膳食暴露风险与预警风险评估

8.1 农药残留风险评估方法

8.1.1 长春市农药残留侦测数据分析与统计

庞国芳院士科研团队建立的农药残留高通量侦测技术以高分辨精确质量数(0.0001 m/z 为基准)为识别标准,采用 GC-Q-TOF/MS 技术对 684 种农药化学污染物进行侦测。

科研团队于 2019 年 3 月期间在长春市 5 个采样点,随机采集了 110 例茶叶样品,具体位置如图 8-1 所示。

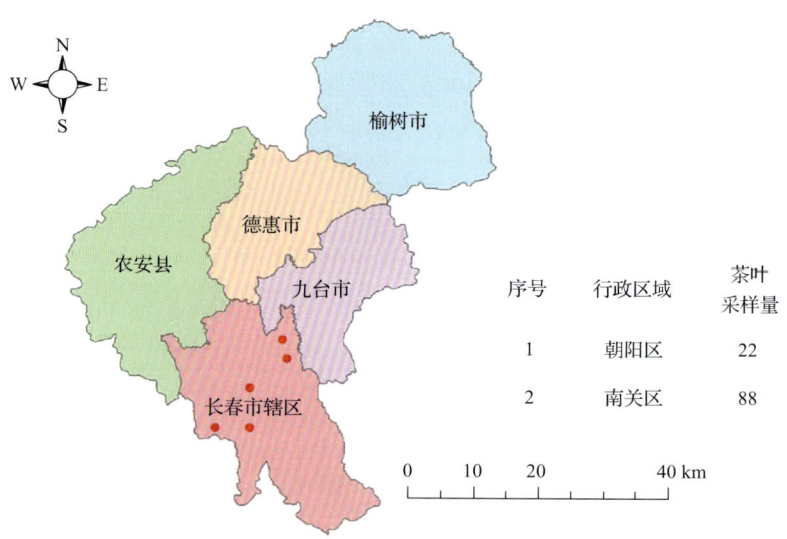

图 8-1 GC-Q-TOF/MS 侦测长春市 5 个采样点 110 例样品分布示意图

利用 GC-Q-TOF/MS 技术对 110 例样品中的农药进行侦测,侦测出残留农药 87 种,859 频次。侦测出农药残留水平如表 8-1 和图 8-2 所示。检出频次最高的前 10 种农药如表 8-2 所示。从检测结果中可以看出,在茶叶中农药残留普遍存在,且有些茶叶存在高浓度的农药残留,这些可能存在膳食暴露风险,对人体健康产生危害,因此,为了定量地评价茶叶中农药残留的风险程度,有必要对其进行风险评价。

表 8-1 侦测出农药的不同残留水平及其所占比例列表

残留水平(μg/kg)	检出频次	占比(%)
1~5(含)	97	11.3
5~10(含)	62	7.2

续表

残留水平(μg/kg)	检出频次	占比(%)
10~100(含)	435	50.6
100~1000	265	30.9
合计	859	100

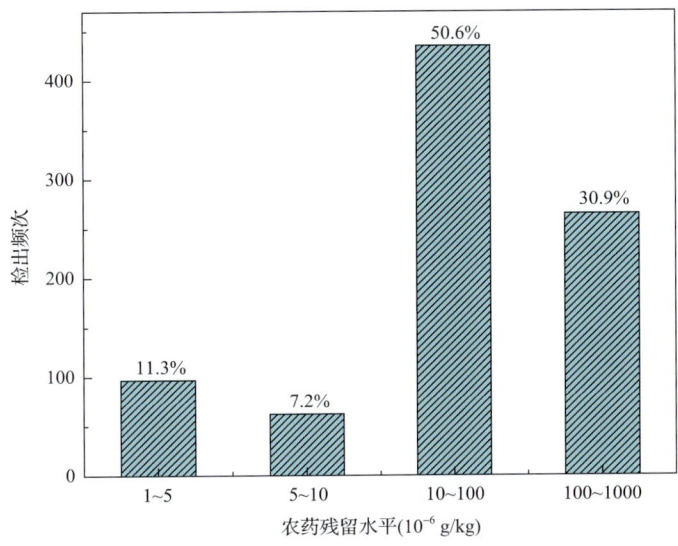

图 8-2　残留农药检出浓度频数分布图

表 8-2　检出频次最高的前 10 种农药列表

序号	农药	检出频次
1	炔丙菊酯	60
2	联苯菊酯	54
3	毒死蜱	49
4	炔咪菊酯	45
5	甲醚菊酯	39
6	唑虫酰胺	39
7	氯氟氰菊酯	33
8	草完隆	32
9	猛杀威	32
10	2,6-二硝基-3-甲氧基-4-叔丁基甲苯	31

8.1.2　农药残留风险评价模型

对长春市茶叶中农药残留分别开展暴露风险评估和预警风险评估。膳食暴露风险评估利用食品安全指数模型对茶叶中的残留农药对人体可能产生的危害程度进行评价，该模型结合残留监测和膳食暴露评估评价化学污染物的危害;预警风险评价模型运用风险系数(risk index,R),风险系数综合考虑了危害物的超标率、施检频率及其本身敏感性的影响,能直观而全面地反映出危害物在一段时间内的风险程度。

8.1.2.1 食品安全指数模型

为了加强食品安全管理,《中华人民共和国食品安全法》第二章第十七条规定"国家建立食品安全风险评估制度,运用科学方法,根据食品安全风险监测信息、科学数据以及有关信息,对食品、食品添加剂、食品相关产品中生物性、化学性和物理性危害因素进行风险评估"[1],膳食暴露评估是食品危险度评估的重要组成部分,也是膳食安全性的衡量标准[2]。国际上最早研究膳食暴露风险评估的机构主要是 JMPR(FAO、WHO 农药残留联合会议),该组织自 1995 年就已制定了急性毒性物质的风险评估急性毒性农药残留摄入量的预测。1960 年美国规定食品中不得加入致癌物质进而提出零阈值理论,渐渐零阈值理论发展成在一定概率条件下可接受风险的概念[3],后衍变为食品中每日允许最大摄入量(ADI),而国际食品农药残留法典委员会(CCPR)认为 ADI 不是独立风险评估的唯一标准[4],1995 年 JMPR 开始研究农药急性膳食暴露风险评估,并对食品国际短期摄入量的计算方法进行了修正,亦对膳食暴露评估准则及评估方法进行了修正[5],2002 年,在对世界上现行的食品安全评价方法,尤其是国际公认的 CAC 评价方法、全球环境监测系统/食品污染监测和评估规划(WHO GEMS/Food)及 FAO、WHO 食品添加剂联合专家委员会(JECFA)和 JMPR 对食品安全风险评估工作研究的基础之上,检验检疫食品安全管理的研究人员提出了结合残留监控和膳食暴露评估,以食品安全指数 IFS 计算食品中各种化学污染物对消费者的健康危害程度[6]。IFS 是表示食品安全状态的新方法,可有效地评价某种农药的安全性,进而评价食品中各种农药化学污染物对消费者健康的整体危害程度[7,8]。从理论上分析,IFS_c 可指出食品中的污染物 c 对消费者健康是否存在危害及危害的程度[9]。其优点在于操作简单且结果容易被接受和理解,不需要大量的数据来对结果进行验证,使用默认的标准假设或者模型即可[10,11]。

1)IFS_c 的计算

IFS_c 计算公式如下:

$$IFS_c = \frac{EDI_c \times f}{SI_c \times bw} \quad (8\text{-}1)$$

式中,c 为所研究的农药;EDI_c 为农药 c 的实际日摄入量估算值,等于 $\sum(R_i \times F_i \times E_i \times P_i)$($i$ 为食品种类;R_i 为食品 i 中农药 c 的残留水平,mg/kg;F_i 为食品 i 的估计日消费量,g/(人·天);E_i 为食品 i 的可食用部分因子;P_i 为食品 i 的加工处理因子);SI_c 为安全摄入量,可采用每日允许最大摄入量 ADI;bw 为人平均体重,kg;f 为校正因子,如果安全摄入量采用 ADI,则 f 取 1。

$IFS_c \ll 1$,农药 c 对食品安全没有影响;$IFS_c \leq 1$,农药 c 对食品安全的影响可以接受;$IFS_c > 1$,农药 c 对食品安全的影响不可接受。

本次评价中:

$IFS_c \leq 0.1$,农药 c 对茶叶安全没有影响;

$0.1 < \text{IFS}_c \leq 1$，农药 c 对茶叶安全的影响可以接受；

$\text{IFS}_c > 1$，农药 c 对茶叶安全的影响不可接受。

本次评价中残留水平 R_i 取值为中国检验检疫科学研究院庞国芳院士课题组利用以高分辨精确质量数 (0.0001 m/z) 为基准的 GC-Q-TOF/MS 侦测技术于 2019 年 3 月期间对长春市茶叶农药残留的侦测结果，估计日消费量 F_i 取值 0.0047 kg/(人·天)，E_i=1，P_i=1，f=1，SI_c 采用《食品安全国家标准 食品中农药最大残留限量》(GB 2763—2016) 中 ADI 值 (具体数值见表 8-3)，人平均体重 (bw) 取值 60 kg。

表 8-3 长春市茶叶中侦测出农药的 ADI 值

序号	农药	ADI	序号	农药	ADI	序号	农药	ADI
1	氟虫腈	0.0002	30	醚菊酯	0.03	59	抑芽唑	—
2	唑虫酰胺	0.006	31	氟硅唑	0.007	60	敌草胺	—
3	灭蚁灵	0.0002	32	2,4-滴丁酯	0.01	61	新燕灵	—
4	烟碱	0.0008	33	抑霉唑	0.03	62	杀螨特	—
5	毒死蜱	0.01	34	吡丙醚	0.1	63	棉铃威	—
6	联苯菊酯	0.01	35	醚菌酯	0.4	64	残杀威	—
7	噻嗪酮	0.009	36	氯菊酯	0.05	65	灭除威	—
8	克百威	0.001	37	乙螨唑	0.05	66	炔丙菊酯	—
9	氯氟氰菊酯	0.02	38	嘧霉胺	0.2	67	炔咪菊酯	—
10	硫丹	0.006	39	扑草净	0.04	68	烯虫炔酯	—
11	哌草丹	0.001	40	异丙甲草胺	0.1	69	烯虫酯	—
12	狄氏剂	0.0001	41	1,4-二甲基萘	—	70	猛杀威	—
13	辛酰溴苯腈	0.015	42	2,3,5-混杀威	—	71	环草敌	—
14	三氯杀螨醇	0.002	43	2,6-二硝基-3-甲氧基-4-叔丁基甲苯	—	72	甲氧滴滴涕	—
15	三唑磷	0.001	44	3,4,5-混杀威	—	73	甲醚菊酯	—
16	哒螨灵	0.01	45	4,4-二氯二苯甲酮	—	74	缬霉威	—
17	甲氰菊酯	0.03	46	4-硝基氯苯	—	75	联苯	—
18	苯醚甲环唑	0.01	47	丁香酚	—	76	腈吡螨酯	—
19	虫螨腈	0.03	48	三异丁基磷酸盐	—	77	芬螨酯	—
20	二苯胺	0.08	49	二甲苯麝香	—	78	苄呋菊酯	—
21	乙草胺	0.02	50	五氯苯甲腈	—	79	苯醚氰菊酯	—
22	丙溴磷	0.03	51	仲草丹	—	80	草完隆	—
23	唑胺菌酯	0.004	52	呋草黄	—	81	螺环菌胺	—
24	禾草敌	0.001	53	咪草酸	—	82	速灭威	—
25	氰戊菊酯	0.02	54	嘧菌胺	—	83	邻二氯苯	—
26	虱螨脲	0.015	55	四氢吩胺	—	84	邻苯二甲酰亚胺	—
27	烯唑醇	0.005	56	威杀灵	—	85	马拉氧磷	—
28	水胺硫磷	0.003	57	异丁子香酚	—	86	麦草氟异丙酯	—
29	丙环唑	0.07	58	戊草丹	—	87	麦草氟甲酯	—

注："—"表示为国家标准中无 ADI 值规定；ADI 值单位为 mg/kg bw

2)计算 IFS_c 的平均值 $\overline{IFS}$，评价农药对食品安全的影响程度

以 $\overline{IFS}$ 评价各种农药对人体健康危害的总程度，评价模型见公式(8-2)。

$$\overline{IFS} = \frac{\sum_{i=1}^{n} IFS_c}{n} \tag{8-2}$$

$\overline{IFS} \ll 1$，所研究消费者人群的食品安全状态很好；$\overline{IFS} \leqslant 1$，所研究消费者人群的食品安全状态可以接受；$\overline{IFS} > 1$，所研究消费者人群的食品安全状态不可接受。

本次评价中：

$\overline{IFS} \leqslant 0.1$，所研究消费者人群的茶叶安全状态很好；

$0.1 < \overline{IFS} \leqslant 1$，所研究消费者人群的茶叶安全状态可以接受；

$\overline{IFS} > 1$，所研究消费者人群的茶叶安全状态不可接受。

8.1.2.2 预警风险评估模型

2003年，我国检验检疫食品安全管理的研究人员根据 WTO 的有关原则和我国的具体规定，结合危害物本身的敏感性、风险程度及其相应的施检频率，首次提出了食品中危害物风险系数 R 的概念[12]。R 是衡量一个危害物的风险程度大小最直观的参数，即在一定时期内其超标率或阳性检出率的高低，但受其施检频率的高低及其本身的敏感性（受关注程度）影响。该模型综合考察了农药在茶叶中的超标率、施检频率及其本身敏感性，能直观而全面地反映出农药在一段时间内的风险程度[13]。

1) R 计算方法

危害物的风险系数综合考虑了危害物的超标率或阳性检出率、施检频率和其本身的敏感性影响，并能直观而全面地反映出危害物在一段时间内的风险程度。风险系数 R 的计算公式如式(8-3)：

$$R = aP + \frac{b}{F} + S \tag{8-3}$$

式中，P 为该种危害物的超标率；F 为危害物的施检频率；S 为危害物的敏感因子；a,b 分别为相应的权重系数。

本次评价中 $F=1$；$S=1$；$a=100$；$b=0.1$，对参数 P 进行计算，计算时首先判断是否为禁用农药，如果为非禁用农药，$P=$ 超标的样品数（侦测出的含量高于食品最大残留限量标准值，即 MRL）除以总样品数（包括超标、不超标、未侦测出）；如果为禁用农药，则侦测出即为超标，$P=$ 能侦测出的样品数除以总样品数。判断长春市茶叶农药残留是否超标的标准限值 MRL 分别以 MRL 中国国家标准[14]和 MRL 欧盟标准作为对照，具体值列于本报告附表一中。

2) 评价风险程度

$R \leqslant 1.5$，受检农药处于低度风险；

$1.5 < R \leqslant 2.5$，受检农药处于中度风险；

$R > 2.5$，受检农药处于高度风险。

8.1.2.3 食品膳食暴露风险和预警风险评估应用程序的开发

1) 应用程序开发的步骤

为成功开发膳食暴露风险和预警风险评估应用程序，与软件工程师多次沟通讨论，逐步提出并描述清楚计算需求，开发了初步应用程序。为明确出不同茶叶、不同农药、不同地域和不同季节的风险水平，向软件工程师提出不同的计算需求，软件工程师对计算需求进行逐一地分析，经过反复的细节沟通，需求分析得到明确后，开始进行解决方案的设计，在保证需求的完整性、一致性的前提下，编写出程序代码，最后设计出满足需求的风险评估专用计算软件，并通过一系列的软件测试和改进，完成专用程序的开发。软件开发基本步骤见图 8-3。

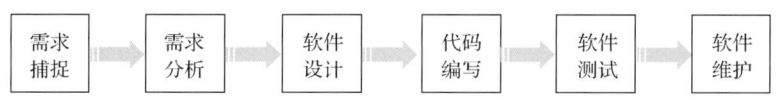

图 8-3　专用程序开发总体步骤

2) 膳食暴露风险评估专业程序开发的基本要求

首先直接利用公式(8-1)，分别计算 GC-Q-TOF/MS 和 GC-Q-TOF/MS 仪器侦测出的各茶叶样品中每种农药 IFS_c，将结果列出。为考察超标农药和禁用农药的使用安全性，分别以我国《食品安全国家标准　食品中农药最大残留限量》(GB 2763—2016)和欧盟食品中农药最大残留限量(以下简称 MRL 中国国家标准和 MRL 欧盟标准)为标准，对侦测出的禁用农药和超标的非禁用农药 IFS_c 单独进行评价；按 IFS_c 大小列表，并找出 IFS_c 值排名前 20 的样本重点关注。

对不同茶叶 i 中每一种侦测出的农药 c 的安全指数进行计算，多个样品时求平均值。按农药种类，计算整个监测时间段内每种农药的 IFS_c，不区分茶叶种类。

3) 预警风险评估专业程序开发的基本要求

分别以 MRL 中国国家标准和 MRL 欧盟标准，按公式(8-3)逐个计算不同茶叶、不同农药的风险系数，禁用农药和非禁用农药分别列表。

为清楚了解各种农药的预警风险，不分时间，不分茶叶，按禁用农药和非禁用农药分类，分别计算各种侦测出农药全部检测时段内风险系数。由于有 MRL 中国国家标准的农药种类太少，无法计算超标数，非禁用农药的风险系数只以 MRL 欧盟标准为标准，进行计算。

4) 风险程度评价专业应用程序的开发方法

采用 Python 计算机程序设计语言，Python 是一个高层次地结合了解释性、编译性、互动性和面向对象的脚本语言。风险评价专用程序主要功能包括：分别读入每例样品 LC-Q-TOF/MS 和 GC-Q-TOF/MS 农药残留检测数据，根据风险评价工作要求，依次对不同农药、不同食品、不同时间、不同采样点的 IFS_c 值和 R 值分别进行数据计算,筛选出禁用农药、超标农药(分别与 MRL 中国国家标准、MRL 欧盟标准限值进行对比)单独重点分析,再分别对各农药、各茶叶种类分类处理,设计出计算和排序程序,编写计算机代码,最后将生成的膳食暴露风险评估和超标风险评估定量计算结果列入设计好的各个表格中,并定性判断风险对目标的影响程度,直接用文字描述风险发生的高低,如"不可接受"、"可以接受"、"没有影响"、"高度风险"、"中度风险"、"低度风险"。

8.2 GC-Q-TOF/MS 侦测长春市市售茶叶农药残留膳食暴露风险评估

8.2.1 每例茶叶样品中农药残留安全指数分析

基于 2019 年 3 月的农药残留侦测数据,发现在 110 例样品中侦测出农药 859 频次,计算样品中每种残留农药的安全指数 IFS_c,并分析农药对样品安全的影响程度,结果详见附表二,农药残留对茶叶样品安全的影响程度频次分布情况如图 8-4 所示。

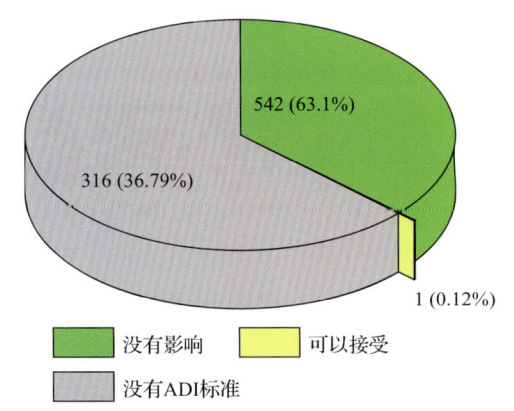

图 8-4　农药残留对茶叶样品安全的影响程度频次分布图

由图 8-4 可以看出,农药残留对样品安全的影响可以接受的频次为 1,占 0.12%;农药残留对样品安全的没有影响的频次为 316,占 36.79%。

部分样品侦测出禁用农药 10 种 79 频次,为了明确残留的禁用农药对样品安全的影响,分析侦测出禁用农药残留的样品安全指数,禁用农药残留对茶叶样品安全的影响程度频次分布情况如图 8-5 所示,农药残留对样品安全的影响可以接受的频次为 1,占 1.27%;农药残留对样品安全没有影响的频次为 78,占 98.73%。

此外,本次侦测发现部分样品中非禁用农药残留量超过了 MRL 欧盟标准,为了明确超标的非禁用农药对样品安全的影响,分析了非禁用农药残留超标的样品安全指数。

残留量超过 MRL 欧盟标准的非禁用农药对茶叶样品安全的影响程度频次分布情况如图 8-6 所示。可以看出超过 MRL 欧盟标准的非禁用农药共 519 频次,其中农药没有 ADI 的频次为 420,占 80.92%;农药残留对样品安全没有影响的频次为 99,占 19.08%。表 8-4 为茶叶样品中安全指数排名前 10 的残留超标非禁用农药列表。

第 8 章　GC-Q-TOF/MS 侦测长春市市售茶叶农药残留膳食暴露风险与预警风险评估

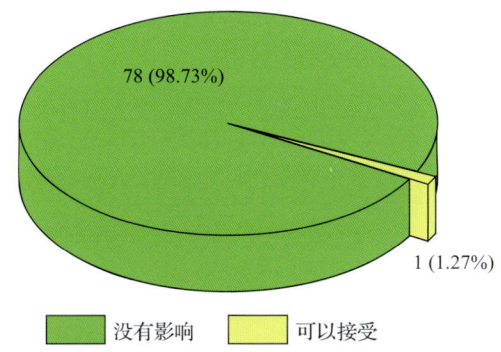

图 8-5　禁用农药对茶叶样品安全影响程度的频次分布图

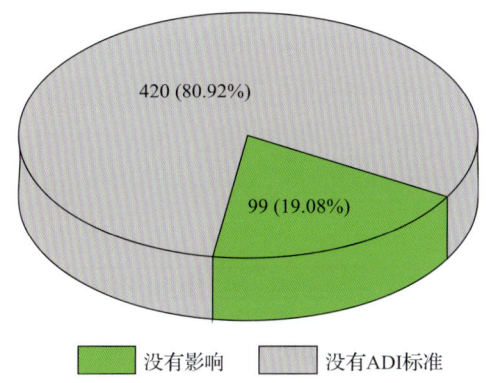

图 8-6　残留超标的非禁用农药对茶叶样品安全的影响程度频次分布图（MRL 欧盟标准）

表 8-4　茶叶样品中安全指数排名前 10 的残留超标非禁用农药列表（MRL 欧盟标准）

序号	样品编号	采样点	基质	农药	含量(mg/kg)	欧盟标准	IFS$_c$	影响程度
1	20190302-220100-QHDCIQ-GT-02F	***茶叶店	绿茶	灭蚁灵	0.0633	0.01	0.0248	没有影响
2	20190302-220100-QHDCIQ-GT-02G	***茶叶店	绿茶	灭蚁灵	0.0384	0.01	0.0150	没有影响
3	20190302-220100-QHDCIQ-GT-02D	***茶叶店	绿茶	灭蚁灵	0.0236	0.01	0.0092	没有影响
4	20190302-220100-QHDCIQ-FT-01B	***超市(***购物公园店)	花茶	哌草丹	0.0865	0.01	0.0068	没有影响
5	20190302-220100-QHDCIQ-GT-01C	***超市(***购物公园店)	绿茶	唑虫酰胺	0.5052	0.01	0.0066	没有影响
6	20190302-220100-QHDCIQ-GT-02E	***茶叶店	绿茶	噻嗪酮	0.7413	0.05	0.0065	没有影响
7	20190302-220100-QHDCIQ-OT-02L	***茶叶店	乌龙茶	唑虫酰胺	0.4538	0.01	0.0059	没有影响
8	20190302-220100-QHDCIQ-GT-02A	***茶叶店	绿茶	唑虫酰胺	0.4079	0.01	0.0053	没有影响
9	20190303-220100-QHDCIQ-GT-05D	***超市(红旗店)	绿茶	唑虫酰胺	0.3603	0.01	0.0047	没有影响
10	20190302-220100-QHDCIQ-OT-02K	***茶叶店	乌龙茶	唑虫酰胺	0.3538	0.01	0.0046	没有影响

8.2.2 单种茶叶中农药残留安全指数分析

本次 4 种茶叶侦测 87 种农药，检出频次为 859 次，其中 47 种农药没有 ADI，40 种农药存在 ADI 标准。4 种茶叶按不同种类分别计算侦测出的具有 ADI 标准的各种农药的 IFS_c 值，农药残留对茶叶的安全指数分布图如图 8-7 所示。

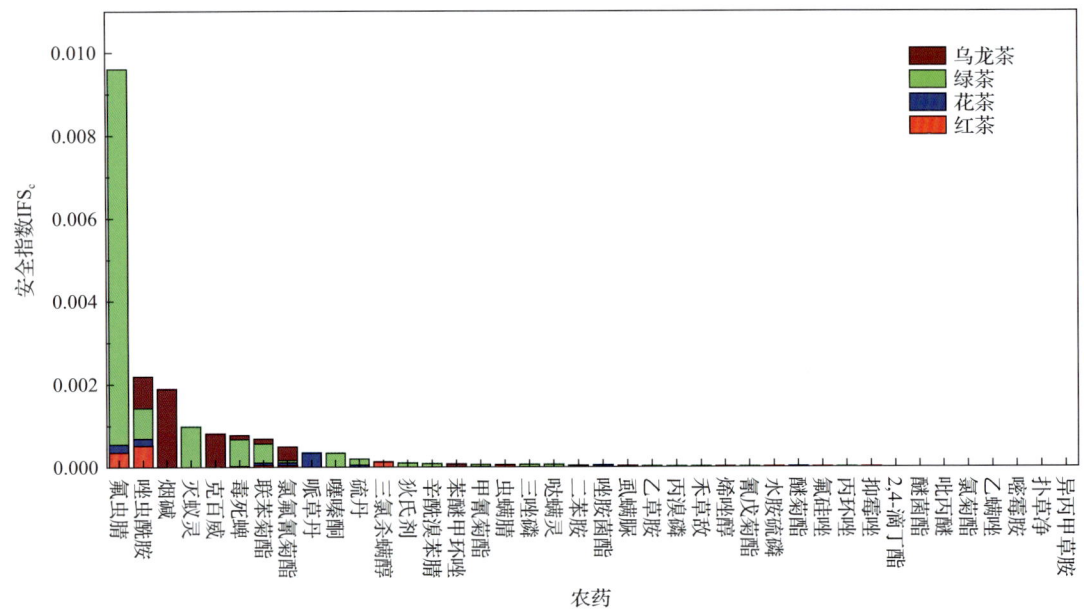

图 8-7　4 种茶叶中 40 种残留农药的安全指数分布图

本次侦测中，4 种茶叶和 87 种残留农药(包括没有 ADI)共涉及 145 个分析样本，农药对单种茶叶安全的影响程度分布情况如图 8-8 所示。可以看出，40.69%的样本中农药对茶叶安全没有影响。

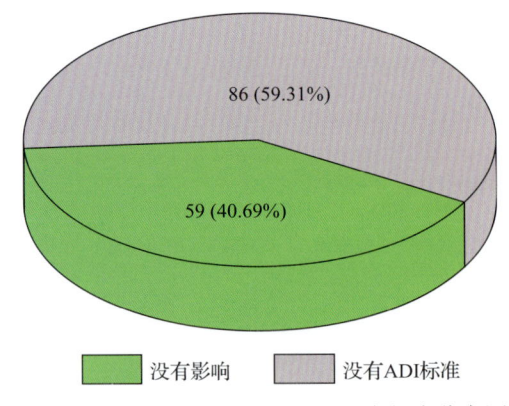

图 8-8　145 个分析样本的影响程度频次分布图

8.2.3 所有茶叶中农药残留安全指数分析

计算所有茶叶中 40 种农药的 IFS_c 值，结果如图 8-9 及表 8-5 所示。

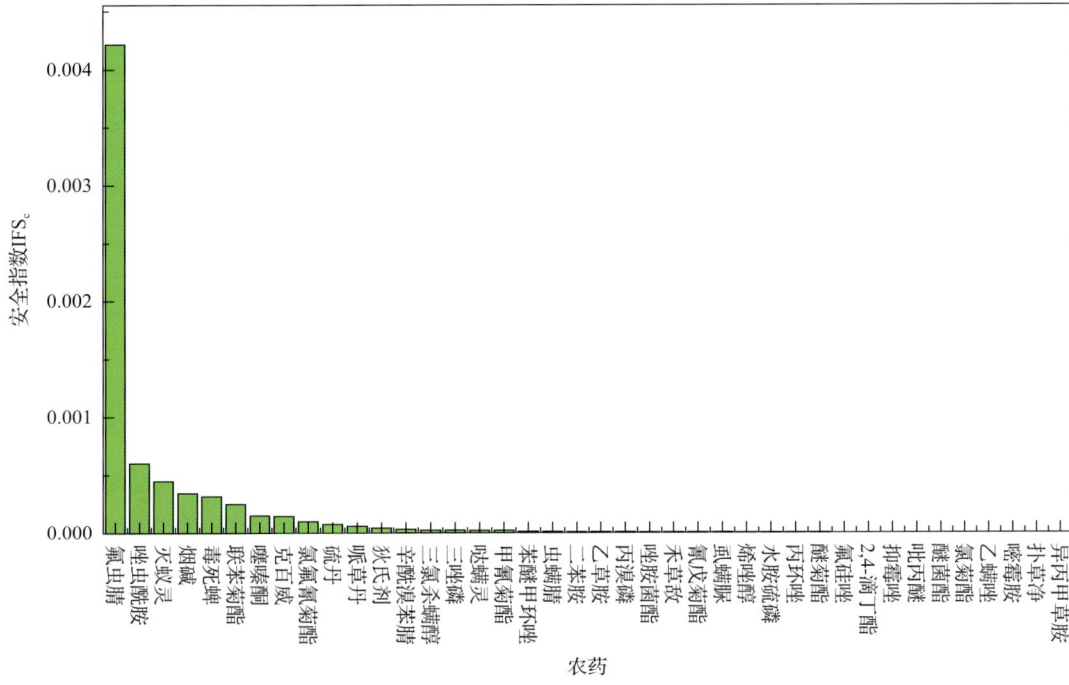

图 8-9 40 种残留农药对茶叶的安全影响程度统计图

分析发现，所有的农药对茶叶安全的影响程度均为没有影响，说明茶叶中残留的农药不会对茶叶安全造成影响。

表 8-5 茶叶中 40 种农药残留的安全指数表

序号	农药	检出频次	检出率(%)	IFS_c	影响程度	序号	农药	检出频次	检出率(%)	IFS_c	影响程度
1	氟虫腈	7	6	4.2168×10^{-3}	没有影响	15	三唑磷	1	1	2.5565×10^{-5}	没有影响
2	唑虫酰胺	39	35	6.0173×10^{-4}	没有影响	16	哒螨灵	9	8	2.4910×10^{-5}	没有影响
3	灭蚁灵	3	3	4.4614×10^{-4}	没有影响	17	甲氰菊酯	8	7	2.3951×10^{-5}	没有影响
4	烟碱	7	6	3.4298×10^{-4}	没有影响	18	苯醚甲环唑	1	1	1.2056×10^{-5}	没有影响
5	毒死蜱	49	45	3.1535×10^{-4}	没有影响	19	虫螨腈	7	6	1.0478×10^{-5}	没有影响
6	联苯菊酯	54	49	2.4867×10^{-4}	没有影响	20	二苯胺	21	19	8.2384×10^{-6}	没有影响
7	噻嗪酮	14	13	1.5091×10^{-4}	没有影响	21	乙草胺	7	6	7.7692×10^{-6}	没有影响
8	克百威	1	1	1.4570×10^{-4}	没有影响	22	丙溴磷	3	3	6.9717×10^{-6}	没有影响
9	氯氟氰菊酯	33	30	1.0228×10^{-4}	没有影响	23	唑胺菌酯	1	1	6.5871×10^{-6}	没有影响
10	硫丹	8	7	7.7194×10^{-5}	没有影响	24	禾草敌	2	2	5.8394×10^{-6}	没有影响
11	哌草丹	1	1	6.1599×10^{-5}	没有影响	25	氰戊菊酯	1	1	4.6858×10^{-6}	没有影响
12	狄氏剂	1	1	4.4152×10^{-5}	没有影响	26	虱螨脲	5	5	4.3629×10^{-6}	没有影响
13	辛酰溴苯腈	2	2	3.4799×10^{-5}	没有影响	27	烯唑醇	1	1	2.1364×10^{-6}	没有影响
14	三氯杀螨醇	7	6	2.7132×10^{-5}	没有影响	28	水胺硫磷	1	1	1.8515×10^{-6}	没有影响

续表

序号	农药	检出频次	检出率(%)	IFS$_c$	影响程度	序号	农药	检出频次	检出率(%)	IFS$_c$	影响程度
29	丙环唑	7	6	1.7315×10^{-6}	没有影响	35	醚菌酯	1	1	1.7020×10^{-7}	没有影响
30	醚菊酯	1	1	1.3958×10^{-6}	没有影响	36	氯菊酯	1	1	1.6094×10^{-7}	没有影响
31	氟硅唑	1	1	1.0784×10^{-6}	没有影响	37	乙螨唑	1	1	1.5524×10^{-7}	没有影响
32	2,4-滴丁酯	3	3	9.6136×10^{-7}	没有影响	38	嘧霉胺	1	1	1.4741×10^{-7}	没有影响
33	抑霉唑	1	1	4.9849×10^{-7}	没有影响	39	扑草净	2	2	1.2462×10^{-7}	没有影响
34	吡丙醚	3	3	2.2361×10^{-7}	没有影响	40	异丙甲草胺	1	1	8.6879×10^{-8}	没有影响

8.3 GC-Q-TOF/MS 侦测长春市市售茶叶农药残留预警风险评估

基于长春市茶叶样品中农药残留 GC-Q-TOF/MS 侦测数据,分析禁用农药的检出率,同时参照中华人民共和国国家标准 GB 2763—2016 和欧盟农药最大残留限量(MRL)标准分析非禁用农药残留的超标率,并计算农药残留风险系数。分析单种茶叶中农药残留以及所有茶叶中农药残留的风险程度。

8.3.1 单种茶叶中农药残留风险系数分析

8.3.1.1 单种茶叶中禁用农药残留风险系数分析

侦测出的 87 种残留农药中有 10 种为禁用农药,且它们分布在 4 种茶叶中,计算 4 种茶叶中禁用农药的检出率,根据检出率计算风险系数 R,进而分析茶叶中禁用农药的风险程度,结果如图 8-10 与表 8-6 所示。分析发现 10 种禁用农药在 4 种茶叶中的残留处均于高度风险。

8.3.1.2 基于 MRL 中国国家标准的单种茶叶中非禁用农药残留风险系数分析

参照中华人民共和国国家标准 GB 2763—2016 中农药残留限量计算每种茶叶中每种非禁用农药的超标率,进而计算其风险系数,根据风险系数大小判断残留农药的预警风险程度,茶叶中非禁用农药残留风险程度分布情况如图 8-11 所示。

本次分析中,发现在 4 种茶叶检出 77 种残留非禁用农药,涉及样本 128 个,在 128 个样本中,12.5%处于低度风险,此外发现有 112 个样本没有 MRL 中国国家标准值,无法判断其风险程度,有 MRL 中国国家标准值的 16 个样本涉及 4 种茶叶中的 8 种非禁用农药,其风险系数 R 值如图 8-12 所示。

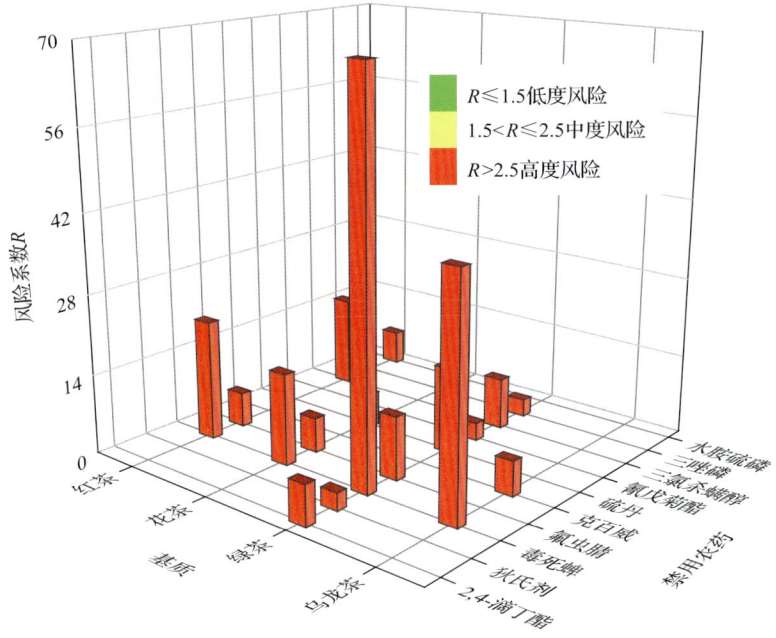

图 8-10 4 种茶叶中 10 种禁用农药残留的风险系数

表 8-6 4 种茶叶中 10 种禁用农药残留的风险系数列表

序号	基质	农药	检出频次	检出率(%)	风险系数 R	风险程度
1	乌龙茶	克百威	1	5	6.1	高度风险
2	乌龙茶	毒死蜱	8	40	41.1	高度风险
3	红茶	三氯杀螨醇	3	15	16.1	高度风险
4	红茶	毒死蜱	4	20	21.1	高度风险
5	红茶	氟虫腈	1	5	6.1	高度风险
6	红茶	水胺硫磷	1	5	6.1	高度风险
7	绿茶	2,4-滴丁酯	3	6	7.1	高度风险
8	绿茶	三唑磷	1	2	3.1	高度风险
9	绿茶	三氯杀螨醇	4	8	9.1	高度风险
10	绿茶	毒死蜱	34	68	69.1	高度风险
11	绿茶	氟虫腈	5	10	11.1	高度风险
12	绿茶	氰戊菊酯	1	2	3.1	高度风险
13	绿茶	狄氏剂	1	2	3.1	高度风险
14	绿茶	硫丹	7	14	15.1	高度风险
15	花茶	毒死蜱	3	15	16.1	高度风险
16	花茶	氟虫腈	1	5	6.1	高度风险
17	花茶	硫丹	1	5	6.1	高度风险

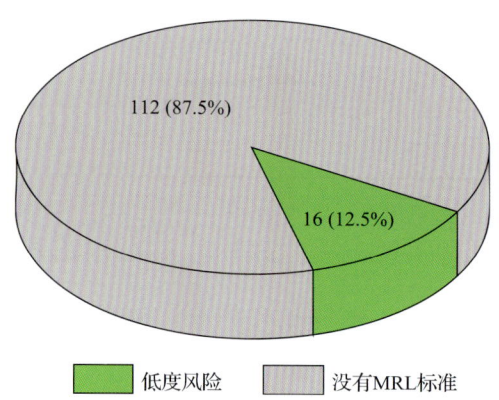

图 8-11 茶叶中非禁用农药残留的风险程度分布图（MRL 中国国家标准）

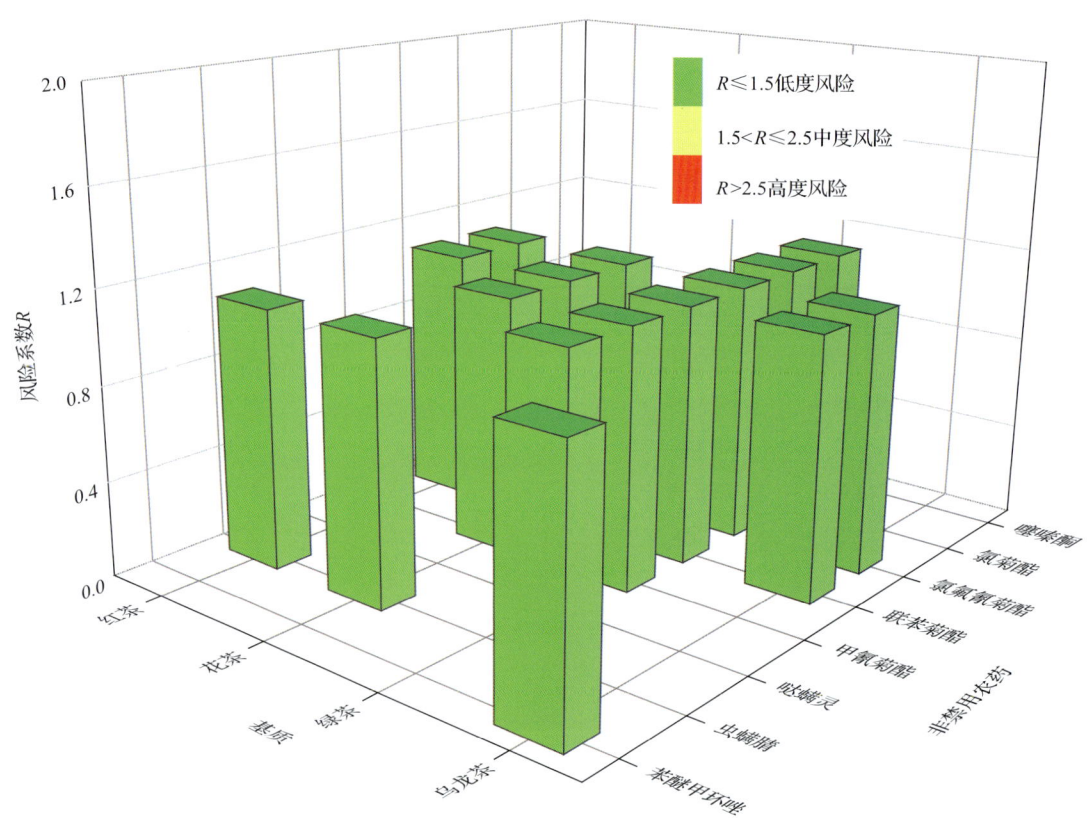

图 8-12 4 种茶叶中 8 种非禁用农药的风险系数分布图（MRL 中国国家标准）

8.3.1.3 基于 MRL 欧盟标准的单种茶叶中非禁用农药残留风险系数分析

参照 MRL 欧盟标准计算每种茶叶中每种非禁用农药的超标率，进而计算其风险系数，根据风险系数大小判断农药残留的预警风险程度，茶叶中非禁用农药残留风险程度分布情况如图 8-13 所示。

第 8 章 GC-Q-TOF/MS 侦测长春市市售茶叶农药残留膳食暴露风险与预警风险评估

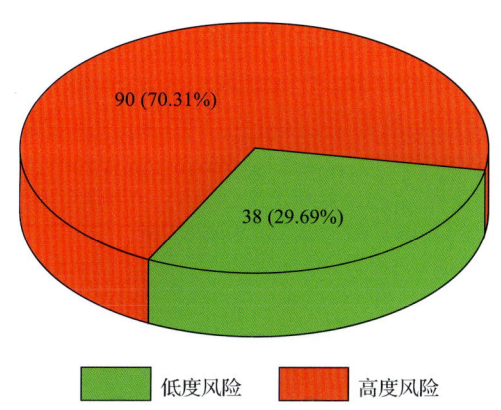

图 8-13 茶叶中非禁用农药残留的风险程度分布图（MRL 欧盟标准）

本次分析中，发现在 4 种茶叶中共侦测出 77 种非禁用农药，涉及样本 128 个，其中，70.31%处于高度风险，涉及 4 种茶叶和 52 种农药；29.69%处于低度风险，涉及 4 种茶叶和 29 种农药。单种茶叶中的非禁用农药风险系数分布图如图 8-14 所示。单种茶叶中处于高度风险的非禁用农药风险系数如图 8-15 和表 8-7 所示。

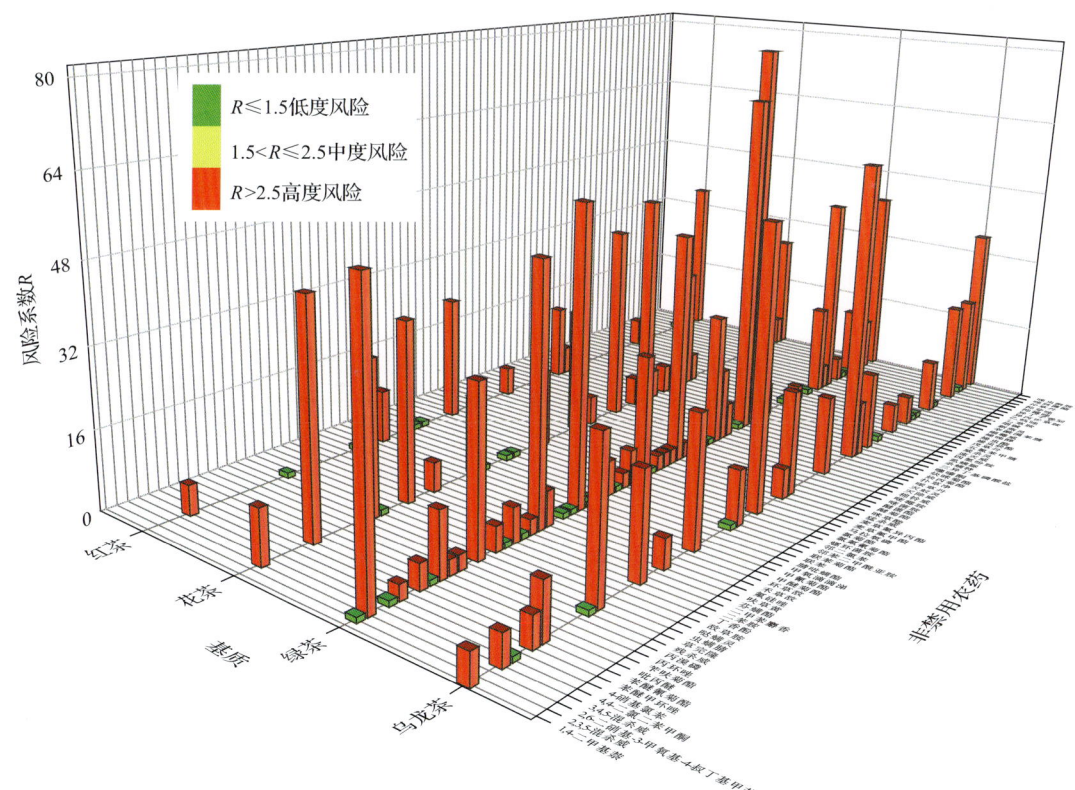

图 8-14 4 种茶叶中 77 种非禁用农药残留的风险系数（MRL 欧盟标准）

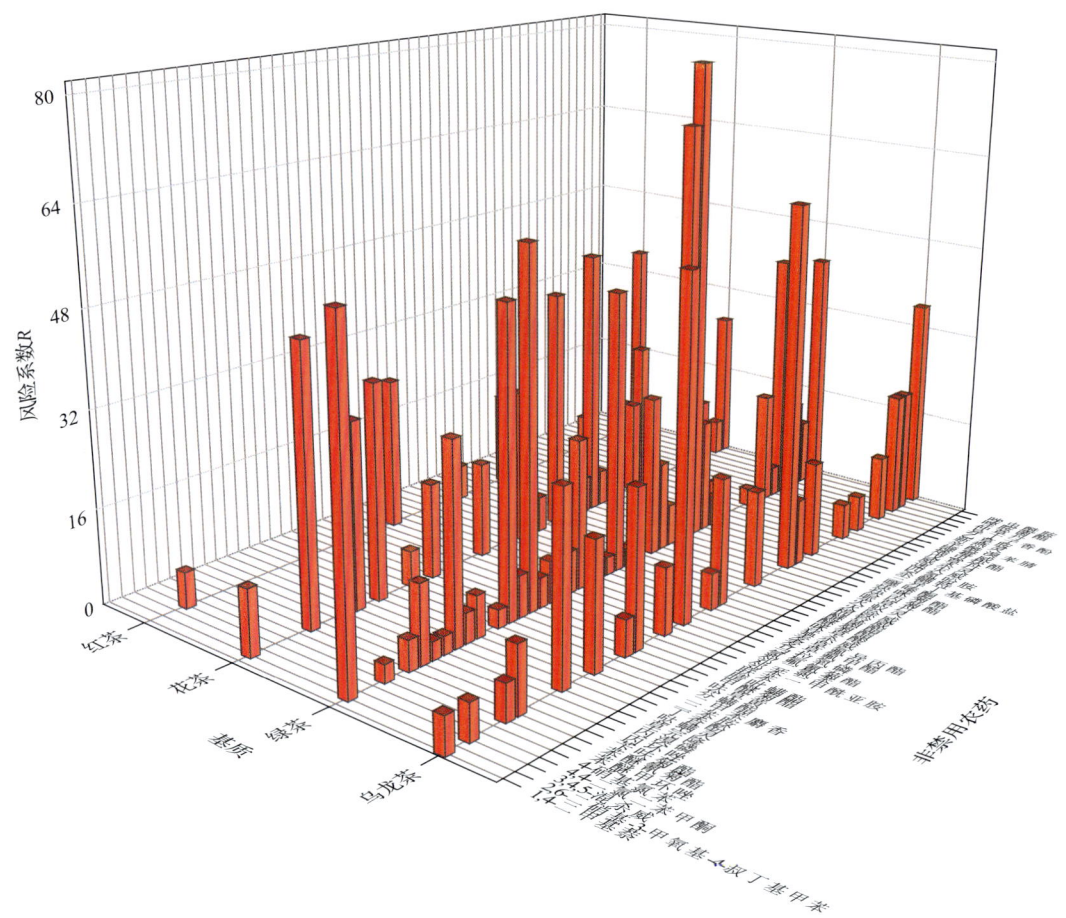

图 8-15 单种茶叶中处于高度风险的非禁用农药的风险系数（MRL 欧盟标准）

表 8-7 单种茶叶中处于高度风险的非禁用农药残留的风险系数表（**MRL** 欧盟标准）

序号	基质	农药	超标频次	超标率 P(%)	风险系数 R
1	乌龙茶	1,4-二甲基萘	1	5	6.1
2	乌龙茶	3,4,5-混杀威	1	5	6.1
3	乌龙茶	三异丁基磷酸盐	3	15	16.1
4	乌龙茶	二苯胺	4	20	21.1
5	乌龙茶	仲草丹	4	20	21.1
6	乌龙茶	呋草黄	1	5	6.1
7	乌龙茶	唑虫酰胺	7	35	36.1
8	乌龙茶	威杀灵	1	5	6.1
9	乌龙茶	异丁子香酚	4	20	21.1
10	乌龙茶	新燕灵	2	10	11.1
11	乌龙茶	棉铃威	3	15	16.1

续表

序号	基质	农药	超标频次	超标率 $P(\%)$	风险系数 R
12	乌龙茶	氯氟氰菊酯	11	55	56.1
13	乌龙茶	炔丙菊酯	12	60	61.1
14	乌龙茶	炔咪菊酯	2	10	11.1
15	乌龙茶	烯虫炔酯	1	5	6.1
16	乌龙茶	猛杀威	4	20	21.1
17	乌龙茶	甲醚菊酯	5	25	26.1
18	乌龙茶	苯醚氰菊酯	2	10	11.1
19	乌龙茶	苯醚甲环唑	1	5	6.1
20	乌龙茶	草完隆	6	30	31.1
21	乌龙茶	邻苯二甲酰亚胺	2	10	11.1
22	乌龙茶	麦草氟异丙酯	1	5	6.1
23	红茶	4,4-二氯二苯甲酮	1	5	6.1
24	红茶	仲草丹	1	5	6.1
25	红茶	唑虫酰胺	7	35	36.1
26	红茶	氯氟氰菊酯	5	25	26.1
27	红茶	炔丙菊酯	3	15	16.1
28	红茶	炔咪菊酯	1	5	6.1
29	红茶	甲醚菊酯	2	10	11.1
30	红茶	缅霉威	1	5	6.1
31	红茶	醚菌酯	1	5	6.1
32	绿茶	2,6-二硝基-3-甲氧基-4-叔丁基甲苯	28	56	57.1
33	绿茶	4-硝基氯苯	1	2	3.1
34	绿茶	丁香酚	3	6	7.1
35	绿茶	三异丁基磷酸盐	2	4	5.1
36	绿茶	丙溴磷	1	2	3.1
37	绿茶	丙环唑	1	2	3.1
38	绿茶	乙草胺	2	4	5.1
39	绿茶	二甲苯麝香	1	2	3.1
40	绿茶	仲草丹	5	10	11.1
41	绿茶	呋草黄	3	6	7.1
42	绿茶	咪草酸	1	2	3.1
43	绿茶	哒螨灵	2	4	5.1
44	绿茶	唑虫酰胺	20	40	41.1
45	绿茶	噻嗪酮	9	18	19.1

续表

序号	基质	农药	超标频次	超标率 $P(\%)$	风险系数 R
46	绿茶	异丁子香酚	7	14	15.1
47	绿茶	戊草丹	1	2	3.1
48	绿茶	新燕灵	21	42	43.1
49	绿茶	杀螨特	3	6	7.1
50	绿茶	棉铃威	13	26	27.1
51	绿茶	氯氟氰菊酯	12	24	25.1
52	绿茶	灭蚁灵	3	6	7.1
53	绿茶	灭除威	7	14	15.1
54	绿茶	炔丙菊酯	35	70	71.1
55	绿茶	炔咪菊酯	40	80	81.1
56	绿茶	猛杀威	23	46	47.1
57	绿茶	甲醚菊酯	29	58	59.1
58	绿茶	缬霉威	9	18	19.1
59	绿茶	联苯	3	6	7.1
60	绿茶	腈吡螨酯	2	4	5.1
61	绿茶	芬螨酯	25	50	51.1
62	绿茶	苄呋菊酯	6	12	13.1
63	绿茶	苯醚氰菊酯	2	4	5.1
64	绿茶	草完隆	16	32	33.1
65	绿茶	辛酰溴苯腈	2	4	5.1
66	绿茶	邻二氯苯	3	6	7.1
67	绿茶	邻苯二甲酰亚胺	1	2	3.1
68	绿茶	马拉氧磷	1	2	3.1
69	绿茶	麦草氟异丙酯	1	2	3.1
70	绿茶	麦草氟甲酯	1	2	3.1
71	花茶	2,6-二硝基-3-甲氧基-4-叔丁基甲苯	2	10	11.1
72	花茶	丁香酚	7	35	36.1
73	花茶	三异丁基磷酸盐	1	5	6.1
74	花茶	哌草丹	1	5	6.1
75	花茶	唑胺菌酯	1	5	6.1
76	花茶	唑虫酰胺	5	25	26.1
77	花茶	四氢吩胺	3	15	16.1
78	花茶	威杀灵	1	5	6.1
79	花茶	异丁子香酚	2	10	11.1

续表

序号	基质	农药	超标频次	超标率 $P(\%)$	风险系数 R
80	花茶	棉铃威	8	40	41.1
81	花茶	氯氟氰菊酯	3	15	16.1
82	花茶	炔丙菊酯	9	45	46.1
83	花茶	炔咪菊酯	1	5	6.1
84	花茶	猛杀威	5	25	26.1
85	花茶	甲醚菊酯	3	15	16.1
86	花茶	芬螨酯	1	5	6.1
87	花茶	苯醚氰菊酯	9	45	46.1
88	花茶	草完隆	6	30	31.1
89	花茶	速灭威	5	25	26.1
90	花茶	醚菊酯	1	5	6.1

8.3.2 所有茶叶中农药残留风险系数分析

8.3.2.1 所有茶叶中禁用农药残留风险系数分析

在侦测出的87种农药中有10种为禁用农药,计算所有茶叶中禁用农药的风险系数,结果如表8-8所示。在10种禁用农药中,5种农药残留处于高度风险,5种农药残留处于中度风险。

表8-8 茶叶中10种禁用农药的风险系数表

序号	农药	检出频次	检出率(%)	风险系数 R	风险程度
1	毒死蜱	49	44.55	45.65	高度风险
2	硫丹	8	7.27	8.37	高度风险
3	三氯杀螨醇	7	6.36	7.46	高度风险
4	氟虫腈	7	6.36	7.46	高度风险
5	2,4-滴丁酯	3	2.73	3.83	高度风险
6	三唑磷	1	0.91	2.01	中度风险
7	克百威	1	0.91	2.01	中度风险
8	氰戊菊酯	1	0.91	2.01	中度风险
9	水胺硫磷	1	0.91	2.01	中度风险
10	狄氏剂	1	0.91	2.01	中度风险

8.3.2.2 所有茶叶中非禁用农药残留风险系数分析

参照MRL欧盟标准计算所有茶叶中每种非禁用农药残留的风险系数,如图8-16与

表8-9所示。在侦测出的77种非禁用农药中，35种农药(45.45%)残留处于高度风险，17种农药(22.08%)残留处于中度风险，25种农药(32.47%)残留处于低度风险。

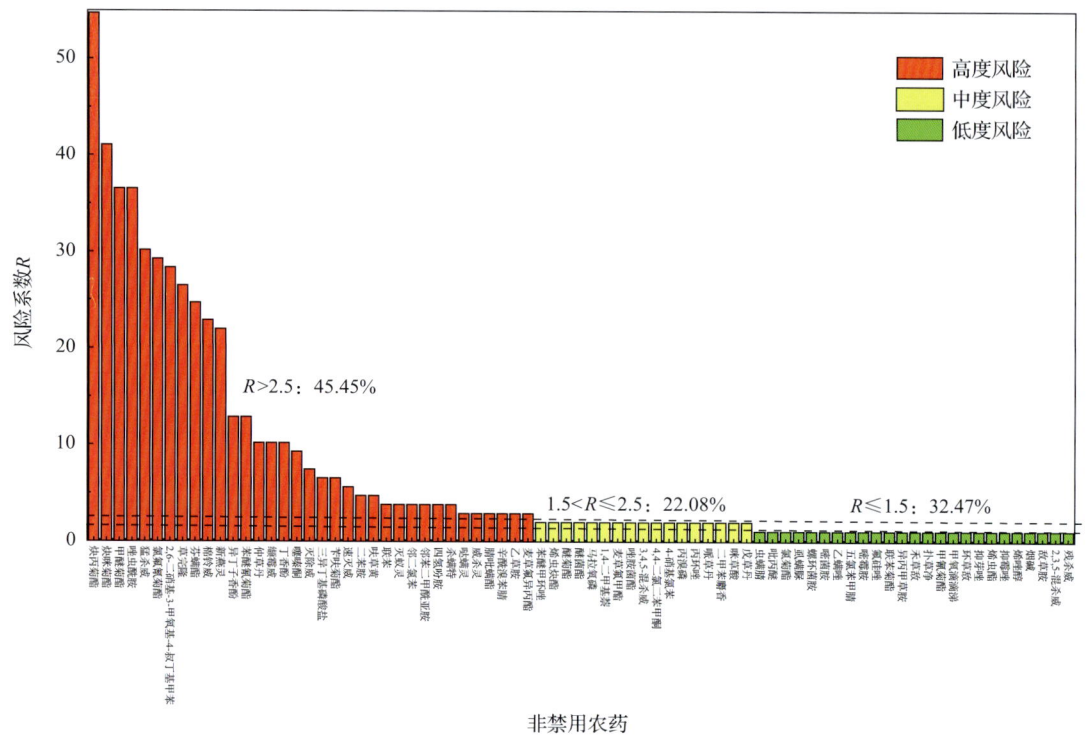

图8-16 茶叶中77种非禁用农药的风险程度统计图

表8-9 茶叶中77种非禁用农药的风险系数表

序号	农药	超标频次	超标率 P(%)	风险系数 R	风险程度
1	炔丙菊酯	59	53.64	54.74	高度风险
2	炔咪菊酯	44	40.00	41.10	高度风险
3	甲醚菊酯	39	35.45	36.55	高度风险
4	唑虫酰胺	39	35.45	36.55	高度风险
5	猛杀威	32	29.09	30.19	高度风险
6	氯氟氰菊酯	31	28.18	29.28	高度风险
7	2,6-二硝基-3-甲氧基-4-叔丁基甲苯	30	27.27	28.37	高度风险
8	草完隆	28	25.45	26.55	高度风险
9	芬螨酯	26	23.64	24.74	高度风险
10	棉铃威	24	21.82	22.92	高度风险
11	新燕灵	23	20.91	22.01	高度风险
12	异丁子香酚	13	11.82	12.92	高度风险

续表

序号	农药	超标频次	超标率 P(%)	风险系数 R	风险程度
13	苯醚氰菊酯	13	11.82	12.92	高度风险
14	仲草丹	10	9.09	10.19	高度风险
15	缬霉威	10	9.09	10.19	高度风险
16	丁香酚	10	9.09	10.19	高度风险
17	噻嗪酮	9	8.18	9.28	高度风险
18	灭除威	7	6.36	7.46	高度风险
19	三异丁基磷酸盐	6	5.45	6.55	高度风险
20	苄呋菊酯	6	5.45	6.55	高度风险
21	速灭威	5	4.55	5.65	高度风险
22	二苯胺	4	3.64	4.74	高度风险
23	呋草黄	4	3.64	4.74	高度风险
24	联苯	3	2.73	3.83	高度风险
25	灭蚁灵	3	2.73	3.83	高度风险
26	邻二氯苯	3	2.73	3.83	高度风险
27	邻苯二甲酰亚胺	3	2.73	3.83	高度风险
28	四氢吩胺	3	2.73	3.83	高度风险
29	杀螨特	3	2.73	3.83	高度风险
30	哒螨灵	2	1.82	2.92	高度风险
31	威杀灵	2	1.82	2.92	高度风险
32	腈吡螨酯	2	1.82	2.92	高度风险
33	辛酰溴苯腈	2	1.82	2.92	高度风险
34	乙草胺	2	1.82	2.92	高度风险
35	麦草氟异丙酯	2	1.82	2.92	高度风险
36	苯醚甲环唑	1	0.91	2.01	中度风险
37	烯虫炔酯	1	0.91	2.01	中度风险
38	醚菊酯	1	0.91	2.01	中度风险
39	醚菌酯	1	0.91	2.01	中度风险
40	马拉氧磷	1	0.91	2.01	中度风险
41	1,4-二甲基萘	1	0.91	2.01	中度风险
42	麦草氟甲酯	1	0.91	2.01	中度风险
43	唑胺菌酯	1	0.91	2.01	中度风险
44	3,4,5-混杀威	1	0.91	2.01	中度风险

续表

序号	农药	超标频次	超标率 P(%)	风险系数 R	风险程度
45	4,4-二氯二苯甲酮	1	0.91	2.01	中度风险
46	4-硝基氯苯	1	0.91	2.01	中度风险
47	丙溴磷	1	0.91	2.01	中度风险
48	丙环唑	1	0.91	2.01	中度风险
49	哌草丹	1	0.91	2.01	中度风险
50	二甲苯麝香	1	0.91	2.01	中度风险
51	咪草酸	1	0.91	2.01	中度风险
52	戊草丹	1	0.91	2.01	中度风险
53	虫螨腈	0	0	1.10	低度风险
54	吡丙醚	0	0	1.10	低度风险
55	氯菊酯	0	0	1.10	低度风险
56	虱螨脲	0	0	1.10	低度风险
57	螺环菌胺	0	0	1.10	低度风险
58	嘧菌胺	0	0	1.10	低度风险
59	乙螨唑	0	0	1.10	低度风险
60	五氯苯甲腈	0	0	1.10	低度风险
61	嘧霉胺	0	0	1.10	低度风险
62	氟硅唑	0	0	1.10	低度风险
63	联苯菊酯	0	0	1.10	低度风险
64	异丙甲草胺	0	0	1.10	低度风险
65	禾草敌	0	0	1.10	低度风险
66	扑草净	0	0	1.10	低度风险
67	甲氰菊酯	0	0	1.10	低度风险
68	甲氧滴滴涕	0	0	1.10	低度风险
69	环草敌	0	0	1.10	低度风险
70	抑芽唑	0	0	1.10	低度风险
71	烯虫酯	0	0	1.10	低度风险
72	抑霉唑	0	0	1.10	低度风险
73	烯唑醇	0	0	1.10	低度风险
74	烟碱	0	0	1.10	低度风险
75	敌草胺	0	0	1.10	低度风险
76	2,3,5-混杀威	0	0	1.10	低度风险
77	残杀威	0	0	1.10	低度风险

8.4 GC-Q-TOF/MS 侦测长春市市售茶叶农药残留风险评估结论与建议

农药残留是影响茶叶安全和质量的主要因素，也是我国食品安全领域备受关注的敏感话题和亟待解决的重大问题之一[15,16]。各种茶叶均存在不同程度的农药残留现象，本研究主要针对长春市各类茶叶存在的农药残留问题，基于 2019 年 3 月对长春市 110 例茶叶样品中农药残留侦测得出的 859 个侦测结果，分别采用食品安全指数模型和风险系数模型，开展茶叶中农药残留的膳食暴露风险和预警风险评估。茶叶样品取自超市和茶叶专营店，符合大众的膳食来源，风险评价时更具有代表性和可信度。

本研究力求通用简单地反映食品安全中的主要问题，且为管理部门和大众容易接受，为政府及相关管理机构建立科学的食品安全信息发布和预警体系提供科学的规律与方法，加强对农药残留的预警和食品安全重大事件的预防，控制食品风险。

8.4.1 长春市茶叶中农药残留膳食暴露风险评价结论

1) 茶叶样品中农药残留安全状态评价结论

采用食品安全指数模型，对 2019 年 3 月期间长春市茶叶农药残留膳食暴露风险进行评价，根据 IFS_c 的计算结果发现，茶叶中农药的 $\overline{IFS}$ 为 1.74×10^{-4}，说明长春市茶叶总体处于可以接受的安全状态，但部分禁用农药、高残留农药在茶叶中仍有侦测出，导致膳食暴露风险的存在，成为不安全因素。

2) 禁用农药膳食暴露风险评价

本次检测发现部分茶叶样品中有禁用农药侦测出，侦测出禁用农药 10 种，侦测出频次为 79，茶叶样品中的禁用农药 IFS_c 计算结果表明，禁用农药残留膳食暴露风险可以接受的频次为 1，占 1.27%；没有影响的频次为 78，占 98.73%。

8.4.2 长春市茶叶中农药残留预警风险评价结论

1) 单种茶叶中禁用农药残留的预警风险评价结论

本次检测过程中，在 4 种茶叶中检测出 10 种禁用农药，禁用农药为：克百威、毒死蜱、三氯杀螨醇、氟虫腈、水胺硫磷、2,4-滴丁酯、三唑磷、氰戊菊酯、狄氏剂、硫丹，茶叶为：乌龙茶、红茶、绿茶、花茶，茶叶中禁用农药的风险系数分析结果显示，10 种禁用农药在 4 种茶叶中的残留均处于高度风险，说明在单种茶叶中禁用农药的残留会导致较高的预警风险。

2) 单种茶叶中非禁用农药残留的预警风险评价结论

以 MRL 中国国家标准为标准，计算茶叶中非禁用农药风险系数情况下，128 个样本中，16 个处于低度风险(12.5%)，112 个样本没有 MRL 中国国家标准(87.5%)。以 MRL

欧盟标准为标准，计算茶叶中非禁用农药风险系数情况下，发现有 90 个处于高度风险（70.31%），38 个处于低度风险(29.69%)。基于两种 MRL 标准，评价的结果差异显著，可以看出 MRL 欧盟标准比中国国家标准更加严格和完善，过于宽松的 MRL 中国国家标准值能否有效保障人体的健康有待研究。

8.4.3 加强长春市茶叶食品安全建议

我国食品安全风险评价体系仍不够健全，相关制度不够完善，多年来，由于农药用药次数多、用药量大或用药间隔时间短，产品残留量大，农药残留所造成的食品安全问题日益严峻，给人体健康带来了直接或间接的危害。据估计，美国与农药有关的癌症患者数约占全国癌症患者总数的 50%，中国更高。同样，农药对其他生物也会形成直接杀伤和慢性危害，植物中的农药可经过食物链逐级传递并不断蓄积，对人和动物构成潜在威胁，并影响生态系统。

基于本次农药残留侦测数据的风险评价结果，提出以下几点建议：

1）加快食品安全标准制定步伐

我国食品标准中对农药每日允许最大摄入量 ADI 的数据严重缺乏，在本次评价所涉及的 87 种农药中，仅有 46.0%的农药具有 ADI 值，而 54.0%的农药中国尚未规定相应的 ADI 值，亟待完善。

我国食品中农药最大残留限量值的规定严重缺乏，对评估涉及的不同茶叶中不同农药 145 个 MRL 限值进行统计来看，我国仅制定出 23 个标准，我国标准完整率仅为 15.86%，欧盟的完整率达到 100%（表 8-10）。因此，中国更应加快 MRL 的制定步伐。

表 8-10 我国国家食品标准农药的 ADI、MRL 值与欧盟标准的数量差异

分类		中国 ADI	MRL 中国国家标准	MRL 欧盟标准
标准限值(个)	有	40	23	145
	无	47	122	0
总数(个)		87	145	145
无标准限值比例(%)		54.0	84.14	0

此外，MRL 中国国家标准限值普遍高于欧盟标准限值，这些标准中共有 11 个高于欧盟。过高的 MRL 值难以保障人体健康，建议继续加强对限值基准和标准的科学研究，将农产品中的危险性减少到尽可能低的水平。

2）加强农药的源头控制和分类监管

在长春市某些茶叶中仍有禁用农药残留，利用 GC-Q-TOF/MS 技术侦测出 10 种禁用农药，检出频次为 79 次，残留禁用农药均存在较大的膳食暴露风险和预警风险。早已列入黑名单的禁用农药在我国并未真正退出，有些药物由于价格便宜、工艺简单，此类高毒农药一直生产和使用。建议在我国采取严格有效的控制措施，从源头控制禁用农药。

对于非禁用农药，在我国作为"田间地头"最典型单位的县级茶叶产地中，农药残留的检测几乎缺失。建议根据农药的毒性，对高毒、剧毒、中毒农药实现分类管理，减

少使用高毒和剧毒高残留农药，进行分类监管。

3) 加强农药生物基准和降解技术研究

市售茶叶中残留农药的品种多、频次高、禁用农药多次检出这一现状，说明了我国的田间土壤和水体因农药长期、频繁、不合理的使用而遭到严重污染。为此，建议中国相关部门出台相关政策，鼓励高校及科研院所积极开展分子生物学、酶学等研究，加强土壤、水体中残留农药的生物修复及降解新技术研究，切实加大农药监管力度，以控制农药的面源污染问题。

综上所述，在本工作基础上，根据茶叶残留危害，可进一步针对其成因提出和采取严格管理、大力推广无公害茶叶种植与生产、健全食品安全控制技术体系、加强茶叶质量检测体系建设和积极推行茶叶质量追溯制度等相应对策。建立和完善食品安全综合评价指数与风险监测预警系统，对食品安全进行实时、全面的监控与分析，为我国的食品安全科学监管与决策提供新的技术支持，可实现各类检验数据的信息化系统管理，降低食品安全事故的发生。

哈 尔 滨 市

第9章 LC-Q-TOF/MS侦测哈尔滨市70例市售茶叶样品农药残留报告

从哈尔滨市所属2个区，随机采集了70例茶叶样品，使用液相色谱-四极杆飞行时间质谱(LC-Q-TOF/MS)对825种农药化学污染物示范侦测(7种负离子模式ESI⁻未涉及)。

9.1 样品种类、数量与来源

9.1.1 样品采集与检测

为了真实反映百姓日常饮用的茶叶中农药残留污染状况，本次所有检测样品均由检验人员于2019年1月期间，从哈尔滨市所属6个采样点，包括5个茶叶专营店1个超市，以随机购买方式采集，总计6批70例样品，从中检出农药26种，298频次。采样及监测概况见图9-1及表9-1，样品及采样点明细见表9-2及表9-3(侦测原始数据见附表1)。

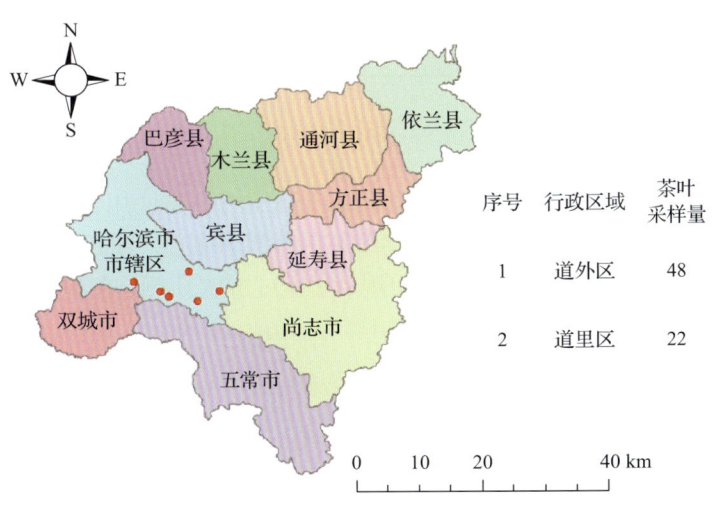

图9-1 哈尔滨市所属6个采样点70例样品分布图

表9-1 农药残留监测总体概况

采样行政区域	哈尔滨市所属2个区
采样点(茶叶专营店+超市)	6
样本总数	70
检出农药品种/频次	26/298
各采样点样本农药残留检出率范围	87.5%~100.0%

表 9-2　样品分类及数量

样品分类	样品名称(数量)	数量小计
1. 茶叶		70
1) 发酵类茶叶	红茶(10)	10
2) 未发酵类茶叶	花茶(10), 绿茶(50)	60
合计	1. 茶叶 3 种	70

表 9-3　哈尔滨市采样点信息

采样点序号	行政区域	采样点
茶叶专营店(5)		
1	道里区	***茶叶批发市场(冠宇茶行店)
2	道里区	***茶叶店
3	道外区	***茶业店
4	道外区	***茶叶店
5	道外区	***茶叶店
超市(1)		
1	道外区	***超市(永平店)

9.1.2　检测结果

这次使用的检测方法是庞国芳院士团队最新研发的不需使用标准品对照,而以高分辨精确质量数(0.0001 m/z)为基准的 LC-Q-TOF/MS 检测技术,对于 70 例样品,每个样品均侦测了 825 种农药化学污染物的残留现状。通过本次侦测,在 70 例样品共计检出农药化学污染物 26 种,检出 298 频次。

9.1.2.1　各采样点样品检出情况

统计分析发现 6 个采样点中,被测样品的农药检出率范围为 87.5%～100.0%。其中,有 4 个采样点样品的检出率最高,达到了 100.0%,分别是:***茶业店、***超市(永平店)、***茶叶店和***茶叶店。***茶叶批发市场(冠宇茶行店)的检出率最低,为 87.5%,见图 9-2。

9.1.2.2　检出农药的品种总数与频次

统计分析发现,对于 70 例样品中 825 种农药化学污染物的侦测,共检出农药 298 频次,涉及农药 26 种,结果如图 9-3 所示。其中莠去津检出频次最高,共检出 44 次。检出频次排名前 10 的农药如下:①莠去津(44),②哒螨灵(41),③噻嗪酮(40),④避蚊胺(39),⑤啶虫脒(39),⑥毒死蜱(13),⑦吡丙醚(10),⑧吡唑醚菌酯(9),⑨噻虫啉(9),⑩甲哌(8)。

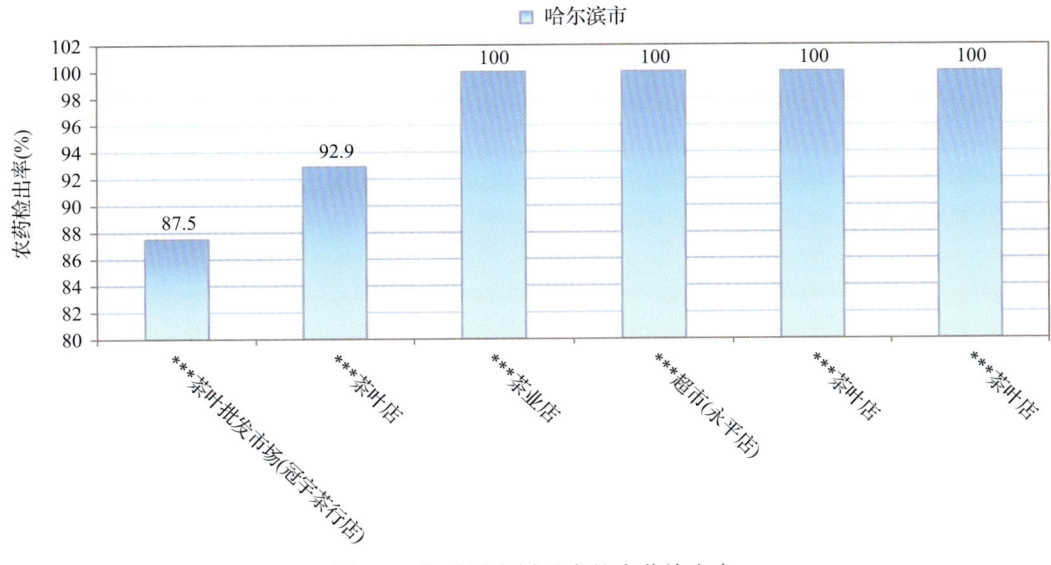

图 9-2　各采样点样品中的农药检出率

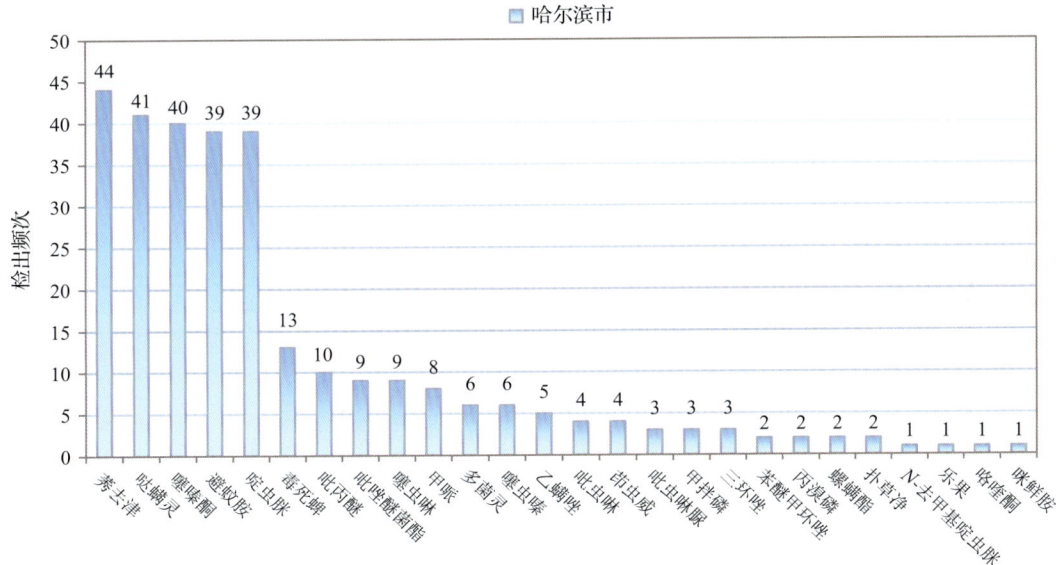

图 9-3　检出农药品种及频次（仅列出检出农药 1 频次及以上的数据）

由图 9-4 可见，绿茶、红茶和花茶这 3 种茶叶样品中检出的农药品种数较高，均超过 5 种，其中，绿茶检出农药品种最多，为 26 种。由图 9-5 可见，绿茶、红茶和花茶这 3 种茶叶样品中的农药检出频次较高，均超过 20 次，其中，绿茶检出农药频次最高，为 246 次。

9.1.2.3　单例样品农药检出种类与占比

对单例样品检出农药种类和频次进行统计发现，未检出农药的样品占总样品数的 2.9%，检出 1 种农药的样品占总样品数的 12.9%，检出 2~5 种农药的样品占总样品数的 48.6%，检出 6~10 种农药的样品占总样品数的 35.7%。每例样品中平均检出农药为 4.3 种，数据见表 9-4 及图 9-6。

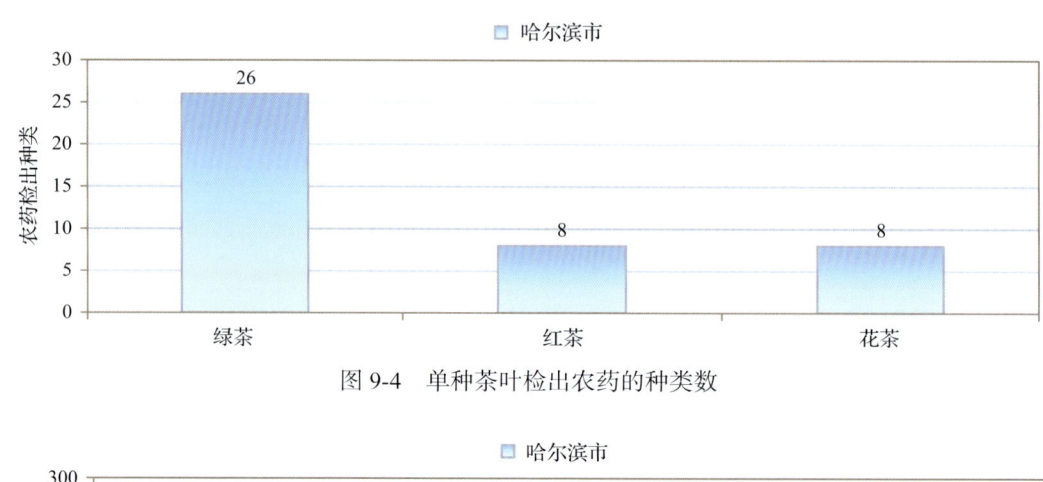

图 9-4　单种茶叶检出农药的种类数

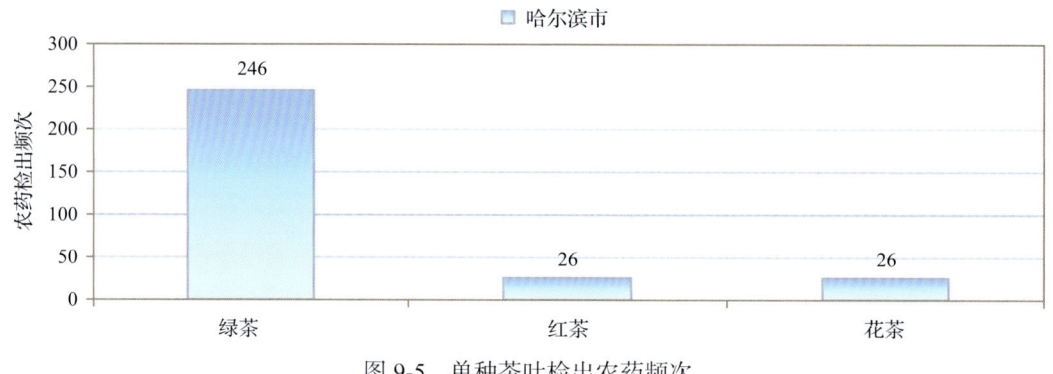

图 9-5　单种茶叶检出农药频次

表 9-4　单例样品检出农药品种占比

检出农药品种数	样品数量/占比(%)
未检出	2/2.9
1 种	9/12.9
2~5 种	34/48.6
6~10 种	25/35.7
单例样品平均检出农药品种	4.3 种

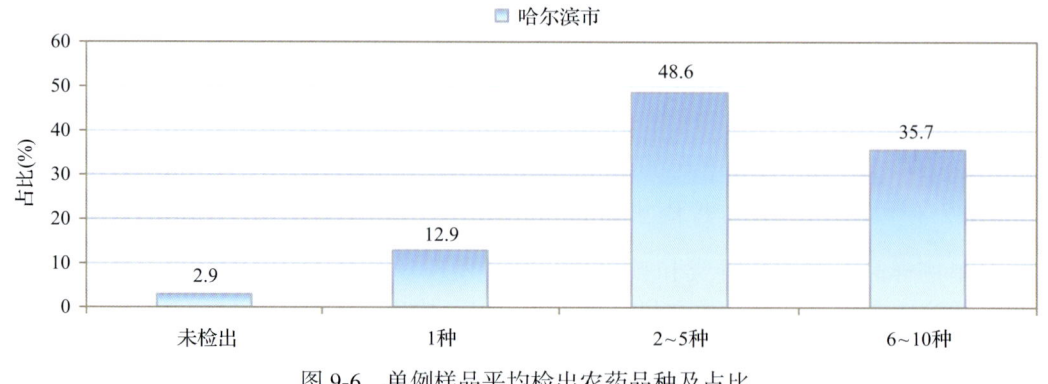

图 9-6　单例样品平均检出农药品种及占比

9.1.2.4 检出农药类别与占比

所有检出农药按功能分类,包括杀虫剂、杀菌剂、杀螨剂、除草剂、驱避剂、植物生长调节剂共 6 类。其中杀虫剂与杀菌剂为主要检出的农药类别,分别占总数的 50.0% 和 23.1%,见表 9-5 及图 9-7。

表 9-5 检出农药所属类别/占比

农药类别	数量/占比(%)
杀虫剂	13/50.0
杀菌剂	6/23.1
杀螨剂	3/11.5
除草剂	2/7.7
驱避剂	1/3.8
植物生长调节剂	1/3.8

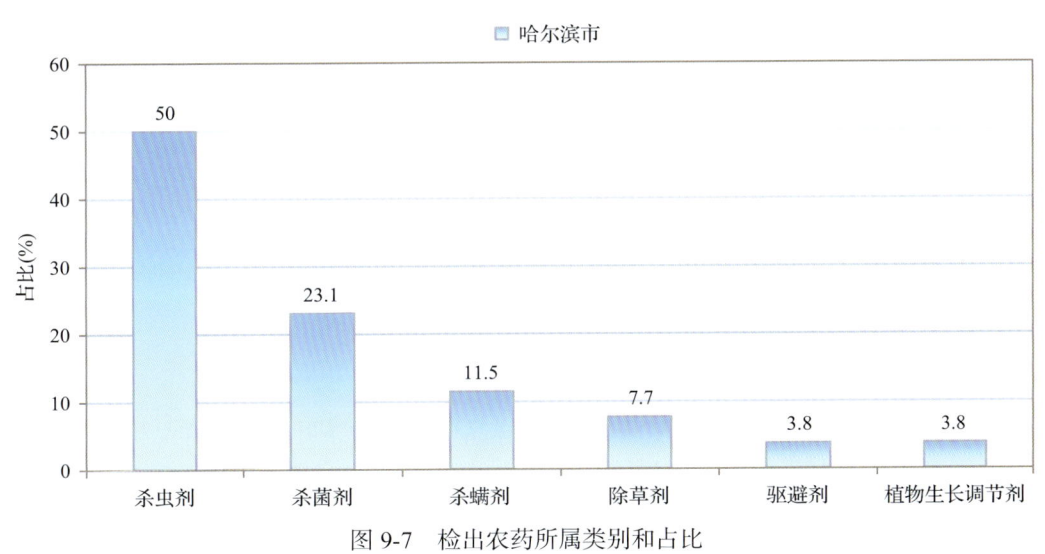

图 9-7 检出农药所属类别和占比

9.1.2.5 检出农药的残留水平

按检出农药残留水平进行统计,残留水平在 1~5 μg/kg(含)的农药占总数的 27.5%,在 5~10 μg/kg(含)的农药占总数的 27.9%,在 10~100 μg/kg(含)的农药占总数的 36.9%,在 100~1000 μg/kg 的农药占总数的 7.7%。

由此可见,这次检测的 6 批 70 例茶叶样品中农药多数处于较低残留水平。结果见表 9-6 及图 9-8,数据见附表 2。

表 9-6 农药残留水平/占比

残留水平(μg/kg)	检出频次数/占比(%)
1~5(含)	82/27.5
5~10(含)	83/27.9
10~100(含)	110/36.9
100~1000	23/7.7

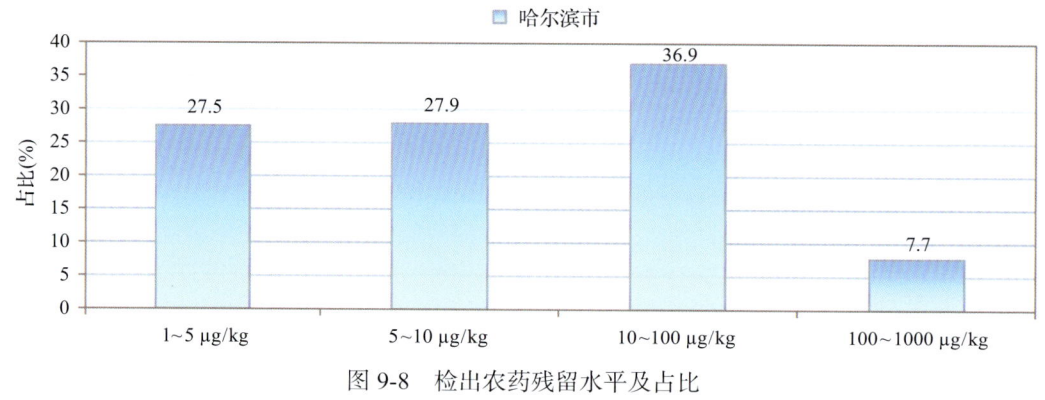

图 9-8 检出农药残留水平及占比

9.1.2.6 检出农药的毒性类别、检出频次和超标频次及占比

对这次检出的 26 种 298 频次的农药,按剧毒、高毒、中毒、低毒和微毒这五个毒性类别进行分类,从中可以看出,哈尔滨市目前普遍使用的农药为中低微毒农药,品种占 96.2%,频次占 99.0%。结果见表 9-7 及图 9-9。

9.1.2.7 检出剧毒/高毒类农药的品种和频次

值得特别关注的是,在此次侦测的 70 例样品中有 1 种茶叶的 3 例样品检出了 1 种 3 频次的剧毒和高毒农药,占样品总量的 4.3%,详见图 9-10、表 9-8 及表 9-9。

表 9-7 检出农药毒性类别/占比

毒性分类	农药品种/占比(%)	检出频次/占比(%)	超标频次/超标率(%)
剧毒农药	1/3.8	3/1.0	1/33.3
高毒农药	0/0	0/0.0	0/0.0
中毒农药	15/57.7	138/46.3	0/0.0
低毒农药	7/26.9	136/45.6	0/0.0
微毒农药	3/11.5	21/7.0	0/0.0

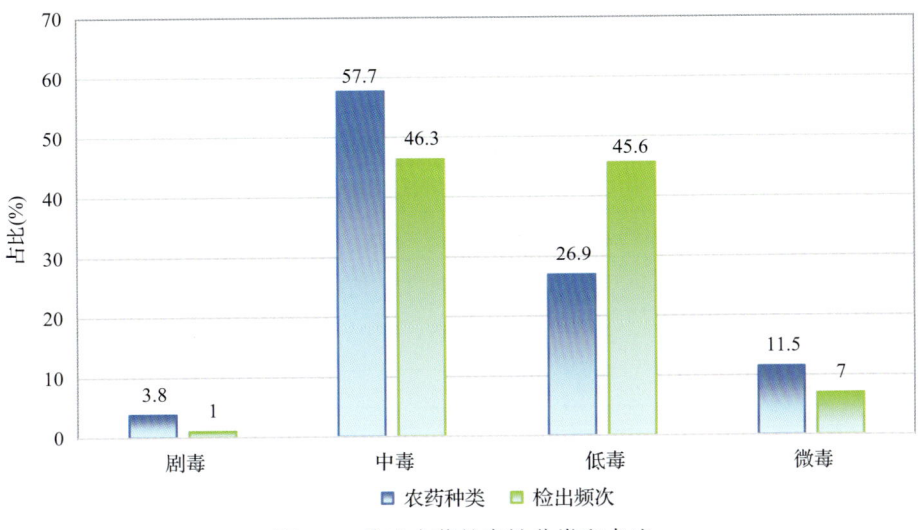

图 9-9 检出农药的毒性分类和占比

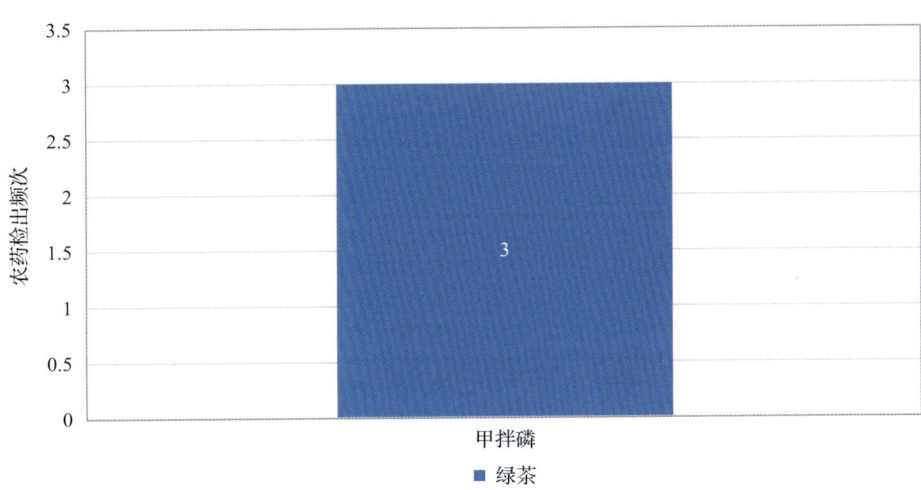

图 9-10 检出剧毒/高毒农药的样品情况

表 9-8 剧毒农药检出情况

序号	农药名称	检出频次	超标频次	超标率
	从 1 种茶叶中检出 1 种剧毒农药,共计检出 3 次			
1	甲拌磷*	3	1	33.3%
	合计	3	1	超标率:33.3%

表 9-9 高毒农药检出情况

序号	农药名称	检出频次	超标频次	超标率
	茶叶中未检出高毒农药			
	合计	0	0	超标率:0.0%

在检出的剧毒和高毒农药中，有 1 种是我国早已禁止在茶叶上使用的：为甲拌磷。禁用农药的检出情况见表 9-10。

表 9-10 禁用农药检出情况

序号	农药名称	检出频次	超标频次	超标率
从 3 种茶叶中检出 3 种禁用农药，共计检出 17 次				
1	毒死蜱	13	0	0.0%
2	甲拌磷*	3	1	33.3%
3	乐果	1	0	0.0%
	合计	17	1	超标率：5.9%

注：*为剧毒农药；超标结果参考 MRL 中国国家标准计算

此次抽检的茶叶样品中，有 1 种茶叶检出了剧毒农药，为：绿茶中检出甲拌磷 3 次。

样品中检出剧毒和高毒农药残留水平超过 MRL 中国国家标准的频次为 1 次，其中：绿茶检出甲拌磷超标 1 次。本次检出结果表明，高毒、剧毒农药的使用现象依旧存在。详见表 9-11。

表 9-11 各样本中检出剧毒/高毒农药情况

样品名称	农药名称	检出频次	超标频次	检出浓度（μg/kg）
茶叶 1 种				
绿茶	甲拌磷*▲	3	1	2.3, 3.5, 13.0^a
	合计	3	1	超标率：33.3%

注：*为剧毒农药；▲为禁用农药；a 为超标结果（参考 MRL 中国国家标准）

9.2 农药残留检出水平与最大残留限量标准对比分析

我国于 2016 年 12 月 18 日正式颁布并于 2017 年 6 月 18 日正式实施食品农药残留限量国家标准《食品中农药最大残留限量》（GB 2763—2016）。该标准包括 417 个农药条目，涉及最大残留限量（MRL）标准 4140 项。将 298 频次检出农药的浓度水平与 4140 项 MRL 中国国家标准进行核对，其中只有 145 频次的结果找到了对应的 MRL，占 48.7%，还有 153 频次的结果则无相关 MRL 标准供参考，占 51.3%。

将此次侦测结果与国际上现行 MRL 对比发现，在 298 频次的检出结果中有 298 频次的结果找到了对应的 MRL 欧盟标准，占 100.0%，其中，252 频次的结果有明确对应的 MRL，占 84.6%，其余 46 频次按照欧盟一律标准判定，占 15.4%；有 298 频次的结果找到了对应的 MRL 日本标准，占 100.0%，其中，240 频次的结果有明确对应的 MRL，占 80.5%，其余 58 频次按照日本一律标准判定，占 19.5%；有 132 频次的结果找到了对应的 MRL 中国香港标准，占 44.3%；有 100 频次的结果找到了对应的 MRL 美国标准，占 33.6%；有 66 频次的结果找到了对应的 MRL CAC 标准，占 22.1%（见图 9-11 和图 9-12，数据见附表 3 至附表 8）。

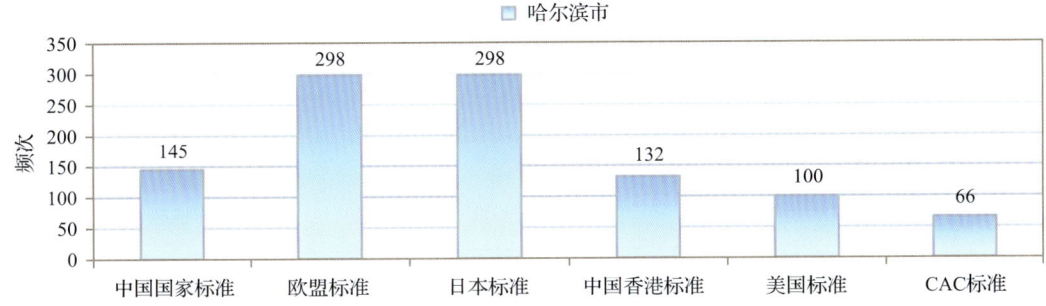

图 9-11 298 频次检出农药可用 MRL 中国国家标准、欧盟标准、日本标准、中国香港标准、美国标准、CAC 标准判定衡量的数量

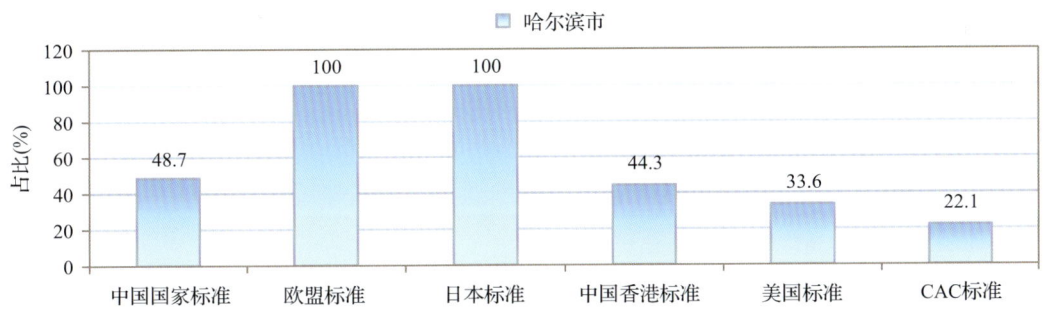

图 9-12 298 频次检出农药可用 MRL 中国国家标准、欧盟标准、日本标准、中国香港标准、美国标准、CAC 标准衡量的占比

9.2.1 超标农药样品分析

本次侦测的 70 例样品中，2 例样品未检出任何残留农药，占样品总量的 2.9%，68 例样品检出不同水平、不同种类的残留农药，占样品总量的 97.1%。在此，我们将本次侦测的农残检出情况与 MRL 中国国家标准、欧盟标准、日本标准、中国香港标准、美国标准和 CAC 标准这 6 大国际主流 MRL 标准进行对比分析，样品农残检出与超标情况见表 9-12、图 9-13 和图 9-14，详细数据见附表 9 至附表 14。

表 9-12 各 MRL 标准下样本农残检出与超标数量及占比

	MRL 中国国家标准 数量/占比(%)	MRL 欧盟标准 数量/占比(%)	MRL 日本标准 数量/占比(%)	MRL 中国香港标准 数量/占比(%)	MRL 美国标准 数量/占比(%)	MRL CAC 标准 数量/占比(%)
未检出	2/2.9	2/2.9	2/2.9	2/2.9	2/2.9	2/2.9
检出未超标	67/95.7	48/68.6	57/81.4	68/97.1	68/97.1	68/97.1
检出超标	1/1.4	20/28.6	11/15.7	0/0.0	0/0.0	0/0.0

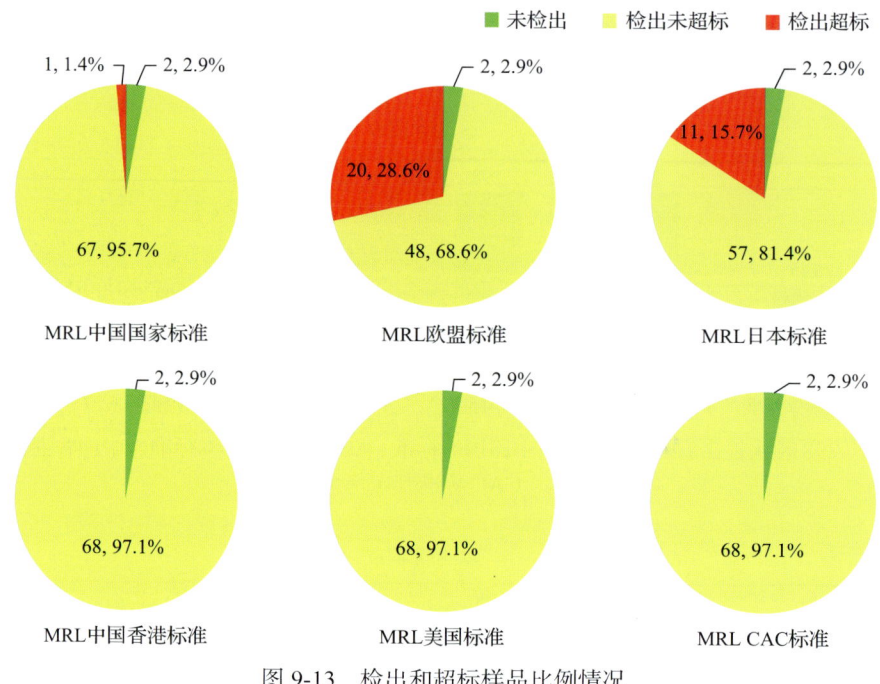

图 9-13 检出和超标样品比例情况

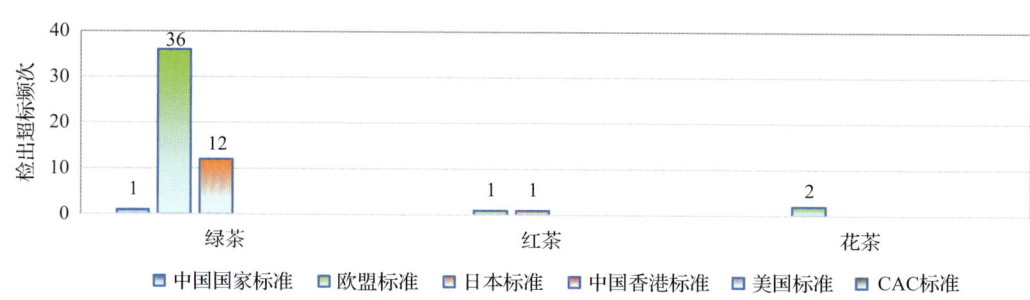

图 9-14 超过 MRL 中国国家标准、欧盟标准、日本标准、中国香港标准、
美国标准、CAC 标准结果在茶叶中的分布

9.2.2 超标农药种类分析

按照 MRL 中国国家标准、欧盟标准、日本标准、中国香港标准、美国标准和 CAC 标准这 6 大国际主流 MRL 标准衡量，本次侦测检出的农药超标品种及频次情况见表 9-13。

表 9-13 各 MRL 标准下超标农药品种及频次

	MRL 中国国家标准	MRL 欧盟标准	MRL 日本标准	MRL 中国香港标准	MRL 美国标准	MRL CAC 标准
超标农药品种	1	9	4	0	0	0
超标农药频次	1	39	13	0	0	0

9.2.2.1 按 MRL 中国国家标准衡量

按 MRL 中国国家标准衡量，有 1 种农药超标，检出 1 频次，为剧毒农药甲拌磷。

按超标程度比较，绿茶中甲拌磷超标 0.3 倍。检测结果见图 9-15 和附表 15。

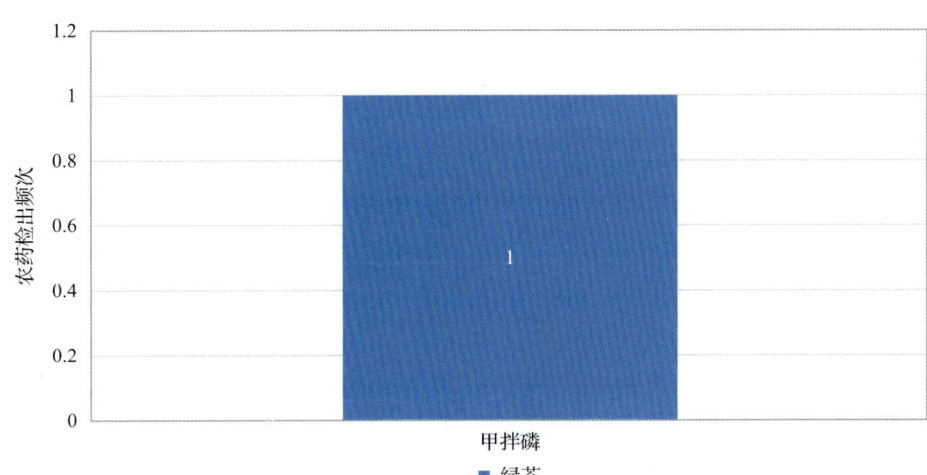

图 9-15　超过 MRL 中国国家标准农药品种及频次

9.2.2.2　按 MRL 欧盟标准衡量

按 MRL 欧盟标准衡量，共有 9 种农药超标，检出 39 频次，分别为中毒农药甲哌、吡虫啉、N-去甲基啶虫脒、啶虫脒、丙溴磷和哒螨灵，低毒农药吡虫啉脲和噻嗪酮，微毒农药多菌灵。

按超标程度比较，绿茶中啶虫脒超标 3.5 倍，绿茶中噻嗪酮超标 3.3 倍，绿茶中哒螨灵超标 2.9 倍，绿茶中多菌灵超标 2.1 倍，绿茶中甲哌超标 1.6 倍。检测结果见图 9-16 和附表 16。

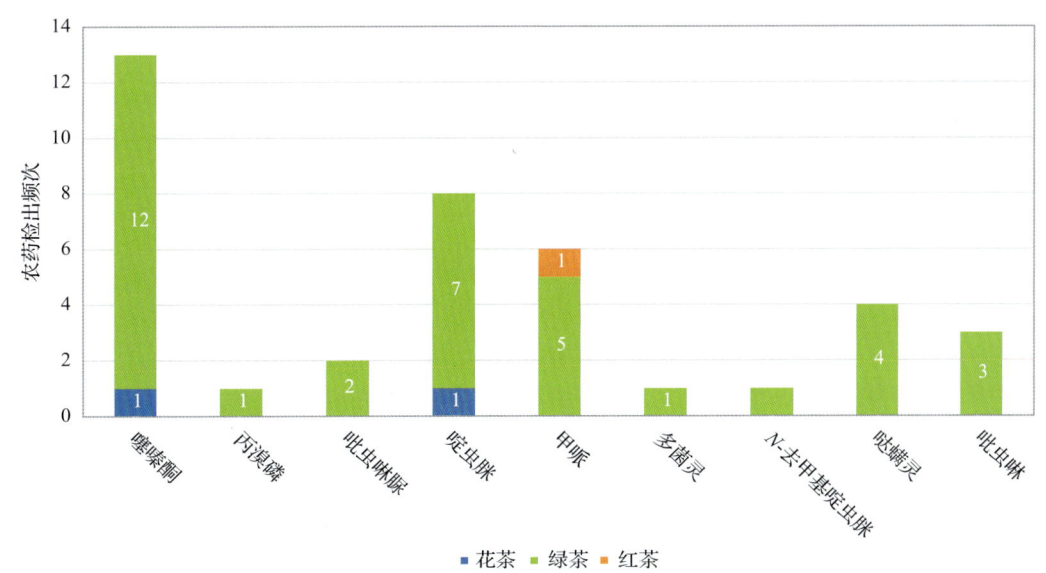

图 9-16　超过 MRL 欧盟标准农药品种及频次

9.2.2.3 按 MRL 日本标准衡量

按 MRL 日本标准衡量，共有 4 种农药超标，检出 13 频次，分别为中毒农药甲哌、N-去甲基啶虫脒和茚虫威，低毒农药吡虫啉脲。

按超标程度比较，绿茶中甲哌超标 25.1 倍，红茶中甲哌超标 15.7 倍，绿茶中茚虫威超标 1.9 倍，绿茶中吡虫啉脲超标 0.1 倍，绿茶中 N-去甲基啶虫脒超标 0.1 倍。检测结果见图 9-17 和附表 17。

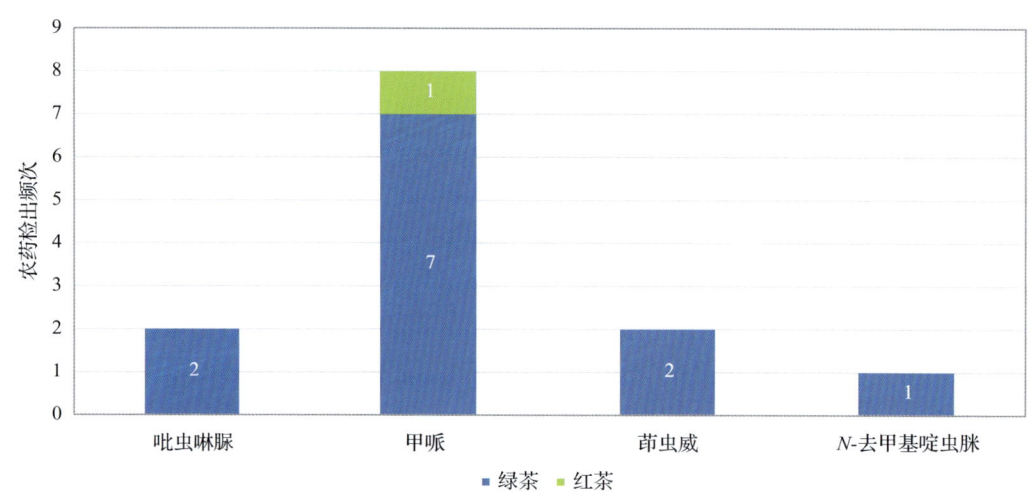

图 9-17 超过 MRL 日本标准农药品种及频次

9.2.2.4 按 MRL 中国香港标准衡量

按 MRL 中国香港标准衡量，无样品检出超标农药残留。

9.2.2.5 按 MRL 美国标准衡量

按美国 MRL 标准衡量，无样品检出超标农药残留。

9.2.2.6 按 MRL CAC 标准衡量

按 MRL CAC 标准衡量，无样品检出超标农药残留。

9.2.3 6 个采样点超标情况分析

9.2.3.1 按 MRL 中国国家标准衡量

按 MRL 中国国家标准衡量，有 1 个采样点的样品存在超标农药检出，超标率为 12.5%，如表 9-14 和图 9-18 所示。

表 9-14 超过 MRL 中国国家标准茶叶在不同采样点分布

序号	采样点	样品总数	超标数量	超标率(%)	行政区域
1	***茶叶批发市场(冠宇茶行店)	8	1	12.5	道里区

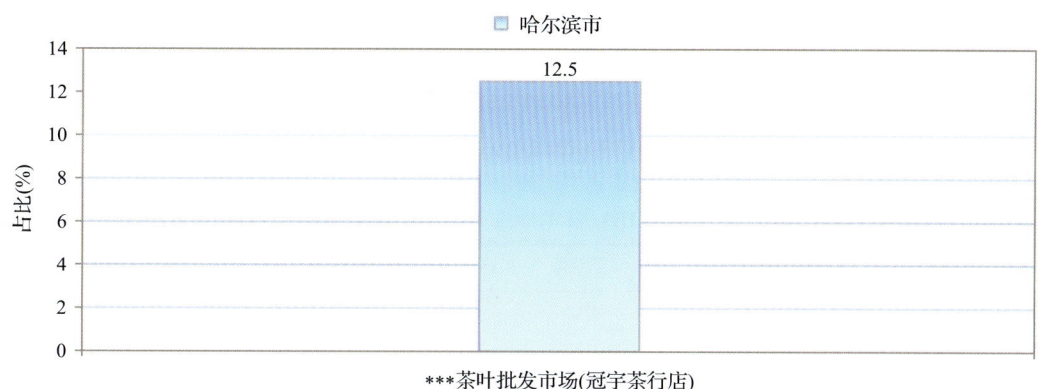

图 9-18　超过 MRL 中国国家标准茶叶在不同采样点分布

9.2.3.2　按 MRL 欧盟标准衡量

按 MRL 欧盟标准衡量，有 5 个采样点的样品存在不同程度的超标农药检出，其中***茶业店的超标率最高，为 42.9%，如表 9-15 和图 9-19 所示。

表 9-15　超过 MRL 欧盟标准茶叶在不同采样点分布

	采样点	样品总数	超标数量	超标率(%)	行政区域
1	***茶叶店	17	6	35.3	道外区
2	***茶叶店	15	2	13.3	道外区
3	***茶业店	14	6	42.9	道外区
4	***茶叶店	14	4	28.6	道里区
5	***茶叶批发市场(冠宇茶行店)	8	2	25.0	道里区

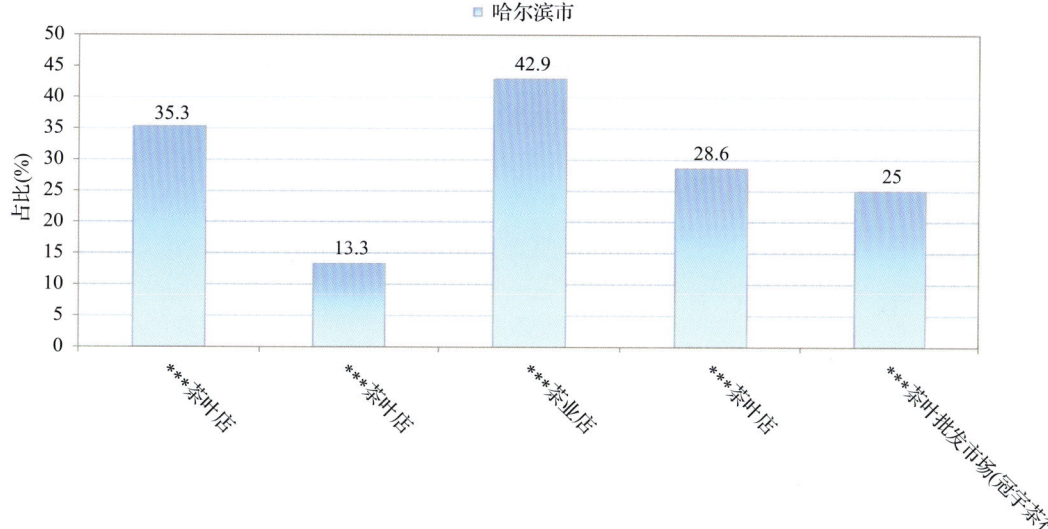

图 9-19　超过 MRL 欧盟标准茶叶在不同采样点分布

9.2.3.3 按 MRL 日本标准衡量

按 MRL 日本标准衡量,有 4 个采样点的样品存在不同程度的超标农药检出,其中 ***茶叶店的超标率最高,为 28.6%,如表 9-16 和图 9-20 所示。

表 9-16 超过 MRL 日本标准茶叶在不同采样点分布

采样点		样品总数	超标数量	超标率(%)	行政区域
1	***茶叶店	17	4	23.5	道外区
2	***茶叶店	15	1	6.7	道外区
3	***茶业店	14	2	14.3	道外区
4	***茶叶店	14	4	28.6	道里区

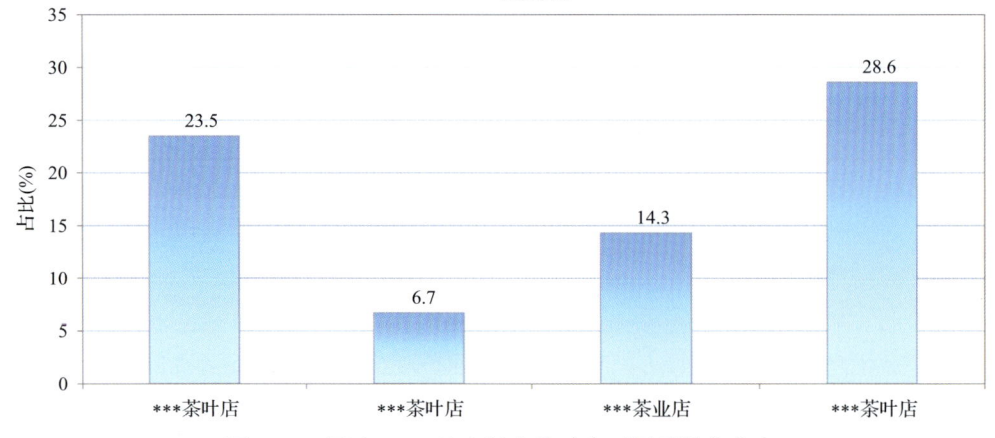

图 9-20 超过 MRL 日本标准茶叶在不同采样点分布

9.2.3.4 按 MRL 中国香港标准衡量

按 MRL 中国香港标准衡量,所有采样点的样品均未检出超标农药残留。

9.2.3.5 按 MRL 美国标准衡量

按 MRL 美国标准衡量,所有采样点的样品均未检出超标农药残留。

9.2.3.6 按 MRL CAC 标准衡量

按 MRL CAC 标准衡量,所有采样点的样品均未检出超标农药残留。

9.3 茶叶中农药残留分布

9.3.1 茶叶按检出农药品种和频次排名

本次残留侦测的茶叶共 3 种,包括红茶、花茶和绿茶。

根据检出农药品种及频次进行排名,将各项排名茶叶样品检出情况列表说明,详见表 9-17。

表 9-17 茶叶按检出农药品种和频次排名

按检出农药品种排名(品种)	①绿茶(26),②红茶(8),③花茶(8)
按检出农药频次排名(频次)	①绿茶(246),②红茶(26),③花茶(26)
按检出禁用、高毒及剧毒农药品种排名(品种)	①绿茶(3),②红茶(1),③花茶(1)
按检出禁用、高毒及剧毒农药频次排名(频次)	①绿茶(15),②红茶(1),③花茶(1)

9.3.2 茶叶按超标农药品种和频次排名

鉴于 MRL 欧盟标准和日本标准制定比较全面且覆盖率较高,我们参照 MRL 中国国家标准、欧盟标准和日本标准衡量茶叶样品中农残检出情况,将超标农药品种及频次排名茶叶列表说明,详见表 9-18。

表 9-18 茶叶按超标农药品种和频次排名

按超标农药品种排名 (农药品种数)	MRL 中国国家标准	①绿茶(1)
	MRL 欧盟标准	①绿茶(9),②花茶(2),③红茶(1)
	MRL 日本标准	①绿茶(4),②红茶(1)
按超标农药频次排名 (农药频次数)	MRL 中国国家标准	①绿茶(1)
	MRL 欧盟标准	①绿茶(36),②花茶(2),③红茶(1)
	MRL 日本标准	①绿茶(12),②红茶(1)

通过对各品种茶叶样本总数及检出率进行综合分析发现,绿茶、红茶和花茶的残留污染最为严重,在此,我们参照 MRL 中国国家标准、欧盟标准和日本标准对这 3 种茶叶的农残检出情况进行进一步分析。

9.3.3 农药残留检出率较高的茶叶样品分析

9.3.3.1 绿茶

这次共检测 50 例绿茶样品,48 例样品中检出了农药残留,检出率为 96.0%,检出农药共计 26 种。其中莠去津、哒螨灵、噻嗪酮、避蚊胺和啶虫脒检出频次较高,分别检出了 33、32、32、30 和 30 次。绿茶中农药检出品种和频次见图 9-21,超标农药见图 9-22 和表 9-19。

9.3.3.2 红茶

这次共检测 10 例红茶样品,全部检出了农药残留,检出率为 100.0%,检出农药共计 8 种。其中避蚊胺、莠去津、哒螨灵、噻嗪酮和啶虫脒检出频次较高,分别检出了 8、5、4、4 和 2 次。红茶中农药检出品种和频次见图 9-23,超标农药见图 9-24 和表 9-20。

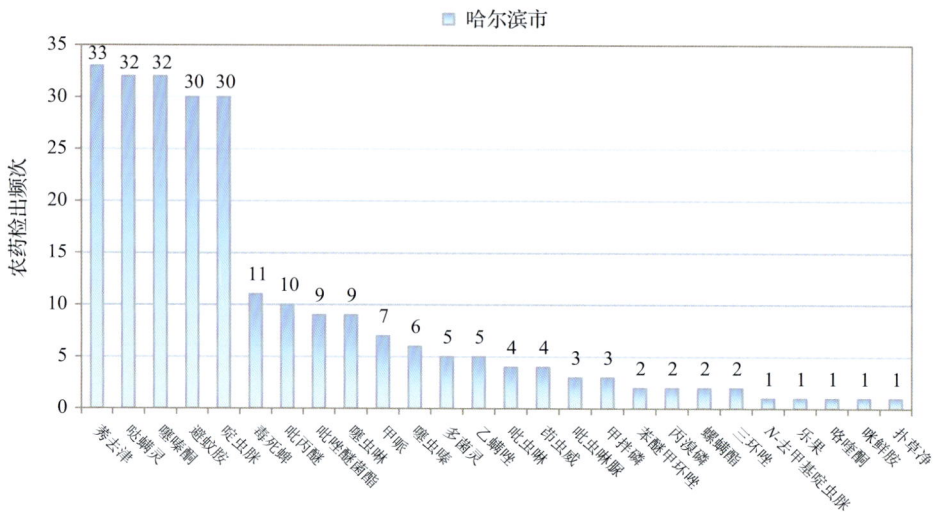

图 9-21 绿茶样品检出农药品种和频次分析

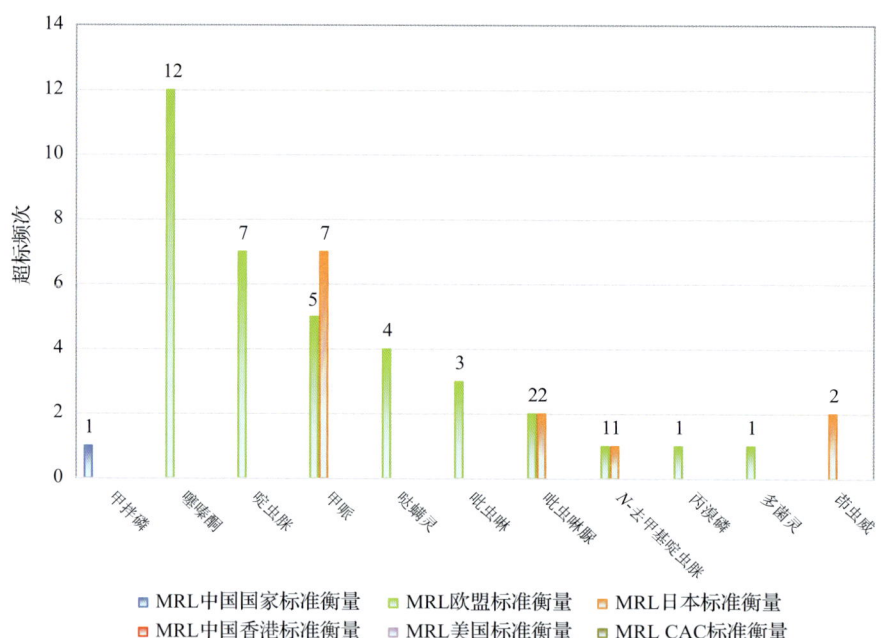

图 9-22 绿茶样品中超标农药分析

表 9-19 绿茶中农药残留超标情况明细表

样品总数		检出农药样品数	样品检出率(%)	检出农药品种总数
50		48	96	26
	超标农药品种	超标农药频次	按照 MRL 中国国家标准、欧盟标准和日本标准衡量超标农药名称及频次	
中国国家标准	1	1	甲拌磷(1)	
欧盟标准	9	36	噻嗪酮(12)、啶虫脒(7)、甲哌(5)、哒螨灵(4)、吡虫啉(3)、吡虫啉脲(2)、N-去甲基啶虫脒(1)、丙溴磷(1)、多菌灵(1)	
日本标准	4	12	甲哌(7)、吡虫啉脲(2)、茚虫威(2)、N-去甲基啶虫脒(1)	

第 9 章　LC-Q-TOF/MS 侦测哈尔滨市 70 例市售茶叶样品农药残留报告

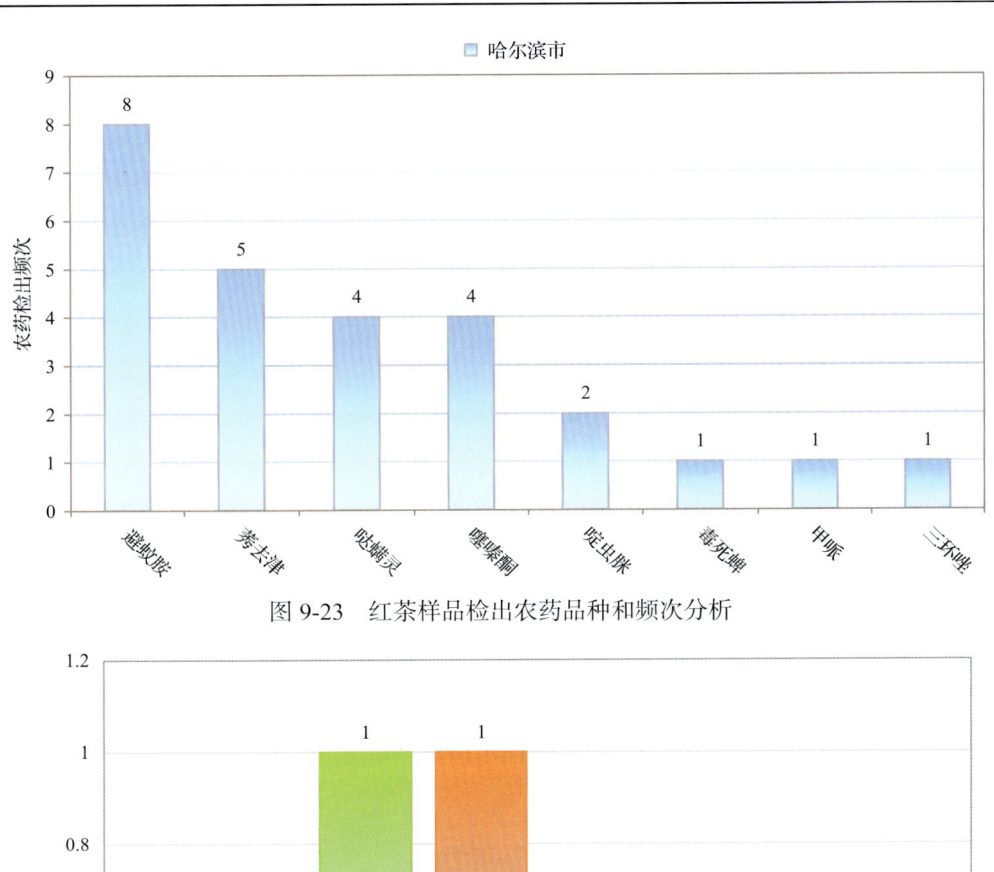

图 9-23　红茶样品检出农药品种和频次分析

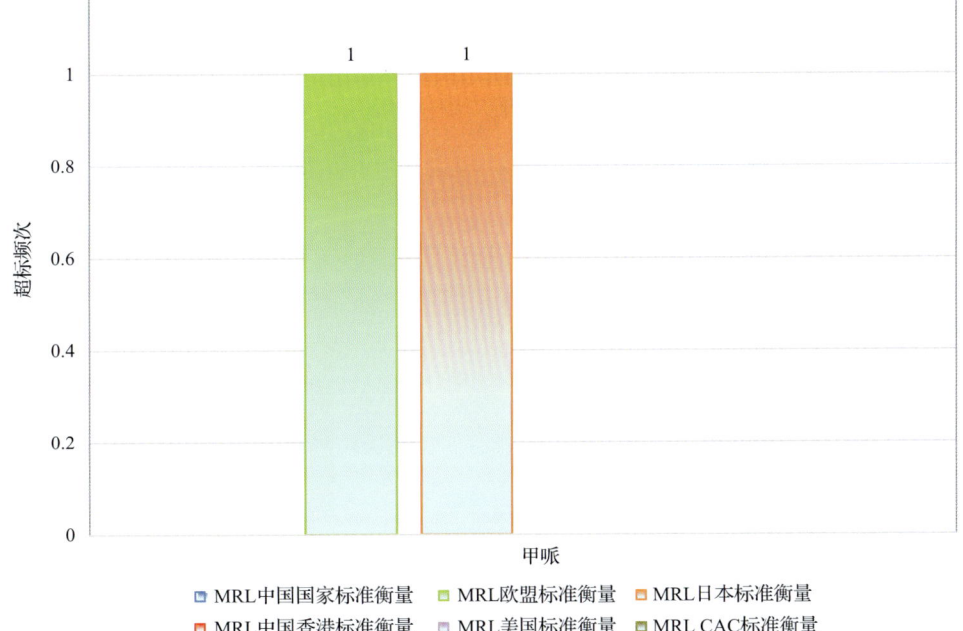

图 9-24　红茶样品中超标农药分析

表 9-20　红茶中农药残留超标情况明细表

样品总数		检出农药样品数	样品检出率(%)	检出农药品种总数
10		10	100	8
	超标农药品种	超标农药频次	按照 MRL 中国国家标准、欧盟标准和日本标准衡量超标农药名称及频次	
中国国家标准	0	0		
欧盟标准	1	1	甲哌(1)	
日本标准	1	1	甲哌(1)	

9.3.3.3 花茶

这次共检测 10 例花茶样品,全部检出了农药残留,检出率为 100.0%,检出农药共计 8 种。其中啶虫脒、莠去津、哒螨灵、噻嗪酮和避蚊胺检出频次较高,分别检出了 7、6、5、4 和 1 次。花茶中农药检出品种和频次见图 9-25,超标农药见图 9-26 和表 9-21。

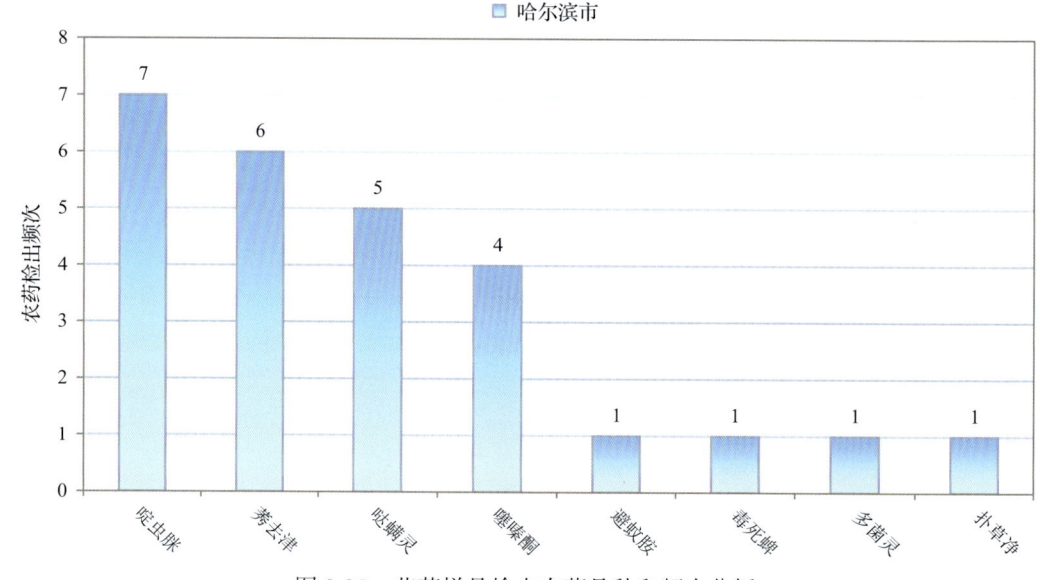

图 9-25　花茶样品检出农药品种和频次分析

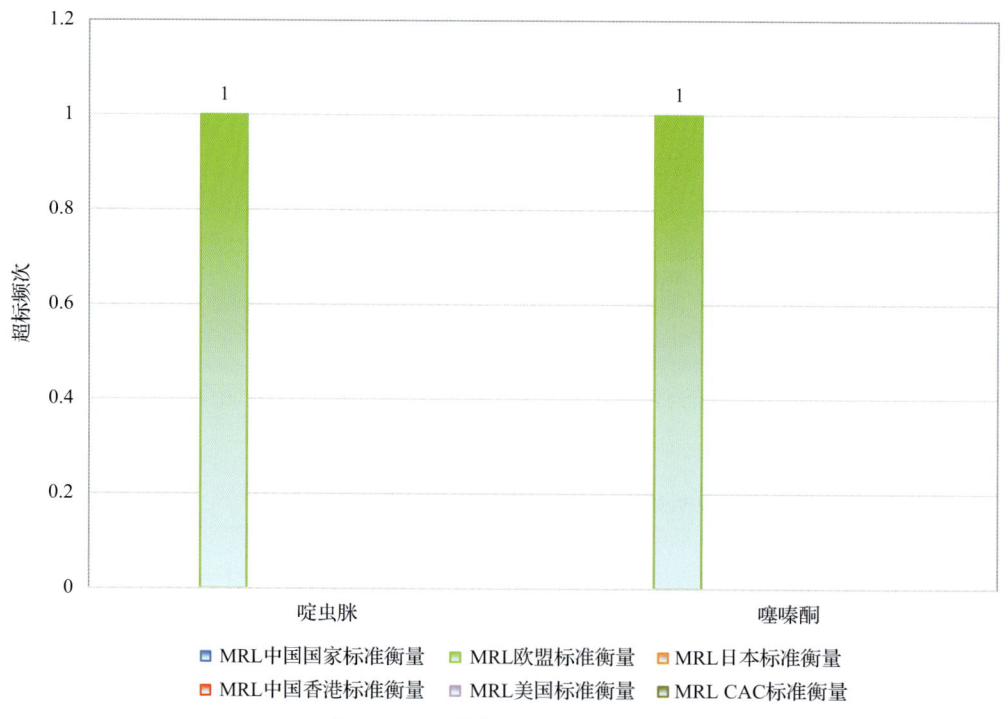

图 9-26　花茶样品中超标农药分析

表 9-21 花茶中农药残留超标情况明细表

样品总数	检出农药样品数	样品检出率(%)	检出农药品种总数
10	10	100	8

	超标农药品种	超标农药频次	按照 MRL 中国国家标准、欧盟标准和日本标准衡量超标农药名称及频次
中国国家标准	0	0	
欧盟标准	2	2	啶虫脒(1), 噻嗪酮(1)
日本标准	0	0	

9.4 初步结论

9.4.1 哈尔滨市市售茶叶按 MRL 中国国家标准和国际主要 MRL 标准衡量的合格率

本次侦测的 70 例样品中，2 例样品未检出任何残留农药，占样品总量的 2.9%，68 例样品检出不同水平、不同种类的残留农药，占样品总量的 97.1%。在这 68 例检出农药残留的样品中：

按照 MRL 中国国家标准衡量，有 67 例样品检出残留农药但含量没有超标，占样品总数的 95.7%，有 1 例样品检出了超标农药，占样品总数的 1.4%；

按照 MRL 欧盟标准衡量，有 48 例样品检出残留农药但含量没有超标，占样品总数的 68.6%，有 20 例样品检出了超标农药，占样品总数的 28.6%；

按照 MRL 日本标准衡量，有 57 例样品检出残留农药但含量没有超标，占样品总数的 81.4%，有 11 例样品检出了超标农药，占样品总数的 15.7%；

按照 MRL 中国香港标准衡量，有 68 例样品检出残留农药但含量没有超标，占样品总数的 97.1%，无检出残留农药超标的样品；

按照 MRL 美国标准衡量，有 68 例样品检出残留农药但含量没有超标，占样品总数的 97.1%，无检出残留农药超标的样品；

按照 MRL CAC 标准衡量，有 68 例样品检出残留农药但含量没有超标，占样品总数的 97.1%，无检出残留农药超标的样品。

9.4.2 哈尔滨市市售茶叶中检出农药以中低微毒农药为主，占市场主体的 96.2%

这次侦测的 70 例茶叶样品共检出了 26 种农药，检出农药的毒性以中低微毒为主，详见表 9-22。

表 9-22　市场主体农药毒性分布

毒性	检出品种	占比	检出频次	占比
剧毒农药	1	3.8%	3	1.0%
中毒农药	15	57.7%	138	46.3%
低毒农药	7	26.9%	136	45.6%
微毒农药	3	11.5%	21	7.0%

中低微毒农药，品种占比 96.2%，频次占比 99.0%

9.4.3　检出剧毒、高毒和禁用农药现象应该警醒

在此次侦测的 70 例样品中有 3 种茶叶的 16 例样品检出了 3 种 17 频次的剧毒和高毒或禁用农药，占样品总量的 22.9%。其中剧毒农药甲拌磷检出频次较高。

按 MRL 中国国家标准衡量，剧毒农药甲拌磷，检出 3 次，超标 1 次；按超标程度比较，绿茶中甲拌磷超标 0.3 倍。

剧毒、高毒或禁用农药的检出情况及按照 MRL 中国国家标准衡量的超标情况见表 9-23。

表 9-23　剧毒、高毒或禁用农药的检出及超标明细

序号	农药名称	样品名称	检出频次	超标频次	最大超标倍数	超标率
1.1	甲拌磷*▲	绿茶	3	1	0.3	33.3%
2.1	毒死蜱▲	绿茶	11	0	0	0.0%
2.2	毒死蜱▲	红茶	1	0	0	0.0%
2.3	毒死蜱▲	花茶	1	0	0	0.0%
3.1	乐果▲	绿茶	1	0	0	0.0%
合计			17	1		5.9%

注：*为剧毒农药；▲为禁用农药；超标倍数参照 MRL 中国国家标准衡量

这些剧毒和高毒农药都是中国政府早有规定禁止在茶叶中使用的，为什么还屡次被检出，应该引起警惕。

9.4.4　残留限量标准与先进国家或地区差距较大

298 频次的检出结果与我国公布的《食品中农药最大残留限量》(GB 2763—2016) 对比，有 145 频次能找到对应的 MRL 中国国家标准，占 48.7%；还有 153 频次的侦测数据无相关 MRL 标准供参考，占 51.3%。

与国际上现行 MRL 对比发现：

有 298 频次能找到对应的 MRL 欧盟标准，占 100.0%；

有 298 频次能找到对应的 MRL 日本标准，占 100.0%；

有 132 频次能找到对应的 MRL 中国香港标准，占 44.3%；

有 100 频次能找到对应的 MRL 美国标准，占 33.6%；

有 66 频次能找到对应的 MRL CAC 标准，占 22.1%。

由上可见，MRL 中国国家标准与先进国家或地区还有很大差距，我们无标准，境外有标准，这就会导致我们在国际贸易中，处于受制于人的被动地位。

9.4.5 茶叶单种样品检出 8~26 种农药残留，拷问农药使用的科学性

通过此次监测发现，绿茶、红茶和花茶是检出农药品种最多的 3 种茶叶，从中检出农药品种及频次详见表 9-24。

表 9-24 单种样品检出农药品种及频次

样品名称	样品总数	检出农药样品数	检出率	检出农药品种数	检出农药(频次)
绿茶	50	48	96.0%	26	莠去津(33)，哒螨灵(32)，噻嗪酮(32)，避蚊胺(30)，啶虫脒(30)，毒死蜱(11)，吡丙醚(10)，吡唑醚菌酯(9)，噻虫啉(9)，甲哌(7)，噻虫嗪(6)，多菌灵(5)，乙螨唑(5)，吡虫啉(4)，茚虫威(4)，吡虫啉脲(3)，甲拌磷(3)，苯醚甲环唑(2)，丙溴磷(2)，螺螨酯(2)，三环唑(2)，N-去甲基啶虫脒(1)，乐果(1)，咯喹酮(1)，咪鲜胺(1)，扑草净(1)
红茶	10	10	100.0%	8	避蚊胺(8)，莠去津(5)，哒螨灵(4)，噻嗪酮(4)，啶虫脒(2)，毒死蜱(1)，甲哌(1)，三环唑(1)
花茶	10	10	100.0%	8	啶虫脒(7)，莠去津(6)，哒螨灵(5)，噻嗪酮(4)，避蚊胺(1)，毒死蜱(1)，多菌灵(1)，扑草净(1)

上述 3 种茶叶，检出农药 8~26 种，是多种农药综合防治，还是未严格实施农业良好管理规范(GAP)，抑或根本就是乱施药，值得我们思考。

第10章 LC-Q-TOF/MS 侦测哈尔滨市市售茶叶农药残留膳食暴露风险与预警风险评估

10.1 农药残留风险评估方法

10.1.1 哈尔滨市农药残留侦测数据分析与统计

庞国芳院士科研团队建立的农药残留高通量侦测技术以高分辨精确质量数（0.0001 m/z 为基准）为识别标准，采用 LC-Q-TOF/MS 技术对 825 种农药化学污染物进行侦测。

科研团队于 2019 年 1 月期间在哈尔滨市 6 个采样点，随机采集了 70 例茶叶样品，具体位置如图 10-1 所示。

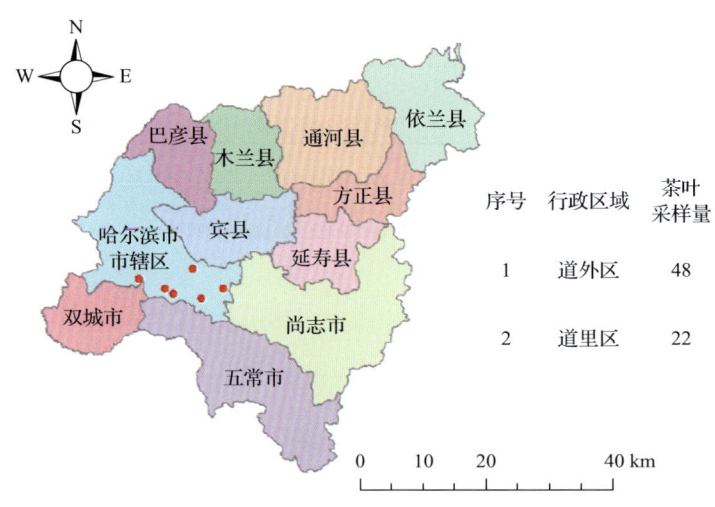

图 10-1　LC-Q-TOF/MS 侦测哈尔滨市 6 个采样点 70 例样品分布示意图

利用 LC-Q-TOF/MS 技术对 70 例样品中的农药进行侦测，侦测出残留农药 26 种，298 频次。侦测出农药残留水平如表 10-1 和图 10-2 所示。检出频次最高的前 10 种农药

表 10-1　侦测出农药的不同残留水平及其所占比例列表

残留水平(μg/kg)	检出频次	占比(%)
1~5（含）	82	27.5
5~10（含）	83	27.9
10~100（含）	110	36.9
100~1000	23	7.7
合计	298	100

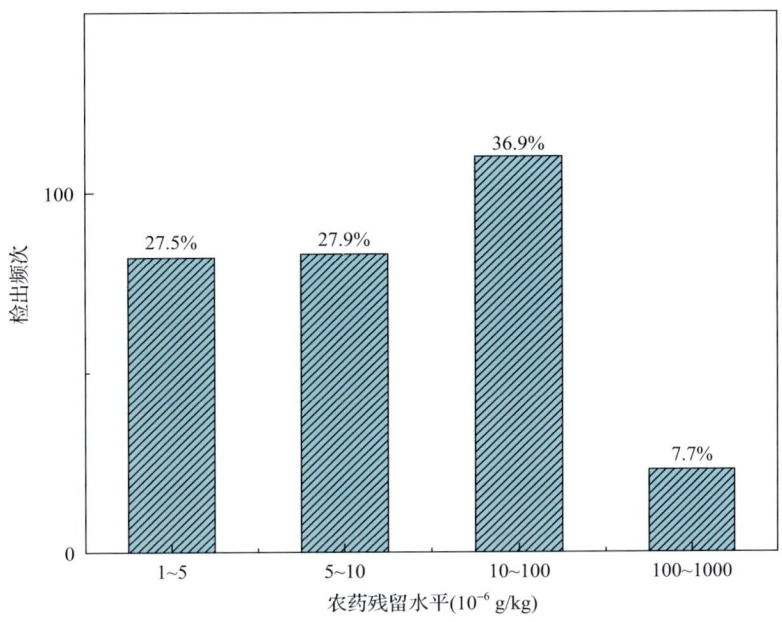

图 10-2 残留农药检出浓度频数分布图

如表 10-2 所示。从检测结果中可以看出，在茶叶中农药残留普遍存在，且有些茶叶存在高浓度的农药残留，这些可能存在膳食暴露风险，对人体健康产生危害，因此，为了定量地评价茶叶中农药残留的风险程度，有必要对其进行风险评价。

表 10-2 检出频次最高的前 10 种农药列表

序号	农药	检出频次
1	莠去津	44
2	哒螨灵	41
3	噻嗪酮	40
4	避蚊胺	39
5	啶虫脒	39
6	毒死蜱	13
7	吡丙醚	10
8	吡唑醚菌酯	9
9	噻虫啉	9
10	甲哌	8

10.1.2 农药残留风险评价模型

对哈尔滨市茶叶中农药残留分别开展暴露风险评估和预警风险评估。膳食暴露风险评估利用食品安全指数模型对茶叶中的残留农药对人体可能产生的危害程度进行评价，该模型结合残留监测和膳食暴露评估评价化学污染物的危害；预警风险评价模型运用风险系数（risk index，R），风险系数综合考虑了危害物的超标率、施检频率及其本身敏感性的影响，能直观而全面地反映出危害物在一段时间内的风险程度。

10.1.2.1 食品安全指数模型

为了加强食品安全管理，《中华人民共和国食品安全法》第二章第十七条规定"国家建立食品安全风险评估制度，运用科学方法，根据食品安全风险监测信息、科学数据以及有关信息，对食品、食品添加剂、食品相关产品中生物性、化学性和物理性危害因素进行风险评估"[1]，膳食暴露评估是食品危险度评估的重要组成部分，也是膳食安全性的衡量标准[2]。国际上最早研究膳食暴露风险评估的机构主要是 JMPR（FAO、WHO 农药残留联合会议），该组织自 1995 年就已制定了急性毒性物质的风险评估急性毒性农药残留摄入量的预测。1960 年美国规定食品中不得加入致癌物质进而提出零阈值理论，渐渐零阈值理论发展成在一定概率条件下可接受风险的概念[3]，后衍变为食品中每日允许最大摄入量（ADI），而国际食品农药残留法典委员会（CCPR）认为 ADI 不是独立风险评估的唯一标准[4]，1995 年 JMPR 开始研究农药急性膳食暴露风险评估，并对食品国际短期摄入量的计算方法进行了修正，亦对膳食暴露评估准则及评估方法进行了修正[5]，2002 年，在对世界上现行的食品安全评价方法，尤其是国际公认的 CAC 评价方法、全球环境监测系统/食品污染监测和评估规划（WHO GEMS/Food）及 FAO、WHO 食品添加剂联合专家委员会（JECFA）和 JMPR 对食品安全风险评估工作研究的基础之上，检验检疫食品安全管理的研究人员提出了结合残留监控和膳食暴露评估，以食品安全指数 IFS 计算食品中各种化学污染物对消费者的健康危害程度[6]。IFS 是表示食品安全状态的新方法，可有效地评价某种农药的安全性，进而评价食品中各种农药化学污染物对消费者健康的整体危害程度[7,8]。从理论上分析，IFS_c 可指出食品中的污染物 c 对消费者健康是否存在危害及危害的程度[9]。其优点在于操作简单且结果容易被接受和理解，不需要大量的数据来对结果进行验证，使用默认的标准假设或者模型即可[10,11]。

1）IFS_c 的计算

IFS_c 计算公式如下：

$$\text{IFS}_c = \frac{\text{EDI}_c \times f}{\text{SI}_c \times \text{bw}} \quad (10\text{-}1)$$

式中，c 为所研究的农药；EDI_c 为农药 c 的实际日摄入量估算值，等于 $\sum(R_i \times F_i \times E_i \times P_i)$（$i$ 为食品种类；R_i 为食品 i 中农药 c 的残留水平，mg/kg；F_i 为食品 i 的估计日消费量，g/（人·天）；E_i 为食品 i 的可食用部分因子；P_i 为食品 i 的加工处理因子）；SI_c 为安全摄入量，可采用每日允许最大摄入量 ADI；bw 为人平均体重，kg；f 为校正因子，如果安全摄入量采用 ADI，则 f 取 1。

$\text{IFS}_c \ll 1$，农药 c 对食品安全没有影响；$\text{IFS}_c \leqslant 1$，农药 c 对食品安全的影响可以接受；$\text{IFS}_c > 1$，农药 c 对食品安全的影响不可接受。

本次评价中：

$IFS_c \leqslant 0.1$，农药 c 对茶叶安全没有影响；

$0.1 < IFS_c \leqslant 1$，农药 c 对茶叶安全的影响可以接受；

$IFS_c > 1$，农药 c 对茶叶安全的影响不可接受。

本次评价中残留水平 R_i 取值为中国检验检疫科学研究院庞国芳院士课题组利用以高分辨精确质量数(0.0001 m/z)为基准的 LC-Q-TOF/MS 侦测技术于 2019 年 1 月期间对哈尔滨市茶叶农药残留的侦测结果，估计日消费量 F_i 取值 0.0047 kg/(人·天)，$E_i=1$，$P_i=1$，$f=1$，SI_c 采用《食品安全国家标准 食品中农药最大残留限量》(GB 2763—2016) 中 ADI 值(具体数值见表 10-3)，人平均体重(bw)取值 60 kg。

表 10-3　哈尔滨市茶叶中侦测出农药的 ADI 值

序号	农药	ADI	序号	农药	ADI	序号	农药	ADI
1	噻嗪酮	0.009	10	螺螨酯	0.01	19	吡丙醚	0.1
2	哒螨灵	0.01	11	丙溴磷	0.03	20	扑草净	0.04
3	毒死蜱	0.01	12	吡虫啉	0.06	21	三环唑	0.04
4	甲拌磷	0.0007	13	咪鲜胺	0.01	22	N-去甲基啶虫脒	—
5	莠去津	0.02	14	噻虫嗪	0.08	23	吡虫啉脲	—
6	啶虫脒	0.07	15	苯醚甲环唑	0.01	24	咯喹酮	—
7	多菌灵	0.03	16	吡唑醚菌酯	0.03	25	甲哌	—
8	噻虫啉	0.01	17	乐果	0.002	26	避蚊胺	—
9	茚虫威	0.01	18	乙螨唑	0.05			

注："—"表示为国家标准中无 ADI 值规定；ADI 值单位为 mg/kg bw

2) 计算 IFS_c 的平均值 $\overline{IFS}$，评价农药对食品安全的影响程度

以 $\overline{IFS}$ 评价各种农药对人体健康危害的总程度，评价模型见公式(10-2)。

$$\overline{IFS} = \frac{\sum_{i=1}^{n} IFS_c}{n} \quad (10\text{-}2)$$

$\overline{IFS} \ll 1$，所研究消费者人群的食品安全状态很好；$\overline{IFS} \leqslant 1$，所研究消费者人群的食品安全状态可以接受；$\overline{IFS} > 1$，所研究消费者人群的食品安全状态不可接受。

本次评价中：

$\overline{IFS} \leqslant 0.1$，所研究消费者人群的茶叶安全状态很好；

$0.1 < \overline{IFS} \leqslant 1$，所研究消费者人群的茶叶安全状态可以接受；

$\overline{IFS} > 1$，所研究消费者人群的茶叶安全状态不可接受。

10.1.2.2　预警风险评估模型

2003 年，我国检验检疫食品安全管理的研究人员根据 WTO 的有关原则和我国的具体规定，结合危害物本身的敏感性、风险程度及其相应的施检频率，首次提出了食品中

危害物风险系数 R 的概念[12]。R 是衡量一个危害物的风险程度大小最直观的参数,即在一定时期内其超标率或阳性检出率的高低,但受其施检频率的高低及其本身的敏感性(受关注程度)影响。该模型综合考察了农药在茶叶中的超标率、施检频率及其本身敏感性,能直观而全面地反映出农药在一段时间内的风险程度[13]。

1) R 计算方法

危害物的风险系数综合考虑了危害物的超标率或阳性检出率、施检频率和其本身的敏感性影响,并能直观而全面地反映出危害物在一段时间内的风险程度。风险系数 R 的计算公式如式(10-3):

$$R = aP + \frac{b}{F} + S \tag{10-3}$$

式中,P 为该种危害物的超标率;F 为危害物的施检频率;S 为危害物的敏感因子;a,b 分别为相应的权重系数。

本次评价中 $F=1$;$S=1$;$a=100$;$b=0.1$,对参数 P 进行计算,计算时首先判断是否为禁用农药,如果为非禁用农药,$P=$超标的样品数(侦测出的含量高于食品最大残留限量标准值,即 MRL)除以总样品数(包括超标、不超标、未侦测出);如果为禁用农药,则侦测出即为超标,$P=$能侦测出的样品数除以总样品数。判断哈尔滨市茶叶农药残留是否超标的标准限值 MRL 分别以 MRL 中国国家标准[14]和 MRL 欧盟标准作为对照,具体值列于本报告附表一中。

2) 评价风险程度

$R \leqslant 1.5$,受检农药处于低度风险;
$1.5 < R \leqslant 2.5$,受检农药处于中度风险;
$R > 2.5$,受检农药处于高度风险。

10.1.2.3 食品膳食暴露风险和预警风险评估应用程序的开发

1) 应用程序开发的步骤

为成功开发膳食暴露风险和预警风险评估应用程序,与软件工程师多次沟通讨论,逐步提出并描述清楚计算需求,开发了初步应用程序。为明确出不同茶叶、不同农药、不同地域和不同季节的风险水平,向软件工程师提出不同的计算需求,软件工程师对计算需求进行逐一分析,经过反复的细节沟通,需求分析得到明确后,开始进行解决方案的设计,在保证需求的完整性、一致性的前提下,编写出程序代码,最后设计出满足需求的风险评估专用计算软件,并通过一系列的软件测试和改进,完成专用程序的开发。软件开发基本步骤见图 10-3。

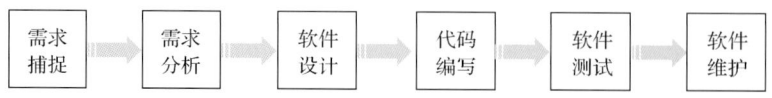

图 10-3 专用程序开发总体步骤

2) 膳食暴露风险评估专业程序开发的基本要求

首先直接利用公式(10-1),分别计算 LC-Q-TOF/MS 和 GC-Q-TOF/MS 仪器侦测出的各茶叶样品中每种农药 IFS_c,将结果列出。为考察超标农药和禁用农药的使用安全性,分别以我国《食品安全国家标准 食品中农药最大残留限量》(GB 2763—2016)和欧盟食品中农药最大残留限量(以下简称 MRL 中国国家标准和 MRL 欧盟标准)为标准,对侦测出的禁用农药和超标的非禁用农药 IFS_c 单独进行评价;按 IFS_c 大小列表,并找出 IFS_c 值排名前 20 的样本重点关注。

对不同茶叶 i 中每一种侦测出的农药 c 的安全指数进行计算,多个样品时求平均值。按农药种类,计算整个监测时间段内每种农药的 IFS_c,不区分茶叶种类。

3) 预警风险评估专业程序开发的基本要求

分别以 MRL 中国国家标准和 MRL 欧盟标准,按公式(10-3)逐个计算不同茶叶、不同农药的风险系数,禁用农药和非禁用农药分别列表。

为清楚了解各种农药的预警风险,不分时间,不分茶叶,按禁用农药和非禁用农药分类,分别计算各种侦测出农药全部检测时段内风险系数。由于有 MRL 中国国家标准的农药种类太少,无法计算超标数,非禁用农药的风险系数只以 MRL 欧盟标准为标准,进行计算。若检测数据为多个月的,则按月计算每个月、每个季度内每种禁用农药残留的风险系数和以 MRL 欧盟标准为标准的非禁用农药残留的风险系数。

4) 风险程度评价专业应用程序的开发方法

采用 Python 计算机程序设计语言,Python 是一个高层次地结合了解释性、编译性、互动性和面向对象的脚本语言。风险评价专用程序主要功能包括:分别读入每例样品 LC-Q-TOF/MS 和 GC-Q-TOF/MS 农药残留检测数据,根据风险评价工作要求,依次对不同农药、不同食品、不同时间、不同采样点的 IFS_c 值和 R 值分别进行数据计算,筛选出禁用农药、超标农药(分别与 MRL 中国国家标准、MRL 欧盟标准限值进行对比)单独重点分析,再分别对各农药、各茶叶种类分类处理,设计出计算和排序程序,编写计算机代码,最后将生成的膳食暴露风险评估和超标风险评估定量计算结果列入设计好的各个表格中,并定性判断风险对目标的影响程度,直接用文字描述风险发生的高低,如"不可接受"、"可以接受"、"没有影响"、"高度风险"、"中度风险"、"低度风险"。

10.2 LC-Q-TOF/MS 侦测哈尔滨市市售茶叶农药残留膳食暴露风险评估

10.2.1 每例茶叶样品中农药残留安全指数分析

基于 2019 年 1 月的农药残留侦测数据,发现在 70 例样品中侦测出农药 298 频次,计算样品中每种残留农药的安全指数 IFS_c,并分析农药对样品安全的影响程度,结果详见附表二,农药残留对茶叶样品安全的影响程度频次分布情况如图 10-4 所示。

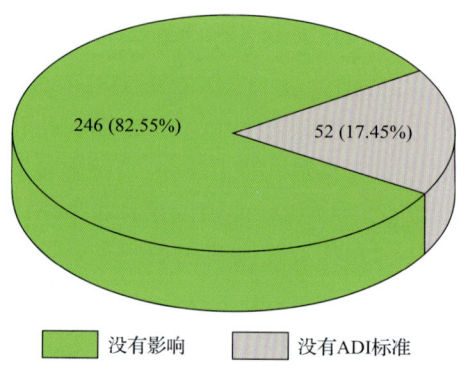

图 10-4　农药残留对茶叶样品安全的影响程度频次分布图

由图 10-4 可以看出，农药残留对样品安全的没有影响的频次为 246，占 82.55%。部分样品侦测出禁用农药 3 种 17 频次，为了明确残留的禁用农药对样品安全的影响，分析侦测出禁用农药残留的样品安全指数，禁用农药残留对茶叶样品安全的影响程度频次分布情况如图 10-5 所示，农药残留对样品安全没有影响的频次为 17，占 100%。

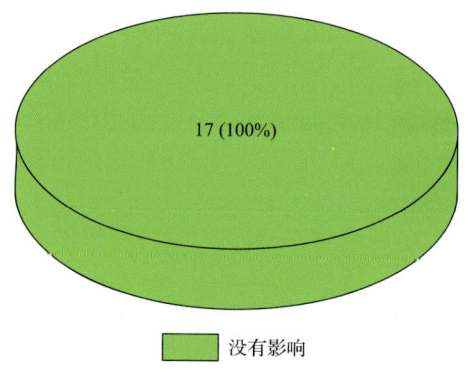

图 10-5　禁用农药对茶叶样品安全影响程度的频次分布图

此外，本次侦测发现部分样品中非禁用农药残留量超过了 MRL 欧盟标准，为了明确超标的非禁用农药对样品安全的影响，分析了非禁用农药残留超标的样品安全指数。

残留量超过 MRL 欧盟标准的非禁用农药对茶叶样品安全的影响程度频次分布情况如图 10-6 所示。可以看出超过 MRL 欧盟标准的非禁用农药共 39 频次，其中农药没有

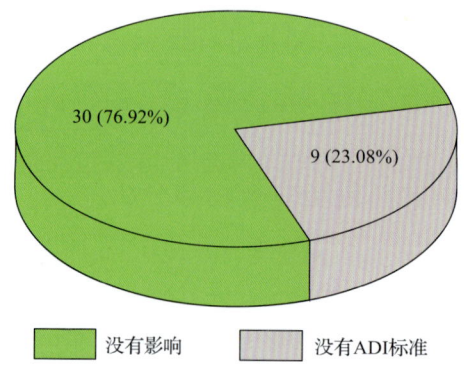

图 10-6　残留超标的非禁用农药对茶叶样品安全的影响程度频次分布图(MRL 欧盟标准)

ADI 的频次为 9，占 23.08%；农药残留对样品安全没有影响的频次为 30，占 76.92%。表 10-4 为茶叶样品中安全指数排名前 10 的残留超标非禁用农药列表。

表 10-4 茶叶样品中安全指数排名前 10 的残留超标非禁用农药列表（MRL 欧盟标准）

序号	样品编号	采样点	基质	农药	含量(mg/kg)	欧盟标准	IFS_c	影响程度
1	20190126-230100-QHDCIQ-GT-04B	***茶业店	绿茶	啶虫脒	0.224	0.05	2.51×10^{-4}	没有影响
2	20190127-230100-QHDCIQ-GT-05F	***茶叶店	绿茶	噻嗪酮	0.2174	0.05	1.89×10^{-3}	没有影响
3	20190126-230100-QHDCIQ-GT-03B	***茶叶店	绿茶	哒螨灵	0.1925	0.05	1.51×10^{-3}	没有影响
4	20190126-230100-QHDCIQ-GT-02G	***茶叶店	绿茶	噻嗪酮	0.1768	0.05	1.54×10^{-3}	没有影响
5	20190126-230100-QHDCIQ-GT-04A	***茶业店	绿茶	哒螨灵	0.1766	0.05	1.38×10^{-3}	没有影响
6	20190126-230100-QHDCIQ-GT-04A	***茶业店	绿茶	噻嗪酮	0.164	0.05	1.43×10^{-3}	没有影响
7	20190126-230100-QHDCIQ-GT-04C	***茶业店	绿茶	多菌灵	0.3052	0.1	7.97×10^{-4}	没有影响
8	20190126-230100-QHDCIQ-GT-04C	***茶业店	绿茶	噻嗪酮	0.1309	0.05	1.14×10^{-3}	没有影响
9	20190126-230100-QHDCIQ-GT-04B	***茶业店	绿茶	噻嗪酮	0.1286	0.05	1.12×10^{-3}	没有影响
10	20190126-230100-QHDCIQ-GT-04I	***茶业店	绿茶	噻嗪酮	0.1262	0.05	1.10×10^{-3}	没有影响

10.2.2 单种茶叶中农药残留安全指数分析

本次 3 种茶叶侦测 26 种农药，检出频次为 298 次，其中 5 种农药没有 ADI，21 种农药存在 ADI 标准。3 种茶叶按不同种类分别计算侦测出的具有 ADI 标准的各种农药的 IFS_c 值，农药残留对茶叶的安全指数分布图如图 10-7 所示。

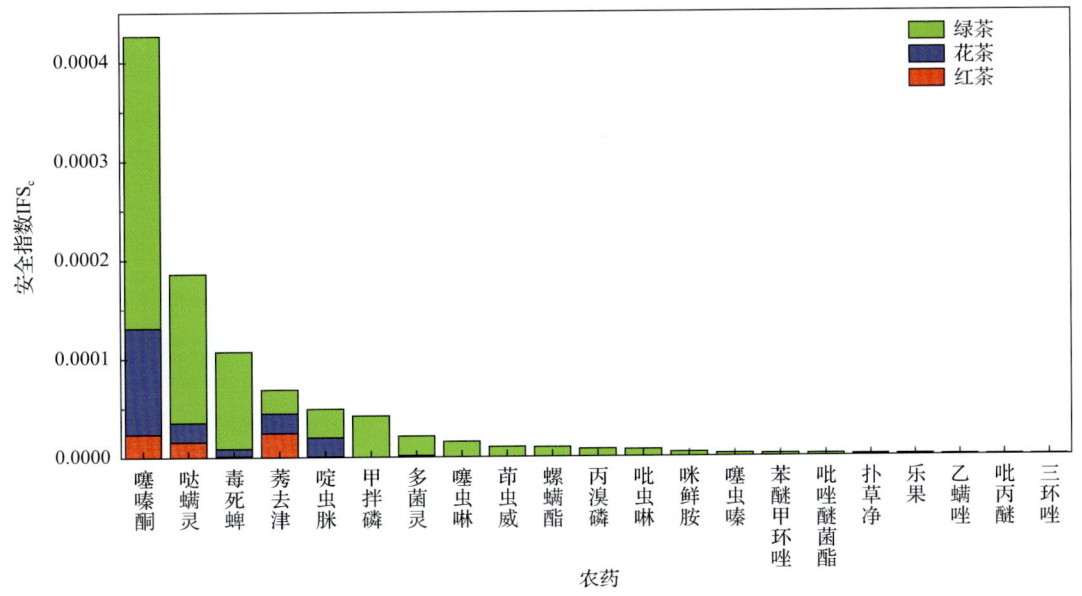

图 10-7 3 种茶叶中 21 种残留农药的安全指数分布图

本次侦测中，3 种茶叶和 21 种残留农药（包括没有 ADI）共涉及 42 个分析样本，农药对单种茶叶安全的影响程度分布情况如图 10-8 所示。可以看出，80.95% 的样本中农药对茶叶安全没有影响。

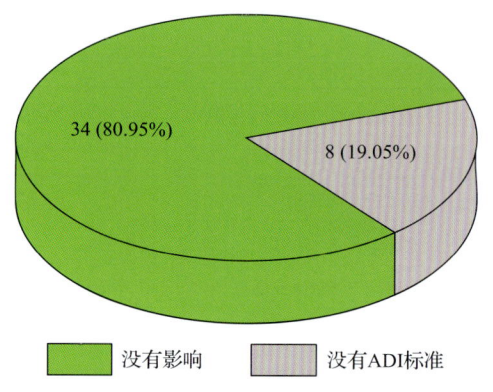

图 10-8　42 个分析样本的影响程度频次分布图

10.2.3　所有茶叶中农药残留安全指数分析

计算所有茶叶中 21 种农药的 IFS_c 值，结果如图 10-9 及表 10-5 所示。

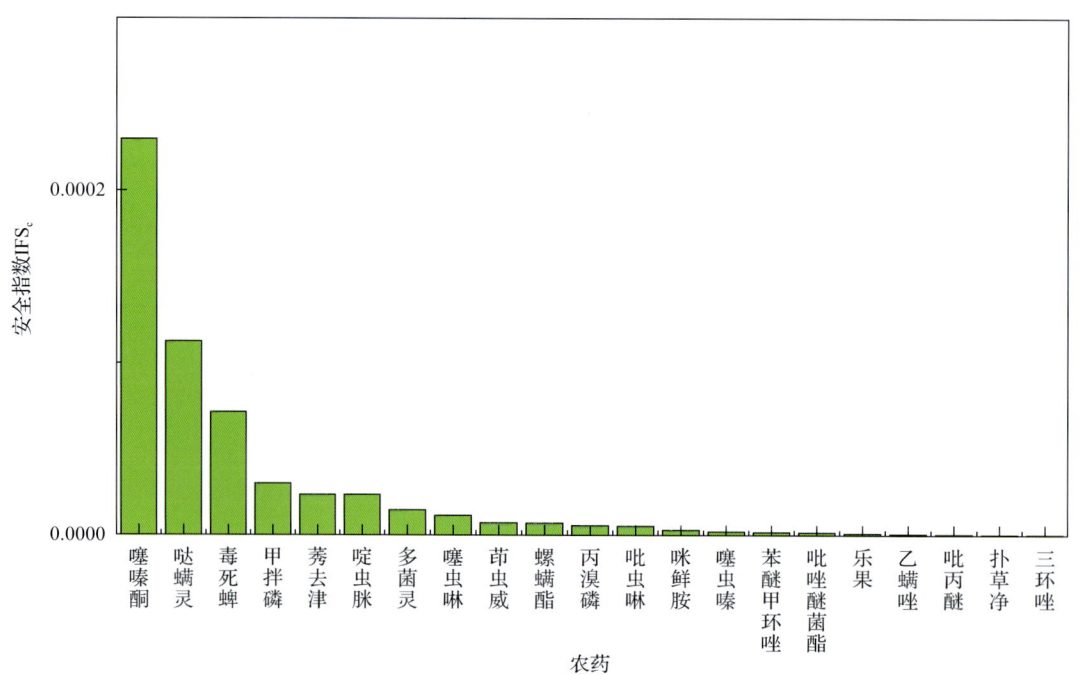

图 10-9　21 种残留农药对茶叶的安全影响程度统计图

分析发现，所有农药的 IFS_c 均小于 1，即所有农药对茶叶安全的影响均是没有影响，说明茶叶中残留的农药不会对茶叶安全造成影响。

表 10-5　茶叶中 21 种农药残留的安全指数表

序号	农药	检出频次	检出率(%)	IFS_c	影响程度	序号	农药	检出频次	检出率(%)	IFS_c	影响程度
1	噻嗪酮	40	57.14	2.30×10^{-4}	没有影响	12	吡虫啉	4	5.71	5.18×10^{-6}	没有影响
2	哒螨灵	41	58.57	1.12×10^{-4}	没有影响	13	咪鲜胺	1	1.43	3.04×10^{-6}	没有影响
3	毒死蜱	13	18.57	7.15×10^{-5}	没有影响	14	噻虫嗪	6	8.57	2.04×10^{-6}	没有影响
4	甲拌磷	3	4.29	3.01×10^{-5}	没有影响	15	苯醚甲环唑	2	2.86	1.75×10^{-6}	没有影响
5	莠去津	44	62.86	2.36×10^{-5}	没有影响	16	吡唑醚菌酯	9	12.86	1.67×10^{-6}	没有影响
6	啶虫脒	39	55.71	2.36×10^{-5}	没有影响	17	乐果	1	1.43	1.06×10^{-6}	没有影响
7	多菌灵	6	8.57	1.46×10^{-5}	没有影响	18	乙螨唑	5	7.14	6.45×10^{-7}	没有影响
8	噻虫啉	9	12.86	1.13×10^{-5}	没有影响	19	吡丙醚	10	14.29	5.68×10^{-7}	没有影响
9	茚虫威	4	5.71	7.26×10^{-6}	没有影响	20	扑草净	2	2.86	3.47×10^{-7}	没有影响
10	螺螨酯	2	2.86	6.92×10^{-6}	没有影响	21	三环唑	3	4.29	2.77×10^{-7}	没有影响
11	丙溴磷	2	2.86	5.55×10^{-6}	没有影响						

10.3　LC-Q-TOF/MS 侦测哈尔滨市市售茶叶农药残留预警风险评估

基于哈尔滨市茶叶样品中农药残留 LC-Q-TOF/MS 侦测数据，分析禁用农药的检出率，同时参照中华人民共和国国家标准 GB 2763—2016 和欧盟农药最大残留限量(MRL)标准分析非禁用农药残留的超标率，并计算农药残留风险系数。分析单种茶叶中农药残留以及所有茶叶中农药残留的风险程度。

10.3.1　单种茶叶中农药残留风险系数分析

10.3.1.1　单种茶叶中禁用农药残留风险系数分析

侦测出的 26 种残留农药中有 3 种为禁用农药，且它们分布在 3 种茶叶中，计算 3 种茶叶中禁用农药的检出率，根据检出率计算风险系数 R，进而分析茶叶中禁用农药的风险程度，结果如图 10-10 与表 10-6 所示。分析发现 3 种禁用农药在 3 种茶叶中的残留处均于高度风险。

10.3.1.2　基于 MRL 中国国家标准的单种茶叶中非禁用农药残留风险系数分析

参照中华人民共和国国家标准 GB 2763—2016 中农药残留限量计算每种茶叶中每种非禁用农药的超标率，进而计算其风险系数，根据风险系数大小判断残留农药的预警风险程度，茶叶中非禁用农药残留风险程度分布情况如图 10-11 所示。

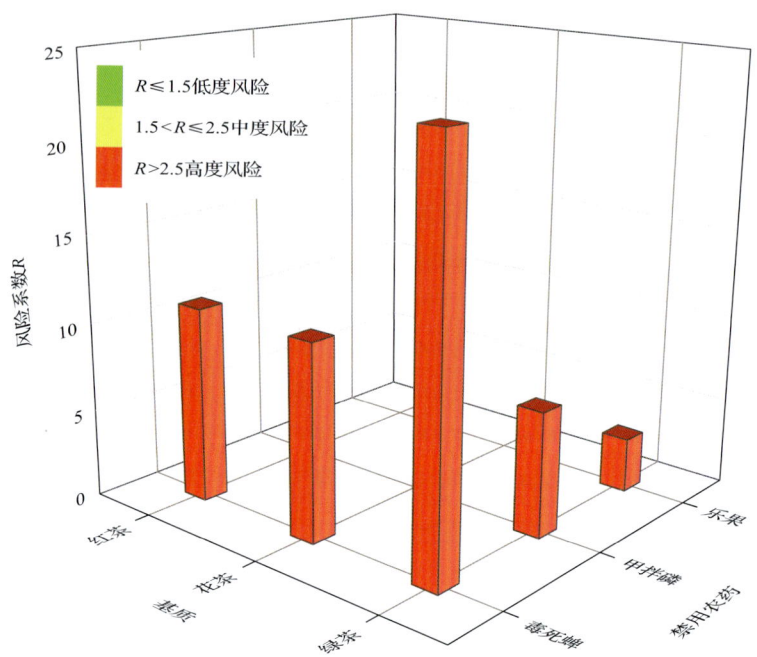

图 10-10　3 种茶叶中 3 种禁用农药的风险系数分布图

表 10-6　3 种茶叶中 3 种禁用农药的风险系数列表

序号	基质	农药	检出频次	检出率(%)	风险系数 R	风险程度
1	红茶	毒死蜱	1	10	11.10	高度风险
2	绿茶	乐果	1	2	3.10	高度风险
3	绿茶	毒死蜱	11	22	23.10	高度风险
4	绿茶	甲拌磷	3	6	7.10	高度风险
5	花茶	毒死蜱	1	10	11.10	高度风险

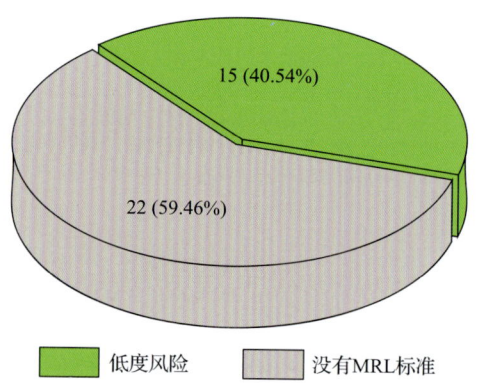

图 10-11　茶叶中非禁用农药残留的风险程度图（MRL 中国国家标准）

本次分析中，发现在 3 种茶叶检出 23 种残留非禁用农药，涉及样本 37 个，在 37 个样本中，40.53%处于低度风险，此外发现有 22 个样本没有 MRL 中国国家标准值，无法判断其风险程度，有 MRL 中国国家标准值的 15 个样本涉及 3 种茶叶中的 8 种非禁用农药，其风险系数 R 值如图 10-12 所示。

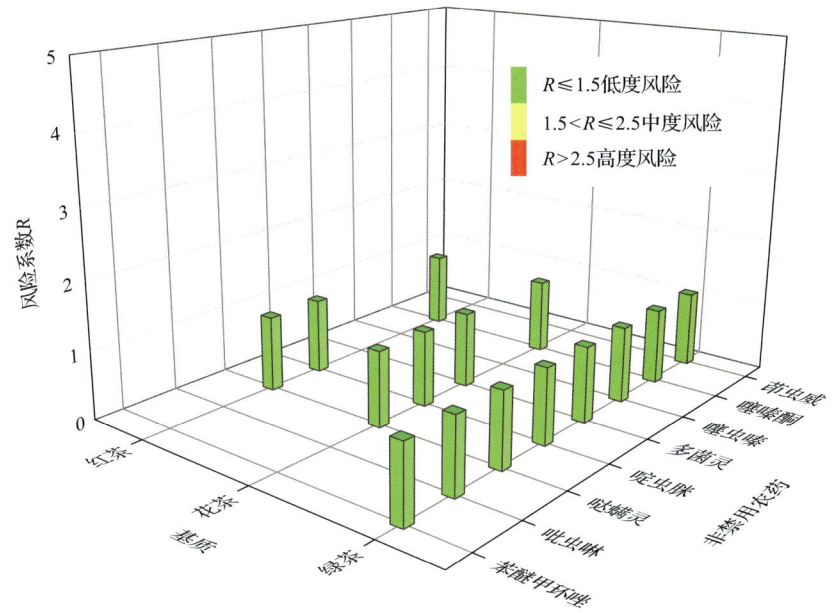

图 10-12 3 种茶叶中 8 种非禁用农药残留的风险系数分布图（MRL 中国国家标准）

10.3.1.3　基于 MRL 欧盟标准的单种茶叶中非禁用农药残留风险系数分析

参照 MRL 欧盟标准计算每种茶叶中每种非禁用农药的超标率，进而计算其风险系数，根据风险系数大小判断农药残留的预警风险程度，茶叶中非禁用农药残留风险程度分布情况如图 10-13 所示。

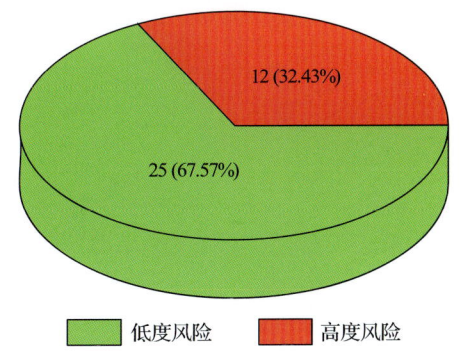

图 10-13　茶叶中非禁用农药残留的风险程度分布图（MRL 欧盟标准）

本次分析中，发现在 3 种茶叶中共侦测出 23 种非禁用农药，涉及样本 37 个，其中，32.43%处于高度风险，涉及 3 种茶叶和 9 种农药；67.57%处于低度风险，涉及 3 种茶叶和 18 种农药。单种茶叶中的非禁用农药风险系数分布图如图 10-14 所示。单种茶叶中处于高度风险的非禁用农药风险系数如图 10-15 和表 10-7 所示。

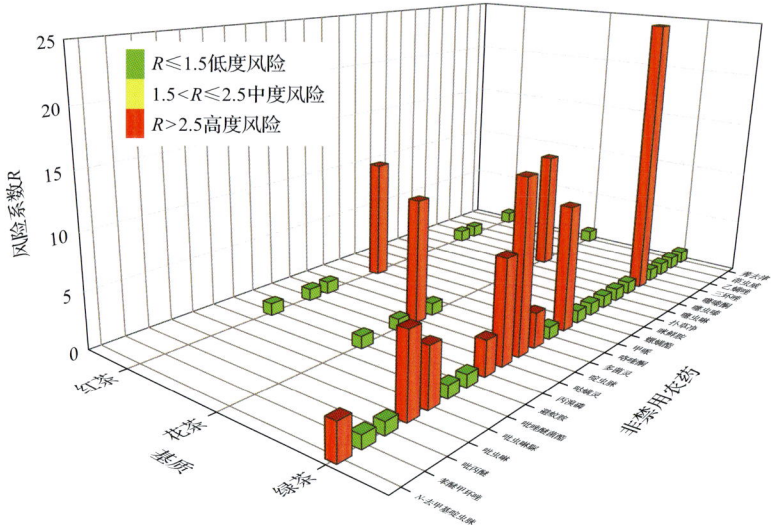

图 10-14　3 种茶叶中 23 种非禁用农药残留的风险系数图(MRL 欧盟标准)

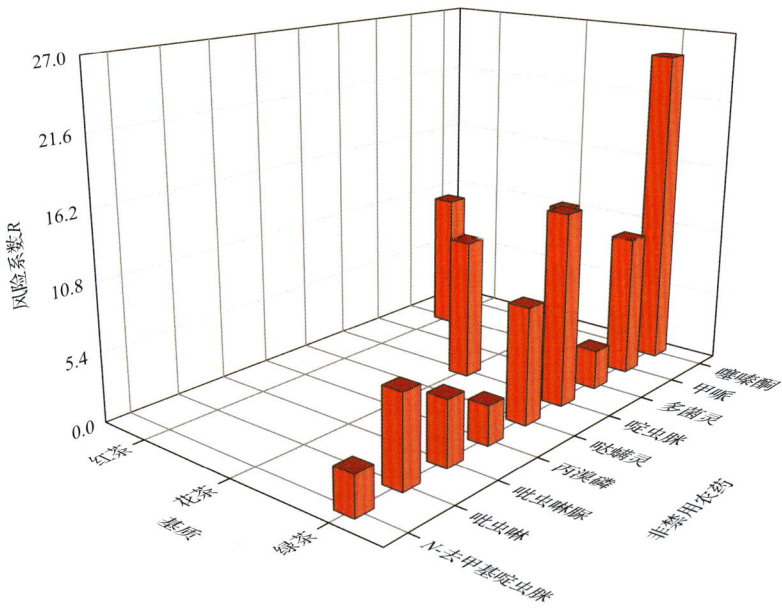

图 10-15　单种茶叶中处于高度风险的非禁用农药残留的风险系数图(MRL 欧盟标准)

表 10-7　单种茶叶中处于高度风险的非禁用农药的风险系数表(MRL 欧盟标准)

序号	基质	农药	超标频次	超标率 $P(\%)$	风险系数 R
1	绿茶	噻嗪酮	12	24	25.10
2	绿茶	啶虫脒	7	14	15.10
3	红茶	甲哌	1	10	11.10
4	绿茶	甲哌	5	10	11.10
5	花茶	啶虫脒	1	10	11.10
6	花茶	噻嗪酮	1	10	11.10

续表

序号	基质	农药	超标频次	超标率 $P(\%)$	风险系数 R
7	绿茶	哒螨灵	4	8	9.10
8	绿茶	吡虫啉	3	6	7.10
9	绿茶	吡虫啉脲	2	4	5.10
10	绿茶	N-去甲基啶虫脒	1	2	3.10
11	绿茶	丙溴磷	1	2	3.10
12	绿茶	多菌灵	1	2	3.10

10.3.2 所有茶叶中农药残留风险系数分析

10.3.2.1 所有茶叶中禁用农药残留风险系数分析

在侦测出的 26 种农药中有 3 种为禁用农药,计算所有茶叶中禁用农药的风险系数,结果如表 10-8 所示。禁用农药毒死蜱、甲拌磷和乐果均处于高度风险。

表 10-8 茶叶中 3 种禁用农药的风险系数表

序号	农药	检出频次	检出率(%)	风险系数 R	风险程度
1	毒死蜱	13	18.57	19.67	高度风险
2	甲拌磷	3	4.29	5.39	高度风险
3	乐果	1	1.43	2.53	高度风险

10.3.2.2 所有茶叶中非禁用农药残留风险系数分析

参照 MRL 欧盟标准计算所有茶叶中每种非禁用农药残留的风险系数,如图 10-16 与表 10-9 所示。在侦测出的 23 种非禁用农药中,9 种农药(39.13%)残留处于高度风险,14 种农药(60.87%)残留处于低度风险。

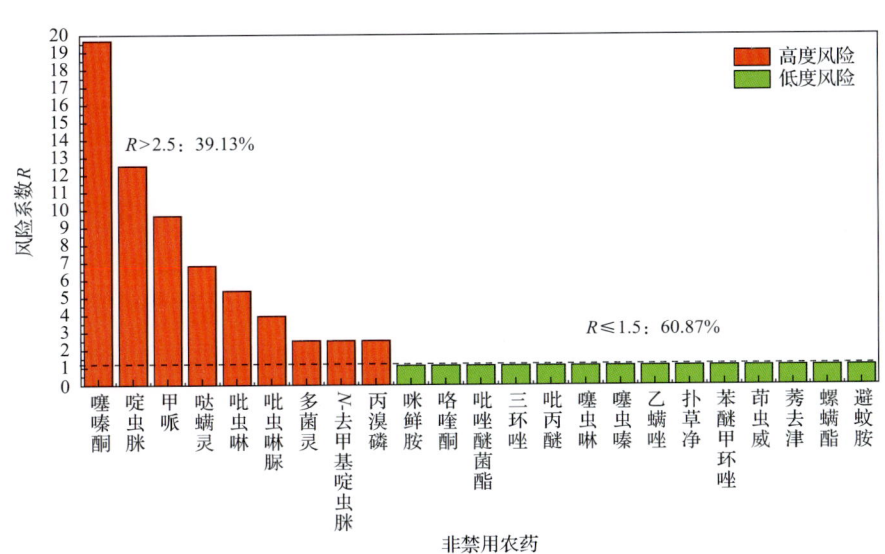

图 10-16 茶叶中 23 种非禁用农药的风险程度统计图

表 10-9　茶叶中 23 种非禁用农药的风险系数表

序号	农药	超标频次	超标率 P(%)	风险系数 R	风险程度
1	噻嗪酮	13	18.57	19.67	高度风险
2	啶虫脒	8	11.43	12.53	高度风险
3	甲哌	6	8.57	9.67	高度风险
4	哒螨灵	4	5.71	6.81	高度风险
5	吡虫啉	3	4.29	5.39	高度风险
6	吡虫啉脲	2	2.87	3.967	高度风险
7	多菌灵	1	1.43	2.53	高度风险
8	N-去甲基啶虫脒	1	1.43	2.53	高度风险
9	丙溴磷	1	1.43	2.53	高度风险
10	咪鲜胺	0	0	1.10	低度风险
11	咯喹酮	0	0	1.10	低度风险
12	吡唑醚菌酯	0	0	1.10	低度风险
13	三环唑	0	0	1.10	低度风险
14	吡丙醚	0	0	1.10	低度风险
15	噻虫啉	0	0	1.10	低度风险
16	噻虫嗪	0	0	1.10	低度风险
17	乙螨唑	0	0	1.10	低度风险
18	扑草净	0	0	1.10	低度风险
19	苯醚甲环唑	0	0	1.10	低度风险
20	茚虫威	0	0	1.10	低度风险
21	莠去津	0	0	1.10	低度风险
22	螺螨酯	0	0	1.10	低度风险
23	避蚊胺	0	0	1.10	低度风险

10.4　LC-Q-TOF/MS 侦测哈尔滨市市售茶叶农药残留风险评估结论与建议

农药残留是影响茶叶安全和质量的主要因素，也是我国食品安全领域备受关注的敏感话题和亟待解决的重大问题之一[15,16]。各种茶叶均存在不同程度的农药残留现象，本研究主要针对哈尔滨市各类茶叶存在的农药残留问题，基于 2019 年 1 月对哈尔滨市 70 例茶叶样品中农药残留侦测得出的 298 个侦测结果，分别采用食品安全指数模型和风险系数模型，开展茶叶中农药残留的膳食暴露风险和预警风险评估。茶叶样品取自超市和茶叶专卖店，符合大众的膳食来源，风险评价时更具有代表性和可信度。

本研究力求通用简单地反映食品安全中的主要问题，且为管理部门和大众容易接受，为政府及相关管理机构建立科学的食品安全信息发布和预警体系提供科学的规律与方法，加强对农药残留的预警和食品安全重大事件的预防，控制食品风险。

10.4.1 哈尔滨市茶叶中农药残留膳食暴露风险评价结论

1) 茶叶样品中农药残留安全状态评价结论

采用食品安全指数模型，对 2019 年 1 月期间哈尔滨市茶叶农药残留膳食暴露风险进行评价，根据 IFS_c 的计算结果发现，茶叶中农药的 $\overline{IFS}$ 为 2.63×10^{-3}，说明哈尔滨市茶叶总体处于可以接受的安全状态，但部分禁用农药、高残留农药在茶叶中仍有侦测出，导致膳食暴露风险的存在，成为不安全因素。

2) 禁用农药膳食暴露风险评价

本次检测发现部分茶叶样品中有禁用农药侦测出，侦测出禁用农药 3 种，侦测出频次为 17，茶叶样品中的禁用农药 IFS_c 计算结果表明，禁用农药残留膳食暴露风没有影响的频次为 17，占 100%。

10.4.2 哈尔滨市茶叶中农药残留预警风险评价结论

1) 单种茶叶中禁用农药残留的预警风险评价结论

本次检测过程中，在 3 种茶叶中检测出 3 种禁用农药，禁用农药为：毒死蜱、乐果、甲拌磷，茶叶为：绿茶、花茶、红茶，茶叶中禁用农药的风险系数分析结果显示，3 种禁用农药在 3 种茶叶中的残留均处于高度风险，说明在单种茶叶中禁用农药的残留会导致较高的预警风险。

2) 单种茶叶中非禁用农药残留的预警风险评价结论

以 MRL 中国国家标准为标准，计算茶叶中非禁用农药风险系数情况下，37 个样本中，15 个处于低度风险(40.54%)，22 个样本没有 MRL 中国国家标准(59.46%)。以 MRL 欧盟标准为标准，计算茶叶中非禁用农药风险系数情况下，发现有 12 个处于高度风险(32.43%)，25 个处于低度风险(67.57%)。基于两种 MRL 标准，评价的结果差异显著，可以看出 MRL 欧盟标准比中国国家标准更加严格和完善，过于宽松的 MRL 中国国家标准值能否有效保障人体的健康有待研究。

10.4.3 加强哈尔滨市茶叶食品安全建议

我国食品安全风险评价体系仍不够健全，相关制度不够完善，多年来，由于农药用药次数多、用药量大或用药间隔时间短，产品残留量大，农药残留所造成的食品安全问题日益严峻，给人体健康带来了直接或间接的危害。据估计，美国与农药有关的癌症患者数约占全国癌症患者总数的 50%，中国更高。同样，农药对其它生物也会形成直接杀伤和慢性危害，植物中的农药可经过食物链逐级传递并不断蓄积，对人和动物构成潜在威胁，并影响生态系统。

基于本次农药残留侦测数据的风险评价结果，提出以下几点建议：

1) 加快食品安全标准制定步伐

我国食品标准中对农药每日允许最大摄入量 ADI 的数据严重缺乏，在本次评价所涉及的 26 种农药中，仅有 80.77%的农药具有 ADI 值，而 19.23%的农药中国尚未规定相应的 ADI 值，亟待完善。

我国食品中农药最大残留限量值的规定严重缺乏，对评估涉及的不同茶叶中不同农药 42 个 MRL 限值进行统计来看，我国仅制定出 16 个标准，我国标准完整率仅为 38.10%，欧盟的完整率达到 100%（表 10-10）。因此，中国更应加快 MRL 的制定步伐。

表 10-10 我国国家食品标准农药的 ADI、MRL 值与欧盟标准的数量差异

分类		中国 ADI	MRL 中国国家标准	MRL 欧盟标准
标准限值(个)	有	21	16	42
	无	5	26	0
总数(个)		26	42	42
无标准限值比例(%)		19.23	61.90	0

此外，MRL 中国国家标准限值普遍高于欧盟标准限值，这些标准中共有 13 个高于欧盟。过高的 MRL 值难以保障人体健康，建议继续加强对限值基准和标准的科学研究，将农产品中的危险性减少到尽可能低的水平。

2) 加强农药的源头控制和分类监管

在哈尔滨市某些茶叶中仍有禁用农药残留，利用 LC-Q-TOF/MS 技术侦测出 3 种禁用农药，检出频次为 17 次，残留禁用农药均存在较大的膳食暴露风险和预警风险。早已列入黑名单的禁用农药在我国并未真正退出，有些药物由于价格便宜、工艺简单，此类高毒农药一直生产和使用。建议在我国采取严格有效的控制措施，从源头控制禁用农药。

对于非禁用农药，在我国作为"田间地头"最典型单位的县级茶叶产地中，农药残留的检测几乎缺失。建议根据农药的毒性，对高毒、剧毒、中毒农药实现分类管理，减少使用高毒和剧毒高残留农药，进行分类监管。

3) 加强农药生物基准和降解技术研究

市售茶叶中残留农药的品种多、频次高、禁用农药多次检出这一现状，说明了我国的田间土壤和水体因农药长期、频繁、不合理的使用而遭到严重污染。为此，建议中国相关部门出台相关政策，鼓励高校及科研院所积极开展分子生物学、酶学等研究，加强土壤、水体中残留农药的生物修复及降解新技术研究，切实加大农药监管力度，以控制农药的面源污染问题。

综上所述，在本工作基础上，根据茶叶残留危害，可进一步针对其成因提出和采取严格管理、大力推广无公害茶叶种植与生产、健全食品安全控制技术体系、加强茶叶质量检测体系建设和积极推行茶叶质量追溯制度等相应对策。建立和完善食品安全综合评价指数与风险监测预警系统，对食品安全进行实时、全面的监控与分析，为我国的食品安全科学监管与决策提供新的技术支持，可实现各类检验数据的信息化系统管理，降低食品安全事故的发生。

第 11 章 GC-Q-TOF/MS 侦测哈尔滨市 70 例市售茶叶样品农药残留报告

从哈尔滨市所属 2 个区，随机采集了 70 例茶叶样品，使用气相色谱-四极杆飞行时间质谱(GC-Q-TOF/MS)对 684 种农药化学污染物示范侦测。

11.1 样品种类、数量与来源

11.1.1 样品采集与检测

为了真实反映百姓日常饮用的茶叶中农药残留污染状况，本次所有检测样品均由检验人员于 2019 年 1 月期间，从哈尔滨市所属 6 个采样点，包括 5 个茶叶专营店 1 个超市，以随机购买方式采集，总计 6 批 70 例样品，从中检出农药 65 种，492 频次。采样及监测概况见图 11-1 及表 11-1，样品及采样点明细见表 11-2 及表 11-3(侦测原始数据见附表 1)。

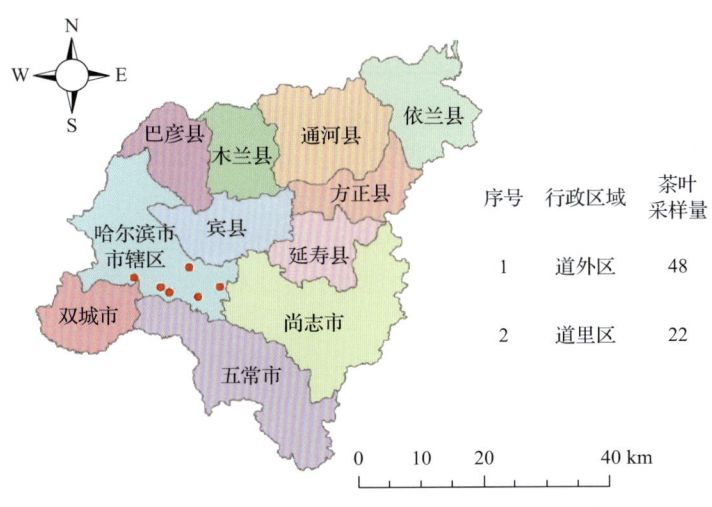

图 11-1 哈尔滨市所属 6 个采样点 70 例样品分布图

表 11-1 农药残留监测总体概况

采样行政区域	哈尔滨市所属 2 个区
采样点(茶叶专营店+超市)	6
样本总数	70
检出农药品种/频次	65/492
各采样点样本农药残留检出率范围	85.7%~100.0%

表 11-2 样品分类及数量

样品分类	样品名称(数量)	数量小计
1. 茶叶		70
1) 发酵类茶叶	红茶(10)	10
2) 未发酵类茶叶	花茶(10), 绿茶(50)	60
合计	1.茶叶 3 种	70

表 11-3 哈尔滨市采样点信息

采样点序号	行政区域	采样点
茶叶专营店(5)		
1	道里区	***批发市场(冠宇茶行店)
2	道里区	***茶叶店
3	道外区	***茶业店
4	道外区	***茶叶店
5	道外区	***茶叶店
超市(1)		
1	道外区	***超市(永平店)

11.1.2 检测结果

这次使用的检测方法是庞国芳院士团队最新研发的不需使用标准品对照,而以高分辨精确质量数(0.0001 m/z)为基准的 GC-Q-TOF/MS 检测技术,对于 70 例样品,每个样品均侦测了 684 种农药化学污染物的残留现状。通过本次侦测,在 70 例样品中共计检出农药化学污染物 65 种,检出 492 频次。

11.1.2.1 各采样点样品检出情况

统计分析发现 6 个采样点中,被测样品的农药检出率范围为 85.7%~100.0%。其中,有 4 个采样点样品的检出率最高,达到了 100.0%,分别是:***茶叶批发市场(冠宇茶行店)、***茶业店、***超市(永平店)和***茶叶店。***茶叶店的检出率最低,为 85.7%,见图 11-2。

11.1.2.2 检出农药的品种总数与频次

统计分析发现,对于 70 例样品中 684 种农药化学污染物的侦测,共检出农药 492 频次,涉及农药 65 种,结果如图 11-3 所示。其中联苯菊酯检出频次最高,共检出 51 次。检出频次排名前 10 的农药如下:①联苯菊酯(51);②异丁子香酚(41);③唑虫酰胺(34);④邻苯二甲酰亚胺(32);⑤氯氟氰菊酯(22);⑥猛杀威(20);⑦烟碱(16);⑧残杀威(15);⑨虫螨腈(15);⑩丁香酚(15)。

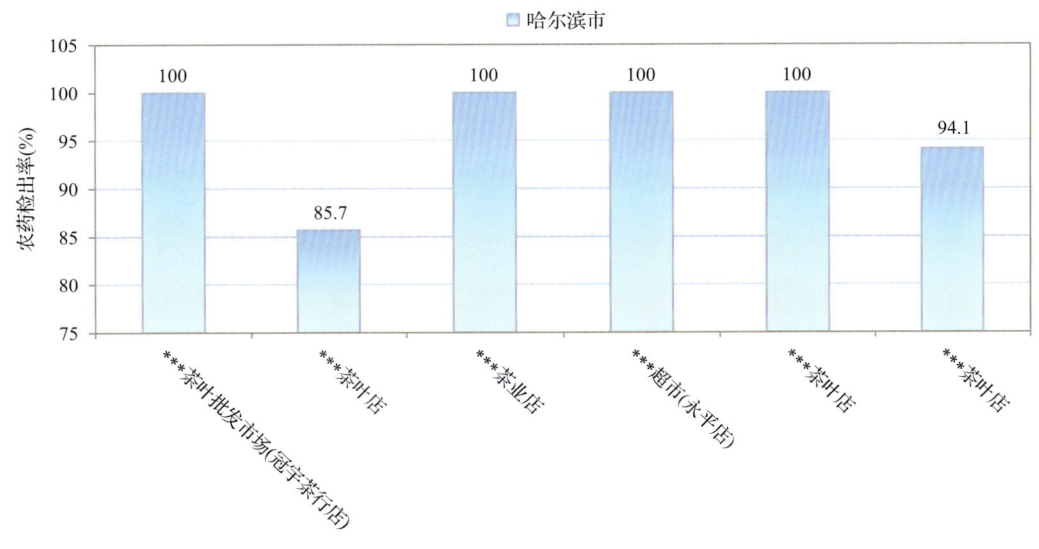

图 11-2　各采样点样品中的农药检出率

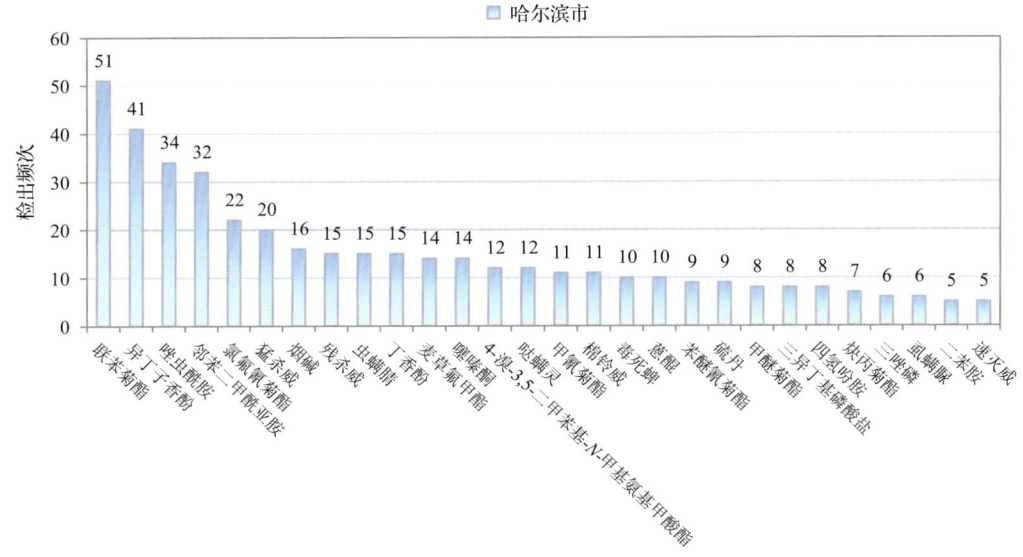

图 11-3　检出农药品种及频次(仅列出 5 频次及以上的数据)

由图 11-4 可见，绿茶、花茶和红茶这 3 种茶叶样品中检出的农药品种数较高，均超过 15 种，其中，绿茶检出农药品种最多，为 61 种。由图 11-5 可见，绿茶、花茶和红茶这 3 种茶叶样品中的农药检出频次较高，均超过 60 次，其中，绿茶检出农药频次最高，为 341 次。

11.1.2.3　单例样品农药检出种类与占比

对单例样品检出农药种类和频次进行统计发现，未检出农药的样品占总样品数的 4.3%，检出 1 种农药的样品占总样品数的 7.1%，检出 2~5 种农药的样品占总样品数的 25.7%，检出 6~10 种农药的样品占总样品数的 45.7%，检出大于 10 种农药的样品占总样品数的 17.1%。每例样品中平均检出农药为 7.0 种，数据见表 11-4 及图 11-6。

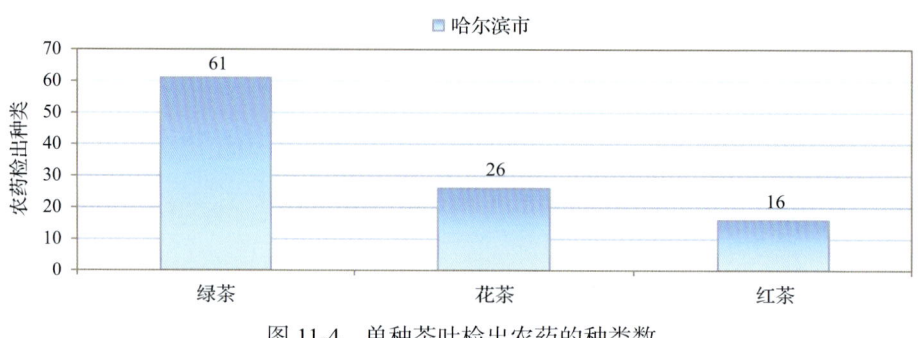

图 11-4 单种茶叶检出农药的种类数

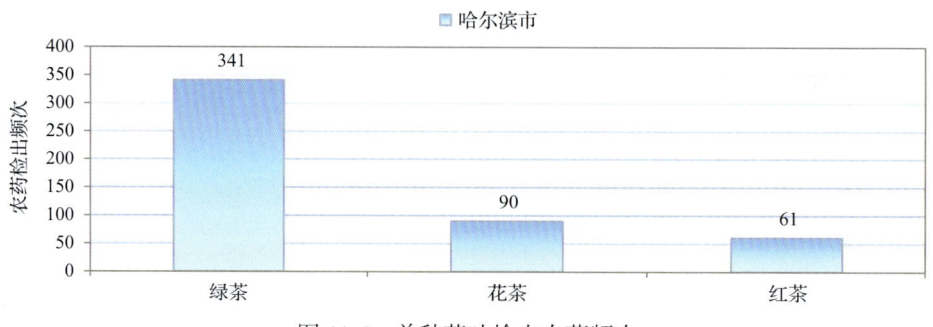

图 11-5 单种茶叶检出农药频次

表 11-4 单例样品检出农药品种占比

检出农药品种数	样品数量/占比(%)
未检出	3/4.3
1 种	5/7.1
2~5 种	18/25.7
6~10 种	32/45.7
大于 10 种	12/17.1
单例样品平均检出农药品种	7.0 种

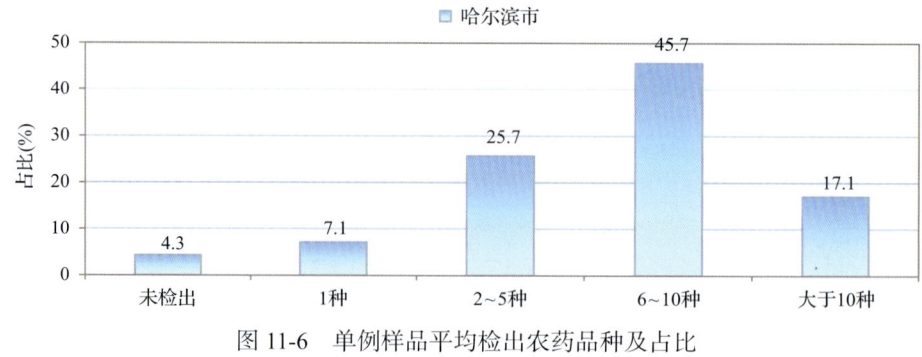

图 11-6 单例样品平均检出农药品种及占比

11.1.2.4 检出农药类别与占比

所有检出农药按功能分类,包括杀虫剂、杀菌剂、除草剂、杀螨剂、驱避剂、植物生长调节剂和其他共 7 类。其中杀虫剂与杀菌剂为主要检出的农药类别,分别占总数的 47.7%和 20.0%,见表 11-5 及图 11-7。

表 11-5 检出农药所属类别/占比

农药类别	数量/占比(%)
杀虫剂	31/47.7
杀菌剂	13/20.0
除草剂	8/12.3
杀螨剂	6/9.2
驱避剂	1/1.5
植物生长调节剂	1/1.5
其他	5/7.7

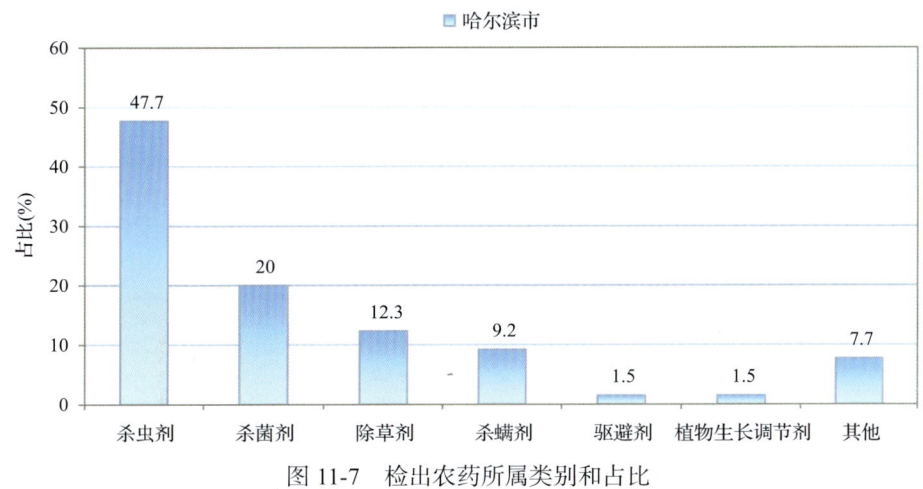

图 11-7 检出农药所属类别和占比

11.1.2.5 检出农药的残留水平

按检出农药残留水平进行统计,残留水平在 1~5 μg/kg(含)的农药占总数的 10.2%,在 5~10 μg/kg(含)的农药占总数的 10.6%,在 10~100 μg/kg(含)的农药占总数的 51.6%,在 100~1000 μg/kg 的农药占总数的 27.6%。

由此可见,这次检测的 6 批 70 例茶叶样品中农药多数处于中高残留水平。结果见表 11-6 及图 11-8,数据见附表 2。

表 11-6 农药残留水平/占比

残留水平(μg/kg)	检出频次数/占比(%)
1~5(含)	50/10.2
5~10(含)	52/10.6
10~100(含)	254/51.6
100~1000	136/27.6

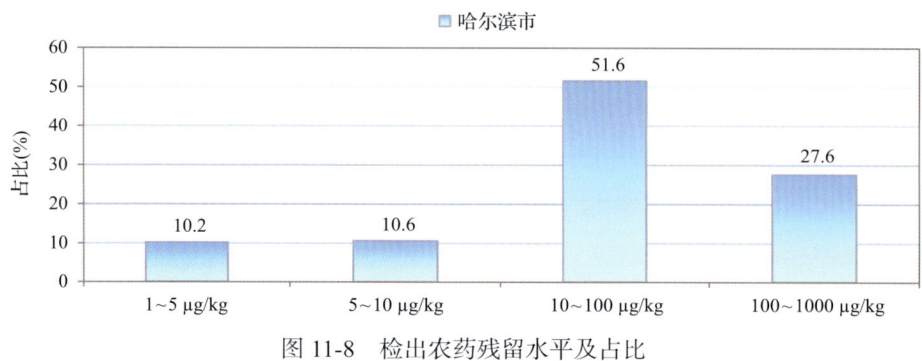

图 11-8 检出农药残留水平及占比

11.1.2.6 检出农药的毒性类别、检出频次和超标频次及占比

对这次检出的 65 种 492 频次的农药，按剧毒、高毒、中毒、低毒和微毒这五个毒性类别进行分类，从中可以看出，哈尔滨市目前普遍使用的农药为中低微毒农药，品种占 95.4%，频次占 95.3%。结果见表 11-7 及图 11-9。

11.1.2.7 检出剧毒/高毒类农药的品种和频次

值得特别关注的是，在此次侦测的 70 例样品中有 2 种茶叶的 22 例样品检出了 3 种 23 频次的剧毒和高毒农药，占样品总量的 31.4%，详见图 11-10、表 11-8 及表 11-9。

表 11-7 检出农药毒性类别/占比

毒性分类	农药品种/占比(%)	检出频次/占比(%)	超标频次/超标率(%)
剧毒农药	0/0	0/0.0	0/0.0
高毒农药	3/4.6	23/4.7	1/4.3
中毒农药	29/44.6	294/59.8	0/0.0
低毒农药	23/35.4	152/30.9	0/0.0
微毒农药	10/15.4	23/4.7	0/0.0

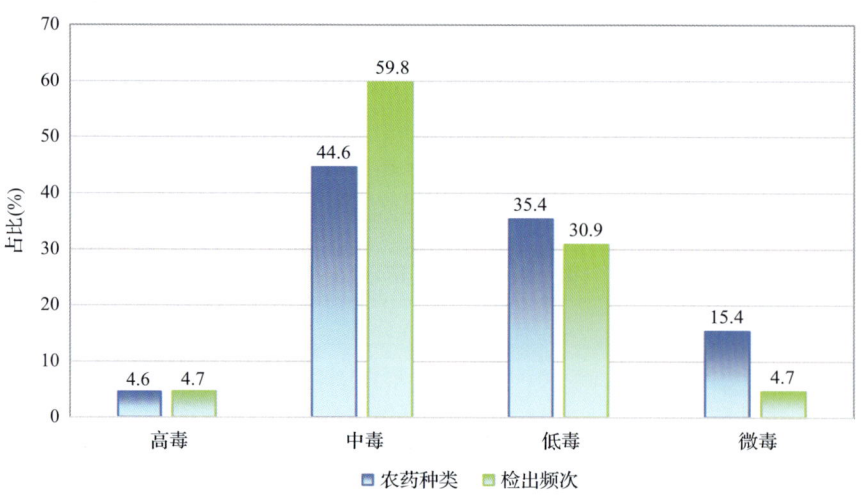

图 11-9 检出农药的毒性分类和占比

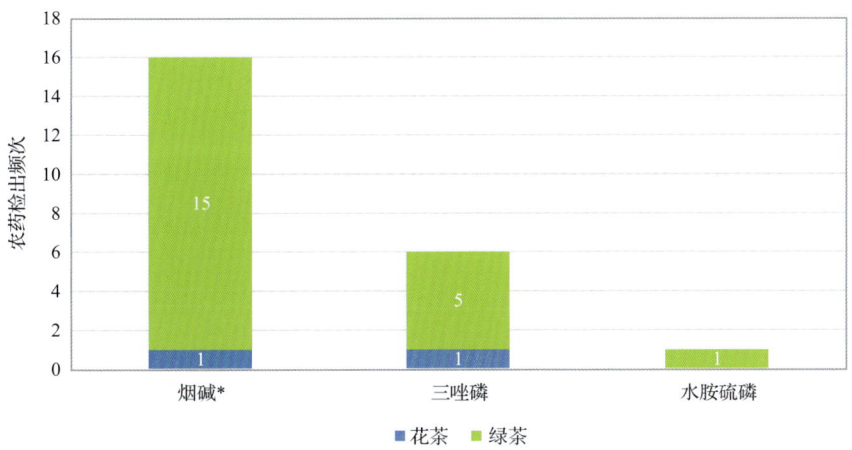

图 11-10 检出剧毒/高毒农药的样品情况

注：*表示允许在茶叶上使用的农药

表 11-8 剧毒农药检出情况

序号	农药名称	检出频次	超标频次	超标率
	茶叶中未检出剧毒农药			
	合计	0	0	超标率：0.0%

表 11-9 高毒农药检出情况

序号	农药名称	检出频次	超标频次	超标率
	从 2 种茶叶中检出 3 种高毒农药，共计检出 23 次			
1	烟碱	16	0	0.0%
2	三唑磷	6	0	0.0%
3	水胺硫磷	1	1	100.0%
	合计	23	1	超标率：4.3%

在检出的剧毒和高毒农药中，有 2 种是我国早已禁止在茶叶上使用的，分别是：三唑磷和水胺硫磷。禁用农药的检出情况见表 11-10。

表 11-10 禁用农药检出情况

序号	农药名称	检出频次	超标频次	超标率
	从 3 种茶叶中检出 6 种禁用农药，共计检出 30 次			
1	毒死蜱	10	0	0.0%
2	硫丹	9	0	0.0%
3	三唑磷	6	0	0.0%
4	氟虫腈	2	0	0.0%
5	三氯杀螨醇	2	0	0.0%
6	水胺硫磷	1	1	100.0%
	合计	30	1	超标率：3.3%

注：超标结果参考 MRL 中国国家标准计算

此次抽检的茶叶样品中，没有检出剧毒农药。

样品中检出剧毒和高毒农药残留水平超过 MRL 中国国家标准的频次为 1 次，其中：绿茶检出水胺硫磷超标 1 次。本次检出结果表明，高毒、剧毒农药的使用现象依旧存在。详见表 11-11。

表 11-11 各样本中检出剧毒/高毒农药情况

样品名称	农药名称	检出频次	超标频次	检出浓度(μg/kg)
茶叶 2 种				
花茶	三唑磷▲	1	0	15.5
花茶	烟碱	1	0	63.6
绿茶	烟碱	15	0	185.3、70.4、217.2、420.3、75.6、106.9、100.5、66.3、10.6、16.1、69.8、52.3、24.2、120.3、34.7
绿茶	三唑磷▲	5	0	76.2、69.9、40.0、8.3、146.3
绿茶	水胺硫磷▲	1	1	77.3^a
合计		23	1	超标率：4.3%

注：▲为禁用农药；a 为超标结果（参考 MRL 中国国家标准）

11.2　农药残留检出水平与最大残留限量标准对比分析

我国于 2016 年 12 月 18 日正式颁布并于 2017 年 6 月 18 日正式实施食品农药残留限量国家标准《食品中农药最大残留限量》(GB 2763—2016)。该标准包括 417 个农药条目，涉及最大残留限量(MRL)标准 4140 项。将 492 频次检出农药的浓度水平与 4140 项 MRL 中国国家标准进行核对，其中只有 142 频次的结果找到了对应的 MRL，占 28.9%，还有 350 频次的结果则无相关 MRL 标准供参考，占 71.1%。

将此次侦测结果与国际上现行 MRL 对比发现，在 492 频次的检出结果中有 492 频次的结果找到了对应的 MRL 欧盟标准，占 100.0%，其中，243 频次的结果有明确对应的 MRL，占 49.4%，其余 249 频次按照欧盟一律标准判定，占 50.6%；有 492 频次的结果找到了对应的 MRL 日本标准，占 100.0%，其中，243 频次的结果有明确对应的 MRL，占 49.4%，其余 249 频次按照日本一律标准判定，占 50.6%；有 113 频次的结果找到了对应的 MRL 中国香港标准，占 23.0%；有 144 频次的结果找到了对应的 MRL 美国标准，占 29.3%；有 125 频次的结果找到了对应的 MRL CAC 标准，占 25.4%（见图 11-11 和图 11-12，数据见附表 3 至附表 8）。

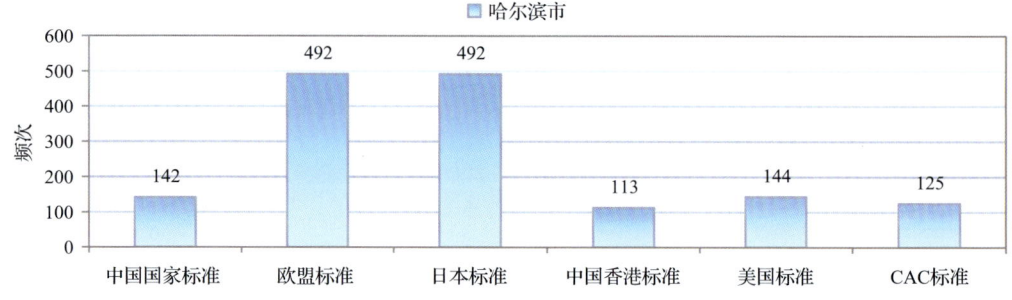

图 11-11　492 频次检出农药可用 MRL 中国国家标准、欧盟标准、日本标准、中国香港标准、美国标准、CAC 标准判定衡量的数量

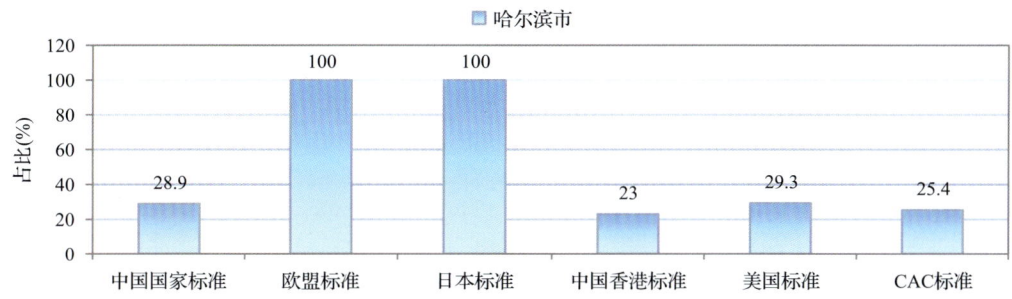

图 11-12　492 频次检出农药可用 MRL 中国国家标准、欧盟标准、日本标准、中国香港标准、美国标准、CAC 标准衡量的占比

11.2.1　超标农药样品分析

本次侦测的 70 例样品中，3 例样品未检出任何残留农药，占样品总量的 4.3%，67 例样品检出不同水平、不同种类的残留农药，占样品总量的 95.7%。在此，我们将本次侦测的农残检出情况与 MRL 中国国家标准、欧盟标准、日本标准、中国香港标准、美国标准和 CAC 标准这 6 大国际主流 MRL 标准进行对比分析，样品农残检出与超标情况见表 11-12、图 11-13 和图 11-14，详细数据见附表 9 至附表 14。

表 11-12　各 MRL 标准下样本农残检出与超标数量及占比

	MRL 中国国家标准 数量/占比 (%)	MRL 欧盟标准 数量/占比 (%)	MRL 日本标准 数量/占比 (%)	MRL 中国香港标准 数量/占比 (%)	MRL 美国标准 数量/占比 (%)	MRL CAC 标准 数量/占比 (%)
未检出	3/4.3	3/4.3	3/4.3	3/4.3	3/4.3	3/4.3
检出未超标	66/94.3	5/7.1	7/10.0	67/95.7	67/95.7	67/95.7
检出超标	1/1.4	62/88.6	60/85.7	0/0.0	0/0.0	0/0.0

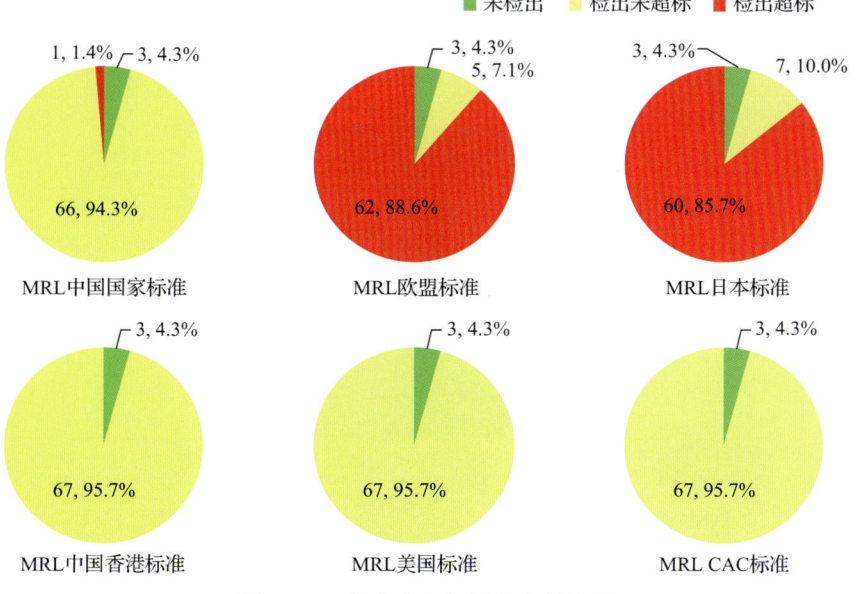

图 11-13　检出和超标样品比例情况

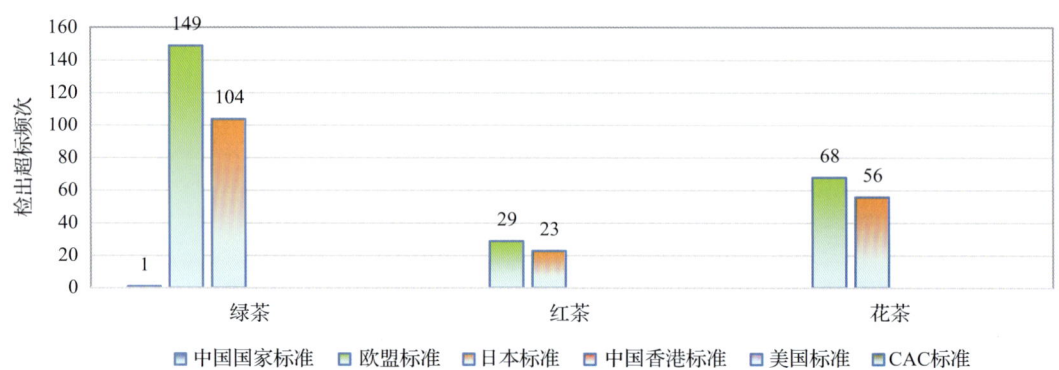

图 11-14 超过 MRL 中国国家标准、欧盟标准、日本标准、中国香港标准、美国标准、CAC 标准结果在茶叶中的分布

11.2.2 超标农药种类分析

按照 MRL 中国国家标准、欧盟标准、日本标准、中国香港标准、美国标准和 CAC 标准这 6 大国际主流标准衡量，本次侦测检出的农药超标品种及频次情况见表 11-13。

表 11-13 各 MRL 标准下超标农药品种及频次

	MRL 中国国家标准	MRL 欧盟标准	MRL 日本标准	MRL 中国香港标准	MRL 美国标准	MRL CAC 标准
超标农药品种	1	36	30	0	0	0
超标农药频次	1	246	183	0	0	0

11.2.2.1 按 MRL 中国国家标准衡量

按 MRL 中国国家标准衡量，有 1 种农药超标，检出 1 频次，为高毒农药水胺硫磷。按超标程度比较，绿茶中水胺硫磷超标 0.5 倍。检测结果见图 11-15 和附表 15。

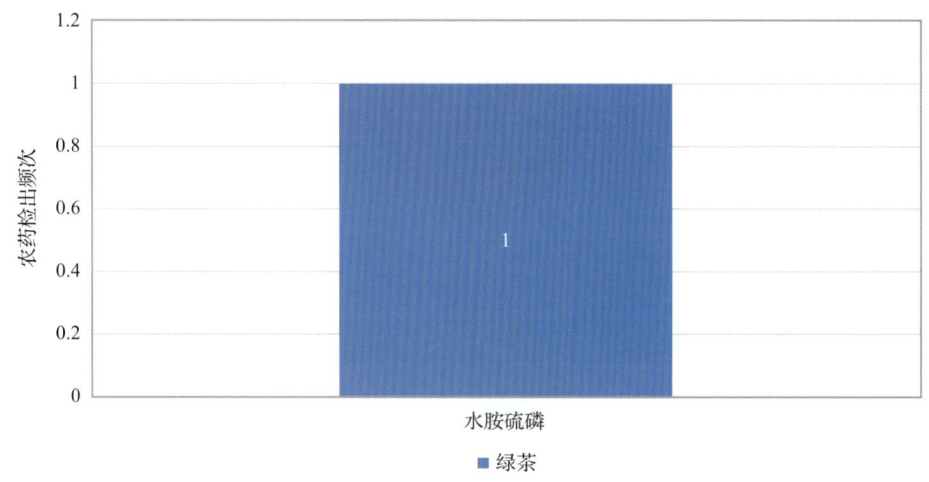

图 11-15 超过 MRL 中国国家标准农药品种及频次

11.2.2.2 按 MRL 欧盟标准衡量

按 MRL 欧盟标准衡量，共有 36 种农药超标，检出 246 频次，分别为高毒农药三唑磷和水胺硫磷，中毒农药稻瘟灵、丙环唑、速灭威、氯氟氰菊酯、异丁子香酚、氟虫腈、棉铃威、丙溴磷、唑虫酰胺、仲丁威、戊唑醇、苯醚氰菊酯、哒螨灵、炔丙菊酯和丁香酚，低毒农药芬螨酯、2,6-二硝基-3-甲氧基-4-叔丁基甲苯、1,4-二甲基萘、邻苯二甲酰亚胺、联苯、猛杀威、4-溴-3,5-二甲苯基-N-甲基氨基甲酸酯、三异丁基磷酸盐、噻嗪酮、甲醚菊酯、唑胺菌酯、麦草氟甲酯、四氢吩胺、威杀灵和西玛通，微毒农药烯虫炔酯、氟丙菊酯、蒽醌和解草嗪。

按超标程度比较，绿茶中棉铃威超标 96.2 倍，绿茶中唑虫酰胺超标 61.1 倍，花茶中棉铃威超标 58.7 倍，花茶中甲醚菊酯超标 45.1 倍，花茶中丁香酚超标 41.0 倍。检测结果见图 11-16 和附表 16。

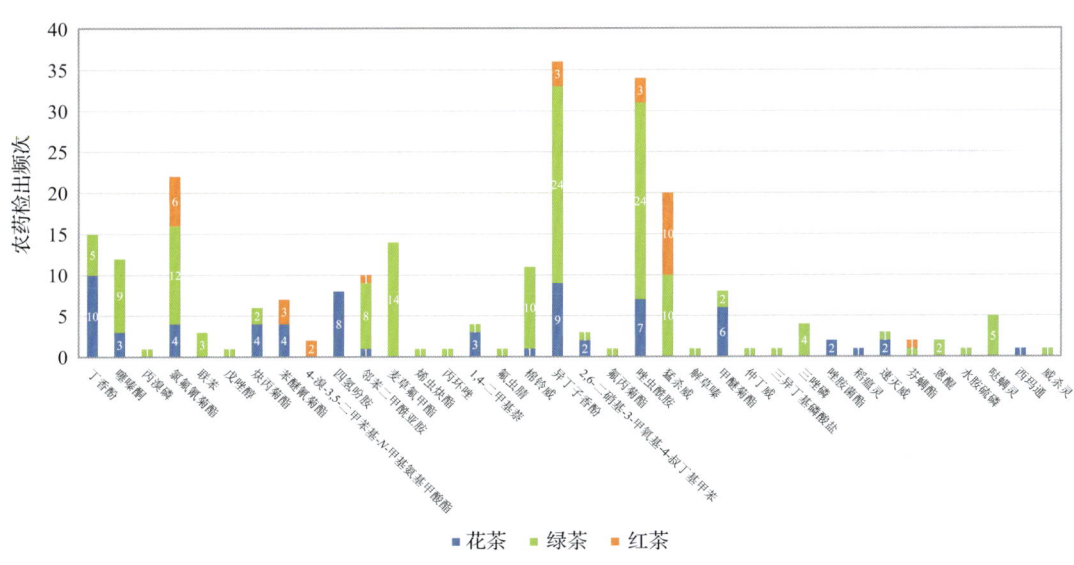

图 11-16　超过 MRL 欧盟标准农药品种及频次

11.2.2.3 按 MRL 日本标准衡量

按 MRL 日本标准衡量，共有 30 种农药超标，检出 183 频次，分别为高毒农药三唑磷、水胺硫磷和烟碱，中毒农药稻瘟灵、速灭威、异丁子香酚、氟虫腈、仲丁威、苯醚氰菊酯、炔丙菊酯和丁香酚，低毒农药芬螨酯、2,6-二硝基-3-甲氧基-4-叔丁基甲苯、1,4-二甲基萘、邻苯二甲酰亚胺、猛杀威、4-溴-3,5-二甲苯基-N-甲基氨基甲酸酯、三异丁基磷酸盐、联苯、甲醚菊酯、唑胺菌酯、麦草氟甲酯、四氢吩胺、威杀灵和西玛通，微毒农药乙氧呋草黄、烯虫酯、烯虫炔酯、蒽醌和解草嗪。

按超标程度比较，花茶中甲醚菊酯超标 45.1 倍，绿茶中烟碱超标 41.0 倍，花茶中丁香酚超标 41.0 倍，花茶中苯醚氰菊酯超标 40.0 倍，红茶中猛杀威超标 31.5 倍。检测结果见图 11-17 和附表 17。

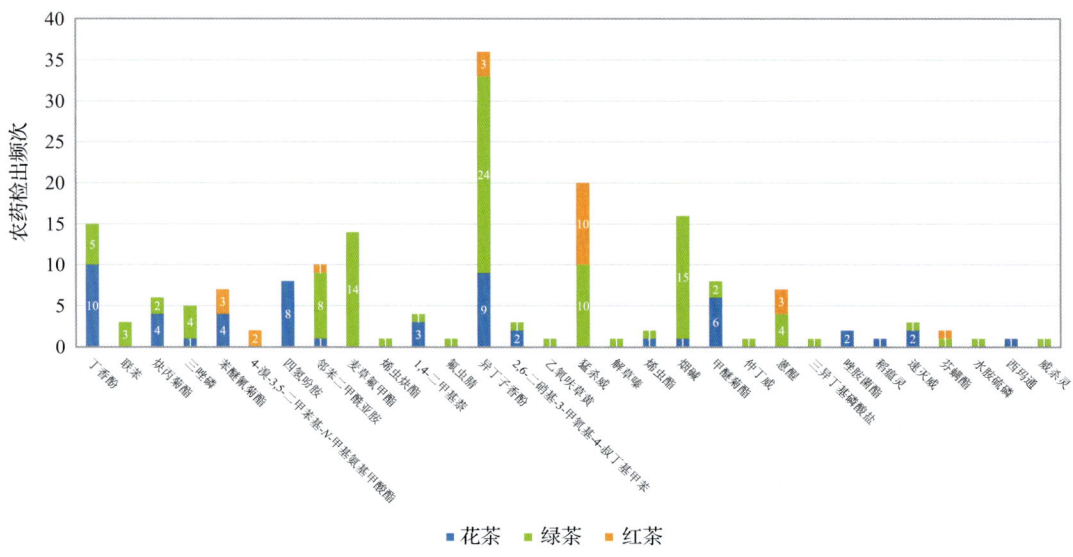

图 11-17 超过 MRL 日本标准农药品种及频次

11.2.2.4 按 MRL 中国香港标准衡量

按 MRL 中国香港标准衡量,无样品检出超标农药残留。

11.2.2.5 按 MRL 美国标准衡量

按 MRL 美国标准衡量,无样品检出超标农药残留。

11.2.2.6 按 MRL CAC 标准衡量

按 MRL CAC 标准衡量,无样品检出超标农药残留。

11.2.3 6 个采样点超标情况分析

11.2.3.1 按 MRL 中国国家标准衡量

按 MRL 中国国家标准衡量,有 1 个采样点的样品存在超标农药检出,超标率为 50.0%,如表 11-14 和图 11-18 所示。

表 11-14 超过 MRL 中国国家标准茶叶在不同采样点分布

序号	采样点	样品总数	超标数量	超标率(%)	行政区域
1	***超市(永平店)	2	1	50.0	道外区

11.2.3.2 按 MRL 欧盟标准衡量

按 MRL 欧盟标准衡量,所有采样点的样品存在不同程度的超标农药检出,其中***茶叶店、***茶业店、***茶叶批发市场(冠宇茶行店)和***超市(永平店)的超标率最高,为 100.0%,如表 11-15 和图 11-19 所示。

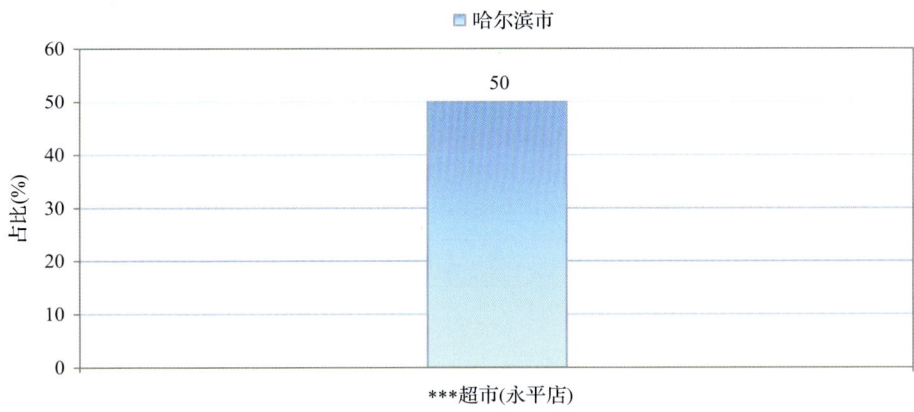

图 11-18　超过 MRL 中国国家标准茶叶在不同采样点分布

表 11-15　超过 MRL 欧盟标准茶叶在不同采样点分布

序号	采样点	样品总数	超标数量	超标率(%)	行政区域
1	***茶叶店	17	14	82.4	道外区
2	***茶叶店	15	15	100.0	道外区
3	***茶业店	14	14	100.0	道外区
4	***茶叶店	14	9	64.3	道里区
5	***茶叶批发市场(冠宇茶行店)	8	8	100.0	道里区
6	***超市(永平店)	2	2	100.0	道外区

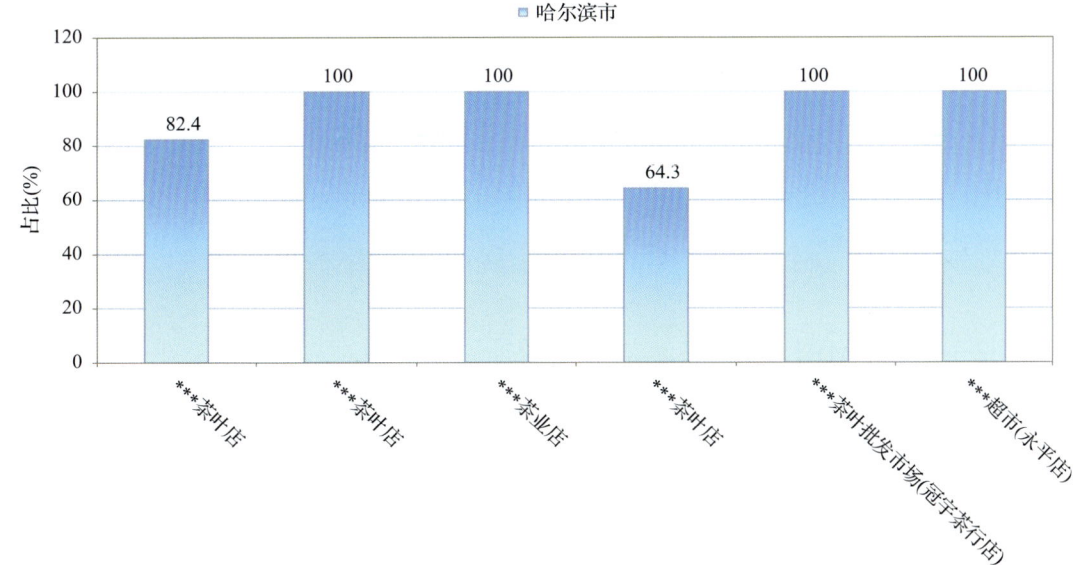

图 11-19　超过 MRL 欧盟标准茶叶在不同采样点分布

11.2.3.3 按 MRL 日本标准衡量

按 MRL 日本标准衡量，所有采样点的样品存在不同程度的超标农药检出，其中***茶业店和***超市（永平店）的超标率最高，为 100.0%，如表 11-16 和图 11-20 所示。

表 11-16 超过 MRL 日本标准茶叶在不同采样点分布

采样点		样品总数	超标数量	超标率(%)	行政区域
1	***茶叶店	17	14	82.4	道外区
2	***茶叶店	15	14	93.3	道外区
3	***茶业店	14	14	100.0	道外区
4	***茶叶店	14	9	64.3	道里区
5	***茶叶批发市场(冠宇茶行店)	8	7	87.5	道里区
6	***超市(永平店)	2	2	100.0	道外区

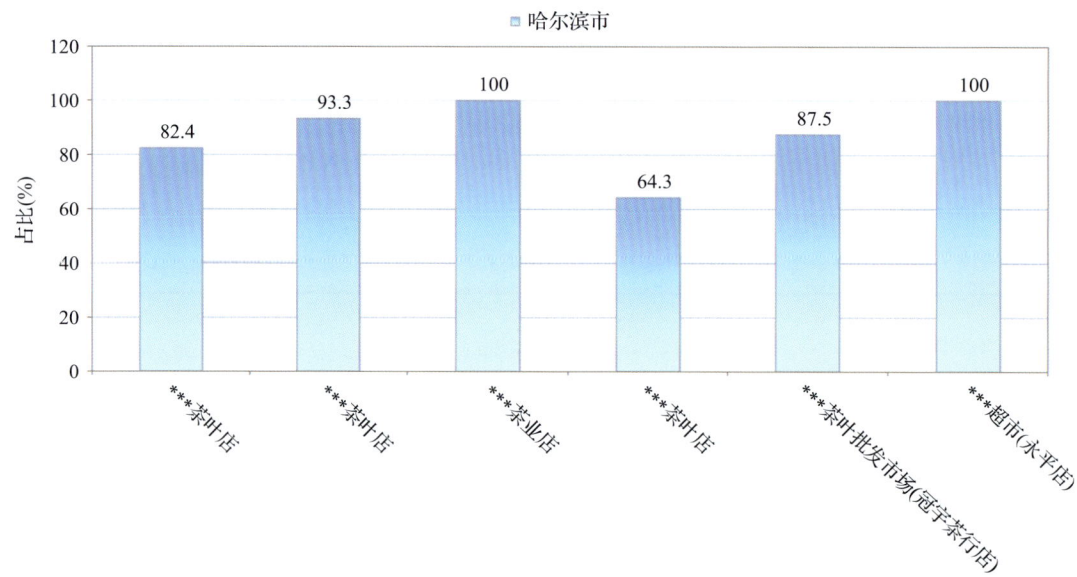

图 11-20 超过 MRL 日本标准茶叶在不同采样点分布

11.2.3.4 按 MRL 中国香港标准衡量

按 MRL 中国香港标准衡量，所有采样点的样品均未检出超标农药残留。

11.2.3.5 按 MRL 美国标准衡量

按 MRL 美国标准衡量，所有采样点的样品均未检出超标农药残留。

11.2.3.6 按 MRL CAC 标准衡量

按 MRL CAC 标准衡量，所有采样点的样品均未检出超标农药残留。

11.3 茶叶中农药残留分布

11.3.1 茶叶按检出农药品种和频次排名

本次残留侦测的茶叶共 3 种，包括红茶、花茶和绿茶。

根据检出农药品种及频次进行排名，将各项排名茶叶样品检出情况列表说明，详见表 11-17。

表 11-17 茶叶按检出农药品种和频次排名

按检出农药品种排名(品种)	①绿茶(61)，②花茶(26)，③红茶(16)
按检出农药频次排名(频次)	①绿茶(341)，②花茶(90)，③红茶(61)
按检出禁用、高毒及剧毒农药品种排名(品种)	①绿茶(7)，②花茶(4)，③红茶(2)
按检出禁用、高毒及剧毒农药频次排名(频次)	①绿茶(38)，②红茶(4)，③花茶(4)

11.3.2 茶叶按超标农药品种和频次排名

鉴于 MRL 欧盟标准和日本标准制定比较全面且覆盖率较高，我们参照 MRL 中国国家标准、欧盟标准和日本标准衡量茶叶样品中农残检出情况，将超标农药品种及频次排名前 10 的茶叶列表说明，详见表 11-18。

表 11-18 茶叶按超标农药品种和频次排名

按超标农药品种排名 (农药品种数)	MRL 中国国家标准	①绿茶(1)
	MRL 欧盟标准	①绿茶(30)，②花茶(17)，③红茶(8)
	MRL 日本标准	①绿茶(24)，②花茶(16)，③红茶(7)
按超标农药频次排名 (农药频次数)	MRL 中国国家标准	①绿茶(1)
	MRL 欧盟标准	①绿茶(149)，②花茶(68)，③红茶(29)
	MRL 日本标准	绿茶(104)，②花茶(56)，③红茶(23)

通过对各品种茶叶样本总数及检出率进行综合分析发现，绿茶、花茶和红茶的残留污染最为严重，在此，我们参照 MRL 中国国家标准、欧盟标准和日本标准对这 3 种茶叶的农残检出情况进行进一步分析。

11.3.3 农药残留检出率较高的茶叶样品分析

11.3.3.1 绿茶

这次共检测 50 例绿茶样品，47 例样品中检出了农药残留，检出率为 94.0%，检出农药共计 61 种。其中联苯菊酯、异丁子香酚、邻苯二甲酰亚胺、唑虫酰胺和烟碱检出频次较高，分别检出了 33、28、26、24 和 15 次。绿茶中农药检出品种和频次见图 11-21，超标农药见图 11-22 和表 11-19。

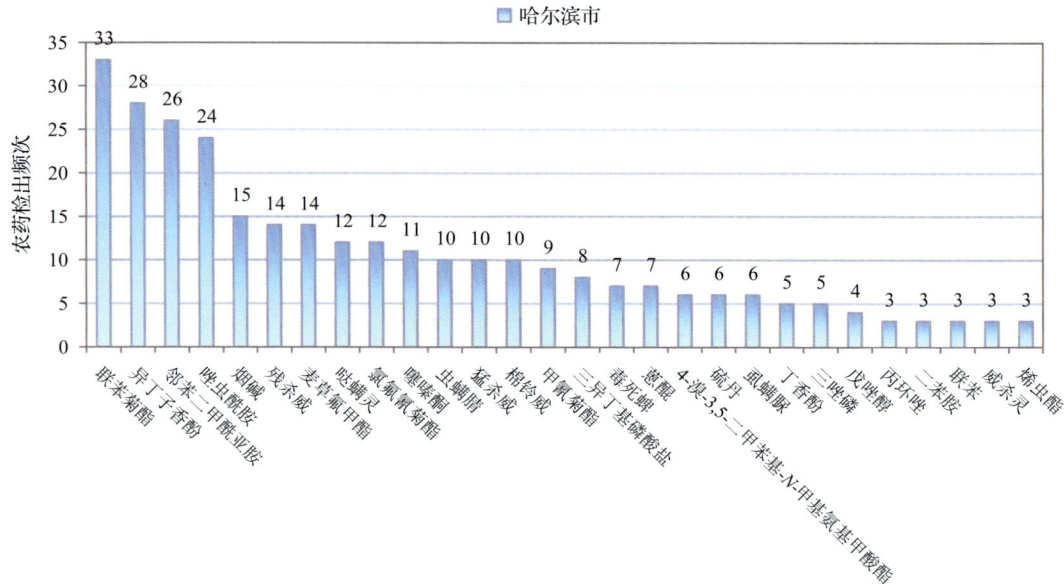

图 11-21 绿茶样品检出农药品种和频次分析(仅列出 3 频次及以上的数据)

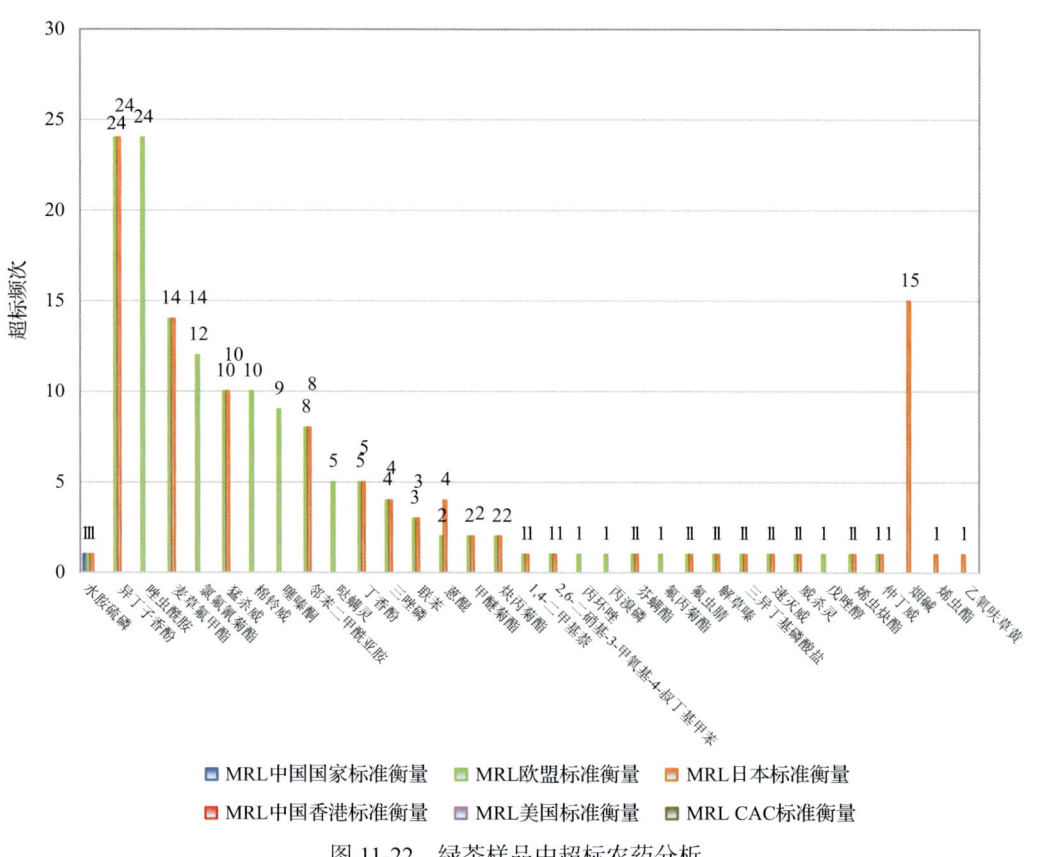

图 11-22 绿茶样品中超标农药分析

表 11-19 绿茶中农药残留超标情况明细表

样品总数	检出农药样品数	样品检出率(%)	检出农药品种总数
50	47	94	61

	超标农药品种	超标农药频次	按照 MRL 中国国家标准、欧盟标准和日本标准衡量超标农药名称及频次
中国国家标准	1	1	水胺硫磷(1)
欧盟标准	30	149	异丁子香酚(24), 唑虫酰胺(24), 麦草氟甲酯(14), 氯氟氰菊酯(12), 猛杀威(10), 棉铃威(10), 噻嗪酮(9), 邻苯二甲酰亚胺(8), 哒螨灵(5), 丁香酚(5), 三唑磷(4), 联苯(3), 蒽醌(2), 甲醚菊酯(2), 炔丙菊酯(2), 1,4-二甲基萘(1), 2,6-二硝基-3-甲氧基-4-叔丁基甲苯(1), 丙环唑(1), 丙溴磷(1), 芬螨酯(1), 氟丙菊酯(1), 氟虫腈(1), 解草嗪(1), 三异丁基磷酸盐(1), 水胺硫磷(1), 速灭威(1), 威杀灵(1), 戊唑醇(1), 烯虫炔酯(1), 仲丁威(1)
日本标准	24	104	异丁子香酚(24), 烟碱(15), 麦草氟甲酯(14), 猛杀威(10), 邻苯二甲酰亚胺(8), 丁香酚(5), 蒽醌(4), 三唑磷(4), 联苯(3), 甲醚菊酯(2), 炔丙菊酯(2), 1,4-二甲基萘(1), 2,6-二硝基-3-甲氧基-4-叔丁基甲苯(1), 芬螨酯(1), 氟虫腈(1), 解草嗪(1), 三异丁基磷酸盐(1), 水胺硫磷(1), 速灭威(1), 威杀灵(1), 烯虫炔酯(1), 烯虫酯(1), 乙氧呋草黄(1), 仲丁威(1)

11.3.3.2 花茶

这次共检测 10 例花茶样品，全部检出了农药残留，检出率为 100.0%，检出农药共计 26 种。其中丁香酚、联苯菊酯、异丁子香酚、四氢吩胺和唑虫酰胺检出频次较高，分别检出了 10、9、9、8 和 7 次。花茶中农药检出品种和频次见图 11-23，超标农药见图 11-24 和表 11-20。

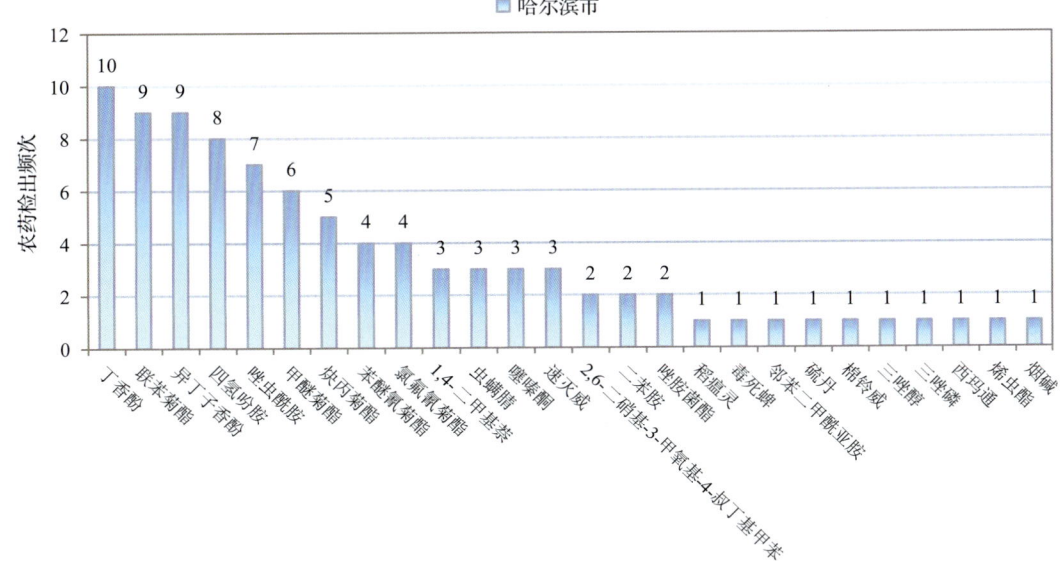

图 11-23 花茶样品检出农药品种和频次分析

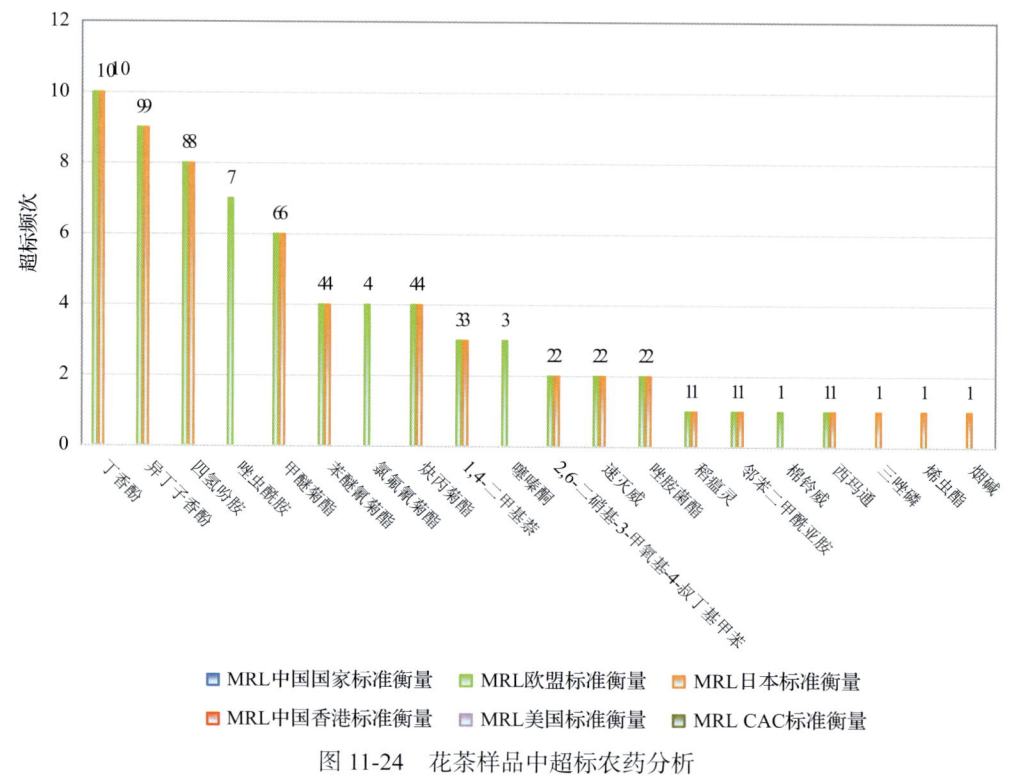

图 11-24 花茶样品中超标农药分析

表 11-20 花茶中农药残留超标情况明细表

样品总数		检出农药样品数	样品检出率(%)	检出农药品种总数
10		10	100	26
	超标农药品种	超标农药频次	按照 MRL 中国国家标准、欧盟标准和日本标准衡量超标农药名称及频次	
中国国家标准	0	0		
欧盟标准	17	68	丁香酚(10),异丁子香酚(9),四氢吩胺(8),唑虫酰胺(7),甲醚菊酯(6),苯醚氰菊酯(4),氯氟氰菊酯(4),炔丙菊酯(4),1,4-二甲基萘(4),噻嗪酮(3),2,6-二硝基-3-甲氧基-4-叔丁基甲苯(2),速灭威(2),唑胺菌酯(2),稻瘟灵(1),邻苯二甲酰亚胺(1),棉铃威(1),西玛通(1)	
日本标准	16	56	丁香酚(10),异丁子香酚(9),四氢吩胺(8),甲醚菊酯(6),苯醚氰菊酯(4),炔丙菊酯(4),1,4-二甲基萘(3),2,6-二硝基-3-甲氧基-4-叔丁基甲苯(2),速灭威(2),唑胺菌酯(2),稻瘟灵(1),邻苯二甲酰亚胺(1),三唑磷(1),西玛通(1),烯虫酯(1),烟碱(1)	

11.3.3.3 红茶

这次共检测 10 例红茶样品,全部检出了农药残留,检出率为 100.0%,检出农药共计 16 种。其中猛杀威、联苯菊酯、4-溴-3,5-二甲苯基-N-甲基氨基甲酸酯、氯氟氰菊酯和邻苯二甲酰亚胺检出频次较高,分别检出了 10、9、6、6 和 5 次。红茶中农药检出品种和频次见图 11-25,超标农药见图 11-26 和表 11-21。

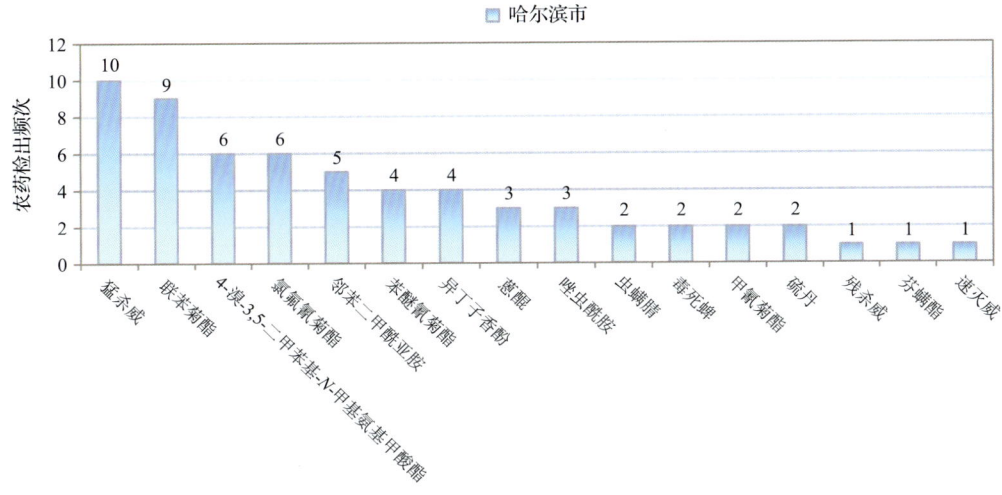

图 11-25 红茶样品检出农药品种和频次分析

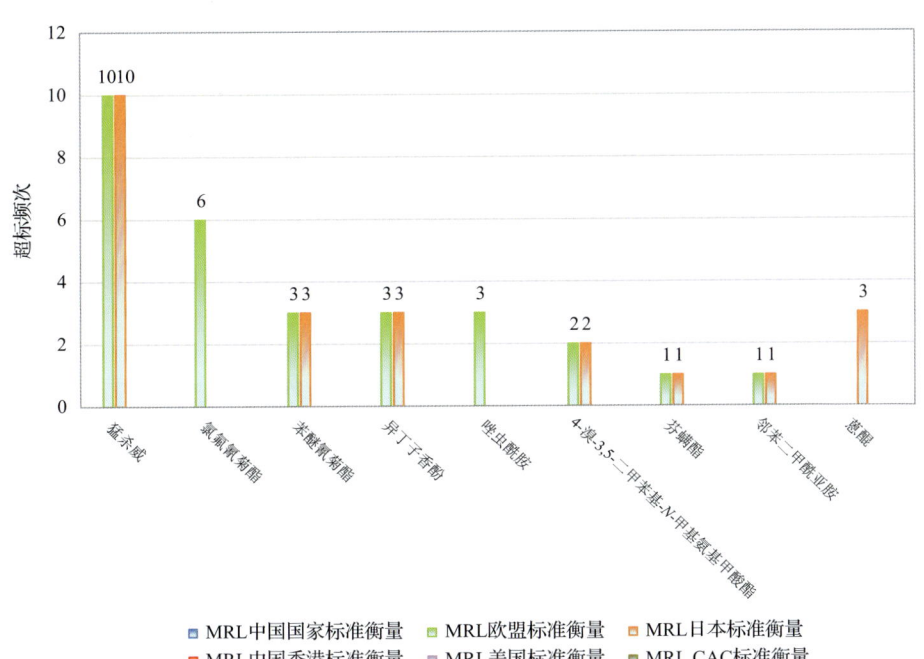

图 11-26 红茶样品中超标农药分析

表 11-21 红茶中农药残留超标情况明细表

样品总数		检出农药样品数	样品检出率(%)	检出农药品种总数
10		10	100	16
	超标农药品种	超标农药频次	按照 MRL 中国国家标准、欧盟标准和日本标准衡量超标农药名称及频次	
中国国家标准	0	0		
欧盟标准	8	29	猛杀威(10)、氯氟氰菊酯(6)、苯醚氰菊酯(3)、异丁子香酚(3)、唑虫酰胺(3)、4-溴-3,5-二甲苯基-N-甲基氨基甲酸酯(2)、芬螨酯(1)、邻苯二甲酰亚胺(1)	
日本标准	7	23	猛杀威(10)、苯醚氰菊酯(3)、蒽醌(3)、异丁子香酚(3)、4-溴-3,5-二甲苯基-N-甲基氨基甲酸酯(2)、芬螨酯(1)、邻苯二甲酰亚胺(1)	

11.4 初步结论

11.4.1 哈尔滨市市售茶叶按 MRL 中国国家标准和国际主要 MRL 标准衡量的合格率

本次侦测的 70 例样品中，3 例样品未检出任何残留农药，占样品总量的 4.3%，67 例样品检出不同水平、不同种类的残留农药，占样品总量的 95.7%。在这 67 例检出农药残留的样品中：

按照 MRL 中国国家标准衡量，有 66 例样品检出残留农药但含量没有超标，占样品总数的 94.3%，有 1 例样品检出了超标农药，占样品总数的 1.4%；

按照 MRL 欧盟标准衡量，有 5 例样品检出残留农药但含量没有超标，占样品总数的 7.1%，有 62 例样品检出了超标农药，占样品总数的 88.6%；

按照 MRL 日本标准衡量，有 7 例样品检出残留农药但含量没有超标，占样品总数的 10.0%，有 60 例样品检出了超标农药，占样品总数的 85.7；

按照 MRL 中国香港标准衡量，有 67 例样品检出残留农药但含量没有超标，占样品总数的 95.7%，无检出残留农药超标的样品；

按照 MRL 美国标准衡量，有 67 例样品检出残留农药但含量没有超标，占样品总数的 95.7%，无检出残留农药超标的样品；

按照 MRL CAC 标准衡量，有 67 例样品检出残留农药但含量没有超标，占样品总数的 95.7%，无检出残留农药超标的样品。

11.4.2 哈尔滨市市售茶叶中检出农药以中低微毒农药为主，占市场主体的 95.4%

这次侦测的 70 例茶叶样品共检出了 65 种农药，检出农药的毒性以中低微毒为主，详见表 11-22。

表 11-22 市场主体农药毒性分布

毒性	检出品种	占比	检出频次	占比
高毒农药	3	4.6%	23	4.7%
中毒农药	29	44.6%	294	59.8%
低毒农药	23	35.4%	152	30.9%
微毒农药	10	15.4%	23	4.7%
中低微毒农药，品种占比 95.4%，频次占比 95.3%				

11.4.3 检出剧毒、高毒和禁用农药现象应该警醒

在此次侦测的 70 例样品中有 3 种茶叶的 30 例样品检出了 7 种 46 频次的剧毒和高毒或禁用农药，占样品总量的 42.9%。其中高毒农药烟碱、三唑磷和水胺硫磷检出频次较高。

按 MRL 中国国家标准衡量，高毒农药水胺硫磷，检出 1 次，超标 1 次；按超标程度比较，绿茶中水胺硫磷超标 0.5 倍。

剧毒、高毒或禁用农药的检出情况及按照 MRL 中国国家标准衡量的超标情况见表 11-23。

表 11-23 剧毒、高毒或禁用农药的检出及超标明细

序号	农药名称	样品名称	检出频次	超标频次	最大超标倍数	超标率
1.1	三唑磷◇▲	绿茶	5	0	0	0.0%
1.2	三唑磷◇▲	花茶	1	0	0	0.0%
2.1	水胺硫磷◇▲	绿茶	1	1	0.5	100.0%
3.1	烟碱◇	绿茶	15	0	0	0.0%
3.2	烟碱◇	花茶	1	0	0	0.0%
4.1	毒死蜱▲	绿茶	7	0	0	0.0%
4.2	毒死蜱▲	红茶	2	0	0	0.0%
4.3	毒死蜱▲	花茶	1	0	0	0.0%
5.1	氟虫腈▲	绿茶	2	0	0	0.0%
6.1	硫丹▲	绿茶	6	0	0	0.0%
6.2	硫丹▲	红茶	2	0	0	0.0%
6.3	硫丹▲	花茶	1	0	0	0.0%
7.1	三氯杀螨醇▲	绿茶	2	0	0	0.0%
合计			46	1		2.2%

注：◇ 为高毒农药；▲为禁用农药；超标倍数参照 MRL 中国国家标准衡量

这些剧毒和高毒农药都是中国政府早有规定禁止在茶叶中使用的，为什么还屡次被检出，应该引起警惕。

11.4.4 残留限量标准与先进国家或地区差距较大

492 频次的检出结果与我国公布的《食品中农药最大残留限量》（GB 2763—2016）对比，有 142 频次能找到对应的 MRL 中国国家标准，占 28.9%；还有 350 频次的侦测数据无相关 MRL 标准供参考，占 71.1%。

与国际上现行 MRL 对比发现：

有 492 频次能找到对应的 MRL 欧盟标准，占 100.0%；

有 492 频次能找到对应的 MRL 日本标准，占 100.0%；

有 113 频次能找到对应的 MRL 中国香港标准，占 23.0%；

有 144 频次能找到对应的 MRL 美国标准，占 29.3%；

有 125 频次能找到对应的 MRL CAC 标准，占 25.4%。

由上可见，MRL 中国国家标准与先进国家或地区还有很大差距，我们无标准，境外有标准，这就会导致我们在国际贸易中，处于受制于人的被动地位。

11.4.5 茶叶单种样品检出 16~61 种农药残留，拷问农药使用的科学性

通过此次监测发现，绿茶、花茶和红茶是检出农药品种最多的3种茶叶，从中检出农药品种及频次详见表11-24。

表 11-24 单种样品检出农药品种及频次

样品名称	样品总数	检出农药样品数	检出率	检出农药品种数	检出农药(频次)
绿茶	50	47	94.0%	61	联苯菊酯(33)，异丁子香酚(28)，邻苯二甲酰亚胺(26)，唑虫酰胺(24)，烟碱(15)，残杀威(14)，麦草氟甲酯(14)，哒螨灵(12)，氯氟氰菊酯(12)，噻嗪酮(11)，虫螨腈(10)，猛杀威(10)，棉铃威(10)，甲氰菊酯(9)，三异丁基磷酸盐(8)，毒死蜱(7)，蒽醌(7)，4-溴-3,5-二甲苯基-N-甲基氨基甲酸酯(6)，硫丹(6)，虱螨脲(6)，丁香酚(5)，三唑磷(5)，戊唑醇(4)，丙环唑(3)，二苯胺(3)，联苯(3)，威杀灵(3)，烯虫酯(3)，4,4-二氯二苯甲酮(2)，苯醚甲环唑(2)，吡丙醚(2)，丙溴磷(2)，氟虫腈(2)，甲醚菊酯(2)，氯氰菊酯(2)，炔丙菊酯(2)，三氯杀螨醇(2)，三唑醇(2)，仲丁威(2)，1,4-二甲基萘(1)，2,6-二硝基-3-甲氧基-4-叔丁基甲苯(1)，安硫磷(1)，苯醚氰菊酯(1)，草完隆(1)，芬螨酯(1)，呋草黄(1)，氟丙菊酯(1)，氟虫脲(1)，环草啶(1)，解草嗪(1)，氯菊酯(1)，嘧菌酯(1)，水胺硫磷(1)，速灭威(1)，肟醚菌胺(1)，烯虫炔酯(1)，烯唑醇(1)，乙草胺(1)，乙螨唑(1)，乙氧呋草黄(1)，异菌脲(1)
花茶	10	10	100.0%	26	丁香酚(10)，联苯菊酯(9)，异丁子香酚(9)，四氢吩胺(8)，唑虫酰胺(7)，甲醚菊酯(6)，炔丙菊酯(5)，苯醚氰菊酯(4)，氯氟氰菊酯(4)，1,4-二甲基萘(3)，虫螨腈(3)，噻嗪酮(3)，速灭威(3)，2,6-二硝基-3-甲氧基-4-叔丁基甲苯(2)，二苯胺(2)，唑胺菌酯(2)，稻瘟灵(1)，毒死蜱(1)，邻苯二甲酰亚胺(1)，硫丹(1)，棉铃威(1)，三唑醇(1)，三唑磷(1)，西玛通(1)，烯虫酯(1)，烟碱(1)
红茶	10	10	100.0%	16	猛杀威(10)，联苯菊酯(9)，4-溴-3,5-二甲苯基-N-甲基氨基甲酸酯(6)，氯氟氰菊酯(6)，邻苯二甲酰亚胺(5)，苯醚氰菊酯(4)，异丁子香酚(4)，蒽醌(3)，唑虫酰胺(3)，虫螨腈(2)，毒死蜱(2)，甲氰菊酯(2)，硫丹(2)，残杀威(1)，芬螨酯(1)，速灭威(1)

上述3种茶叶，检出农药16~61种，是多种农药综合防治，还是未严格实施农业良好管理规范(GAP)，抑或根本就是乱施药，值得我们思考。

第 12 章　GC-Q-TOF/MS 侦测哈尔滨市市售茶叶农药残留膳食暴露风险与预警风险评估

12.1　农药残留风险评估方法

12.1.1　哈尔滨市农药残留侦测数据分析与统计

庞国芳院士科研团队建立的农药残留高通量侦测技术以高分辨精确质量数（0.0001 m/z 为基准）为识别标准，采用 GC-Q-TOF/MS 技术对 684 种农药化学污染物进行侦测。

科研团队于 2019 年 1 月期间在哈尔滨市 6 个采样点，随机采集了 70 例茶叶样品，具体位置如图 12-1 所示。

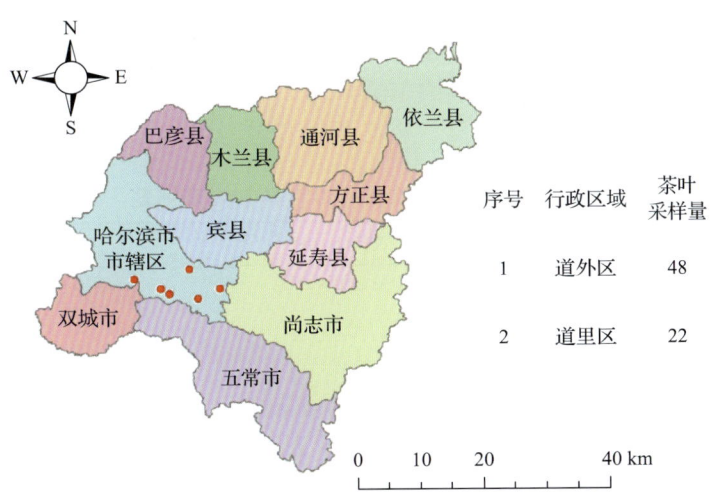

图 12-1　GC-Q-TOF/MS 侦测哈尔滨市 6 个采样点 70 例样品分布示意图

利用 GC-Q-TOF/MS 技术对 70 例样品中的农药进行侦测，侦测出残留农药 65 种，492 频次。侦测出农药残留水平如表 12-1 和图 12-2 所示。检出频次最高的前 10 种农药

表 12-1　侦测出农药的不同残留水平及其所占比例列表

残留水平(μg/kg)	检出频次	占比(%)
1~5(含)	50	10.2
5~10(含)	52	10.6
10~100(含)	254	52.6
100~1000	136	27.6
合计	492	100

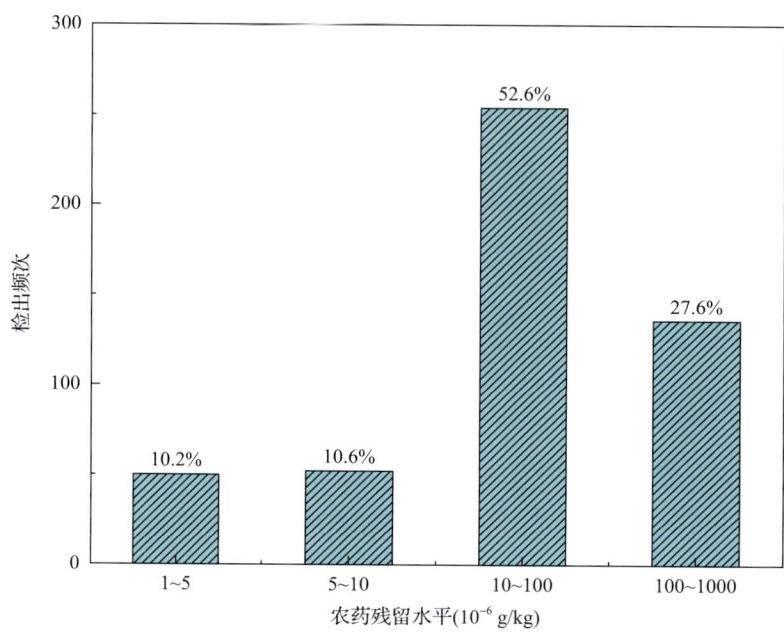

图 12-2 残留农药检出浓度频数分布图

如表 12-2 所示。从检测结果中可以看出，在茶叶中农药残留普遍存在，且有些茶叶存在高浓度的农药残留，这些可能存在膳食暴露风险，对人体健康产生危害，因此，为了定量地评价茶叶中农药残留的风险程度，有必要对其进行风险评价。

表 12-2 检出频次最高的前 10 种农药列表

序号	农药	检出频次
1	联苯菊酯	51
2	异丁子香酚	42
3	唑虫酰胺	34
4	邻苯二甲酰亚胺	32
5	氯氟氰菊酯	22
6	猛杀威	20
7	烟碱	16
8	残杀威	15
9	虫螨腈	15
10	丁香酚	15

12.1.2 农药残留风险评价模型

对哈尔滨市茶叶中农药残留分别开展暴露风险评估和预警风险评估。膳食暴露风险评估利用食品安全指数模型对茶叶中的残留农药对人体可能产生的危害程度进行评价，该模型结合残留监测和膳食暴露评估评价化学污染物的危害；预警风险评价模型运用风险系数（risk index，R），风险系数综合考虑了危害物的超标率、施检频率及其本身敏感性的影响，能直观而全面地反映出危害物在一段时间内的风险程度。

12.1.2.1 食品安全指数模型

为了加强食品安全管理，《中华人民共和国食品安全法》第二章第十七条规定"国家建立食品安全风险评估制度，运用科学方法，根据食品安全风险监测信息、科学数据以及有关信息，对食品、食品添加剂、食品相关产品中生物性、化学性和物理性危害因素进行风险评估"[1]，膳食暴露评估是食品危险度评估的重要组成部分，也是膳食安全性的衡量标准[2]。国际上最早研究膳食暴露风险评估的机构主要是 JMPR(FAO、WHO 农药残留联合会议)，该组织自 1995 年就已制定了急性毒性物质的风险评估急性毒性农药残留摄入量的预测。1960 年美国规定食品中不得加入致癌物质进而提出零阈值理论，渐渐零阈值理论发展成在一定概率条件下可接受风险的概念[3]，后衍变为食品中每日允许最大摄入量(ADI)，而国际食品农药残留法典委员会(CCPR)认为 ADI 不是独立风险评估的唯一标准[4]，1995 年 JMPR 开始研究农药急性膳食暴露风险评估，并对食品国际短期摄入量的计算方法进行了修正，亦对膳食暴露评估准则及评估方法进行了修正[5]。2002 年，在对世界上现行的食品安全评价方法，尤其是国际公认的 CAC 评价方法、全球环境监测系统/食品污染监测和评估规划(WHO GEMS/Food)及 FAO、WHO 食品添加剂联合专家委员会(JECFA)和 JMPR 对食品安全风险评估工作研究的基础之上，检验检疫食品安全管理的研究人员提出了结合残留监控和膳食暴露评估，以食品安全指数 IFS 计算食品中各种化学污染物对消费者的健康危害程度[6]。IFS 是表示食品安全状态的新方法，可有效地评价某种农药的安全性，进而评价食品中各种农药化学污染物对消费者健康的整体危害程度[7,8]。从理论上分析，IFS_c 可指出食品中的污染物 c 对消费者健康是否存在危害及危害的程度[9]。其优点在于操作简单且结果容易被接受和理解，不需要大量的数据来对结果进行验证，使用默认的标准假设或者模型即可[10,11]。

1) IFS_c 的计算

IFS_c 计算公式如下：

$$IFS_c = \frac{EDI_c \times f}{SI_c \times bw} \tag{12-1}$$

式中，c 为所研究的农药；EDI_c 为农药 c 的实际日摄入量估算值，等于 $\sum(R_i \times F_i \times E_i \times P_i)$($i$ 为食品种类；R_i 为食品 i 中农药 c 的残留水平，mg/kg；F_i 为食品 i 的估计日消费量，g/(人·天)；E_i 为食品 i 的可食用部分因子；P_i 为食品 i 的加工处理因子)；SI_c 为安全摄入量，可采用每日允许最大摄入量 ADI；bw 为人平均体重，kg；f 为校正因子，如果安全摄入量采用 ADI，则 f 取 1。

$IFS_c \ll 1$，农药 c 对食品安全没有影响；$IFS_c \leqslant 1$，农药 c 对食品安全的影响可以接受；$IFS_c > 1$，农药 c 对食品安全的影响不可接受。

本次评价中：

$IFS_c \leqslant 0.1$，农药 c 对茶叶安全没有影响；

$0.1 < IFS_c \leqslant 1$，农药 c 对茶叶安全的影响可以接受；

$IFS_c > 1$，农药 c 对茶叶安全的影响不可接受。

本次评价中残留水平 R_i 取值为中国检验检疫科学研究院庞国芳院士课题组利用以高分辨精确质量数（0.0001 m/z）为基准的 GC-Q-TOF/MS 侦测技术于 2019 年 1 月期间对哈尔滨市茶叶农药残留的侦测结果，估计日消费量 F_i 取值 0.0047kg/（人·天），$E_i=1$，$P_i=1$，$f=1$，SI_c 采用《食品安全国家标准 食品中农药最大残留限量》（GB 2763—2016）中 ADI 值（具体数值见表 12-3），人平均体重（bw）取值 60 kg。

表 12-3 哈尔滨市茶叶中侦测出农药的 ADI 值

序号	农药	ADI	序号	农药	ADI	序号	农药	ADI
1	烟碱	0.0008	23	丙环唑	0.07	45	异丁子香酚	—
2	唑虫酰胺	0.006	24	烯唑醇	0.005	46	棉铃威	—
3	三唑磷	0.001	25	稻瘟灵	0.016	47	苯醚氰菊酯	—
4	联苯菊酯	0.01	26	异菌脲	0.06	48	草完隆	—
5	噻唑酮	0.009	27	乙草胺	0.02	49	残杀威	—
6	氯氟氰菊酯	0.02	28	二苯胺	0.08	50	氟丙菊酯	—
7	氟虫腈	0.0002	29	仲丁威	0.06	51	炔丙菊酯	—
8	哒螨灵	0.01	30	吡丙醚	0.1	52	烯虫炔酯	—
9	硫丹	0.006	31	氯菊酯	0.05	53	烯虫酯	—
10	虫螨腈	0.03	32	乙螨唑	0.05	54	猛杀威	—
11	甲氰菊酯	0.03	33	嘧菌酯	0.2	55	环草啶	—
12	唑胺菌酯	0.004	34	1,4-二甲萘	—	56	甲醚菊酯	—
13	毒死蜱	0.01	35	2,6-二硝基-3-甲氧基-4-叔丁基甲苯	—	57	联苯	—
14	水胺硫磷	0.003	36	4,4-二氯二苯甲酮	—	58	肟醚菌胺	—
15	氯氰菊酯	0.02	37	4-溴-3,5-二甲苯基-N-甲基氨基甲酸酯	—	59	芬螨酯	—
16	氟虫脲	0.04	38	丁香酚	—	60	蒽醌	—
17	三滤杀螨醇	0.002	39	三异丁基磷酸盐	—	61	西玛通	—
18	虱螨脲	0.015	40	乙氧呋草黄	—	62	解草嗪	—
19	丙溴磷	0.03	41	呋草黄	—	63	速灭威	—
20	三唑醇	0.03	42	四氢吩胺	—	64	邻苯二甲酰亚胺	—
21	苯醚甲环唑	0.01	43	威杀灵	—	65	麦草氟甲酯	—
22	戊唑醇	0.03	44	安硫磷	—			

注："—"表示为国家标准中无 ADI 值规定；ADI 值单位为 mg/kg bw

2）计算 IFS_c 的平均值 $\overline{IFS}$，评价农药对食品安全的影响程度

以 $\overline{IFS}$ 评价各种农药对人体健康危害的总程度，评价模型见公式（12-2）。

$$\overline{\mathrm{IFS}} = \frac{\sum_{i=1}^{n} \mathrm{IFS}_c}{n} \tag{12-2}$$

$\overline{\mathrm{IFS}} \ll 1$，所研究消费者人群的食品安全状态很好；$\overline{\mathrm{IFS}} \leqslant 1$，所研究消费者人群的食品安全状态可以接受；$\overline{\mathrm{IFS}} > 1$，所研究消费者人群的食品安全状态不可接受。

本次评价中：

$\overline{\mathrm{IFS}} \leqslant 0.1$，所研究消费者人群的茶叶安全状态很好；

$0.1 < \overline{\mathrm{IFS}} \leqslant 1$，所研究消费者人群的茶叶安全状态可以接受；

$\overline{\mathrm{IFS}} > 1$，所研究消费者人群的茶叶安全状态不可接受。

12.1.2.2 预警风险评估模型

2003年，我国检验检疫食品安全管理的研究人员根据WTO的有关原则和我国的具体规定，结合危害物本身的敏感性、风险程度及其相应的施检频率，首次提出了食品中危害物风险系数 R 的概念[12]。R 是衡量一个危害物的风险程度大小最直观的参数，即在一定时期内其超标率或阳性检出率的高低，但受其施检频率的高低及其本身的敏感性(受关注程度)影响。该模型综合考察了农药在茶叶中的超标率、施检频率及其本身敏感性，能直观而全面地反映出农药在一段时间内的风险程度[13]。

1) R 计算方法

危害物的风险系数综合考虑了危害物的超标率或阳性检出率、施检频率和其本身的敏感性影响，并能直观而全面地反映出危害物在一段时间内的风险程度。风险系数 R 的计算公式如式(12-3)：

$$R = aP + \frac{b}{F} + S \tag{12-3}$$

式中，P 为该种危害物的超标率；F 为危害物的施检频率；S 为危害物的敏感因子；a，b 分别为相应的权重系数。

本次评价中 $F = 1$；$S = 1$；$a = 100$；$b = 0.1$，对参数 P 进行计算，计算时首先判断是否为禁用农药，如果为非禁用农药，$P =$ 超标的样品数(侦测出的含量高于食品最大残留限量标准值，即MRL)除以总样品数(包括超标、不超标、未侦测出)；如果为禁用农药，则侦测出即为超标，$P =$ 能侦测出的样品数除以总样品数。判断哈尔滨市茶叶农药残留是否超标的标准限值MRL分别以MRL中国国家标准[14]和MRL欧盟标准作为对照，具体值列于本报告附表一中。

2) 评价风险程度

$R \leqslant 1.5$，受检农药处于低度风险；

$1.5 < R \leqslant 2.5$，受检农药处于中度风险；

$R > 2.5$，受检农药处于高度风险。

12.1.2.3 食品膳食暴露风险和预警风险评估应用程序的开发

1) 应用程序开发的步骤

为成功开发膳食暴露风险和预警风险评估应用程序,与软件工程师多次沟通讨论,逐步提出并描述清楚计算需求,开发了初步应用程序。为明确出不同茶叶、不同农药、不同地域的风险水平,向软件工程师提出不同的计算需求,软件工程师对计算需求进行逐一分析,经过反复的细节沟通,需求分析得到明确后,开始进行解决方案的设计,在保证需求的完整性、一致性的前提下,编写出程序代码,最后设计出满足需求的风险评估专用计算软件,并通过一系列的软件测试和改进,完成专用程序的开发。软件开发基本步骤见图 12-3。

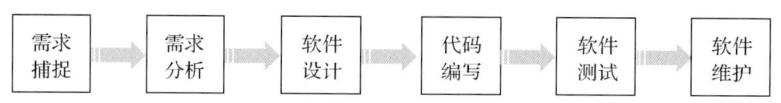

图 12-3 专用程序开发总体步骤

2) 膳食暴露风险评估专业程序开发的基本要求

首先直接利用公式(12-1),分别计算 LC-Q-TOF/MS 和 GC-Q-TOF/MS 仪器侦测出的各茶叶样品中每种农药 IFS_c,将结果列出。为考察超标农药和禁用农药的使用安全性,分别以我国《食品安全国家标准 食品中农药最大残留限量》(GB 2763—2016)和欧盟食品中农药最大残留限量(以下简称 MRL 中国国家标准和 MRL 欧盟标准)为标准,对侦测出的禁用农药和超标的非禁用农药 IFS_c 单独进行评价;按 IFS_c 大小列表,并找出 IFS_c 值排名前 20 的样本重点关注。

对不同茶叶 i 中每一种侦测出的农药 c 的安全指数进行计算,多个样品时求平均值。按农药种类,计算整个监测时间段内每种农药的 IFS_c,不区分茶叶种类。

3) 预警风险评估专业程序开发的基本要求

分别以 MRL 中国国家标准和 MRL 欧盟标准,按公式(12-3)逐个计算不同茶叶、不同农药的风险系数,禁用农药和非禁用农药分别列表。

为清楚了解各种农药的预警风险,不分时间,不分茶叶,按禁用农药和非禁用农药分类,分别计算各种侦测出农药全部检测时段内风险系数。由于有 MRL 中国国家标准的农药种类太少,无法计算超标数,非禁用农药的风险系数只以 MRL 欧盟标准为标准,进行计算。

4) 风险程度评价专业应用程序的开发方法

采用 Python 计算机程序设计语言,Python 是一个高层次地结合了解释性、编译性、互动性和面向对象的脚本语言。风险评价专用程序主要功能包括:分别读入每例样品 LC-Q-TOF/MS 和 GC-Q-TOF/MS 农药残留检测数据,根据风险评价工作要求,依次对不同农药、不同食品、不同时间、不同采样点的 IFS_c 值和 R 值分别进行数据计算,筛选出禁用农药、超标农药(分别与 MRL 中国国家标准、MRL 欧盟标准限值进行对比)单独重点分析,再分别对各农药、各茶叶种类分类处理,设计出计算和排序程序,编写计算机代码，最后将生成的膳食暴露风险评估和超标风险评估定量计算结果列入设计好的各个表格中，并定性判断风险对目标的影响程度，直接用文字描述风险发生的高低，如"不可接受"、"可以接受"、"没有影响"、"高度风险"、"中度风险"、"低度风险"。

12.2 GC-Q-TOF/MS 侦测哈尔滨市市售茶叶农药残留膳食暴露风险评估

12.2.1 每例茶叶样品中农药残留安全指数分析

基于 2019 年 1 月的农药残留侦测数据，发现在 70 例样品中侦测出农药 492 频次，计算样品中每种残留农药的安全指数 IFS_c，并分析农药对样品安全的影响程度，结果详见附表二，农药残留对茶叶样品安全的影响程度频次分布情况如图 12-4 所示。

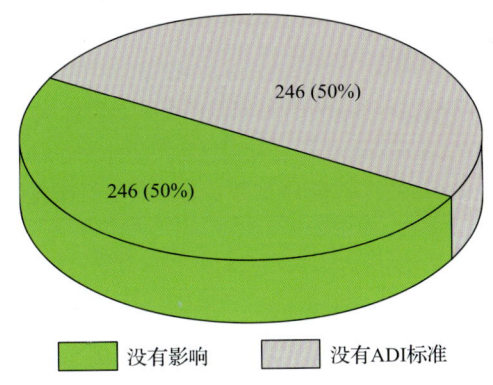

图 12-4　农药残留对茶叶样品安全的影响程度频次分布图

由图 12-4 可以看出，农药残留对样品安全的没有影响的频次为 246，占 50%。

部分样品侦测出禁用农药 6 种 30 频次，为了明确残留的禁用农药对样品安全的影响，分析侦测出禁用农药残留的样品安全指数，禁用农药残留对茶叶样品安全的影响程度频次分布情况如图 12-5 所示，农药残留对样品安全没有影响的频次为 30，占 100%。

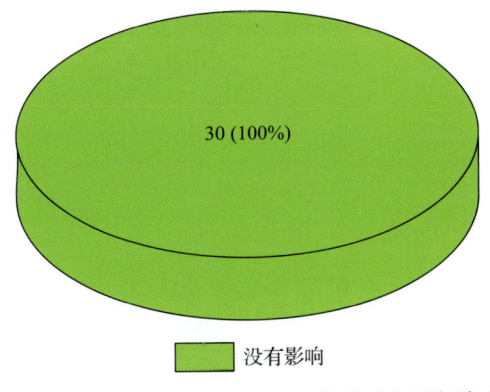

图 12-5　禁用农药对茶叶样品安全影响程度的频次分布图

此外，本次侦测发现部分样品中非禁用农药残留量超过了 MRL 欧盟标准，为了明确超标的非禁用农药对样品安全的影响，分析了非禁用农药残留超标的样品安全指数。

残留量超过 MRL 欧盟标准的非禁用农药对茶叶样品安全的影响程度频次分布情况如图 12-6 所示。可以看出超过 MRL 欧盟标准的非禁用农药共 240 频次，其中农药残留对样品安全没有影响的频次为 80，占 33.33%。表 12-4 为茶叶样品中安全指数排名前 10 的残留超标非禁用农药列表。

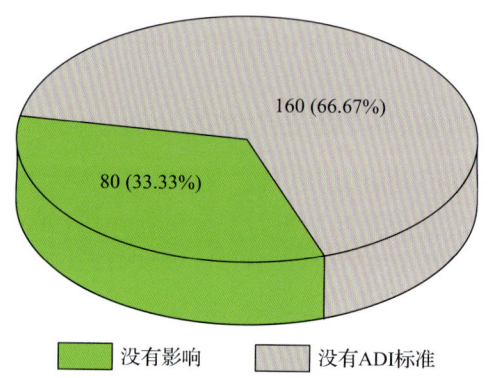

图 12-6　残留超标的非禁用农药对茶叶样品安全的影响程度频次分布图(MRL 欧盟标准)

表 12-4　茶叶样品中安全指数排名前 10 的残留超标非禁用农药列表(**MRL 欧盟标准**)

序号	样品编号	采样点	基质	农药	含量 (mg/kg)	欧盟标准	IFS_c	影响程度
1	20190126-230100-QHDCIQ-GT-04E	***茶业店	绿茶	唑虫酰胺	0.6209	0.01	8.11×10^{-3}	没有影响
2	20190126-230100-QHDCIQ-GT-03A	***茶叶店	绿茶	唑虫酰胺	0.5535	0.01	7.23×10^{-3}	没有影响
3	20190127-230100-QHDCIQ-GT-05D	***茶叶店	绿茶	唑虫酰胺	0.4428	0.01	5.78×10^{-3}	没有影响
4	20190126-230100-QHDCIQ-FT-02B	***茶叶店	花茶	唑虫酰胺	0.3803	0.01	4.97×10^{-3}	没有影响
5	20190126-230100-QHDCIQ-GT-04B	***茶业店	绿茶	唑虫酰胺	0.3794	0.01	4.95×10^{-3}	没有影响
6	20190126-230100-QHDCIQ-GT-03B	***茶叶店	绿茶	唑虫酰胺	0.3655	0.01	4.77×10^{-3}	没有影响
7	20190126-230100-QHDCIQ-GT-01A	***超市(永平店)	绿茶	唑虫酰胺	0.3461	0.01	4.52×10^{-3}	没有影响
8	20190127-230100-QHDCIQ-GT-06F	***批发市场(冠宇茶行店)	绿茶	唑虫酰胺	0.3387	0.01	4.42×10^{-3}	没有影响
9	20190126-230100-QHDCIQ-GT-02G	***茶叶店	绿茶	唑虫酰胺	0.3217	0.01	4.20×10^{-3}	没有影响
10	20190127-230100-QHDCIQ-GT-06B	***批发市场(冠宇茶行店)	绿茶	唑虫酰胺	0.3082	0.01	4.02×10^{-3}	没有影响

12.2.2　单种茶叶中农药残留安全指数分析

本次 3 种茶叶侦测 65 种农药，检出频次为 492 次，其中 32 种农药没有 ADI，33 种农药存在 ADI 标准。3 种茶叶按不同种类分别计算侦测出的具有 ADI 标准的各种农药的 IFS_c 值，农药残留对茶叶的安全指数分布图如图 12-7 所示。

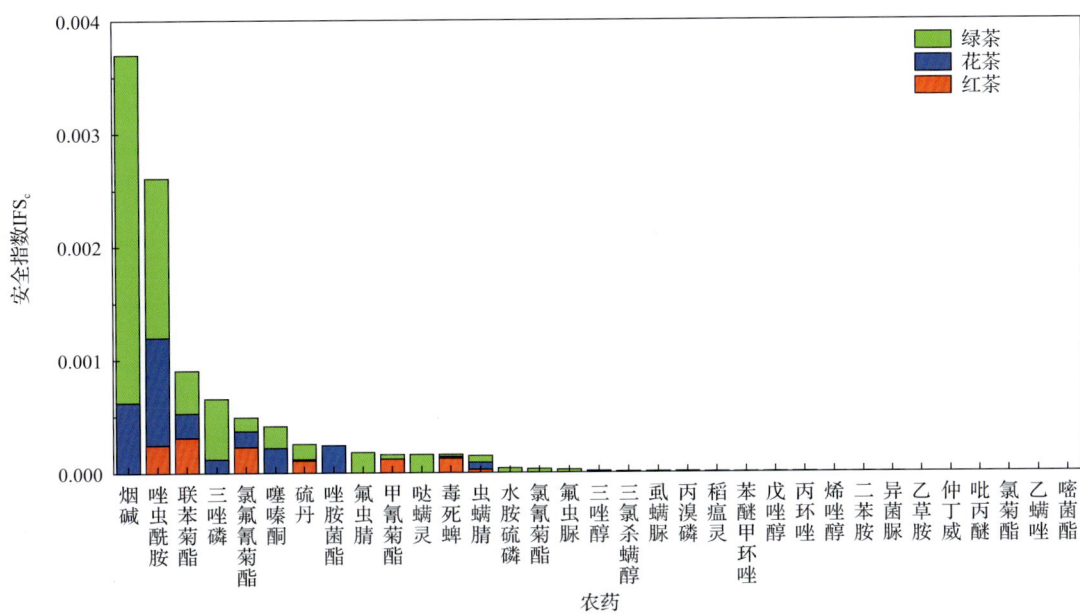

图 12-7 3 种茶叶中 33 种残留农药的安全指数分布图

本次侦测中,3 种茶叶和 33 种残留农药(包括没有 ADI)共涉及 103 个分析样本,农药对单种茶叶安全的影响程度分布情况如图 12-8 所示。可以看出,49.51%的样本中农药对茶叶安全没有影响。

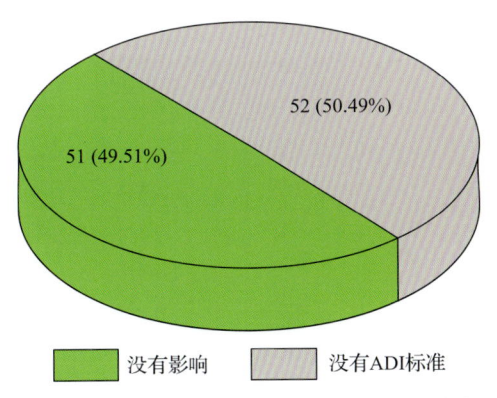

图 12-8 103 个分析样本的影响程度频次分布图

12.2.3 所有茶叶中农药残留安全指数分析

计算所有茶叶中 33 种农药的 IFS_c 值,结果如图 12-9 及表 12-5 所示。

分析发现,所有农药的 IFS_c 均小于 1,即所有农药对茶叶安全的影响均是没有影响,说明茶叶中残留的农药不会对茶叶安全造成影响。

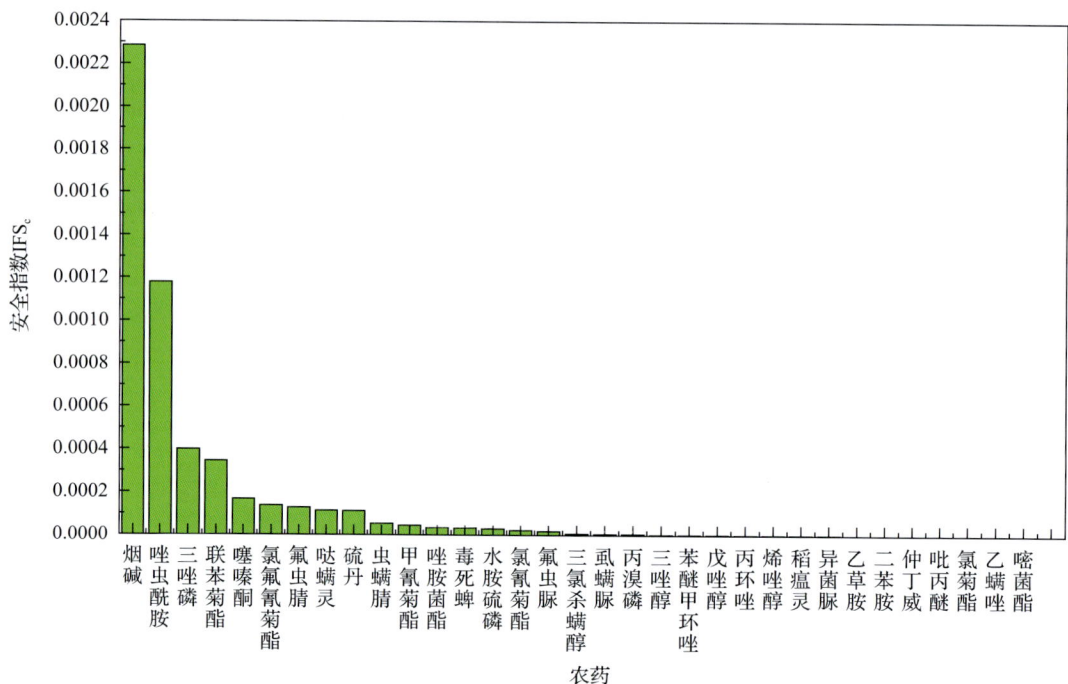

图 12-9 33 种残留农药对茶叶的安全影响程度统计图

表 12-5 茶叶中 33 种农药残留的安全指数表

序号	农药	检出频次	检出率(%)	IFS_c	影响程度	序号	农药	检出频次	检出率(%)	IFS_c	影响程度
1	烟碱	16	22.86	$2.29×10^{-3}$	没有影响	18	虱螨脲	6	8.57	$6.24×10^{-6}$	没有影响
2	唑虫酰胺	34	48.57	$1.18×10^{-3}$	没有影响	19	丙溴磷	2	2.86	$5.91×10^{-6}$	没有影响
3	三唑磷	6	8.57	$3.99×10^{-4}$	没有影响	20	三唑醇	3	4.29	$3.42×10^{-6}$	没有影响
4	联苯菊酯	51	72.86	$3.46×10^{-4}$	没有影响	21	苯醚甲环唑	2	2.86	$2.84×10^{-6}$	没有影响
5	噻嗪酮	14	20.00	$1.68×10^{-4}$	没有影响	22	戊唑醇	4	5.71	$2.80×10^{-6}$	没有影响
6	氯氟氰菊酯	22	31.43	$1.39×10^{-4}$	没有影响	23	丙环唑	3	4.29	$1.97×10^{-6}$	没有影响
7	氟虫腈	2	2.86	$1.29×10^{-4}$	没有影响	24	烯唑醇	1	1.43	$1.10×10^{-6}$	没有影响
8	哒螨灵	12	17.14	$1.15×10^{-4}$	没有影响	25	稻瘟灵	1	1.43	$7.76×10^{-7}$	没有影响
9	硫丹	9	12.86	$1.14×10^{-4}$	没有影响	26	异菌脲	1	1.43	$7.37×10^{-7}$	没有影响
10	虫螨腈	15	21.43	$5.50×10^{-5}$	没有影响	27	乙草胺	1	1.43	$5.09×10^{-7}$	没有影响
11	甲氰菊酯	11	15.71	$4.62×10^{-5}$	没有影响	28	二苯胺	5	7.14	$4.63×10^{-7}$	没有影响
12	唑胺菌酯	2	2.86	$3.46×10^{-5}$	没有影响	29	仲丁威	2	2.86	$4.29×10^{-7}$	没有影响
13	毒死蜱	10	14.29	$3.42×10^{-5}$	没有影响	30	吡丙醚	2	2.86	$3.08×10^{-7}$	没有影响
14	水胺硫磷	1	1.43	$2.88×10^{-5}$	没有影响	31	氯菊酯	1	1.43	$2.06×10^{-7}$	没有影响
15	氯氰菊酯	2	2.86	$2.30×10^{-5}$	没有影响	32	乙螨唑	1	1.43	$1.68×10^{-7}$	没有影响
16	氟虫脲	1	1.43	$1.88×10^{-5}$	没有影响	33	嘧菌酯	1	1.43	$1.61×10^{-7}$	没有影响
17	三氯杀螨醇	16	2.86	$6.43×10^{-6}$	没有影响						

12.3 GC-Q-TOF/MS 侦测哈尔滨市市售茶叶农药残留预警风险评估

基于哈尔滨市茶叶样品中农药残留 GC-Q-TOF/MS 侦测数据，分析禁用农药的检出率，同时参照中华人民共和国国家标准 GB 2763—2016 和欧盟农药最大残留限量（MRL）标准分析非禁用农药残留的超标率，并计算农药残留风险系数。分析单种茶叶中农药残留以及所有茶叶中农药残留的风险程度。

12.3.1 单种茶叶中农药残留风险系数分析

12.3.1.1 单种茶叶中禁用农药残留风险系数分析

侦测出的 65 种残留农药中有 6 种为禁用农药，且它们分布在 3 种茶叶中，计算 3 种茶叶中禁用农药的检出率，根据检出率计算风险系数 R，进而分析茶叶中禁用农药的风险程度，结果如图 12-10 与表 12-6 所示。分析发现 6 种禁用农药在 3 种茶叶中的残留处均于高度风险。

12.3.1.2 基于 MRL 中国国家标准的单种茶叶中非禁用农药残留风险系数分析

参照中华人民共和国国家标准 GB 2763—2016 中农药残留限量计算每种茶叶中每种非禁用农药的超标率，进而计算其风险系数，根据风险系数大小判断残留农药的预警风险程度，茶叶中非禁用农药残留风险程度分布情况如图 12-11 所示。

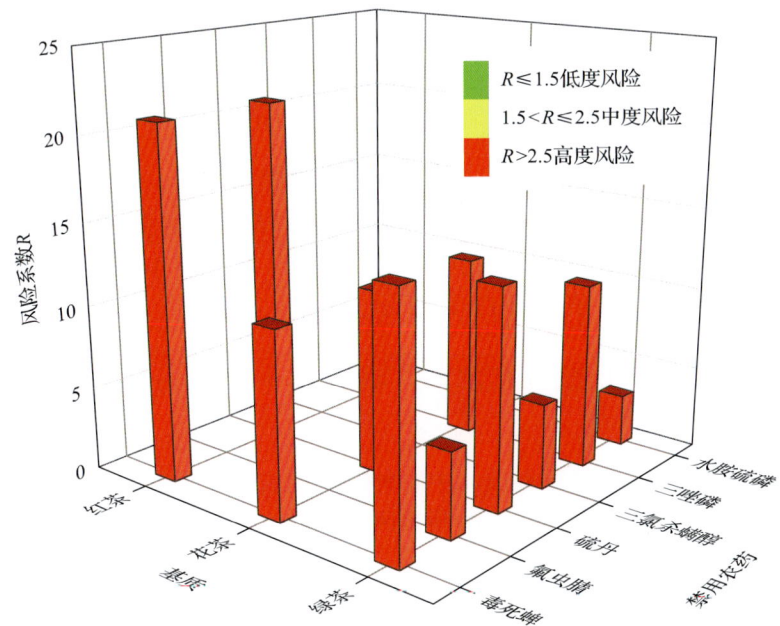

图 12-10　3 种茶叶中 6 种禁用农药的风险系数分布图

表 12-6 3 种茶叶中 6 种禁用农药的风险系数列表

序号	基质	农药	检出频次	检出率(%)	风险系数 R	风险程度
1	红茶	毒死蜱	2	20	21.10	高度风险
2	红茶	硫丹	2	20	21.10	高度风险
3	绿茶	三唑磷	5	10	11.10	高度风险
4	绿茶	三氯杀螨醇	2	4	5.10	高度风险
5	绿茶	毒死蜱	7	14	15.10	高度风险
6	绿茶	氟虫腈	2	4	5.10	高度风险
7	绿茶	水胺硫磷	1	2	3.10	高度风险
8	绿茶	硫丹	6	12	13.10	高度风险
9	花茶	三唑磷	1	10	11.10	高度风险
10	花茶	毒死蜱	1	10	11.10	高度风险
11	花茶	硫丹	1	10	11.10	高度风险

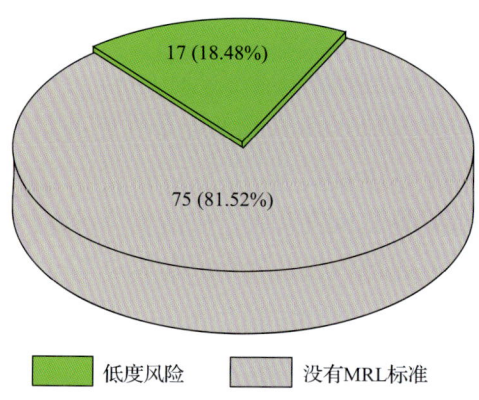

图 12-11 茶叶中非禁用农药残留的风险程度分布图(MRL 中国国家标准)

本次分析中,发现在 3 种茶叶检出 59 种残留非禁用农药,涉及样本 92 个,在 92 个样本中,18.48%处于低度风险,此外发现其余共有 75 个样本没有 MRL 中国国家标准值,无法判断其风险程度,有 MRL 中国国家标准值的 17 个样本涉及 3 种茶叶中的 9 种非禁用农药,其风险系数 R 值如图 12-12 所示。

12.3.1.3 基于 MRL 欧盟标准的单种茶叶中非禁用农药残留风险系数分析

参照 MRL 欧盟标准计算每种茶叶中每种非禁用农药的超标率,进而计算其风险系数,根据风险系数大小判断农药残留的预警风险程度,茶叶中非禁用农药残留风险程度分布情况如图 12-13 所示。

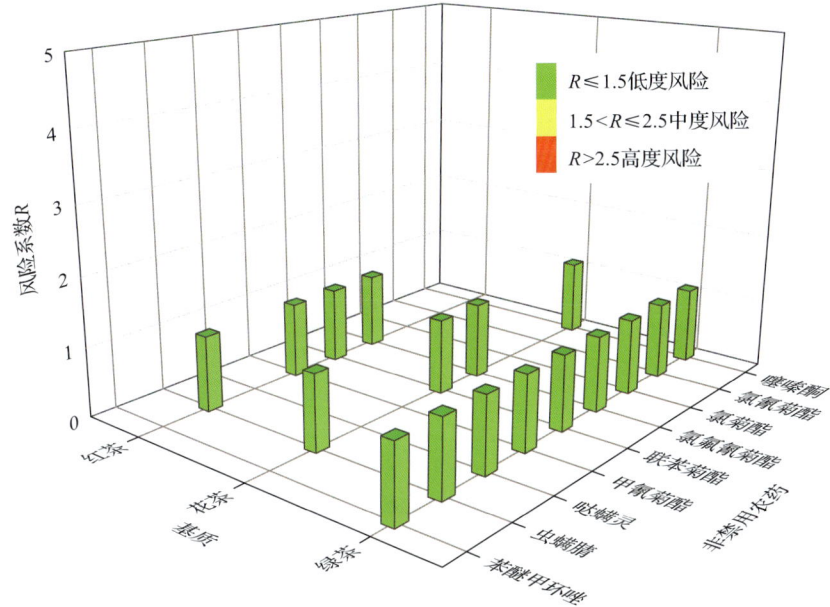

图 12-12　3 种茶叶中 9 种非禁用农药残留的风险系数图（MRL 中国国家标准）

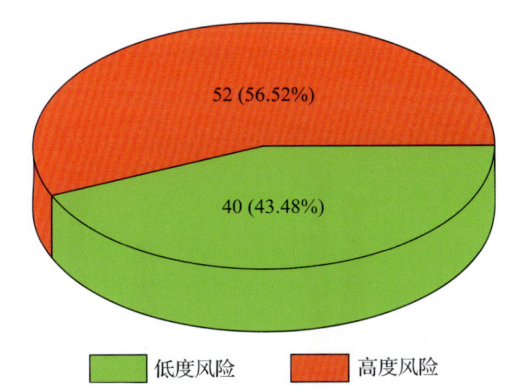

图 12-13　茶叶中非禁用农药残留的风险程度分布图（MRL 欧盟标准）

本次分析中，发现在 3 种茶叶中共侦测出 59 种非禁用农药，涉及样本 92 个，其中，56.52%处于高度风险，涉及 3 种茶叶和 33 种农药；43.48%处于低度风险，涉及 3 种茶叶和 30 种农药。单种茶叶中的非禁用农药风险系数分布图如图 12-14 所示。单种茶叶中处于高度风险的非禁用农药风险系数如图 12-15 和表 12-7 所示。

12.3.2　所有茶叶中农药残留风险系数分析

12.3.2.1　所有茶叶中禁用农药残留风险系数分析

在侦测出的 65 种农药中有 6 种为禁用农药，计算所有茶叶中禁用农药的风险系数，结果如表 12-8 所示。禁用农药毒死蜱、硫丹、三唑磷、三氯杀螨醇、氟虫腈和水胺硫磷均处于高度风险。

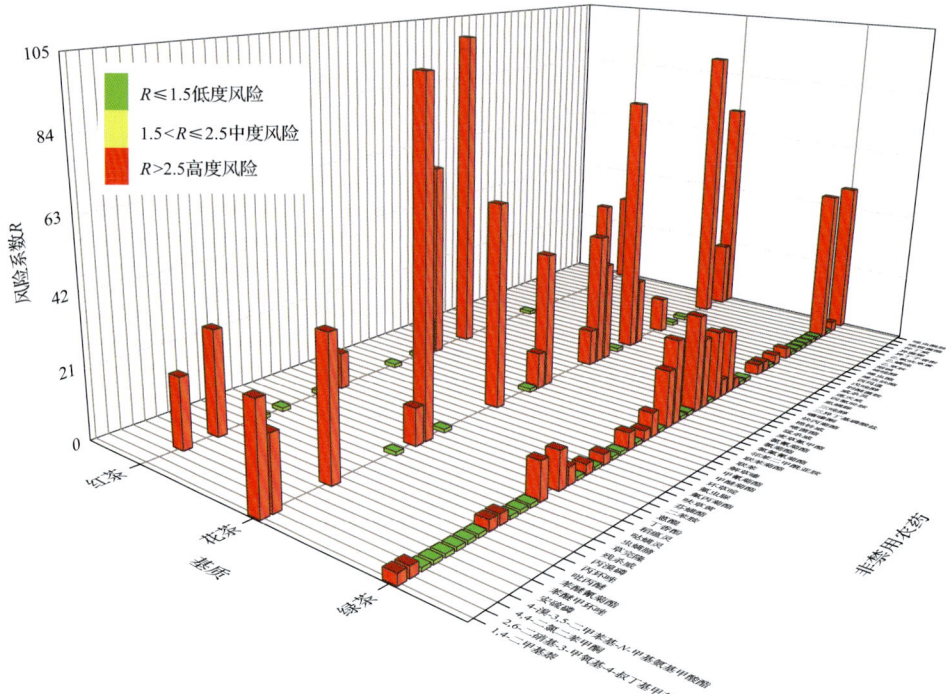

图 12-14　3 种茶叶中 59 种非禁用农药残留的风险系数图(MRL 欧盟标准)

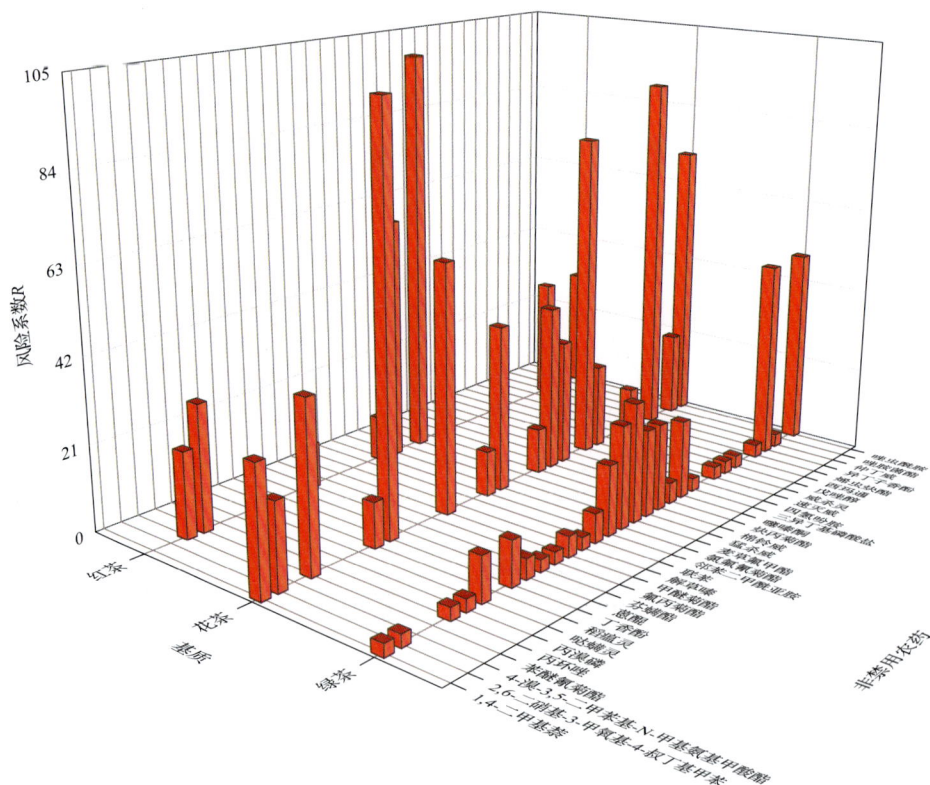

图 12-15　单种茶叶中处于高度风险的非禁用农药残留的风险系数图(MRL 欧盟标准)

表 12-7　单种茶叶中处于高度风险的非禁用农药的残留风险系数表（**MRL** 欧盟标准）

序号	基质	农药	超标频次	超标率 $P(\%)$	风险系数 R
1	红茶	猛杀威	10	100	101.10
2	花茶	丁香酚	10	100	101.10
3	花茶	异丁子香酚	9	90	91.10
4	花茶	四氢吩胺	8	80	81.10
5	花茶	唑虫酰胺	7	70	71.10
6	红茶	氯氟氰菊酯	6	60	61.10
7	花茶	甲醚菊酯	6	60	61.10
8	绿茶	唑虫酰胺	24	48	49.10
9	绿茶	异丁子香酚	24	48	49.10
10	花茶	氯氟氰菊酯	4	40	41.10
11	花茶	炔丙菊酯	4	40	41.10
12	花茶	苯醚氰菊酯	4	40	41.10
13	红茶	唑虫酰胺	3	30	31.10
14	红茶	异丁子香酚	3	30	31.10
15	红茶	苯醚氰菊酯	3	30	31.10
16	花茶	1,4-二甲基萘	3	30	31.10
17	花茶	噻嗪酮	3	30	31.10
18	绿茶	麦草氟甲酯	14	28	29.10
19	绿茶	氯氟氰菊酯	12	24	25.10
20	红茶	4-溴-3,5-二甲苯基-N-甲基氨基甲酸酯	2	20	21.10
21	绿茶	棉铃威	10	20	21.10
22	绿茶	猛杀威	10	20	21.10
23	花茶	2,6-二硝基-3-甲氧基-4-叔丁基甲苯	2	20	21.10
24	花茶	唑胺菌酯	2	20	21.10
25	花茶	速灭威	2	20	21.10
26	绿茶	噻嗪酮	9	18	19.10
27	绿茶	邻苯二甲酰亚胺	8	16	17.10
28	红茶	芬螨酯	1	10	11.10
29	红茶	邻苯二甲酰亚胺	1	10	11.10
30	绿茶	丁香酚	5	10	11.10
31	绿茶	哒螨灵	5	10	11.10
32	花茶	棉铃威	1	10	11.10
33	花茶	稻瘟灵	1	10	11.10

续表

序号	基质	农药	超标频次	超标率 P(%)	风险系数 R
34	花茶	西玛通	1	10	11.10
35	花茶	邻苯二甲酰亚胺	1	10	11.10
36	绿茶	联苯	3	6	7.10
37	绿茶	炔丙菊酯	2	4	5.10
38	绿茶	甲醚菊酯	2	4	5.10
39	绿茶	蒽醌	2	4	5.10
40	绿茶	1,4-二甲基萘	1	2	3.10
41	绿茶	2,6-二硝基-3-甲氧基-4-叔丁基甲苯	1	2	3.10
42	绿茶	三异丁基磷酸盐	1	2	3.10
43	绿茶	丙溴磷	1	2	3.10
44	绿茶	丙环唑	1	2	3.10
45	绿茶	仲丁威	1	2	3.10
46	绿茶	威杀灵	1	2	3.10
47	绿茶	戊唑醇	1	2	3.10
48	绿茶	氟丙菊酯	1	2	3.10
49	绿茶	烯虫炔酯	1	2	3.10
50	绿茶	芬螨酯	1	2	3.10
51	绿茶	解草嗪	1	2	3.10
52	绿茶	速灭威	1	2	3.10

表 12-8 茶叶中 6 种禁用农药的风险系数表

序号	农药	检出频次	检出率(%)	风险系数 R	风险程度
1	毒死蜱	10	14.29	15.39	高度风险
2	硫丹	9	12.86	13.96	高度风险
3	三唑磷	6	8.57	9.67	高度风险
4	三氯杀螨醇	2	2.86	3.96	高度风险
5	氟虫腈	2	2.86	3.96	高度风险
6	水胺硫磷	1	1.43	2.53	高度风险

12.3.2.2 所有茶叶中非禁用农药残留风险系数分析

参照 MRL 欧盟标准计算所有茶叶中每种非禁用农药残留的风险系数,如图 12-16 与表 12-9 所示。在侦测出的 59 种非禁用农药中,33 种农药(55.93%)残留处于高度风险,26 种农药(44.07%)残留处于低度风险。

第 12 章 GC-Q-TOF/MS 侦测哈尔滨市市售茶叶农药残留膳食暴露风险与预警风险评估

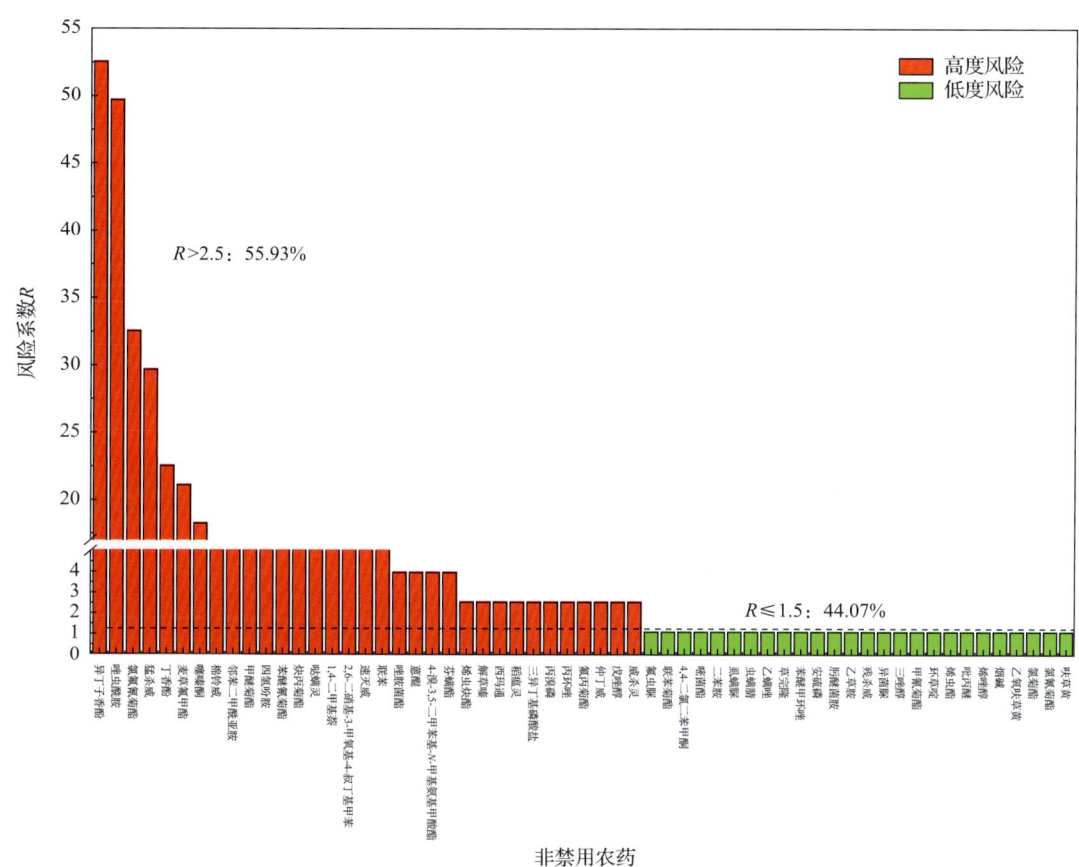

图 12-16 茶叶中 59 种非禁用农药的风险程度统计图

表 12-9 茶叶中 59 种非禁用农药的风险系数表

序号	农药	超标频次	超标率 P(%)	风险系数 R	风险程度
1	异丁子香酚	36	514.29	52.53	高度风险
2	唑虫酰胺	34	48.57	49.68	高度风险
3	氯氟氰菊酯	22	31.43	32.53	高度风险
4	猛杀威	20	28.57	29.68	高度风险
5	丁香酚	15	21.43	22.53	高度风险
6	麦草氟甲酯	14	20.00	21.10	高度风险
7	噻嗪酮	12	17.14	18.24	高度风险
8	棉铃威	11	15.71	16.81	高度风险
9	邻苯二甲酰亚胺	10	14.29	15.39	高度风险
10	甲醚菊酯	8	11.43	12.53	高度风险
11	四氢吩胺	8	11.43	12.53	高度风险
12	苯醚氰菊酯	7	10.00	11.10	高度风险
13	炔丙菊酯	6	8.57	9.67	高度风险

续表

序号	农药	超标频次	超标率 $P(\%)$	风险系数 R	风险程度
14	哒螨灵	5	7.14	8.24	高度风险
15	1,4-二甲基萘	4	5.71	6.81	高度风险
16	2,6-二硝基-3-甲氧基-4-叔丁基甲苯	3	4.29	5.39	高度风险
17	速灭威	3	4.29	5.39	高度风险
18	联苯	3	4.29	5.39	高度风险
19	唑胺菌酯	2	2.86	3.96	高度风险
20	蒽醌	2	2.86	3.96	高度风险
21	4-溴-3,5-二甲苯基-N-甲基氨基甲酸酯	2	2.86	3.96	高度风险
22	芬螨酯	2	2.86	3.96	高度风险
23	烯虫炔酯	1	1.43	2.53	高度风险
24	解草嗪	1	1.43	2.53	高度风险
25	西玛通	1	1.43	2.53	高度风险
26	稻瘟灵	1	1.43	2.53	高度风险
27	三异丁基磷酸盐	1	1.43	2.53	高度风险
28	丙溴磷	1	1.43	2.53	高度风险
29	丙环唑	1	1.43	2.53	高度风险
30	氟丙菊酯	1	1.43	2.53	高度风险
31	仲丁威	1	1.43	2.53	高度风险
32	戊唑醇	1	1.43	2.53	高度风险
33	威杀灵	1	1.43	2.53	高度风险
34	氟虫脲	0	0	1.10	低度风险
35	联苯菊酯	0	0	1.10	低度风险
36	4,4-二氯二苯甲酮	0	0	1.10	低度风险
37	嘧菌酯	0	0	1.10	低度风险
38	二苯胺	0	0	1.10	低度风险
39	虱螨脲	0	0	1.10	低度风险
40	虫螨腈	0	0	1.10	低度风险
41	乙螨唑	0	0	1.10	低度风险
42	草完隆	0	0	1.10	低度风险
43	苯醚甲环唑	0	0	1.10	低度风险
44	安硫磷	0	0	1.10	低度风险
45	肟醚菌胺	0	0	1.10	低度风险
46	乙草胺	0	0	1.10	低度风险
47	残杀威	0	0	1.10	低度风险

续表

序号	农药	超标频次	超标率 $P(\%)$	风险系数 R	风险程度
48	异菌脲	0	0	1.10	低度风险
49	三唑醇	0	0	1.10	低度风险
50	甲氰菊酯	0	0	1.10	低度风险
51	环草啶	0	0	1.10	低度风险
52	烯虫酯	0	0	1.10	低度风险
53	吡丙醚	0	0	1.10	低度风险
54	烯唑醇	0	0	1.10	低度风险
55	烟碱	0	0	1.10	低度风险
56	乙氧呋草黄	0	0	1.10	低度风险
57	氯菊酯	0	0	1.10	低度风险
58	氯氰菊酯	0	0	1.10	低度风险
59	呋草黄	0	0	1.10	低度风险

12.4 GC-Q-TOF/MS 侦测哈尔滨市市售茶叶农药残留风险评估结论与建议

农药残留是影响茶叶安全和质量的主要因素，也是我国食品安全领域备受关注的敏感话题和亟待解决的重大问题之一[15,16]。各种茶叶均存在不同程度的农药残留现象，本研究主要针对哈尔滨市各类茶叶存在的农药残留问题，基于 2019 年 1 月对哈尔滨市 70 例茶叶样品中农药残留侦测得出的 492 个侦测结果，分别采用食品安全指数模型和风险系数模型，开展茶叶中农药残留的膳食暴露风险和预警风险评估。茶叶样品取自超市和茶叶专营店，符合大众的膳食来源，风险评价时更具有代表性和可信度。

本研究力求通用简单地反映食品安全中的主要问题，且为管理部门和大众容易接受，为政府及相关管理机构建立科学的食品安全信息发布和预警体系提供科学的规律与方法，加强对农药残留的预警和食品安全重大事件的预防，控制食品风险。

12.4.1 哈尔滨市茶叶中农药残留膳食暴露风险评价结论

1) 茶叶样品中农药残留安全状态评价结论

采用食品安全指数模型，对 2019 年 1 月期间哈尔滨市茶叶农药残留膳食暴露风险进行评价，根据 IFS_c 的计算结果发现，茶叶中农药的 $\overline{IFS}$ 为 1.56×10^{-3}，说明哈尔滨市茶叶总体处于可以接受的安全状态，但部分禁用农药、高残留农药在茶叶中仍有侦测出，导致膳食暴露风险的存在，成为不安全因素。

2) 禁用农药膳食暴露风险评价

本次检测发现部分茶叶样品中有禁用农药侦测出，侦测出禁用农药 6 种，侦测出频次为 30，茶叶样品中的禁用农药 IFS_c 计算结果表明，禁用农药残留膳食暴露风险没有影响的频次为 30，占 100%。

12.4.2　哈尔滨市茶叶中农药残留预警风险评价结论

1) 单种茶叶中禁用农药残留的预警风险评价结论

本次检测过程中，在 3 种茶叶中检测出 6 种禁用农药，禁用农药为：毒死蜱、氟虫腈、硫丹、三氯杀螨醇、三唑磷、水胺硫磷，茶叶为：红茶、绿茶、花茶，茶叶中禁用农药的风险系数分析结果显示，6 种禁用农药在 3 种茶叶中的残留均处于高度风险，说明在单种茶叶中禁用农药的残留会导致较高的预警风险。

2) 单种茶叶中非禁用农药残留的预警风险评价结论

以 MRL 中国国家标准为标准，计算茶叶中非禁用农药风险系数情况下，92 个样本中，17 个处于低度风险(18.48%)，75 个样本没有 MRL 中国国家标准(81.52%)。以 MRL 欧盟标准为标准，计算茶叶中非禁用农药风险系数情况下，发现有 52 个处于高度风险(56.52%)，40 个处于低度风险(43.48%)。基于两种 MRL 标准，评价的结果差异显著，可以看出 MRL 欧盟标准比中国国家标准更加严格和完善，过于宽松的 MRL 中国国家标准值能否有效保障人体的健康有待研究。

12.4.3　加强哈尔滨市茶叶食品安全建议

我国食品安全风险评价体系仍不够健全，相关制度不够完善，多年来，由于农药用药次数多、用药量大或用药间隔时间短，产品残留量大，农药残留所造成的食品安全问题日益严峻，给人体健康带来了直接或间接的危害。据估计，美国与农药有关的癌症患者数约占全国癌症患者总数的 50%，中国更高。同样，农药对其他生物也会形成直接杀伤和慢性危害，植物中的农药可经过食物链逐级传递并不断蓄积，对人和动物构成潜在威胁，并影响生态系统。

基于本次农药残留侦测数据的风险评价结果，提出以下几点建议：

1) 加快食品安全标准制定步伐

我国食品标准中对农药每日允许最大摄入量 ADI 的数据严重缺乏，在本次评价所涉及的 65 种农药中，仅有 50.77% 的农药具有 ADI 值，而 49.23% 的农药中国尚未规定相应的 ADI 值，亟待完善。

我国食品中农药最大残留限量值的规定严重缺乏，对评估涉及的不同茶叶中不同农药 103 个 MRL 限值进行统计来看，我国仅制定出 22 个标准，我国标准完整率仅为 21.36%，欧盟的完整率达到 100%(表 12-10)。因此，中国更应加快 MRL 的制定步伐。

表 12-10 我国国家食品标准农药的 ADI、MRL 值与欧盟标准的数量差异

分类		中国 ADI	MRL 中国国家标准	MRL 欧盟标准
标准限值(个)	有	33	22	103
	无	32	81	0
总数(个)		65	103	103
无标准限值比例(%)		49.23	78.64	0

此外，MRL 中国国家标准限值普遍高于欧盟标准限值，这些标准中共有 12 个高于欧盟。过高的 MRL 值难以保障人体健康，建议继续加强对限值基准和标准的科学研究，将农产品中的危险性减少到尽可能低的水平。

2) 加强农药的源头控制和分类监管

在哈尔滨市某些茶叶中仍有禁用农药残留，利用 GC-Q-TOF/MS 技术侦测出 6 种禁用农药，检出频次为 30 次，残留禁用农药均存在较大的膳食暴露风险和预警风险。早已列入黑名单的禁用农药在我国并未真正退出，有些药物由于价格便宜、工艺简单，此类高毒农药一直生产和使用。建议在我国采取严格有效的控制措施，从源头控制禁用农药。

对于非禁用农药，在我国作为"田间地头"最典型单位的县级茶叶产地中，农药残留的检测几乎缺失。建议根据农药的毒性，对高毒、剧毒、中毒农药实现分类管理，减少使用高毒和剧毒高残留农药，进行分类监管。

3) 加强农药生物基准和降解技术研究

市售茶叶中残留农药的品种多、频次高、禁用农药多次检出这一现状，说明了我国的田间土壤和水体因农药长期、频繁、不合理的使用而遭到严重污染。为此，建议中国相关部门出台相关政策，鼓励高校及科研院所积极开展分子生物学、酶学等研究，加强土壤、水体中残留农药的生物修复及降解新技术研究，切实加大农药监管力度，以控制农药的面源污染问题。

综上所述，在本工作基础上，根据茶叶残留危害，可进一步针对其成因提出和采取严格管理、大力推广无公害茶叶种植与生产、健全食品安全控制技术体系、加强茶叶质量检测体系建设和积极推行茶叶质量追溯制度等相应对策。建立和完善食品安全综合评价指数与风险监测预警系统，对食品安全进行实时、全面的监控与分析，为我国的食品安全科学监管与决策提供新的技术支持，可实现各类检验数据的信息化系统管理，降低食品安全事故的发生。

电商平台

第 13 章 LC-Q-TOF/MS 侦测电商平台 1089 例市售茶叶样品农药残留报告

从全国 8 个电商平台,随机采集了 1089 例茶叶样品,使用液相色谱-四极杆飞行时间质谱(LC-Q-TOF/MS)对 825 种农药化学污染物示范侦测(7 种负离子模式 ESI⁻未涉及)。

13.1 样品种类、数量与来源

13.1.1 样品采集与检测

为了真实反映百姓日常饮用的茶叶中农药残留污染状况,本次所有检测样品均由检验人员于 2019 年 1 月至 3 月期间,从全国 8 个电商平台,以随机购买方式采集 46 批 1089 例样品,从中检出农药 115 种,6876 频次。采样及监测概况见表 13-1,样品及采样点明细见表 13-2(侦测原始数据见附表 1)。

表 13-1 农药残留监测总体概况

采样范围	电商平台
采样点	8
样本总数	1089
检出农药品种/频次	115/6876
各采样点样本农药残留检出率范围	52.9%~94.9%

表 13-2 样品分类及数量

样品分类	样品名称(数量)	数量小计
1. 茶叶		1089
1) 发酵类茶叶	白茶(20),黑茶(182),红茶(152),黄茶(12),乌龙茶(206)	572
2) 未发酵类茶叶	花茶(31),绿茶(486)	517
合计	1. 茶叶 7 种	1089

13.1.2 检测结果

这次使用的检测方法是庞国芳院士团队最新研发的不需使用标准品对照,而以高分辨精确质量数(0.0001 m/z)为基准的 LC-Q-TOF/MS 检测技术,对于 1089 例样品,每个样品均侦测了 825 种农药化学污染物的残留现状。通过本次侦测,在 1089 例样品中共计检出农药化学污染物 115 种,检出 6876 频次。

13.1.2.1 各采样点样品检出情况

统计分析发现 8 个采样点中,被测样品的农药检出率范围为 52.9%~94.9%。其中,

A 电商平台的检出率最高，为 94.9%。H 电商平台的检出率最低，为 52.9%，见图 13-1。

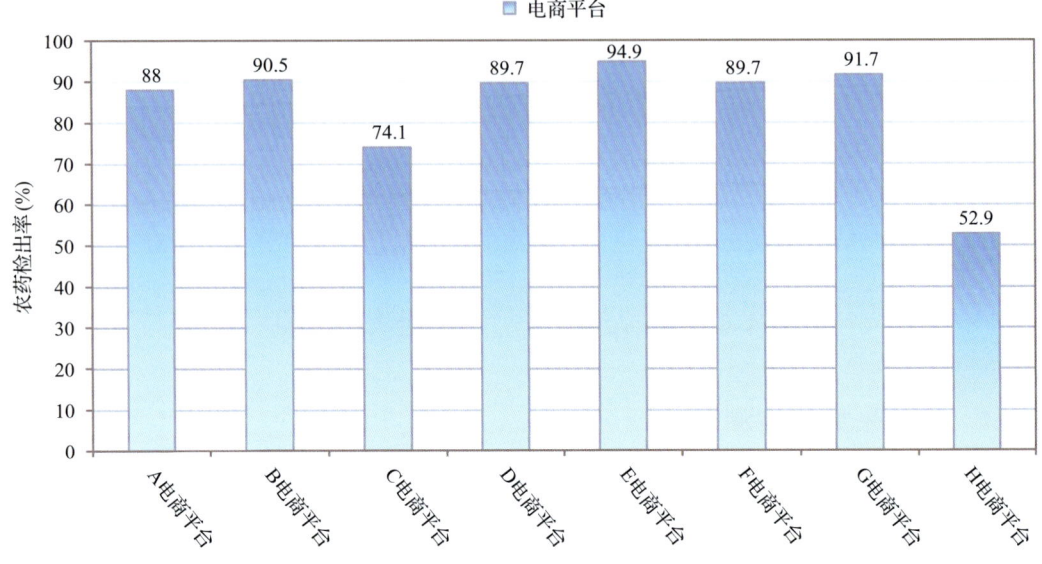

图 13-1　各采样点样品中的农药检出率

13.1.2.2　检出农药的品种总数与频次

统计分析发现，对于 1089 例样品中 825 种农药化学污染物的侦测，共检出农药 6876 频次，涉及农药 115 种，结果如图 13-2 所示。其中唑虫酰胺检出频次最高，共检出 748 次。检出频次排名前 10 的农药如下：①唑虫酰胺(748)，②啶虫脒(673)，③噻嗪酮(611)，④吡虫啉(410)，⑤哒螨灵(393)，⑥苯醚甲环唑(390)，⑦噻虫嗪(349)，⑧茚虫威(278)，⑨吡唑醚菌酯(234)，⑩戊唑醇(229)。

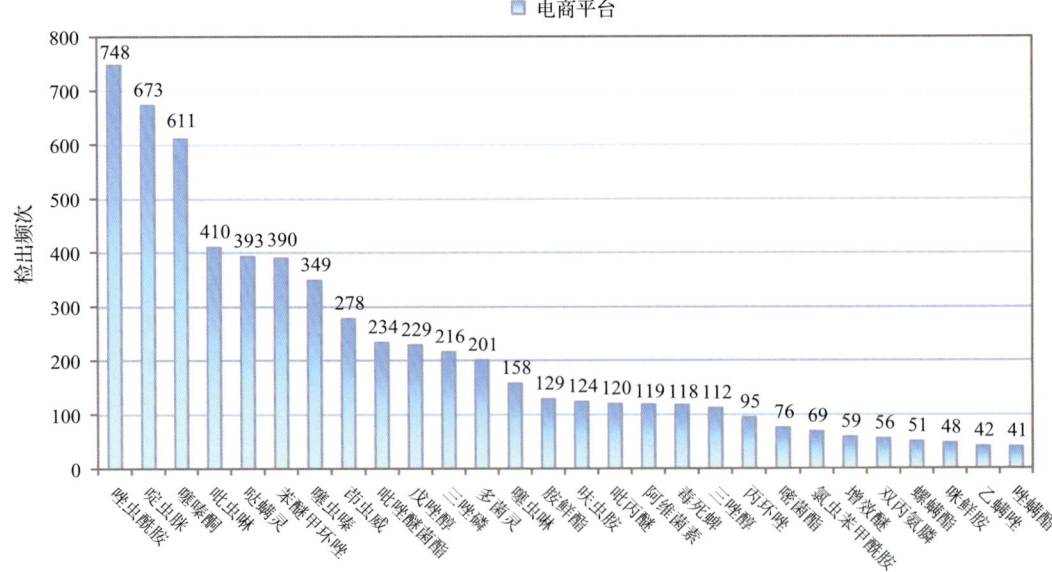

图 13-2　检出农药品种及频次(仅列出 41 频次及以上的数据)

由图 13-3 可见，绿茶、花茶、黑茶、乌龙茶和红茶这 5 种茶叶样品中检出的农药品种数较高，均超过 40 种，其中，绿茶检出农药品种最多，为 88 种。由图 13-4 可见，绿茶、乌龙茶、黑茶、红茶、花茶和白茶这 6 种茶叶样品中的农药检出频次较高，均超过 100 次，其中，绿茶检出农药频次最高，为 3795 次。

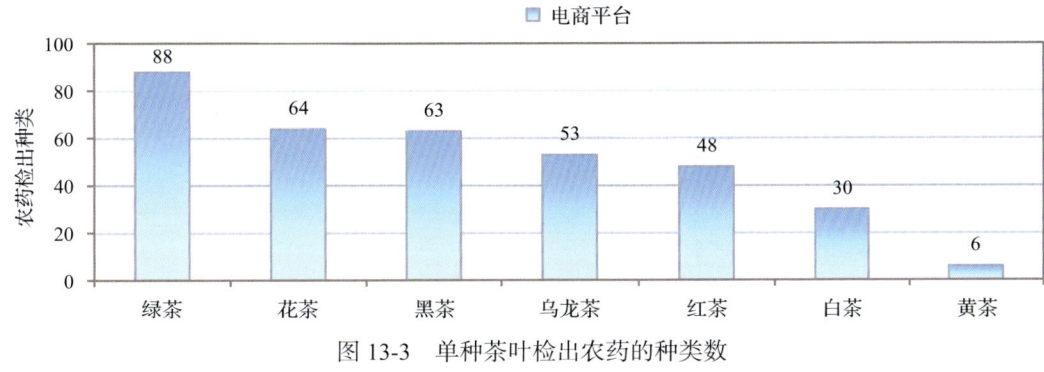

图 13-3　单种茶叶检出农药的种类数

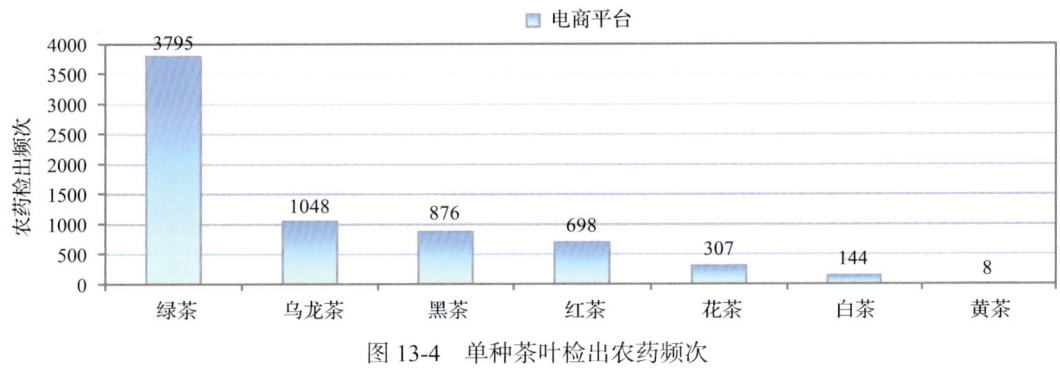

图 13-4　单种茶叶检出农药频次

13.1.2.3　单例样品农药检出种类与占比

对单例样品检出农药种类和频次进行统计发现，未检出农药的样品占总样品数的 9.8%，检出 1 种农药的样品占总样品数的 10.3%，检出 2~5 种农药的样品占总样品数的 34.4%，检出 6~10 种农药的样品占总样品数的 24.8%，检出大于 10 种农药的样品占总样品数的 20.7%。每例样品中平均检出农药为 6.3 种，数据见表 13-3 及图 13-5。

表 13-3　单例样品检出农药品种占比

检出农药品种数	样品数量/占比(%)
未检出	107/9.8
1 种	112/10.3
2~5 种	375/34.4
6~10 种	270/24.8
大于 10 种	225/20.7
单例样品平均检出农药品种	6.3 种

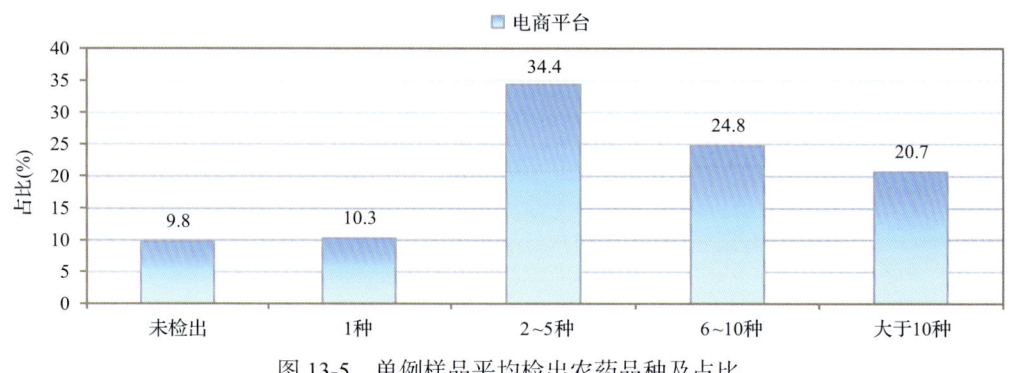

图 13-5 单例样品平均检出农药品种及占比

13.1.2.4 检出农药类别与占比

所有检出农药按功能分类，包括杀虫剂、杀菌剂、除草剂、杀螨剂、植物生长调节剂、增效剂和其他共 7 类。其中杀虫剂与杀菌剂为主要检出的农药类别，分别占总数的 41.7%和 30.4%，见表 13-4 及图 13-6。

表 13-4 检出农药所属类别/占比

农药类别	数量/占比(%)
杀虫剂	48/41.7
杀菌剂	35/30.4
除草剂	12/10.4
杀螨剂	12/10.4
植物生长调节剂	5/4.3
增效剂	1/0.9
其他	2/1.7

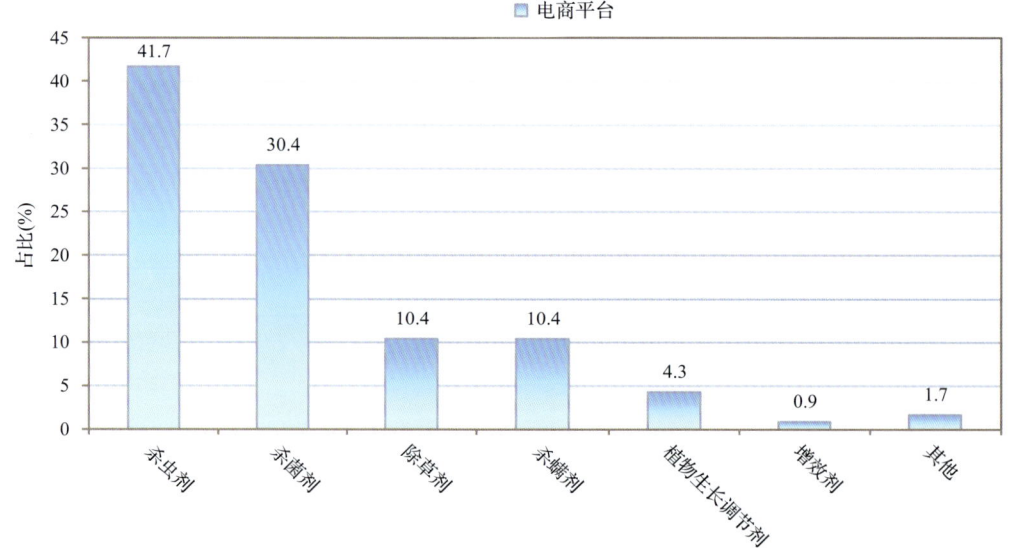

图 13-6 检出农药所属类别和占比

13.1.2.5 检出农药的残留水平

按检出农药残留水平进行统计,残留水平在 1~5 μg/kg(含)的农药占总数的 41.4%,在 5~10 μg/kg(含)的农药占总数的 16.4%,在 10~100 μg/kg(含)的农药占总数的 32.9%,在 100~1000 μg/kg(含)的农药占总数的 7.5%,在>1000 μg/kg 的农药占总数的 1.8%。

由此可见,这次检测的 46 批 1089 例茶叶样品中农药多数处于较低残留水平。结果见表 13-5 及图 13-7,数据见附表 2。

表 13-5 农药残留水平/占比

残留水平(μg/kg)	检出频次数/占比(%)
1~5(含)	2845/41.4
5~10(含)	1130/16.4
10~100(含)	2263/32.9
100~1000(含)	517/7.5
>1000	121/1.8

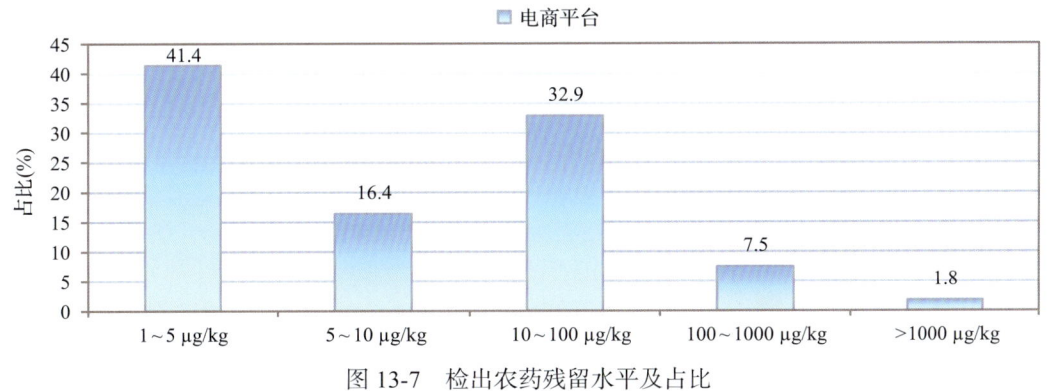

图 13-7 检出农药残留水平及占比

13.1.2.6 检出农药的毒性类别、检出频次和超标频次及占比

对这次检出的 115 种 6876 频次的农药,按剧毒、高毒、中毒、低毒和微毒这五个毒性类别进行分类,从中可以看出,A、B、C、D、E、F、G 和 H 等电商平台销售的茶叶中目前普遍使用的农药为中低微毒农药,品种占 90.4%,频次占 93.8%。结果见表 13-6 及图 13-8。

表 13-6 检出农药毒性类别/占比

毒性分类	农药品种/占比(%)	检出频次/占比(%)	超标频次/超标率(%)
剧毒农药	2/1.7	16/0.2	4/25.0
高毒农药	9/7.8	410/6.0	0/0.0
中毒农药	46/40.0	4250/61.8	0/0.0
低毒农药	37/32.2	1541/22.4	0/0.0
微毒农药	21/18.3	659/9.6	0/0.0

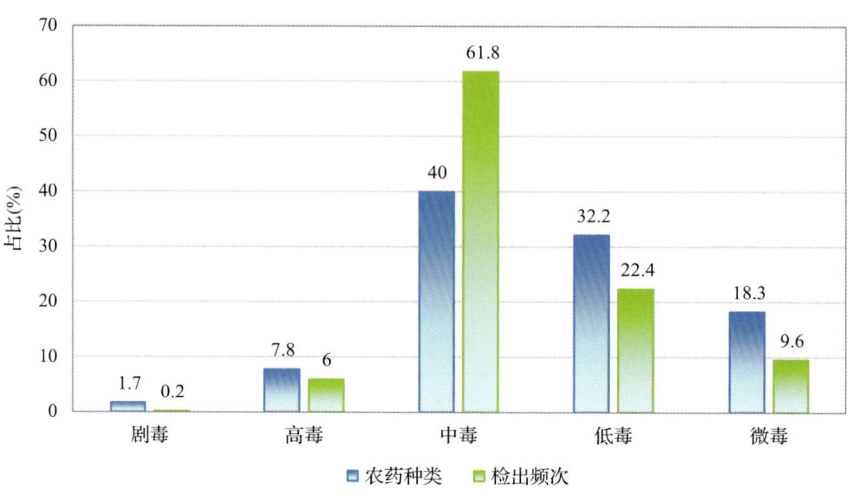

图 13-8　检出农药的毒性分类和占比

13.1.2.7　检出剧毒/高毒类农药的品种和频次

值得特别关注的是，在此次侦测的 1089 例样品中有 6 种茶叶的 314 例样品检出了 11 种 426 频次的剧毒和高毒农药，占样品总量的 28.8%，详见图 13-9、表 13-7 及表 13-8。

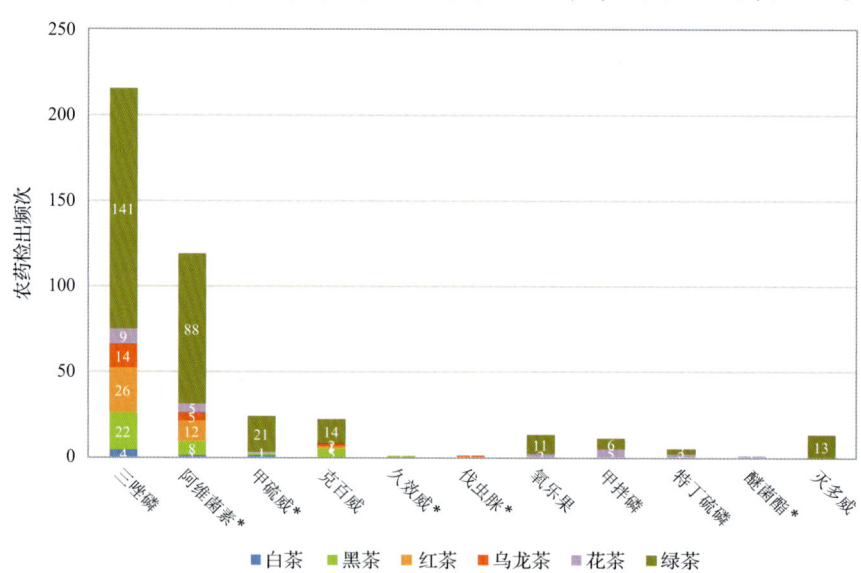

图 13-9　检出剧毒/高毒农药的样品情况

*表示允许在茶叶上使用的农药

表 13-7　剧毒农药检出情况

序号	农药名称	检出频次	超标频次	超标率
从 2 种茶叶中检出 2 种剧毒农药，共计检出 16 次				
1	甲拌磷*	11	4	36.4%
2	特丁硫磷*	5	0	0.0%
合计		16	4	超标率：25.0%

表 13-8 高毒农药检出情况

序号	农药名称	检出频次	超标频次	超标率
从 6 种茶叶中检出 9 种高毒农药，共计检出 410 次				
1	三唑磷	216	0	0.0%
2	阿维菌素	119	0	0.0%
3	甲硫威	24	0	0.0%
4	克百威	22	0	0.0%
5	灭多威	13	0	0.0%
6	氧乐果	13	0	0.0%
7	伐虫脒	1	0	0.0%
8	久效威	1	0	0.0%
9	醚菌酯	1	0	0.0%
合计		410	0	超标率：0.0%

在检出的剧毒和高毒农药中，有 6 种是我国早已禁止在茶叶上使用的，分别是：灭多威、氧乐果、克百威、三唑磷、特丁硫磷和甲拌磷。禁用农药的检出情况见表 13-9。

表 13-9 禁用农药检出情况

序号	农药名称	检出频次	超标频次	超标率
从 6 种茶叶中检出 11 种禁用农药，共计检出 417 次				
1	三唑磷	216	0	0.0%
2	毒死蜱	118	0	0.0%
3	克百威	22	0	0.0%
4	灭多威	13	0	0.0%
5	氧乐果	13	0	0.0%
6	甲拌磷*	11	4	36.4%
7	乐果	9	0	0.0%
8	特丁硫磷*	5	0	0.0%
9	丁硫克百威	4	0	0.0%
10	氟苯虫酰胺	4	0	0.0%
11	乙酰甲胺磷	2	0	0.0%
合计		417	4	超标率：1.0%

注：*为剧毒农药；超标结果参考 MRL 中国国家标准计算

此次抽检的茶叶样品中，有 2 种茶叶检出了剧毒农药，分别是：花茶中检出特丁硫磷 2 次，检出甲拌磷 5 次；绿茶中检出特丁硫磷 3 次，检出甲拌磷 6 次。

样品中检出剧毒和高毒农药残留水平超过 MRL 中国国家标准的频次为 4 次，其中：花茶检出甲拌磷超标 3 次；绿茶检出甲拌磷超标 1 次。本次检出结果表明，高毒、剧毒农药的使用现象依旧存在，详见表13-10。

表 13-10 各样本中检出剧毒/高毒农药情况

样品名称	农药名称	检出频次	超标频次	检出浓度(μg/kg)
茶叶 6 种				
白茶	三唑磷▲	4	0	2.9, 12.4, 38.1, 1.7
白茶	阿维菌素	1	0	13.5
白茶	甲硫威	1	0	1.2
黑茶	三唑磷▲	22	0	1.6, 1.0, 3.3, 1.4, 1.2, 1.6, 5.1, 7.0, 2.9, 2.3, 1.2, 3.0, 2.1, 25.1, 6.8, 25.2, 12.9, 2.7, 11.9, 1.3, 1.7, 6.4
黑茶	阿维菌素	8	0	1.3, 1.5, 7.4, 1.3, 1.6, 16.6, 1.2, 5.3
黑茶	克百威▲	5	0	18.2, 2.7, 6.6, 25.0, 3.2
黑茶	甲硫威	1	0	1.3
黑茶	久效威	1	0	17.6
红茶	三唑磷▲	26	0	10.2, 5.3, 3.9, 7.2, 1.0, 7.5, 38.2, 3.1, 2.4, 2.6, 1.3, 18.3, 1.8, 13.6, 1.0, 59.7, 13.5, 1.7, 11.0, 3.3, 3.8, 3.5, 39.4, 1.0, 12.4, 2.2
红茶	阿维菌素	12	0	1.1, 8.2, 1.1, 1.1, 3.7, 3.6, 1.1, 7.3, 2.4, 7.5, 1.2, 1.1
红茶	克百威▲	1	0	1.0
花茶	甲拌磷*▲	5	3	27.4a, 16.7a, 11.7a, 1.6, 6.8
花茶	特丁硫磷*▲	2	0	1.9, 1.1
花茶	三唑磷▲	9	0	7.1, 2.3, 21.1, 165.6, 2.0, 1.7, 17.3, 11.4, 52.5
花茶	阿维菌素	5	0	1.6, 16.9, 48.8, 55.6, 6.2
花茶	氧乐果▲	2	0	36.2, 10.6
花茶	甲硫威	1	0	1.5
花茶	醚菌酯	1	0	19.4
绿茶	甲拌磷*▲	6	1	2.6, 3.4, 3.7, 1.4, 1.8, 13.9a
绿茶	特丁硫磷*▲	3	0	4.9, 4.8, 1.3
绿茶	三唑磷▲	141	0	8.4, 62.9, 46.4, 12.9, 10.1, 6.5, 10.9, 3.6, 563.9, 3.8, 9.9, 10.0, 11.3, 161.4, 26.2, 1.0, 1.0, 1.8, 4.3, 1.7, 1.4, 12.6, 23.3, 1.5, 1.0, 1.3, 1.0, 2.5, 13.3, 120.5, 193.2, 2.6, 57.5, 12.0, 1.1, 31.9, 3.2, 2.2, 4.0, 2.6, 2.2, 4.6, 5.4, 1.2, 5.6, 13.2, 23.0, 9.5, 1.1, 1.2, 2.5, 462.5, 8.9, 15.7, 11.1, 96.9, 30.4, 1.6, 1.1, 3.2, 2.8, 42.6, 1.6, 6.9, 2.2, 2.8, 1.1, 6.9, 8.9, 41.8, 5.3, 4.4, 2.1, 11.5, 3.9, 15.4, 8.3, 35.3, 7.4, 4.5, 21.4, 1.0, 28.8, 2.3, 2.2, 25.0, 1.0, 24.8, 3.4, 4.1, 5.0, 4.5, 3.8, 17.5, 9.3, 5.0, 4.0, 9.1, 6.1, 7.9, 39.7, 5.6, 5.9, 7.1, 40.4, 1.7, 1.0, 10.3, 8.0, 30.3, 3.6, 1.9, 169.0, 1.6, 35.9, 1.3, 4.5, 12.8, 23.5, 1.9, 72.1, 3.3, 17.4, 2.3, 5.8, 31.0, 30.1, 2.7, 2.6, 80.1, 1.1, 3.2, 1.2, 11.1, 1.7, 990.7, 2.9, 9.6, 19.6, 1.4
绿茶	阿维菌素	88	0	45.2, 3.2, 2.9, 1.6, 2.0, 5.1, 14.5, 9.5, 3.4, 7.6, 3.6, 4.2, 11.0, 5.0, 19.5, 4.7, 1.0, 7.9, 5.9, 1.9, 2.1, 2.1, 3.0, 1.9, 11.1, 1.8, 3.7, 15.1, 7.9, 4.4, 1.9, 1.2, 1.9, 4.2, 11.0, 1.1, 3.8, 1.6, 20.4, 71.7, 12.1, 1.2, 1.8, 3.3, 261.6, 3.4, 3.9, 15.9, 19.2, 29.1, 2.3, 1.9, 1.2, 3.3, 106.5, 18.9, 3.8, 72.6, 3.7, 4.1, 3.8, 49.4, 54.4, 4.0, 50.0, 2.5, 3.4, 9.2, 2.8, 2.3, 1.8, 9.6, 2.4, 1.4, 1.1, 12.9, 8.7, 4.5, 16.1, 26.8, 6.4, 15.8, 3.1, 8.2, 1.4, 1.7, 1.5, 1.7
绿茶	甲硫威	21	0	1.3, 1.5, 1.0, 1.0, 1.1, 1.4, 1.7, 1.1, 1.4, 2.3, 1.0, 1.2, 1.7, 1.2, 1.0, 1.1, 1.4, 1.1, 1.1, 2.1, 1.4

续表

样品名称	农药名称	检出频次	超标频次	检出浓度(μg/kg)
绿茶	克百威▲	14	0	2.6, 2.7, 2.3, 1.9, 1.3, 1.7, 1.8, 2.4, 4.5, 2.6, 2.8, 4.1, 5.1, 3.5
绿茶	灭多威▲	13	0	6.4, 13.8, 2.5, 13.1, 5.3, 3.1, 33.4, 11.6, 16.5, 43.8, 5.6, 13.2, 7.8
绿茶	氧乐果▲	11	0	4.1, 1.6, 1.9, 1.2, 1.0, 4.7, 2.0, 14.1, 6.0, 1.1, 2.3
乌龙茶	三唑磷▲	14	0	3.0, 9.3, 9.3, 3.4, 6.4, 3.3, 12.4, 3.4, 4.7, 3.8, 1.0, 3.5, 5.8, 9.4
乌龙茶	阿维菌素	5	0	4.4, 3.8, 2.5, 4.1, 2.6
乌龙茶	克百威▲	2	0	3.8, 4.3
乌龙茶	伐虫脒	1	0	1.4
合计		426	4	超标率:0.9%

注：*为剧毒农药；▲为禁用农药；a 为超标结果(参考 MRL 中国国家标准)

13.2　农药残留检出水平与最大残留限量标准对比分析

我国于 2016 年 12 月 18 日正式颁布并于 2017 年 6 月 18 日正式实施食品农药残留限量国家标准《食品中农药最大残留限量》(GB 2763—2016)。该标准包括 417 个农药条目，涉及最大残留限量(MRL)标准 4140 项。将 6876 频次检出农药的浓度水平与 4140 项 MRL 中国国家标准进行核对，其中只有 3379 频次的结果找到了对应的 MRL，占 49.1%，还有 3497 频次的结果则无相关 MRL 标准供参考，占 50.9%。

将此次侦测结果与国际上现行 MRL 标准对比发现，在 6876 频次的检出结果中有 6876 频次的结果找到了对应的 MRL 欧盟标准，占 100.0%，其中，5593 频次的结果有明确对应的 MRL 标准，占 81.3%，其余 1283 频次按照欧盟一律标准判定，占 18.7%；有 6876 频次的结果找到了对应的 MRL 日本标准，占 100.0%；其中，5772 频次的结果有明确对应的 MRL 标准，占 83.9%，其余 1104 频次按照日本一律标准判定，占 16.1%；有 3240 频次的结果找到了对应的 MRL 中国香港标准，占 47.1%；有 3141 频次的结果找到了对应的 MRL 美国标准，占 45.7%；有 2013 频次的结果找到了对应的 MRL CAC 标准，占 29.3%(见图 13-10 和图 13-11，数据见附表 3 至附表 8)。

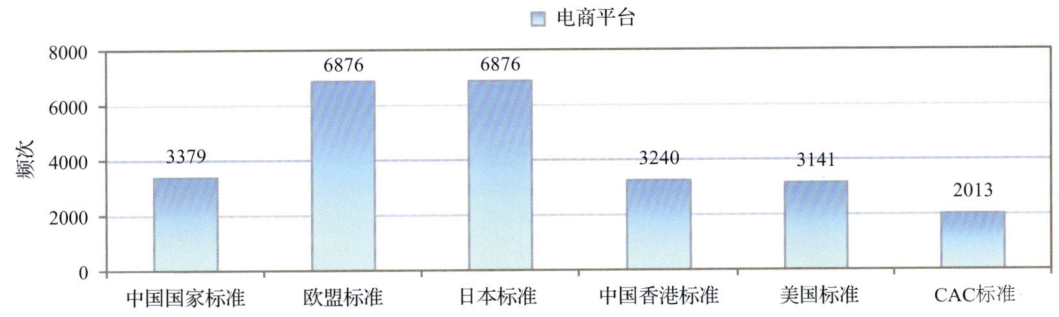

图 13-10　6876 频次检出农药可用 MRL 中国国家标准、欧盟标准、日本标准、中国香港标准、美国标准、CAC 标准判定衡量的数量

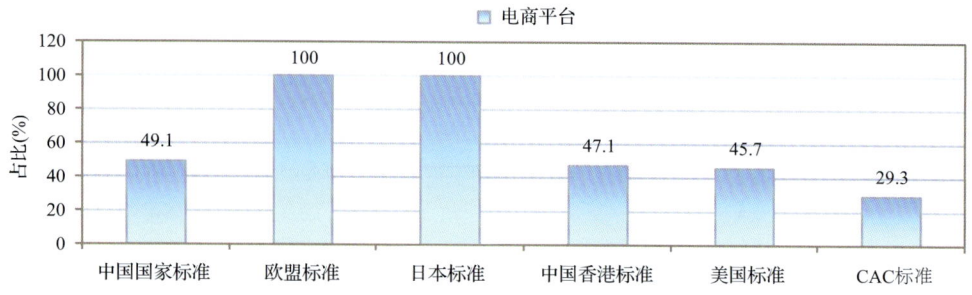

图 13-11　6876 频次检出农药可用 MRL 中国国家标准、欧盟标准、日本标准、中国香港标准、美国标准、CAC 标准衡量的占比

13.2.1　超标农药样品分析

本次侦测的 1089 例样品中，107 例样品未检出任何残留农药，占样品总量的 9.8%，982 例样品检出不同水平、不同种类的残留农药，占样品总量的 90.2%。在此，我们将本次侦测的农残检出情况与 MRL 中国国家标准、欧盟标准、日本标准、中国香港标准、美国标准、CAC 标准这 6 大国际主流标准进行对比分析，样品农残检出与超标情况见表 13-11、图 13-12 和图 13-13，详细数据见附表 9 至附表 14。

表 13-11　各 MRL 标准下样本农残检出与超标数量及占比

	中国国家标准 数量/占比(%)	欧盟标准 数量/占比(%)	日本标准 数量/占比(%)	中国香港标准 数量/占比(%)	美国标准 数量/占比(%)	CAC 标准 数量/占比(%)
未检出	107/9.8	107/9.8	107/9.8	107/9.8	107/9.8	107/9.8
检出未超标	978/89.8	244/22.4	699/64.2	981/90.1	982/90.2	982/90.2
检出超标	4/0.4	738/67.8	283/26.0	1/0.1	0/0.0	0/0.0

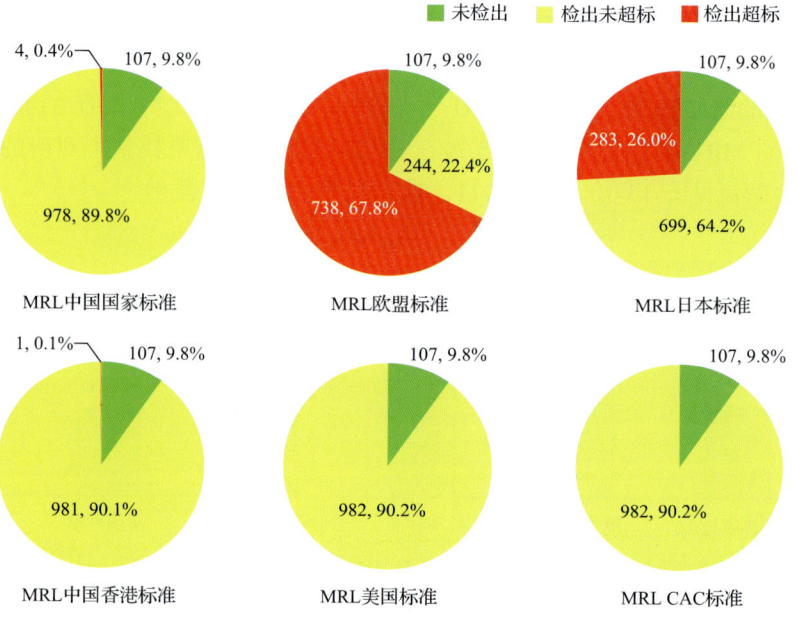

图 13-12　检出和超标样品比例情况

第 13 章 LC-Q-TOF/MS 侦测电商平台 1089 例市售茶叶样品农药残留报告

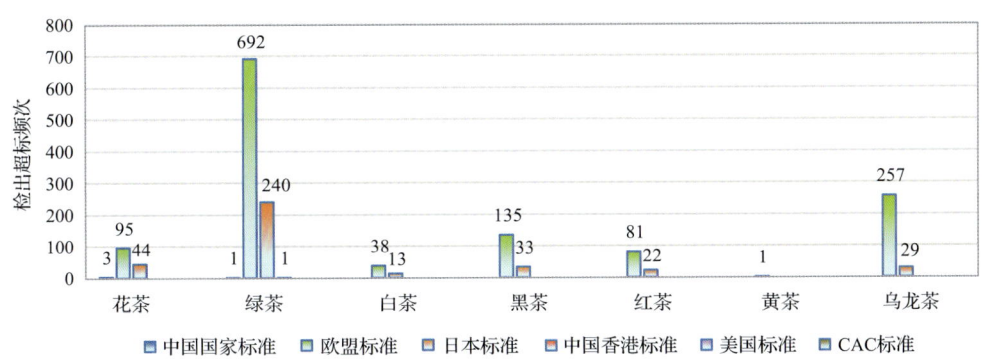

图 13-13 超过 MRL 中国国家标准、欧盟标准、日本标准、中国香港标准、
美国标准、CAC 标准结果在茶叶中的分布

13.2.2 超标农药种类分析

按照 MRL 中国国家标准、欧盟标准、日本标准、中国香港标准、美国标准、CAC 标准这 6 大国际主流 MRL 标准衡量，本次侦测检出的农药超标品种及频次情况见表 13-12。

表 13-12 各 MRL 标准下超标农药品种及频次

	中国国家标准	欧盟标准	日本标准	中国香港标准	美国标准	CAC 标准
超标农药品种	1	56	38	1	0	0
超标农药频次	4	1299	381	1	0	0

13.2.2.1 按 MRL 中国国家标准衡量

按 MRL 中国国家标准衡量，有 1 种农药超标，检出 4 频次，为剧毒农药甲拌磷。

按超标程度比较，花茶中甲拌磷超标 1.7 倍，绿茶中甲拌磷超标 0.4 倍。检测结果见图 13-14 和附表 15。

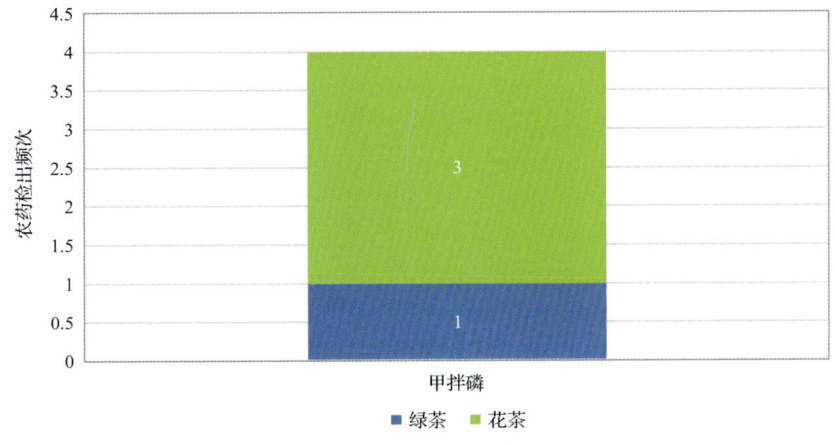

图 13-14 超过 MRL 中国国家标准农药品种及频次

13.2.2.2 按 MRL 欧盟标准衡量

按 MRL 欧盟标准衡量，共有 56 种农药超标，检出 1299 频次，分别为高毒农药三唑

磷、阿维菌素和久效威，中毒农药苯醚甲环唑、稻瘟灵、甲霜灵、咪鲜胺、丙环唑、氟硅唑、吡虫啉、吡唑醚菌酯、异丙威、噁霜灵、N-去甲基啶虫脒、莠灭净、啶虫脒、丙溴磷、三唑醇、双丙氨膦、唑虫酰胺、丁硫克百威、仲丁威、2,3,5-混杀威、乙酰甲胺磷、戊唑醇、苯醚氰菊酯和哒螨灵，低毒农药莠去津、丁草胺、氰烯菌酯、除虫脲、嘧霉胺、灭幼脲、吲哚丁酸、三异丁基磷酸盐、噻嗪酮、螺螨酯、胺鲜酯、呋虫胺、氟吗啉、炔草酯、烯酰吗啉、己唑醇和虱螨脲，微毒农药嘧菌酯、啶酰菌胺、虫酰肼、霜霉威、肟菌酯、灰黄霉素、增效醚、多菌灵、氯虫苯甲酰胺、氟环唑、甲氧虫酰肼和杀铃脲。

按超标程度比较，乌龙茶中唑虫酰胺超标 624.7 倍，绿茶中唑虫酰胺超标 548.2 倍，红茶中唑虫酰胺超标 368.5 倍，花茶中唑虫酰胺超标 236.2 倍，绿茶中丁硫克百威超标 217.0 倍。检测结果见图 13-15 和附表 16。

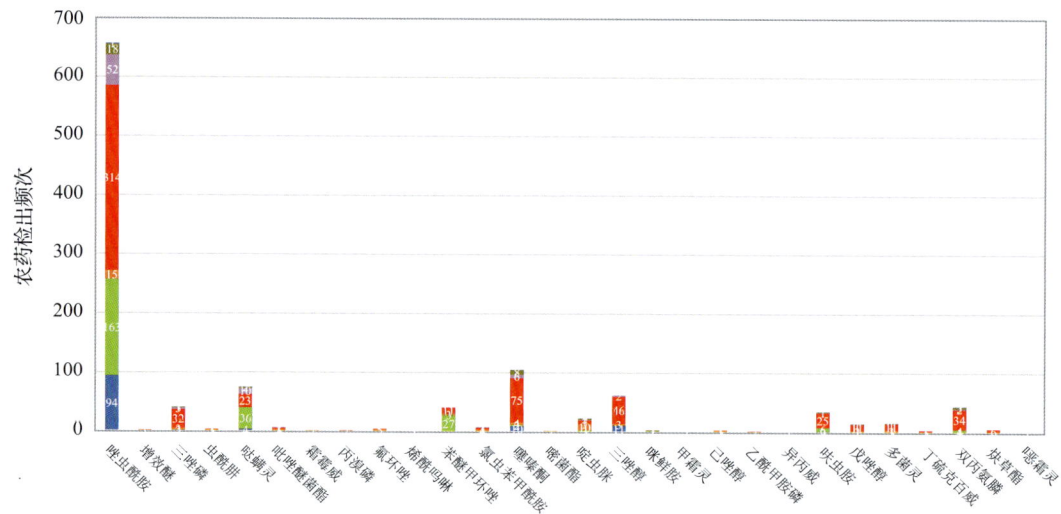

图 13-15-1　超过 MRL 欧盟标准农药品种及频次

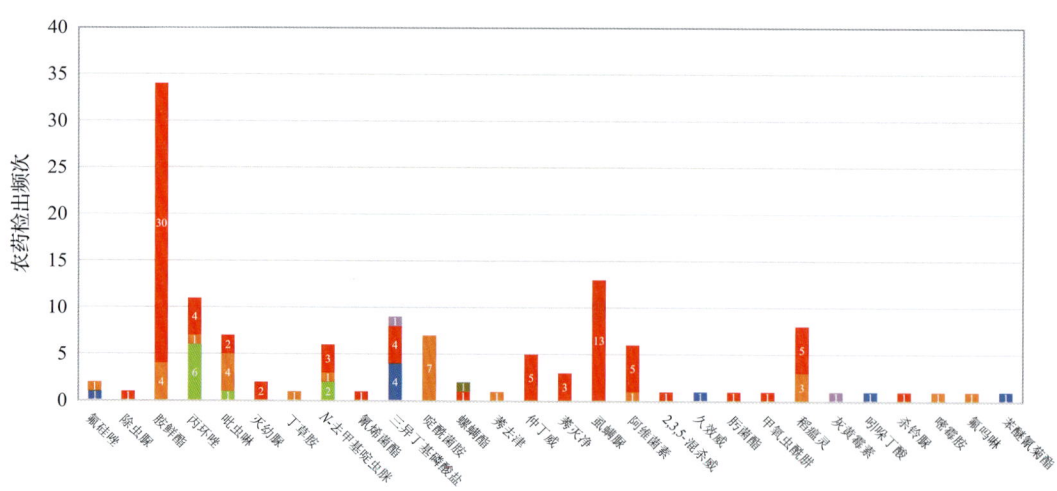

图 13-15-2　超过 MRL 欧盟标准农药品种及频次

13.2.2.3 按 MRL 日本标准衡量

按 MRL 日本标准衡量，共有 38 种农药超标，检出 381 频次，分别为高毒农药三唑磷和久效威，中毒农药咪鲜胺、丙环唑、甲霜灵、苄草丹、稻瘟灵、氟硅唑、异丙威、N-去甲基啶虫脒、噁霜灵、莠灭净、双丙氨膦、丁硫克百威、三环唑、仲丁威、2,3,5-混杀威、茚虫威、苯醚氰菊酯和烯唑醇，低毒农药莠去津、丁草胺、氰烯菌酯、嘧霉胺、灭幼脲、马拉硫磷、吲哚丁酸、三异丁基磷酸盐、胺鲜酯、氟吗啉、炔草酯、已唑醇和烯酰吗啉，微毒农药霜霉威、灰黄霉素、增效醚、氟环唑和杀铃脲。

按超标程度比较，白茶中茚虫威超标 198.1 倍，黑茶中双丙氨膦超标 194.5 倍，绿茶中炔草酯超标 119.8 倍，绿茶中三唑磷超标 98.1 倍，绿茶中茚虫威超标 82.8 倍。检测结果见图 13-16 和附表 17。

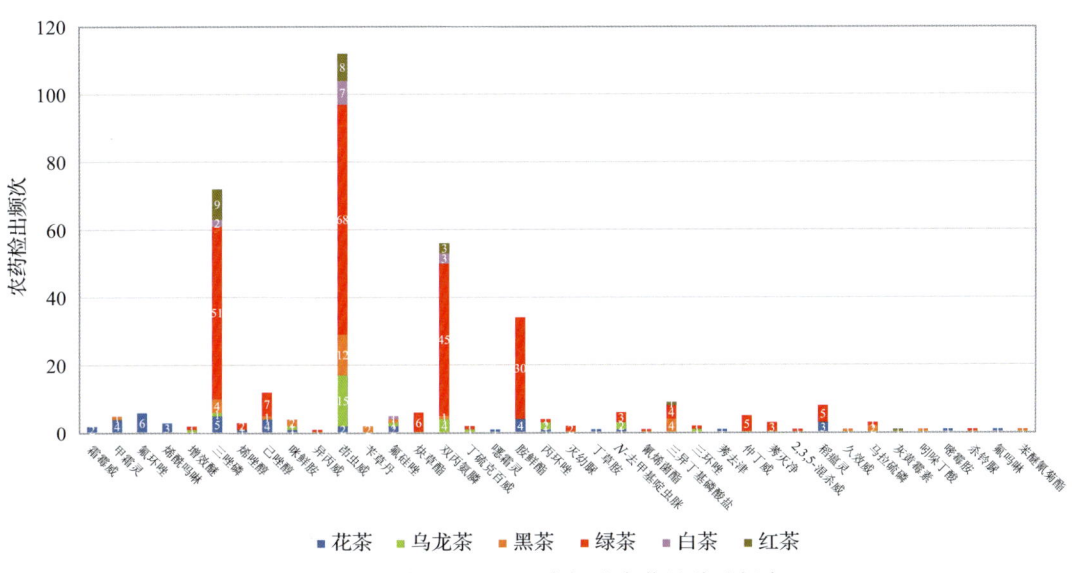

图 13-16 超过 MRL 日本标准农药品种及频次

13.2.2.4 按 MRL 中国香港标准衡量

按 MRL 中国香港标准衡量，有 1 种农药超标，检出 1 频次，为中毒农药莠灭净。按超标程度比较，绿茶中莠灭净超标 0.2 倍。检测结果见图 13-17 和附表 18。

13.2.2.5 按 MRL 美国标准衡量

按 MRL 美国标准衡量，无样品检出超标农药残留。

13.2.2.6 按 MRL CAC 标准衡量

按 MRL CAC 标准衡量，无样品检出超标农药残留。

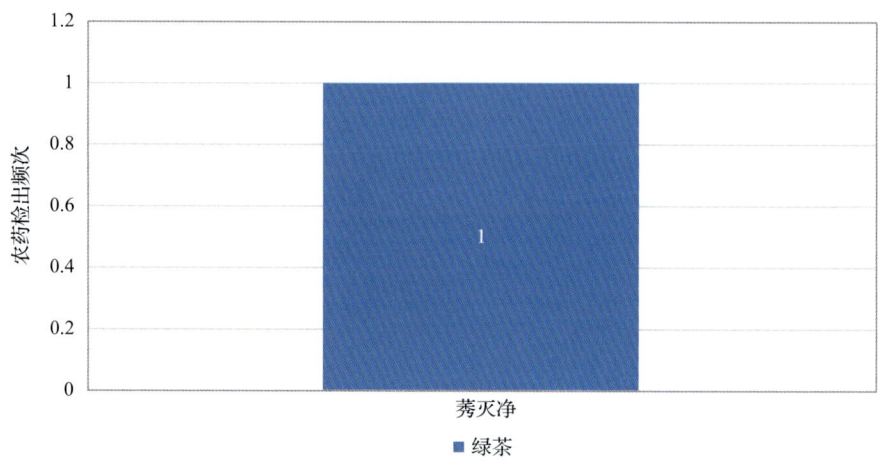

图 13-17　超过 MRL 中国香港标准农药品种及频次

13.2.3　8 个采样点超标情况分析

13.2.3.1　按 MRL 中国国家标准衡量

按 MRL 中国国家标准衡量，有 3 个采样点的样品存在不同程度的超标农药检出，其中 B 电商平台的超标率最高，为 0.7%，如图 13-18 和表 13-13 所示。

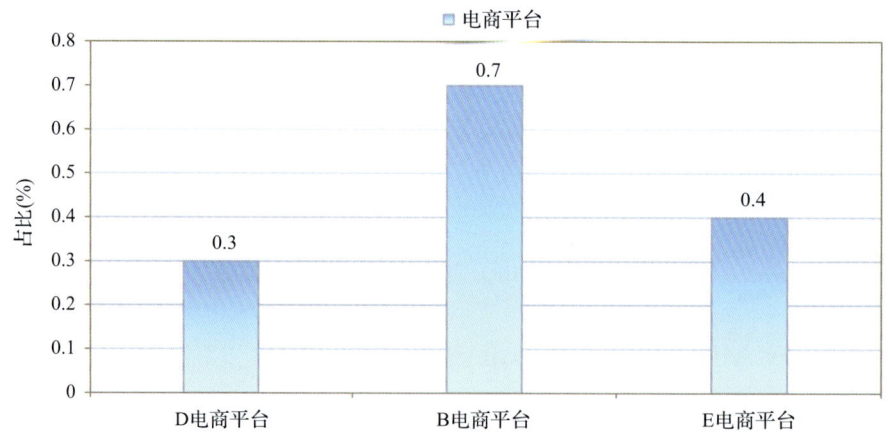

图 13-18　超过 MRL 中国国家标准茶叶在不同采样点分布

表 13-13　超过 MRL 中国国家标准茶叶在不同采样点分布

	采样点	样品总数	超标数量	超标率(%)
1	D 电商平台	341	1	0.3
2	B 电商平台	295	2	0.7
3	E 电商平台	236	1	0.4

13.2.3.2 按 MRL 欧盟标准衡量

按 MRL 欧盟标准衡量，所有采样点的样品均存在不同程度的超标农药检出，其中 E 电商平台的超标率最高，为 74.2%，如图 13-19 和表 13-14 所示。

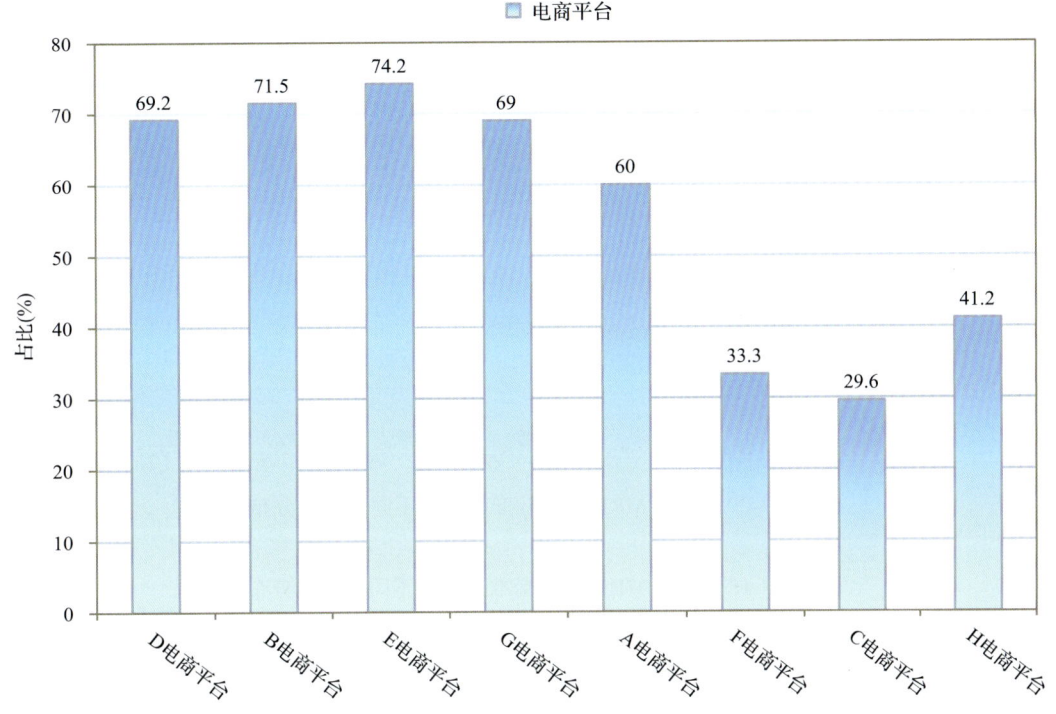

图 13-19 超过 MRL 欧盟标准茶叶在不同采样点分布

表 13-14 超过 MRL 欧盟标准茶叶在不同采样点分布

序号	采样点	样品总数	超标数量	超标率(%)
1	D 电商平台	341	236	69.2
2	B 电商平台	295	211	71.5
3	E 电商平台	236	175	74.2
4	G 电商平台	84	58	69.0
5	A 电商平台	50	30	60.0
6	F 电商平台	39	13	33.3
7	C 电商平台	27	8	29.6
8	H 电商平台	17	7	41.2

13.2.3.3 按 MRL 日本标准衡量

按 MRL 日本标准衡量，所有采样点的样品均存在不同程度的超标农药检出，其中 G 电商平台的超标率最高，为 33.3%，如图 13-20 和表 13-15 所示。

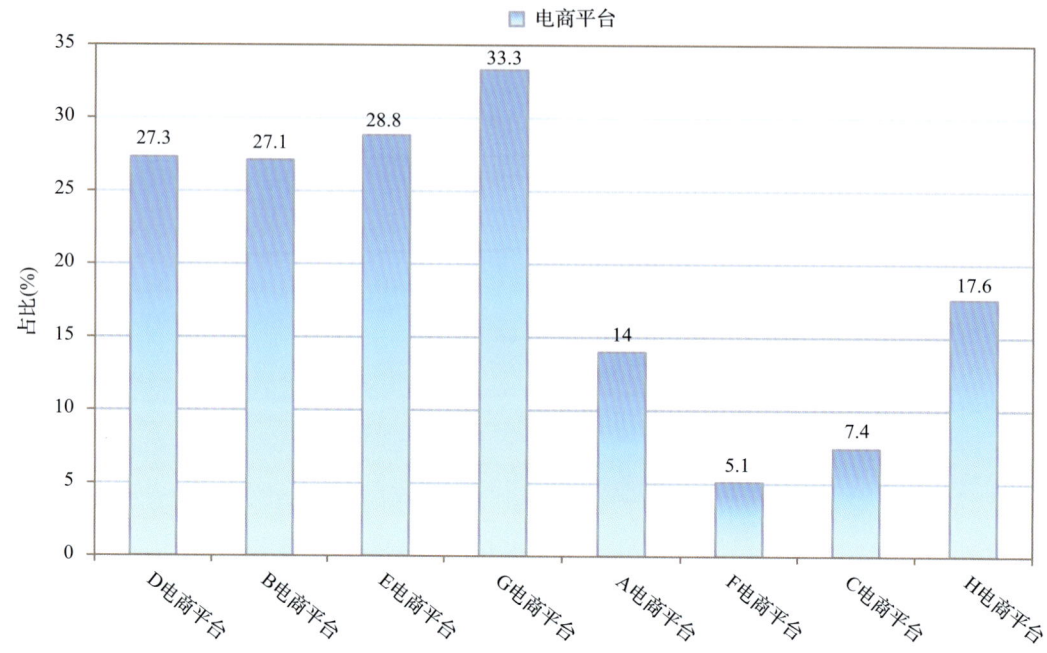

图 13-20　超过 MRL 日本标准茶叶在不同采样点分布

表 13-15　超过 MRL 日本标准茶叶在不同采样点分布

序号	采样点	样品总数	超标数量	超标率(%)
1	D 电商平台	341	93	27.3
2	B 电商平台	295	80	27.1
3	E 电商平台	236	68	28.8
4	G 电商平台	84	28	33.3
5	A 电商平台	50	7	14.0
6	F 电商平台	39	2	5.1
7	C 电商平台	27	2	7.4
8	H 电商平台	17	3	17.6

13.2.3.4　按 MRL 中国香港标准衡量

按 MRL 中国香港标准衡量，有 1 个采样点的样品存在不同程度的超标农药检出，超标率均为 0.4%，如表 13-16 和图 13-21 所示。

表 13-16　超过 MRL 中国香港标准茶叶在不同采样点分布

序号	采样点	样品总数	超标数量	超标率(%)
1	E 电商平台	236	1	0.4

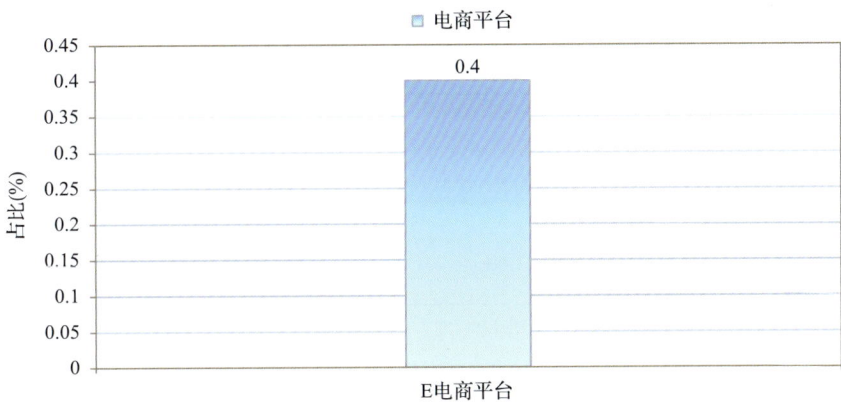

图 13-21　超过 MRL 中国香港标准茶叶在不同采样点分布

13.2.3.5　按 MRL 美国标准衡量

按 MRL 美国标准衡量，所有采样点的样品均未检出超标农药残留。

13.2.3.6　按 MRL CAC 标准衡量

按 MRL CAC 标准衡量，所有采样点的样品均未检出超标农药残留。

13.3　茶叶中农药残留分布

13.3.1　茶叶按检出农药品种和频次排名

本次残留侦测的茶叶共 7 种，包括白茶、黑茶、红茶、黄茶、乌龙茶、花茶和绿茶。根据检出农药品种及频次进行排名，将各项排名茶叶样品检出情况列表说明，详见表 13-17。

表 13-17　茶叶按检出农药品种和频次排名

按检出农药品种排名（品种）	①绿茶(88),②花茶(64),③黑茶(63),④乌龙茶(53),⑤红茶(48),⑥白茶(30),⑦黄茶(6)
按检出农药频次排名（频次）	①绿茶(3795),②乌龙茶(1048),③黑茶(876),④红茶(698),⑤花茶(307),⑥白茶(144),⑦黄茶(8)
按检出禁用、高毒及剧毒农药品种排名（品种）	①绿茶(13),②花茶(8),③乌龙茶(7),④黑茶(6),⑤红茶(6),⑥白茶(4)
按检出禁用、高毒及剧毒农药频次排名（频次）	①绿茶(388),②黑茶(52),③乌龙茶(45),④红茶(42),⑤花茶(29),⑥白茶(7)

13.3.2　茶叶按超标农药品种和频次排名

鉴于 MRL 欧盟标准和日本标准制定比较全面且覆盖率较高，我们参照 MRL 中国国家标准、欧盟标准和日本标准衡量茶叶样品中农残检出情况，将茶叶按超标农药品种及频次排名列表说明，详见表 13-18。

表 13-18 茶叶按超标农药品种和频次排名茶叶

按超标农药品种排名（农药品种数）	MRL 中国国家标准	①花茶(1)，②绿茶(1)
	MRL 欧盟标准	①绿茶(37)，②花茶(31)，③乌龙茶(17)，④黑茶(14)，⑤红茶(12)，⑥白茶(10)，⑦黄茶(1)
	MRL 日本标准	①绿茶(22)，②花茶(19)，③黑茶(13)，④乌龙茶(10)，⑤红茶(5)，⑥白茶(4)
按超标农药频次排名（农药频次数）	MRL 中国国家标准	花茶(3)，②绿茶(1)
	MRL 欧盟标准	①绿茶(692)，②乌龙茶(257)，③黑茶(135)，④花茶(95)，⑤红茶(81)，⑥白茶(38)，⑦黄茶(1)
	MRL 日本标准	①绿茶(240)，②花茶(44)，③黑茶(33)，④乌龙茶(29)，⑤红茶(22)，⑥白茶(13)

通过对各品种茶叶样本总数及检出率进行综合分析发现，绿茶、花茶和黑茶的残留污染最为严重，在此，我们参照 MRL 中国国家标准、欧盟标准和日本标准对这 3 种茶叶的农残检出情况进行进一步分析。

13.3.3 农药残留检出率较高的茶叶样品分析

13.3.3.1 绿茶

这次共检测 486 例绿茶样品，446 例样品中检出了农药残留，检出率为 91.8%，检出农药共计 88 种。其中唑虫酰胺、噻嗪酮、啶虫脒、吡虫啉和噻虫嗪检出频次较高，分别检出了 370、323、321、225 和 222 次。绿茶中农药检出品种和频次见图 13-22，超标

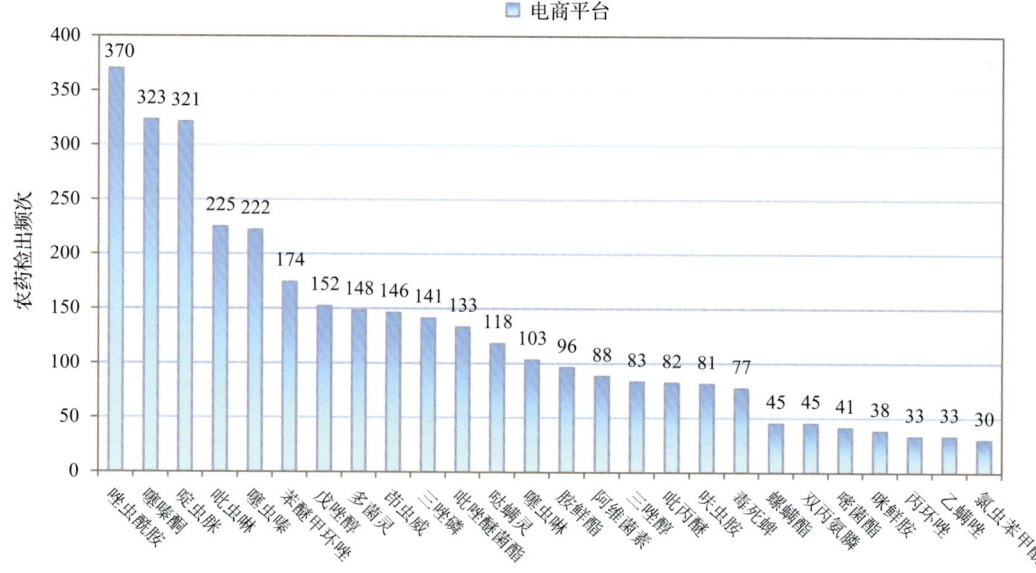

图 13-22 绿茶样品检出农药品种和频次分析(仅列出 30 频次及以上的数据)

农药见图 13-23 和表 13-19。

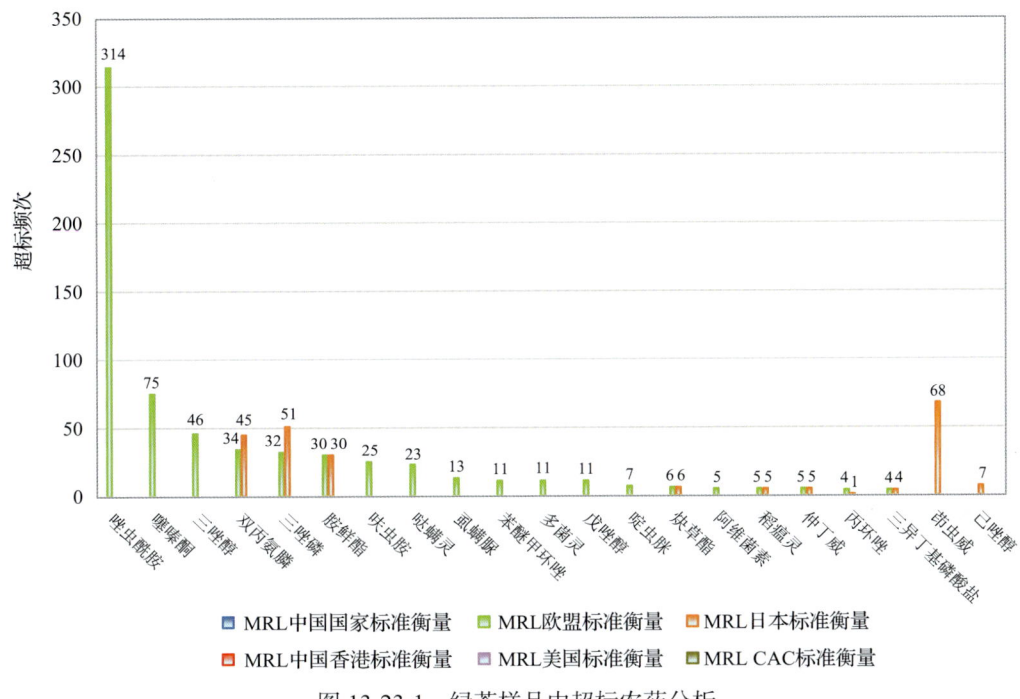

图 13-23-1　绿茶样品中超标农药分析

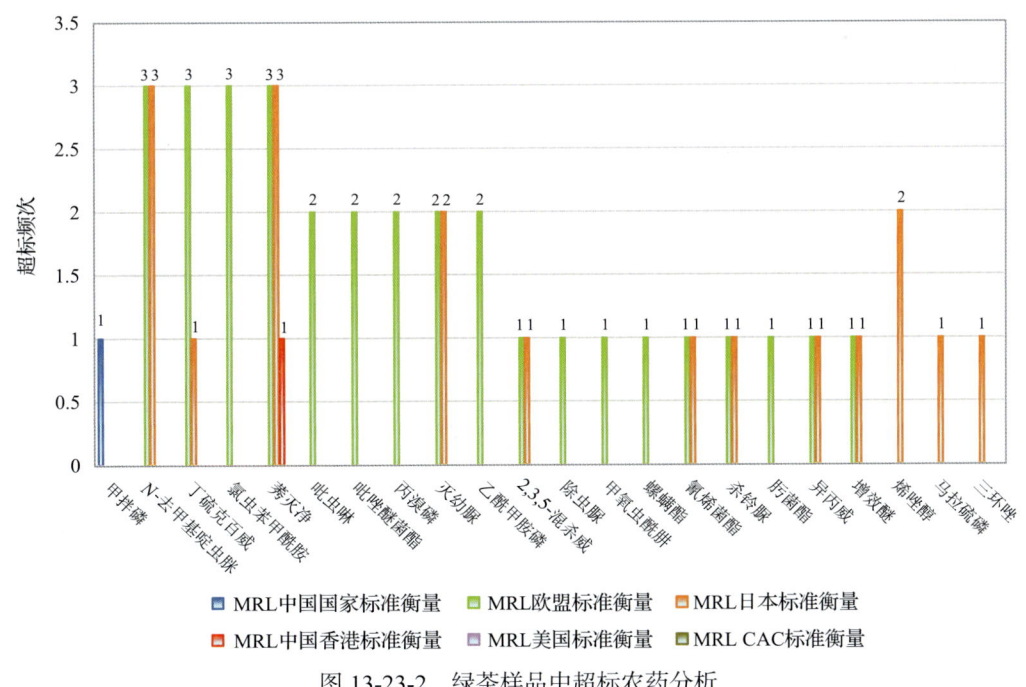

图 13-23-2　绿茶样品中超标农药分析

表 13-19 绿茶中农药残留超标情况明细表

样品总数		检出农药样品数	样品检出率(%)	检出农药品种总数
486		446	91.8	88
	超标农药品种	超标农药频次	按照 MRL 中国国家标准、欧盟标准和日本标准衡量超标农药名称及频次	
中国国家标准	1	1	甲拌磷(1)	
欧盟标准	37	692	唑虫酰胺(314),噻嗪酮(75),三唑醇(46),双丙氨膦(34),三唑磷(32),胺鲜酯(30),呋虫胺(25),哒螨灵(23),虱螨脲(13),苯醚甲环唑(11),多菌灵(11),戊唑醇(11),啶虫脒(7),炔草酯(6),阿维菌素(5),稻瘟灵(5),仲丁威(5),丙环唑(4),三异丁基磷酸盐(4),N-去甲基啶虫脒(3),丁硫克百威(3),氯虫苯甲酰胺(3),莠灭净(3),吡虫啉(2),吡唑醚菌酯(2),丙溴磷(2),灭幼脲(2),乙酰甲胺磷(2),2,3,5-混杀威(1),除虫脲(1),甲氧虫酰肼(1),螺螨酯(1),氰烯菌酯(1),杀铃脲(1),肟菌酯(1),异丙威(1),增效醚(1)	
日本标准	22	240	茚虫威(68),三唑醇(51),双丙氨膦(45),胺鲜酯(30),己唑醇(7),炔草酯(6),稻瘟灵(5),仲丁威(5),三异丁基磷酸盐(4),N-去甲基啶虫脒(3),莠灭净(3),灭幼脲(2),烯唑醇(2),2,3,5-混杀威(1),丙环唑(1),丁硫克百威(1),马拉硫磷(1),氰烯菌酯(1),三环唑(1),杀铃脲(1),异丙威(1),增效醚(1)	

13.3.3.2 花茶

这次共检测 31 例花茶样品，全部检出了农药残留，检出率为 100.0%，检出农药共计 64 种。其中啶虫脒、噻嗪酮、吡虫啉、多菌灵和噻虫嗪检出频次较高，分别检出了 24、17、16、16 和 15 次。花茶中农药检出品种和频次见图 13-24，超标农药见图 13-25 和表 13-20。

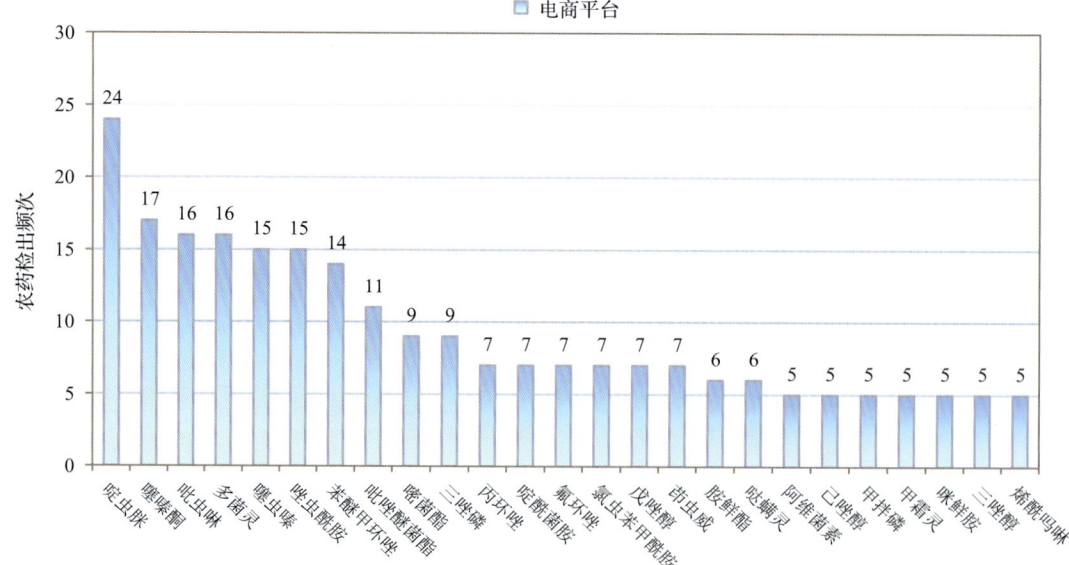

图 13-24 花茶样品检出农药品种和频次分析(仅列出 5 频次及以上的数据)

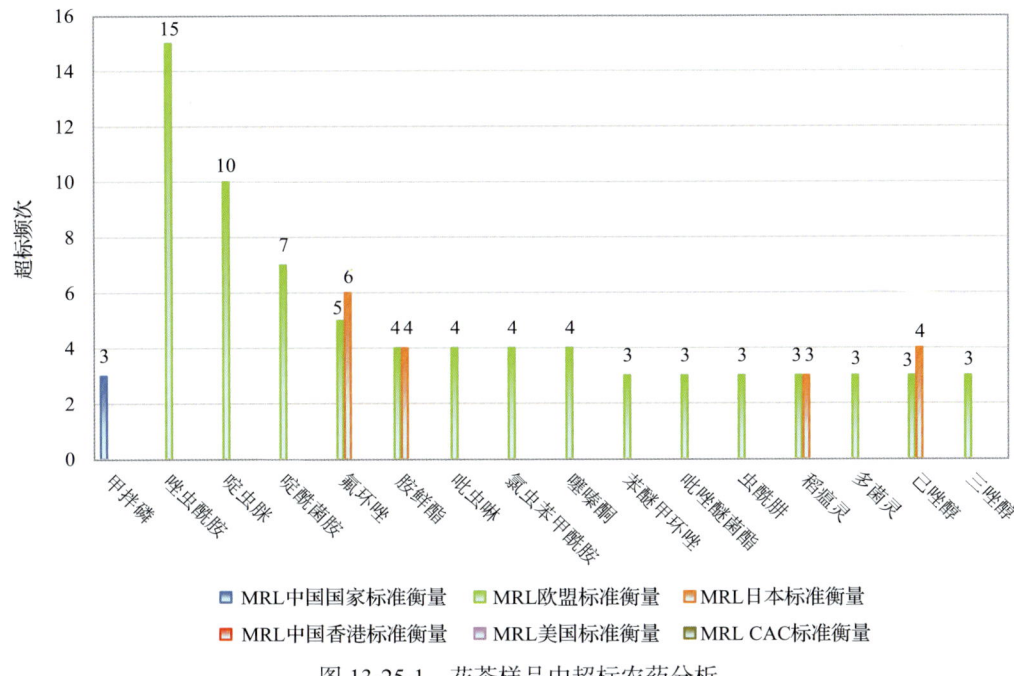

图 13-25-1　花茶样品中超标农药分析

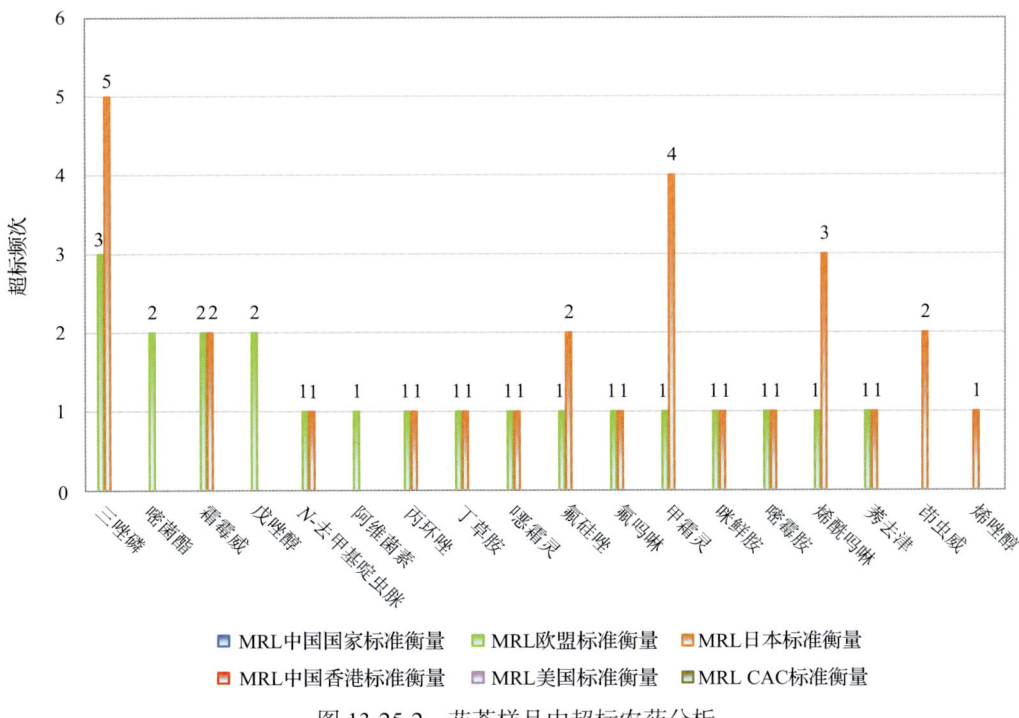

图 13-25-2　花茶样品中超标农药分析

表 13-20 花茶中农药残留超标情况明细表

样品总数		检出农药样品数	样品检出率(%)	检出农药品种总数
31		31	100	64
	超标农药品种	超标农药频次	按照 MRL 中国国家标准、欧盟标准和日本标准衡量超标农药名称及频次	
中国国家标准	1	3	甲拌磷(3)	
欧盟标准	31	95	唑虫酰胺(15),啶虫脒(10),啶酰菌胺(7),氟环唑(5),胺鲜酯(4),吡虫啉(4),氯虫苯甲酰胺(4),噻嗪酮(4),苯醚甲环唑(3),吡唑醚菌酯(3),虫酰肼(3),稻瘟灵(3),多菌灵(3),己唑醇(3),三唑醇(3),三唑磷(3),嘧菌酯(2),霜霉威(2),戊唑醇(2),N-去甲基啶虫脒(1),阿维菌素(1),丙环唑(1),丁草胺(1),噁霜灵(1),氟硅唑(1),氟吗啉(1),甲霜灵(1),咪鲜胺(1),嘧霉胺(1),烯酰吗啉(1),莠去津(1)	
日本标准	19	44	氟环唑(6),三唑磷(5),胺鲜酯(4),己唑醇(4),甲霜灵(4),稻瘟灵(3),烯酰吗啉(3),氟硅唑(2),霜霉威(2),茚虫威(2),N-去甲基啶虫脒(1),丙环唑(1),丁草胺(1),噁霜灵(1),氟吗啉(1),咪鲜胺(1),嘧霉胺(1),烯唑醇(1),莠去津(1)	

13.3.3.3 黑茶

这次共检测 182 例黑茶样品,159 例样品中检出了农药残留,检出率为 87.4%,检出农药共计 63 种。其中啶虫脒、唑虫酰胺、噻嗪酮、吡虫啉和增效醚检出频次较高,分别检出了 120、120、87、61 和 53 次。黑茶中农药检出品种和频次见图 13-26,超标农药见图 13-27 和表 13-21。

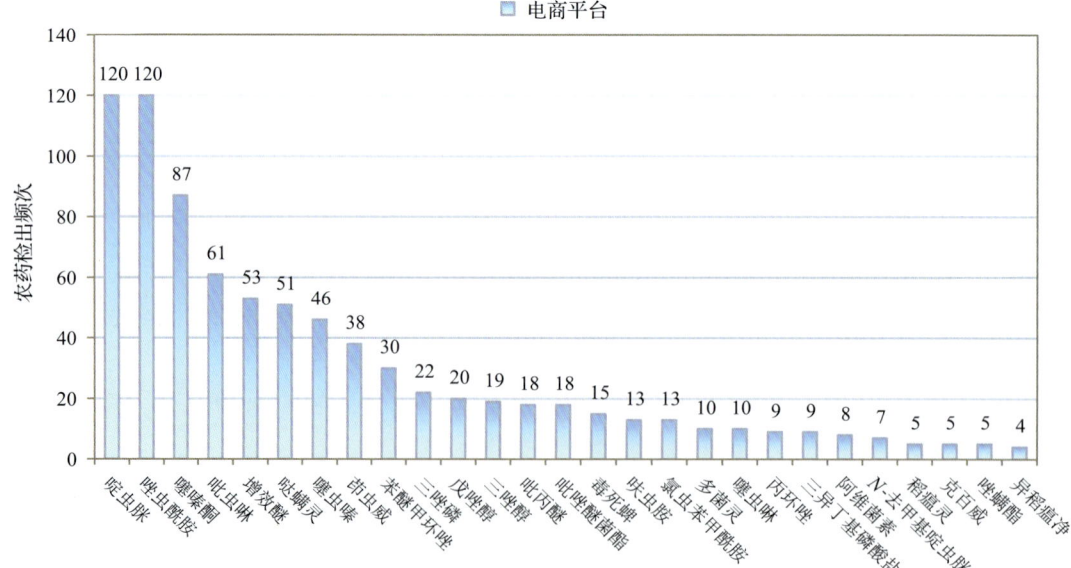

图 13-26 黑茶样品检出农药品种和频次分析(仅列出 4 频次及以上的数据)

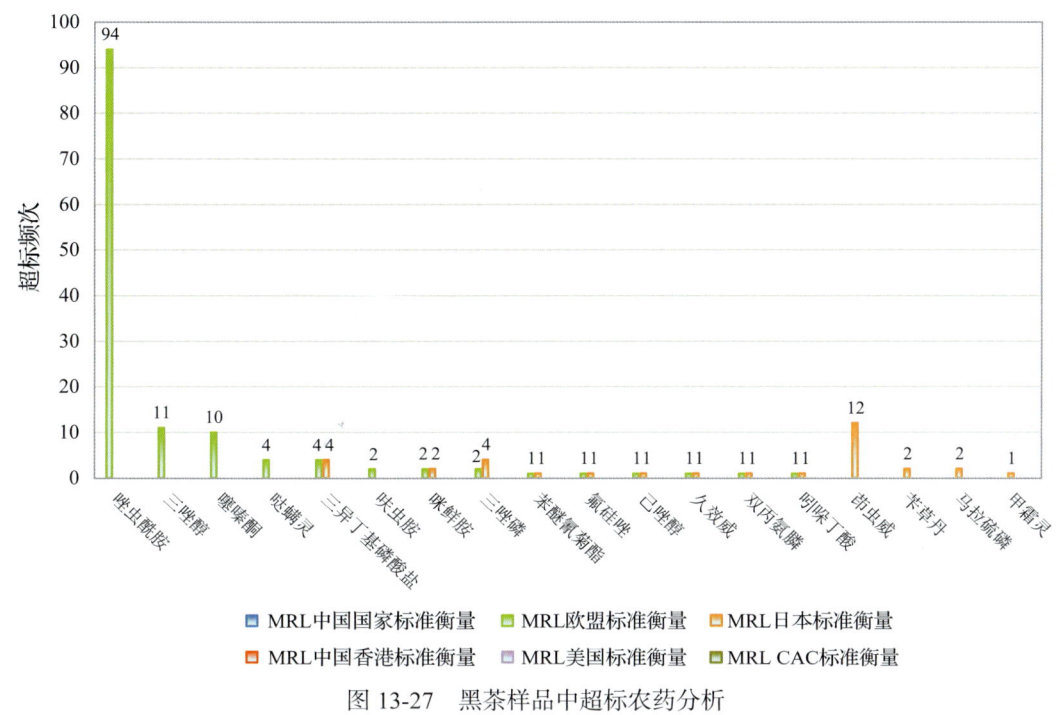

图 13-27 黑茶样品中超标农药分析

表 13-21 黑茶中农药残留超标情况明细表

样品总数		检出农药样品数	样品检出率(%)	检出农药品种总数
182		159	87.4	63
	超标农药品种	超标农药频次	按照 MRL 中国标准、欧盟标准和日本标准衡量超标农药名称及频次	
中国国家标准	0	0		
欧盟标准	14	135	唑虫酰胺(94),三唑醇(11),噻嗪酮(10),哒螨灵(4),三异丁基磷酸盐(4),呋虫胺(2),咪鲜胺(2),三唑磷(2),苯醚氰菊酯(1),氟硅唑(1),己唑醇(1),久效威(1),双丙氨膦(1),吲哚丁酸(1)	
日本标准	13	33	茚虫威(12),三异丁基磷酸盐(4),三唑磷(3),苄草丹(2),马拉硫磷(2),咪鲜胺(2),苯醚氰菊酯(1),氟硅唑(1),己唑醇(1),甲霜灵(1),久效威(1),双丙氨膦(1),吲哚丁酸(1)	

13.4 初 步 结 论

13.4.1 电商平台市售茶叶按 MRL 中国国家标准和国际主要 MRL 标准衡量的合格率

本次侦测的 1089 例样品中,107 例样品未检出任何残留农药,占样品总量的 9.8%,982 例样品检出不同水平、不同种类的残留农药,占样品总量的 90.2%。在这 982 例检出农药残留的样品中:

按照 MRL 中国国家标准衡量,有 978 例样品检出残留农药但含量没有超标,占样品总数的 89.8%,有 4 例样品检出了超标农药,占样品总数的 0.4%;

按照 MRL 欧盟标准衡量,有 244 例样品检出残留农药但含量没有超标,占样品总数的 22.4%,有 738 例样品检出了超标农药,占样品总数的 67.8%;

按照 MRL 日本标准衡量,有 699 例样品检出残留农药但含量没有超标,占样品总数的 64.2%,有 283 例样品检出了超标农药,占样品总数的 26.0%;

按照 MRL 中国香港标准衡量,有 981 例样品检出残留农药但含量没有超标,占样品总数的 90.1%,有 1 例样品检出了超标农药,占样品总数的 0.1%;

按照 MRL 美国标准衡量,有 982 例样品检出残留农药但含量没有超标,占样品总数的 90.2%,无检出残留农药超标的样品;

按照 MRL CAC 标准衡量,有 982 例样品检出残留农药但含量没有超标,占样品总数的 90.2%,无检出残留农药超标的样品。

13.4.2 电商平台市售茶叶中检出农药以中低微毒农药为主,占市场主体的 90.4%

这次侦测的 1089 例茶叶样品共检出了 115 种农药,检出农药的毒性以中低微毒为主,详见表 13-22。

表 13-22 市场主体农药毒性分布

毒性	检出品种	占比	检出频次	占比
剧毒农药	2	1.7%	16	0.2%
高毒农药	9	7.8%	410	6.0%
中毒农药	46	40.0%	4250	61.8%
低毒农药	37	32.2%	1541	22.4%
微毒农药	21	18.3%	659	9.6%

中低微毒农药,品种占比 90.4%,频次占比 93.8%

13.4.3 检出剧毒、高毒和禁用农药现象应该警醒

在此次侦测的 1089 例样品中有 6 种茶叶的 362 例样品检出了 16 种 563 频次的剧毒和高毒或禁用农药,占样品总量的 33.2%。其中剧毒农药甲拌磷和特丁硫磷以及高毒农药三唑磷、阿维菌素和甲硫威检出频次较高。

按 MRL 中国国家标准衡量,剧毒农药甲拌磷,检出 11 次,超标 4 次;按超标程度比较,花茶中甲拌磷超标 1.7 倍,绿茶中甲拌磷超标 0.4 倍。

剧毒、高毒或禁用农药的检出情况及按照 MRL 中国国家标准衡量的超标情况见表 13-23。

表 13-23　剧毒、高毒或禁用农药的检出及超标明细

序号	农药名称	样品名称	检出频次	超标频次	最大超标倍数	超标率
1.1	甲拌磷*▲	绿茶	6	1	0.4	16.7%
1.2	甲拌磷*▲	花茶	5	3	1.7	60.0%
2.1	特丁硫磷*▲	绿茶	3	0	0	0.0%
2.2	特丁硫磷*▲	花茶	2	0	0	0.0%
3.1	阿维菌素◊	绿茶	88	0	0	0.0%
3.2	阿维菌素◊	红茶	12	0	0	0.0%
3.3	阿维菌素◊	黑茶	8	0	0	0.0%
3.4	阿维菌素◊	花茶	5	0	0	0.0%
3.5	阿维菌素◊	乌龙茶	5	0	0	0.0%
3.6	阿维菌素◊	白茶	1	0	0	0.0%
4.1	伐虫脒◊	乌龙茶	1	0	0	0.0%
5.1	甲硫威◊	绿茶	21	0	0	0.0%
5.2	甲硫威◊	白茶	1	0	0	0.0%
5.3	甲硫威◊	黑茶	1	0	0	0.0%
5.4	甲硫威◊	花茶	1	0	0	0.0%
6.1	久效威◊	黑茶	1	0	0	0.0%
7.1	克百威◊▲	绿茶	14	0	0	0.0%
7.2	克百威◊▲	黑茶	5	0	0	0.0%
7.3	克百威◊▲	乌龙茶	2	0	0	0.0%
7.4	克百威◊▲	红茶	1	0	0	0.0%
8.1	醚菌酯◊	花茶	1	0	0	0.0%
9.1	灭多威▲	绿茶	13	0	0	0.0%
10.1	三唑磷◊▲	绿茶	141	0	0	0.0%
10.2	三唑磷◊▲	红茶	26	0	0	0.0%
10.3	三唑磷◊▲	黑茶	22	0	0	0.0%
10.4	三唑磷◊▲	乌龙茶	14	0	0	0.0%
10.5	三唑磷◊▲	花茶	9	0	0	0.0%
10.6	三唑磷◊▲	白茶	4	0	0	0.0%
11.1	氧乐果◊▲	绿茶	11	0	0	0.0%
11.2	氧乐果◊▲	花茶	2	0	0	0.0%
12.1	丁硫克百威▲	绿茶	3	0	0	0.0%
12.2	丁硫克百威▲	乌龙茶	1	0	0	0.0%

续表

序号	农药名称	样品名称	检出频次	超标频次	最大超标倍数	超标率
13.1	毒死蜱▲	绿茶	77	0	0	0.0%
13.2	毒死蜱▲	乌龙茶	20	0	0	0.0%
13.3	毒死蜱▲	黑茶	15	0	0	0.0%
13.4	毒死蜱▲	花茶	4	0	0	0.0%
13.5	毒死蜱▲	白茶	1	0	0	0.0%
13.6	毒死蜱▲	红茶	1	0	0	0.0%
14.1	乐果▲	绿茶	8	0	0	0.0%
14.2	乐果▲	红茶	1	0	0	0.0%
15.1	乙酰甲胺磷▲	绿茶	2	0	0	0.0%
16.1	氟苯虫酰胺▲	乌龙茶	2	0	0	0.0%
16.2	氟苯虫酰胺▲	红茶	1	0	0	0.0%
16.3	氟苯虫酰胺▲	绿茶	1	0	0	0.0%
合计			563	4		0.7%

注：*为剧毒农药；◊为高毒农药；▲为禁用农药；超标倍数参照 MRL 中国国家标准衡量

这些剧毒和高毒农药都是中国政府早有规定禁止在茶叶中使用的，为什么还屡次被检出，应该引起警惕。

13.4.4　残留限量标准与先进国家或地区差距较大

6876 频次的检出结果与我国公布的《食品中农药最大残留限量》（GB 2763—2016）对比，有 3379 频次能找到对应的 MRL 中国国家标准，占 49.1%，还有 3497 频次的侦测数据无相关 MRL 标准供参考，占 50.9%。

与国际上现行 MRL 标准对比发现：

有 6876 频次能找到对应的 MRL 欧盟标准，占 100.0%；

有 6876 频次能找到对应的 MRL 日本标准，占 100.0%；

有 3240 频次能找到对应的 MRL 中国香港标准，占 47.1%；

有 3141 频次能找到对应的 MRL 美国标准，占 45.7%；

有 2013 频次能找到对应的 MRL CAC 标准，占 29.3%。

由上可见，MRL 中国国家标准与先进国家或地区还有很大差距，我们无标准，境外有标准，这就会导致我们在国际贸易中，处于受制于人的被动地位。

13.4.5　茶叶单种样品检出 63~88 种农药残留，拷问农药使用的科学性

通过此次监测发现，绿茶、花茶和黑茶是检出农药品种最多的 3 种茶叶，从中检出农药品种及频次详见表 13-24。

表 13-24　单种样品检出农药品种及频次

样品名称	样品总数	检出农药样品数	检出率	检出农药品种数	检出农药(频次)
绿茶	486	446	91.8%	88	唑虫酰胺(370),噻嗪酮(323),啶虫脒(321),吡虫啉(225),噻虫嗪(222),苯醚甲环唑(174),戊唑醇(152),多菌灵(148),茚虫威(146),三唑磷(141),吡唑醚菌酯(133),哒螨灵(118),噻虫啉(103),胺鲜酯(96),阿维菌素(88),三唑醇(83),吡丙醚(82),呋虫胺(81),毒死蜱(77),螺螨酯(45),双丙氨膦(45),嘧菌酯(41),咪鲜胺(38),丙环唑(33),乙螨唑(33),氯虫苯甲酰胺(30),吡虫啉脲(23),稻瘟灵(23),己唑醇(23),噻虫胺(22),甲硫威(21),三唑酮(18),N-去甲基啶虫脒(17),马拉硫磷(17),三异丁基磷酸盐(17),克百威(14),唑螨酯(14),灭多威(13),虱螨脲(13),丙溴磷(11),虫酰肼(11),氟环唑(11),氧乐果(11),氟硅唑(10),莠去津(10),矮壮素(9),三环唑(9),甲霜灵(8),甲氧虫酰肼(8),乐果(8),炔螨特(7),肟菌酯(7),甲拌磷(6),炔草酯(6),多效唑(5),氟虫脲(5),烯酰吗啉(5),烯唑醇(5),异稻瘟净(5),莠灭净(5),仲丁威(5),丁硫克百威(3),噁霜灵(3),粉唑醇(3),嘧霉胺(3),特丁硫磷(3),异丙甲草胺(3),吡蚜酮(2),吡唑萘菌胺(2),喹菌酮(2),灭幼脲(2),乙酰甲胺磷(2),增效醚(2),2,3,5-混杀威(1),胺菊酯(1),丙草胺(1),除虫脲(1),丁醚脲(1),氟苯虫酰胺(1),氟吗啉(1),灰黄霉素(1),抗蚜威(1),联苯肼酯(1),氰烯菌酯(1),噻螨酮(1),杀铃脲(1),辛噻酮(1),异丙威(1)
花茶	31	31	100.0%	64	啶虫脒(24),噻嗪酮(17),吡虫啉(16),多菌灵(16),噻虫嗪(15),唑虫酰胺(15),苯醚甲环唑(14),吡唑醚菌酯(11),嘧菌酯(9),三唑磷(9),丙环唑(7),啶酰菌胺(7),氟环唑(7),氯虫苯甲酰胺(7),戊唑醇(7),茚虫威(7),胺鲜酯(6),哒螨灵(6),阿维菌素(5),己唑醇(5),甲拌磷(5),甲霜灵(5),咪鲜胺(5),三唑醇(5),烯酰吗啉(5),稻瘟灵(4),毒死蜱(4),噻虫啉(4),莠灭净(4),吡丙醚(3),虫酰肼(3),噻虫胺(3),霜霉威(3),肟菌酯(3),吡虫啉脲(2),呋虫胺(2),氟硅唑(2),氟吗啉(2),马拉硫磷(2),扑灭津(2),三唑酮(2),特丁硫磷(2),烯唑醇(2),氧乐果(2),莠去津(2),N-去甲基啶虫脒(1),倍硫磷(1),吡蚜酮(1),丙溴磷(1),丁草胺(1),多效唑(1),噁霜灵(1),二嗪磷(1),氟吡菌胺(1),氟菌唑(1),甲硫威(1),硫双威(1),醚菌酯(1),嘧霉胺(1),灭蝇胺(1),去乙基阿特拉津(1),乙螨唑(1),异稻瘟净(1),增效醚(1)
黑茶	182	159	87.4%	63	啶虫脒(120),唑虫酰胺(120),噻嗪酮(87),吡虫啉(61),增效醚(53),哒螨灵(51),噻虫嗪(46),茚虫威(38),苯醚甲环唑(30),三唑磷(22),戊唑醇(20),三唑醇(19),吡丙醚(18),吡唑醚菌酯(18),毒死蜱(15),呋虫胺(13),氯虫苯甲酰胺(13),多菌灵(10),噻虫啉(10),丙环唑(9),三异丁基磷酸盐(9),阿维菌素(8),N-去甲基啶虫脒(7),稻瘟灵(5),克百威(5),唑螨酯(5),异稻瘟净(4),矮壮素(3),胺鲜酯(3),苄嘧丹(3),丙溴磷(3),丁草胺(3),咪鲜胺(3),乙螨唑(3),吡虫啉脲(2),多效唑(2),己唑醇(2),甲霜灵(2),马拉硫磷(2),嘧霉胺(2),扑草净(2),噻虫胺(2),莠灭净(2),莠去津(2),苯醚氰菊酯(1),虫酰肼(1),氟吡菌胺(1),氟虫脲(1),氟啶虫胺腈(1),氟硅唑(1),甲硫威(1),久效磷(1),抗蚜威(1),螺螨酯(1),嘧菌酯(1),扑灭津(1),炔螨特(1),三唑酮(1),双丙氨膦(1),霜霉威(1),肟菌酯(1),辛噻酮(1),吲哚丁酸(1)

上述 3 种茶叶，检出农药 63~88 种，是多种农药综合防治，还是未严格实施农业良好管理规范(GAP)，抑或根本就是乱施药，值得我们思考。

第 14 章 LC-Q-TOF/MS 侦测电商平台市售茶叶农药残留膳食暴露风险与预警风险评估

14.1 农药残留风险评估方法

14.1.1 电商平台农药残留侦测数据分析与统计

庞国芳院士科研团队建立的农药残留高通量侦测技术以高分辨精确质量数（0.0001 m/z 为基准）为识别标准，采用 LC-Q-TOF/MS 技术对 825 种农药化学污染物进行侦测。

科研团队于 2019 年 1 月到 3 月期间在 8 个电商平台，随机采集了 1089 例茶叶样品。利用 LC-Q-TOF/MS 技术对 1089 例样品中的农药进行侦测，侦测出残留农药 115 种，6876 频次。侦测出农药残留水平如表 14-1 和图 14-1 所示。检出频次最高的前 10 种农药

表 14-1 侦测出农药的不同残留水平及其所占比例列表

残留水平(μg/kg)	检出频次	占比(%)
1~5(含)	2845	41.4
5~10(含)	1130	16.4
10~100(含)	2263	32.9
100~1000(含)	517	7.5
>1000	121	1.8
合计	6876	100

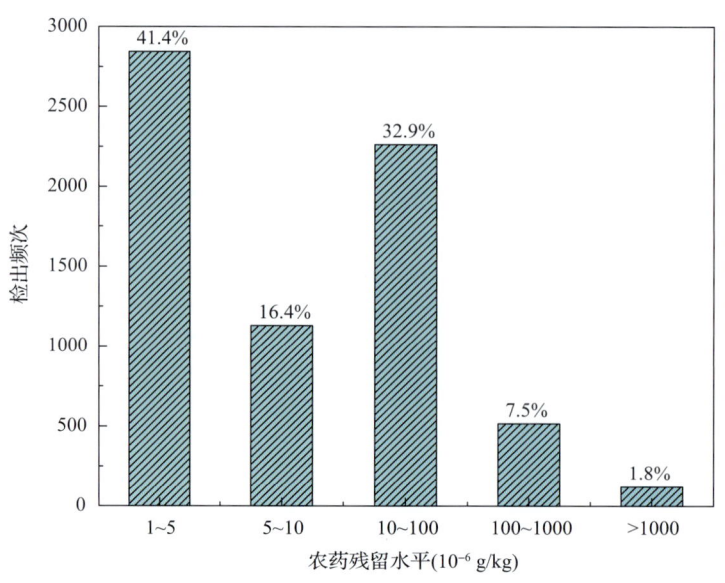

图 14-1 残留农药检出浓度频数分布图

如表 14-2 所示。从检测结果中可以看出，在茶叶中农药残留普遍存在，且有些茶叶存在高浓度的农药残留，这些可能存在膳食暴露风险，对人体健康产生危害，因此，为了定量地评价茶叶中农药残留的风险程度，有必要对其进行风险评价。

表 14-2 检出频次最高的前 10 种农药列表

序号	农药	检出频次
1	唑虫酰胺	748
2	啶虫脒	673
3	噻嗪酮	611
4	吡虫啉	410
5	哒螨灵	393
6	苯醚甲环唑	390
7	噻虫嗪	349
8	茚虫威	278
9	吡唑醚菌酯	234
10	戊唑醇	229

14.1.2 农药残留风险评价模型

对电商平台茶叶中农药残留分别开展暴露风险评估和预警风险评估。膳食暴露风险评估利用食品安全指数模型对茶叶中的残留农药对人体可能产生的危害程度进行评价，该模型结合残留监测和膳食暴露评估评价化学污染物的危害；预警风险评价模型运用风险系数(risk index，R)，风险系数综合考虑了危害物的超标率、施检频率及其本身敏感性的影响，能直观而全面地反映出危害物在一段时间内的风险程度。

14.1.2.1 食品安全指数模型

为了加强食品安全管理，《中华人民共和国食品安全法》第二章第十七条规定"国家建立食品安全风险评估制度，运用科学方法，根据食品安全风险监测信息、科学数据以及有关信息，对食品、食品添加剂、食品相关产品中生物性、化学性和物理性危害因素进行风险评估"[1]，膳食暴露评估是食品危险度评估的重要组成部分，也是膳食安全性的衡量标准[2]。国际上最早研究膳食暴露风险评估的机构主要是 JMPR(FAO、WHO 农药残留联合会议)，该组织自 1995 年就已制定了急性毒性物质的风险评估急性毒性农药残留摄入量的预测。1960 年美国规定食品中不得加入致癌物质进而提出零阈值理论，渐渐零阈值理论发展成在一定概率条件下可接受风险的概念[3]，后衍变为食品中每日允许最大摄入量(ADI)，而国际食品农药残留法典委员会(CCPR)认为 ADI 不是独立风险评估的唯一标准[4]，1995 年 JMPR 开始研究农药急性膳食暴露风险评估，并对食品国际短期摄入量的计算方法进行了修正，亦对膳食暴露评估准则及评估方法进行了修正[5]，

2002年，在对世界上现行的食品安全评价方法，尤其是国际公认的CAC评价方法、全球环境监测系统/食品污染监测和评估规划(WHO GEMS/Food)及FAO、WHO食品添加剂联合专家委员会(JECFA)和JMPR对食品安全风险评估工作研究的基础之上，检验检疫食品安全管理的研究人员提出了结合残留监控和膳食暴露评估，以食品安全指数IFS计算食品中各种化学污染物对消费者的健康危害程度[6]。IFS是表示食品安全状态的新方法，可有效地评价某种农药的安全性，进而评价食品中各种农药化学污染物对消费者健康的整体危害程度[7,8]。从理论上分析，IFS_c可指出食品中的污染物c对消费者健康是否存在危害及危害的程度[9]。其优点在于操作简单且结果容易被接受和理解，不需要大量的数据来对结果进行验证，使用默认的标准假设或者模型即可[10,11]。

1) IFS_c的计算

IFS_c计算公式如下：

$$IFS_c = \frac{EDI_c \times f}{SI_c \times bw} \tag{14-1}$$

式中，c为所研究的农药；EDI_c为农药c的实际日摄入量估算值，等于$\sum(R_i \times F_i \times E_i \times P_i)$($i$为食品种类；$R_i$为食品$i$中农药c的残留水平，mg/kg；$F_i$为食品$i$的估计日消费量，g/(人·天)；$E_i$为食品$i$的可食用部分因子；$P_i$为食品$i$的加工处理因子)；$SI_c$为安全摄入量，可采用每日允许最大摄入量ADI；bw为人平均体重，kg；f为校正因子，如果安全摄入量采用ADI，则f取1。

$IFS_c \ll 1$，农药c对食品安全没有影响；$IFS_c \leq 1$，农药c对食品安全的影响可以接受；$IFS_c > 1$，农药c对食品安全的影响不可接受。

本次评价中：

$IFS_c \leq 0.1$，农药c对茶叶安全没有影响；

$0.1 < IFS_c \leq 1$，农药c对茶叶安全的影响可以接受；

$IFS_c > 1$，农药c对茶叶安全的影响不可接受。

本次评价中残留水平R_i取值为中国检验检疫科学研究院庞国芳院士课题组利用以高分辨精确质量数(0.0001 m/z)为基准的LC-Q-TOF/MS侦测技术于2017年4月期间对电商平台茶叶农药残留的侦测结果，估计日消费量F_i取值0.0047 kg/(人·天)，$E_i=1$，$P_i=1$，$f=1$，SI_c采用《食品安全国家标准 食品中农药最大残留限量》(GB 2763—2016)中ADI值(具体数值见表14-3)，人平均体重(bw)取值60 kg。

2) 计算IFS_c的平均值$\overline{IFS}$，评价农药对食品安全的影响程度

以$\overline{IFS}$评价各种农药对人体健康危害的总程度，评价模型见公式(14-2)。

$$\overline{IFS} = \frac{\sum_{i=1}^{n} IFS_c}{n} \tag{14-2}$$

$\overline{IFS} \ll 1$，所研究消费者人群的食品安全状态很好；$\overline{IFS} \leq 1$，所研究消费者人群的食品安全状态可以接受；$\overline{IFS} > 1$，所研究消费者人群的食品安全状态不可接受。

表 14-3　电商平台茶叶中侦测出农药的 ADI 值

序号	农药	ADI	序号	农药	ADI	序号	农药	ADI
1	唑虫酰胺	0.006	40	莠去津	0.02	79	氟吡菌酰胺	0.01
2	炔草酯	0.0003	41	异丙威	0.002	80	抗蚜威	0.02
3	三唑磷	0.001	42	丙溴磷	0.03	81	二嗪磷	0.005
4	噻嗪酮	0.009	43	灭多威	0.02	82	联苯肼酯	0.01
5	哒螨灵	0.01	44	杀铃脲	0.014	83	丙草胺	0.018
6	毒死蜱	0.01	45	啶酰菌胺	0.04	84	氟菌唑	0.035
7	茚虫威	0.01	46	吡丙醚	0.1	85	硫双威	0.03
8	苯醚甲环唑	0.01	47	仲丁威	0.06	86	倍硫磷	0.007
9	阿维菌素	0.002	48	呋虫胺	0.2	87	异丙甲草胺	0.1
10	三唑醇	0.03	49	嘧菌酯	0.2	88	氟吗啉	0.16
11	丁硫克百威	0.01	50	三唑酮	0.03	89	氟啶虫胺腈	0.05
12	氧乐果	0.0003	51	乙酰甲胺磷	0.03	90	灭蝇胺	0.06
13	多菌灵	0.03	52	噻螨酮	0.03	91	啶氧菌酯	0.09
14	虱螨脲	0.015	53	噻虫胺	0.1	92	醚菌酯	0.4
15	唑螨酯	0.01	54	噁霜灵	0.01	93	氰烯菌酯	0.28
16	啶虫脒	0.07	55	肟菌酯	0.04	94	氟吡菌胺	0.08
17	吡唑醚菌酯	0.03	56	乙螨唑	0.05	95	2,3,5-混杀威	—
18	甲拌磷	0.0007	57	霜霉威	0.4	96	N-去甲基啶虫脒	—
19	噻虫啉	0.01	58	甲霜灵	0.08	97	三异丁基磷酸盐	—
20	戊唑醇	0.03	59	烯酰吗啉	0.2	98	久效威	—
21	克百威	0.001	60	甲氧虫酰肼	0.1	99	二甲嘧酚	—
22	虫酰肼	0.02	61	甲硫威	0.02	100	伐虫脒	—
23	咪鲜胺	0.01	62	莠灭净	0.072	101	去乙基阿特拉津	—
24	己唑醇	0.005	63	三环唑	0.04	102	双丙氨膦	—
25	螺螨酯	0.01	64	嘧霉胺	0.2	103	吡唑萘菌胺	—
26	胺鲜酯	0.023	65	异稻瘟净	0.035	104	吡虫啉脲	—
27	炔螨特	0.01	66	四螨嗪	0.02	105	吡螨胺	—
28	吡虫啉	0.06	67	氟苯虫酰胺	0.02	106	吲哚丁酸	—
29	氟硅唑	0.007	68	矮壮素	0.05	107	喹菌酮	—
30	氟虫脲	0.04	69	丁醚脲	0.003	108	扑灭津	—
31	噻虫嗪	0.08	70	增效醚	0.2	109	氧毒死蜱	—
32	丙环唑	0.07	71	多杀霉素	0.02	110	灭幼脲	—
33	氟环唑	0.02	72	粉唑醇	0.01	111	灰黄霉素	—
34	特丁硫磷	0.0006	73	氯虫苯甲酰胺	2	112	胺菊酯	—
35	除虫脲	0.02	74	吡蚜酮	0.03	113	苄草丹	—
36	稻瘟灵	0.016	75	马拉硫磷	0.3	114	苯醚氰菊酯	—
37	乐果	0.002	76	多效唑	0.1	115	辛噻酮	—
38	敌草隆	0.001	77	扑草净	0.04			
39	烯唑醇	0.005	78	丁草胺	0.1			

注："—"表示为国家标准中无 ADI 值规定；ADI 值单位为 mg/kg bw

本次评价中:

$\overline{\text{IFS}} \leqslant 0.1$,所研究消费者人群的茶叶安全状态很好;

$0.1 < \overline{\text{IFS}} \leqslant 1$,所研究消费者人群的茶叶安全状态可以接受;

$\overline{\text{IFS}} > 1$,所研究消费者人群的茶叶安全状态不可接受。

14.1.2.2 预警风险评估模型

2003年,我国检验检疫食品安全管理的研究人员根据WTO的有关原则和我国的具体规定,结合危害物本身的敏感性、风险程度及其相应的施检频率,首次提出了食品中危害物风险系数 R 的概念[12]。R 是衡量一个危害物的风险程度大小最直观的参数,即在一定时期内其超标率或阳性检出率的高低,但受其施检频率的高低及其本身的敏感性(受关注程度)影响。该模型综合考察了农药在茶叶中的超标率、施检频率及其本身敏感性,能直观而全面地反映出农药在一段时间内的风险程度[13]。

1) R 计算方法

危害物的风险系数综合考虑了危害物的超标率或阳性检出率、施检频率和其本身的敏感性影响,并能直观而全面地反映出危害物在一段时间内的风险程度。风险系数 R 的计算公式如式(14-3):

$$R = aP + \frac{b}{F} + S \tag{14-3}$$

式中,P 为该种危害物的超标率;F 为危害物的施检频率;S 为危害物的敏感因子;a, b 分别为相应的权重系数。

本次评价中 $F=1$;$S=1$;$a=100$;$b=0.1$,对参数 P 进行计算,计算时首先判断是否为禁用农药,如果为非禁用农药,P=超标的样品数(侦测出的含量高于食品最大残留限量标准值,即MRL)除以总样品数(包括超标、不超标、未侦测出);如果为禁用农药,则侦测出即为超标,P=能侦测出的样品数除以总样品数。判断电商平台茶叶农药残留是否超标的标准限值MRL分别以MRL中国国家标准[14]和MRL欧盟标准作为对照,具体值列于本报告附表一中。

2) 评价风险程度

$R \leqslant 1.5$,受检农药处于低度风险;

$1.5 < R \leqslant 2.5$,受检农药处于中度风险;

$R > 2.5$,受检农药处于高度风险。

14.1.2.3 食品膳食暴露风险和预警风险评估应用程序的开发

1) 应用程序开发的步骤

为成功开发膳食暴露风险和预警风险评估应用程序,与软件工程师多次沟通讨论,逐步提出并描述清楚计算需求,开发了初步应用程序。为明确出不同茶叶、不同农药、不同地域的风险水平,向软件工程师提出不同的计算需求,软件工程师对计算需求进行逐一分析，经过反复的细节沟通，需求分析得到明确后，开始进行解决方案的设计，在保证需求的完整性、一致性的前提下，编写出程序代码，最后设计出满足需求的风险评估专用计算软件，并通过一系列的软件测试和改进，完成专用程序的开发。软件开发基本步骤见图 14-2。

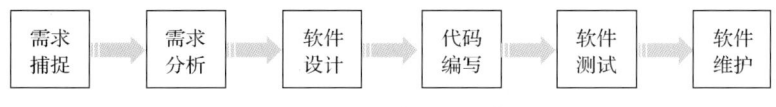

图 14-2　专用程序开发总体步骤

2) 膳食暴露风险评估专业程序开发的基本要求

首先直接利用公式 (14-1)，分别计算 LC-Q-TOF/MS 和 GC-Q-TOF/MS 仪器侦测出的各茶叶样品中每种农药 IFS_c，将结果列出。为考察超标农药和禁用农药的使用安全性，分别以我国《食品安全国家标准　食品中农药最大残留限量》(GB 2763—2016) 和欧盟食品中农药最大残留限量(以下简称 MRL 中国国家标准和 MRL 欧盟标准)为标准，对侦测出的禁用农药和超标的非禁用农药 IFS_c 单独进行评价；按 IFS_c 大小列表，并找出 IFS_c 值排名前 20 的样本重点关注。

对不同茶叶 i 中每一种侦测出的农药 c 的安全指数进行计算，多个样品时求平均值。按农药种类，计算整个监测时间段内每种农药的 IFS_c，不区分茶叶种类。

3) 预警风险评估专业程序开发的基本要求

分别以 MRL 中国国家标准和 MRL 欧盟标准，按公式 (14-3) 逐个计算不同茶叶、不同农药的风险系数，禁用农药和非禁用农药分别列表。

为清楚了解各种农药的预警风险，不分时间，不分茶叶，按禁用农药和非禁用农药分类，分别计算各种侦测出农药全部检测时段内风险系数。由于有 MRL 中国国家标准的农药种类太少，无法计算超标数，非禁用农药的风险系数只以 MRL 欧盟标准为标准，进行计算。

4) 风险程度评价专业应用程序的开发方法

采用 Python 计算机程序设计语言，Python 是一个高层次地结合了解释性、编译性、互动性和面向对象的脚本语言。风险评价专用程序主要功能包括：分别读入每例样品 LC-Q-TOF/MS 和 GC-Q-TOF/MS 农药残留检测数据，根据风险评价工作要求，依次对不同农药、不同食品、不同时间、不同采样点的 IFS_c 值和 R 值分别进行数据计算，筛选出禁用农药、超标农药(分别与 MRL 中国国家标准、MRL 欧盟标准限值进行对比)单独重点分析，再分别对各农药、各茶叶种类分类处理，设计出计算和排序程序，编写计算机代码，最后将生成的膳食暴露风险评估和超标风险评估定量计算结果列入设计好的各个表格中，并定性判断风险对目标的影响程度，直接用文字描述风险发生的高低，如"不可接受"、"可以接受"、"没有影响"、"高度风险"、"中度风险"、"低度风险"。

14.2 LC-Q-TOF/MS 侦测电商平台市售茶叶农药残留膳食暴露风险评估

14.2.1 每例茶叶样品中农药残留安全指数分析

基于 2019 年 1 月到 3 月的农药残留侦测数据,发现在 1089 例样品中侦测出农药 6876 频次,计算样品中每种残留农药的安全指数 IFS_c,并分析农药对样品安全的影响程度,结果详见附表二,农药残留对茶叶样品安全的影响程度频次分布情况如图 14-3 所示。

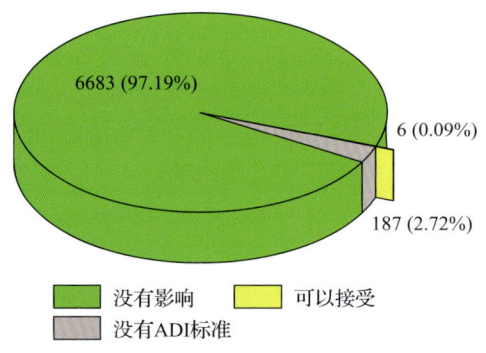

图 14-3　农药残留对茶叶样品安全的影响程度频次分布图

由图 14-3 可以看出,农药残留对样品安全的影响可以接受的频次为 6,占 0.09%;农药残留对样品安全的没有影响的频次为 6683,占 97.19%。

部分样品侦测出禁用农药 11 种 417 频次,为了明确残留的禁用农药对样品安全的影响,分析侦测出禁用农药残留的样品安全指数,禁用农药残留对茶叶样品安全的影响程度频次分布情况如图 14-4 所示,农药残留对样品安全没有影响的频次为 417,占 100%。

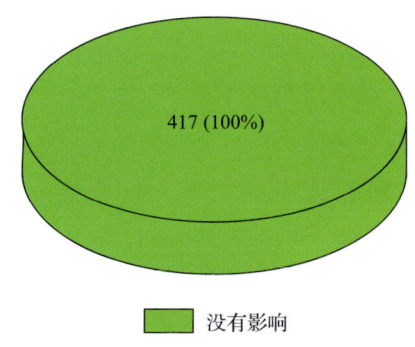

图 14-4　禁用农药对茶叶样品安全影响程度的频次分布图

此外,本次侦测发现部分样品中非禁用农药残留量超过了 MRL 欧盟标准,为了明确超标的非禁用农药对样品安全的影响,分析了非禁用农药残留超标的样品安全指数。

残留量超过 MRL 欧盟标准的非禁用农药对茶叶样品安全的影响程度频次分布情况如图 14-5 所示。可以看出超过 MRL 欧盟标准的非禁用农药共 1252 频次,其中农药没有 ADI 的频次为 66,占 5.27%;农药残留对样品安全的影响可以接受的频次为 6,占

0.48%；农药残留对样品安全没有影响的频次为 1180，占 94.25%。表 14-4 为茶叶样品中安全指数排名前 10 的残留超标非禁用农药列表。

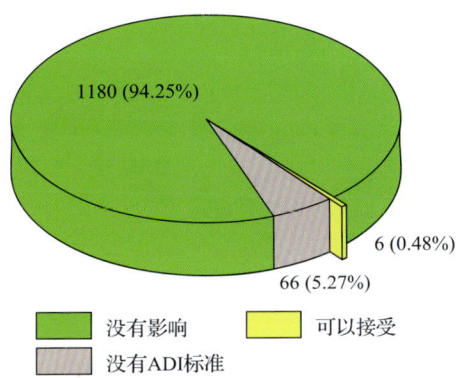

图 14-5　残留超标的非禁用农药对茶叶样品安全的影响程度频次分布图（MRL 欧盟标准）

表 14-4　茶叶样品中安全指数排名前 10 的残留超标非禁用农药列表（MRL 欧盟标准）

序号	样品编号	采样点	基质	农药	含量 (mg/kg)	欧盟标准	IFS_c	影响程度
1	20190225-330100-USI-GT-09A	E 电商平台	绿茶	炔草酯	2.4151	0.1	0.6306	可以接受
2	20190222-110112-USI-GT-19G	B 电商平台	绿茶	炔草酯	2.2446	0.1	0.5861	可以接受
3	20190222-110112-USI-GT-19F	B 电商平台	绿茶	炔草酯	1.2153	0.1	0.3173	可以接受
4	20190225-330100-USI-GT-09D	E 电商平台	绿茶	炔草酯	0.9595	0.1	0.2505	可以接受
5	20190225-330100-USI-GT-09H	E 电商平台	绿茶	炔草酯	0.8928	0.1	0.2331	可以接受
6	20190221-330100-USI-GT-02H	D 电商平台	绿茶	炔草酯	0.6293	0.1	0.1643	可以接受
7	20190122-110112-USI-OT-11C	B 电商平台	乌龙茶	唑虫酰胺	6.257	0.01	0.0817	没有影响
8	20190221-330100-USI-OT-02P	D 电商平台	乌龙茶	唑虫酰胺	5.5362	0.01	0.0723	没有影响
9	20190121-330100-USI-GT-01V	E 电商平台	绿茶	唑虫酰胺	5.492	0.01	0.0717	没有影响
10	20190122-110112-USI-OT-11A	B 电商平台	乌龙茶	唑虫酰胺	4.7496	0.01	0.0620	没有影响

14.2.2　单种茶叶中农药残留安全指数分析

本次 7 种茶叶侦测 115 种农药，检出频次为 6876 次，其中 21 种农药没有 ADI，94 种农药存在 ADI 标准。7 种茶叶按不同种类分别计算侦测出的具有 ADI 标准的各种农药的 IFS_c 值，农药残留对茶叶的安全指数分布图如图 14-6 所示。

本次侦测中，7 种茶叶和 115 种残留农药（包括没有 ADI）共涉及 352 个分析样本，农药对单种茶叶安全的影响程度分布情况如图 14-7 所示。可以看出，88.92%的样本中农药对茶叶安全没有影响。

14.2.3　所有茶叶中农药残留安全指数分析

计算所有茶叶中 94 种农药的 IFS_c 值，结果如图 14-8 及表 14-5 所示。

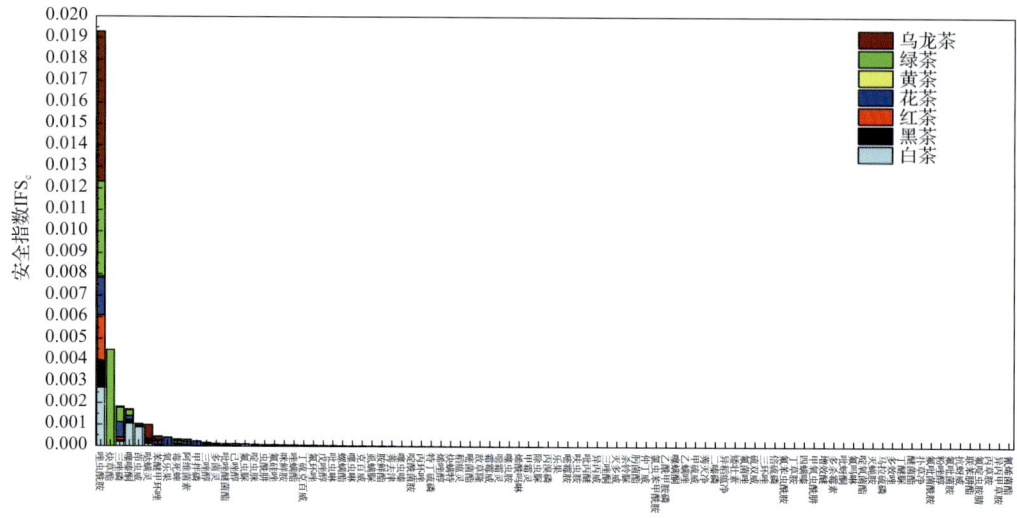

图 14-6　7 种茶叶中 94 种残留农药的安全指数分布图

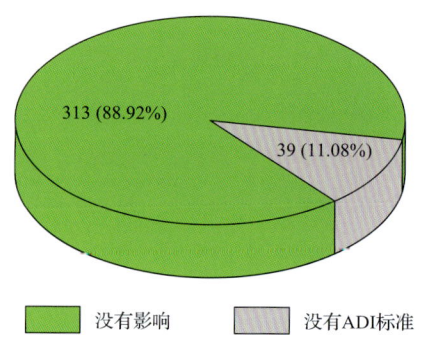

图 14-7　352 个分析样本的影响程度频次分布图

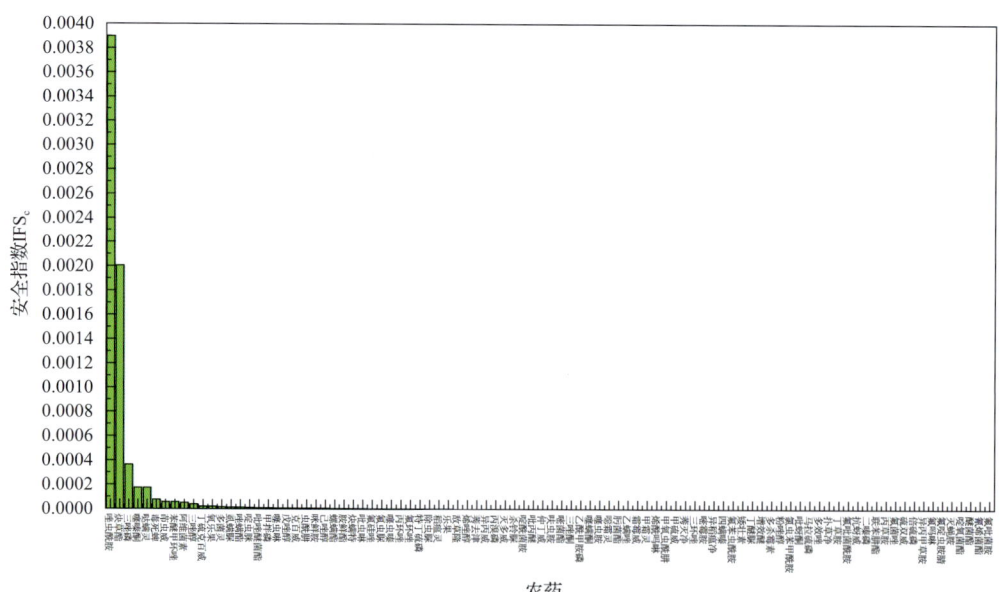

图 14-8　94 种残留农药对茶叶的安全影响程度统计图

分析发现，所有农药对茶叶安全的影响程度均为没有影响，说明茶叶中残留的农药不会对茶叶安全造成影响。

表 14-5 茶叶中 94 种农药残留的安全指数表

序号	农药	检出频次	检出率(%)	IFS_c	影响程度	序号	农药	检出频次	检出率(%)	IFS_c	影响程度
1	唑虫酰胺	748	68.69	3.90×10^{-3}	没有影响	31	噻虫嗪	349	32.05	2.49×10^{-6}	没有影响
2	炔草酯	6	0.55	2.00×10^{-3}	没有影响	32	丙环唑	95	8.72	2.10×10^{-6}	没有影响
3	三唑磷	216	19.83	3.65×10^{-4}	没有影响	33	氟环唑	19	1.74	1.87×10^{-6}	没有影响
4	噻嗪酮	611	56.11	1.76×10^{-4}	没有影响	34	特丁硫磷	5	0.46	1.68×10^{-6}	没有影响
5	哒螨灵	393	36.09	1.76×10^{-4}	没有影响	35	除虫脲	3	0.28	1.32×10^{-6}	没有影响
6	毒死蜱	118	10.84	7.79×10^{-5}	没有影响	36	稻瘟灵	39	3.58	1.29×10^{-6}	没有影响
7	茚虫威	278	25.53	5.82×10^{-5}	没有影响	37	乐果	9	0.83	1.19×10^{-6}	没有影响
8	苯醚甲环唑	390	35.81	5.72×10^{-5}	没有影响	38	敌草隆	3	0.28	1.01×10^{-6}	没有影响
9	阿维菌素	119	10.93	5.19×10^{-5}	没有影响	39	烯唑醇	8	0.73	9.78×10^{-7}	没有影响
10	三唑醇	112	10.28	3.97×10^{-5}	没有影响	40	莠去津	15	1.38	8.90×10^{-7}	没有影响
11	丁硫克百威	4	0.37	2.14×10^{-5}	没有影响	41	异丙威	1	0.09	8.88×10^{-7}	没有影响
12	氧乐果	13	1.19	2.08×10^{-5}	没有影响	42	丙溴磷	16	1.47	7.69×10^{-7}	没有影响
13	多菌灵	201	18.46	1.73×10^{-5}	没有影响	43	灭多威	13	1.19	6.33×10^{-7}	没有影响
14	虱螨脲	13	1.19	1.33×10^{-5}	没有影响	44	杀铃脲	1	0.09	6.21×10^{-7}	没有影响
15	唑螨酯	41	3.76	1.30×10^{-5}	没有影响	45	啶酰菌胺	7	0.64	5.79×10^{-7}	没有影响
16	啶虫脒	673	61.80	1.07×10^{-5}	没有影响	46	吡丙醚	120	11.02	5.70×10^{-7}	没有影响
17	吡唑醚菌酯	234	21.49	1.02×10^{-5}	没有影响	47	仲丁威	5	0.46	5.03×10^{-7}	没有影响
18	甲拌磷	11	1.01	9.35×10^{-6}	没有影响	48	呋虫胺	124	11.39	4.51×10^{-7}	没有影响
19	噻虫啉	158	14.51	8.10×10^{-6}	没有影响	49	嘧菌酯	76	6.98	3.66×10^{-7}	没有影响
20	戊唑醇	229	21.03	7.93×10^{-6}	没有影响	50	三唑酮	21	1.93	3.42×10^{-7}	没有影响
21	克百威	22	2.02	7.49×10^{-6}	没有影响	51	乙酰甲胺磷	2	0.18	3.35×10^{-7}	没有影响
22	虫酰肼	27	2.48	6.69×10^{-6}	没有影响	52	噻螨酮	1	0.09	3.33×10^{-7}	没有影响
23	咪鲜胺	48	4.41	6.60×10^{-6}	没有影响	53	噻虫胺	36	3.31	3.25×10^{-7}	没有影响
24	己唑醇	33	3.03	6.59×10^{-6}	没有影响	54	噁霜灵	4	0.37	2.71×10^{-7}	没有影响
25	螺螨酯	51	4.68	4.60×10^{-6}	没有影响	55	肟菌酯	13	1.19	2.01×10^{-7}	没有影响
26	胺鲜酯	129	11.85	4.20×10^{-6}	没有影响	56	乙螨唑	42	3.86	1.96×10^{-7}	没有影响
27	炔螨特	12	1.10	3.75×10^{-6}	没有影响	57	霜霉威	4	0.37	1.89×10^{-7}	没有影响
28	吡虫啉	410	37.65	3.67×10^{-6}	没有影响	58	甲霜灵	15	1.38	1.83×10^{-7}	没有影响
29	氟硅唑	17	1.56	3.32×10^{-6}	没有影响	59	烯酰吗啉	10	0.92	1.54×10^{-7}	没有影响
30	氟虫脲	13	1.19	3.23×10^{-6}	没有影响	60	甲氧虫酰肼	9	0.83	1.37×10^{-7}	没有影响

续表

序号	农药	检出频次	检出率(%)	IFS$_c$	影响程度	序号	农药	检出频次	检出率(%)	IFS$_c$	影响程度
61	甲硫威	24	2.20	1.15×10^{-7}	没有影响	78	丁草胺	4	0.37	1.87×10^{-8}	没有影响
62	莠灭净	12	1.10	1.13×10^{-7}	没有影响	79	氟吡菌酰胺	1	0.09	1.65×10^{-8}	没有影响
63	三环唑	14	1.29	1.11×10^{-7}	没有影响	80	抗蚜威	2	0.18	1.47×10^{-8}	没有影响
64	嘧霉胺	7	0.64	8.66×10^{-8}	没有影响	81	二嗪磷	1	0.09	1.44×10^{-8}	没有影响
65	异稻瘟净	10	0.92	7.30×10^{-8}	没有影响	82	联苯肼酯	1	0.09	1.37×10^{-8}	没有影响
66	四螨嗪	1	0.09	6.40×10^{-8}	没有影响	83	丙草胺	1	0.09	1.24×10^{-8}	没有影响
67	氟苯虫酰胺	4	0.37	6.37×10^{-8}	没有影响	84	氟菌唑	1	0.09	1.21×10^{-8}	没有影响
68	矮壮素	21	1.93	6.04×10^{-8}	没有影响	85	硫双威	1	0.09	1.15×10^{-8}	没有影响
69	丁醚脲	1	0.09	5.99×10^{-8}	没有影响	86	倍硫磷	1	0.09	1.03×10^{-8}	没有影响
70	增效醚	59	5.42	5.68×10^{-8}	没有影响	87	异丙甲草胺	3	0.28	8.06×10^{-9}	没有影响
71	多杀霉素	5	0.46	5.36×10^{-8}	没有影响	88	氟吗啉	3	0.28	6.34×10^{-9}	没有影响
72	粉唑醇	3	0.28	4.32×10^{-8}	没有影响	89	氟啶虫胺腈	1	0.09	5.04×10^{-9}	没有影响
73	氯虫苯甲酰胺	69	6.34	3.52×10^{-8}	没有影响	90	灭蝇胺	1	0.09	4.68×10^{-9}	没有影响
74	吡蚜酮	3	0.28	3.05×10^{-8}	没有影响	91	啶氧菌酯	2	0.18	3.68×10^{-9}	没有影响
75	马拉硫磷	24	2.20	2.67×10^{-8}	没有影响	92	醚菌酯	1	0.09	3.49×10^{-9}	没有影响
76	多效唑	9	0.83	2.17×10^{-8}	没有影响	93	氰烯菌酯	1	0.09	2.83×10^{-9}	没有影响
77	扑草净	2	0.18	1.91×10^{-8}	没有影响	94	氟吡菌胺	1	0.09	2.70×10^{-9}	没有影响

14.3 LC-Q-TOF/MS 侦测电商平台市售茶叶农药残留预警风险评估

基于电商平台茶叶样品中农药残留 LC-Q-TOF/MS 侦测数据，分析禁用农药的检出率，同时参照中华人民共和国国家标准 GB 2763—2016 和欧盟农药最大残留限量(MRL)标准分析非禁用农药残留的超标率，并计算农药残留风险系数。分析单种茶叶中农药残留以及所有茶叶中农药残留的风险程度。

14.3.1 单种茶叶中农药残留风险系数分析

14.3.1.1 单种茶叶中禁用农药残留风险系数分析

侦测出的 115 种残留农药中有 11 种为禁用农药，且它们分布在 6 种茶叶中，计算 6 种茶叶中禁用农药的检出率，根据检出率计算风险系数 R，进而分析茶叶中禁用农药的风险程度，结果如图 14-9 与表 14-6 所示。分析发现绿茶中的氟苯虫酰胺残留处于低度风险，8 种禁用农药在 3 种茶叶中残留处于中度风险，8 种禁用农药在 6 种茶叶中残留处于高度风险。

第 14 章 LC-Q-TOF/MS 侦测电商平台市售茶叶农药残留膳食暴露风险与预警风险评估

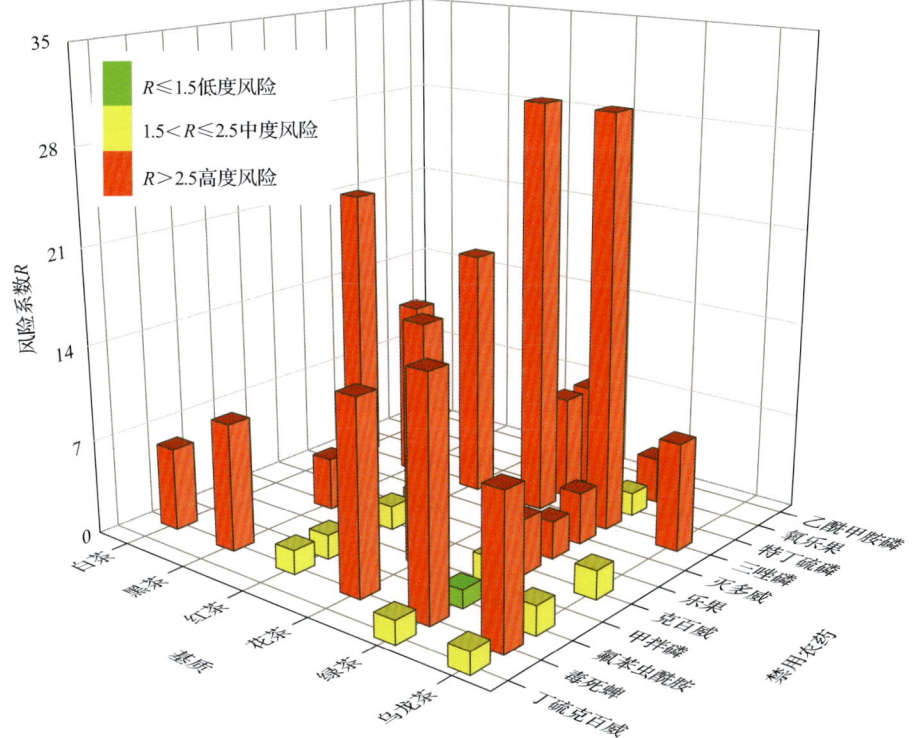

图 14-9　6 种茶叶中 11 种禁用农药残留的风险系数

表 14-6　6 种茶叶中 11 种禁用农药残留的风险系数表

序号	基质	农药	检出频次	检出率(%)	风险系数 R	风险程度
1	花茶	三唑磷	9	29.03	30.13	高度风险
2	绿茶	三唑磷	141	29.01	30.11	高度风险
3	白茶	三唑磷	4	20.00	21.10	高度风险
4	红茶	三唑磷	26	17.11	18.21	高度风险
5	花茶	甲拌磷	5	16.13	17.23	高度风险
6	绿茶	毒死蜱	77	15.84	16.94	高度风险
7	花茶	毒死蜱	4	12.90	14.00	高度风险
8	黑茶	三唑磷	22	12.09	13.19	高度风险
9	乌龙茶	毒死蜱	20	9.71	10.81	高度风险
10	黑茶	毒死蜱	15	8.24	9.34	高度风险
11	乌龙茶	三唑磷	14	6.80	7.90	高度风险
12	花茶	氧乐果	2	6.45	7.55	高度风险
13	花茶	特丁硫磷	2	6.45	7.55	高度风险
14	白茶	毒死蜱	1	5.00	6.10	高度风险
15	绿茶	克百威	14	2.88	3.98	高度风险
16	黑茶	克百威	5	2.75	3.85	高度风险

续表

序号	基质	农药	检出频次	检出率(%)	风险系数 R	风险程度
17	绿茶	灭多威	13	2.67	3.77	高度风险
18	绿茶	氧乐果	11	2.26	3.36	高度风险
19	绿茶	乐果	8	1.65	2.75	高度风险
20	绿茶	甲拌磷	6	1.23	2.33	中度风险
21	乌龙茶	克百威	2	0.97	2.07	中度风险
22	乌龙茶	氟苯虫酰胺	2	0.97	2.07	中度风险
23	红茶	乐果	1	0.66	1.76	中度风险
24	红茶	克百威	1	0.66	1.76	中度风险
25	红茶	毒死蜱	1	0.66	1.76	中度风险
26	红茶	氟苯虫酰胺	1	0.66	1.76	中度风险
27	绿茶	丁硫克百威	3	0.62	1.72	中度风险
28	绿茶	特丁硫磷	3	0.62	1.72	中度风险
29	乌龙茶	丁硫克百威	1	0.49	1.59	中度风险
30	绿茶	乙酰甲胺磷	2	0.41	1.51	中度风险
31	绿茶	氟苯虫酰胺	1	0.21	1.31	低度风险

14.3.1.2 基于MRL中国国家标准的单种茶叶中非禁用农药残留风险系数分析

参照中华人民共和国国家标准 GB 2763—2016 中农药残留限量计算每种茶叶中每种非禁用农药的超标率，进而计算其风险系数，根据风险系数大小判断残留农药的预警风险程度，茶叶中非禁用农药残留风险程度分布情况如图 14-10 所示。

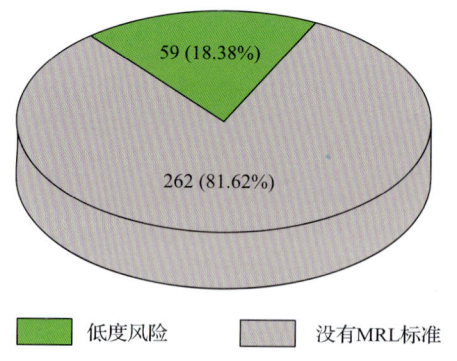

图 14-10 茶叶中非禁用农药残留的风险程度分布图(MRL 中国国家标准)

本次分析中，发现在 7 种茶叶检出 104 种残留非禁用农药，涉及样本 321 个，在 321 个样本中，18.38%处于低度风险，此外发现有 262 个样本没有 MRL 中国国家标准值，无法判断其风险程度，有 MRL 中国国家标准值的 59 个样本涉及 7 种茶叶中的 12 种非禁用农药，其风险系数 R 值如图 14-11 所示。

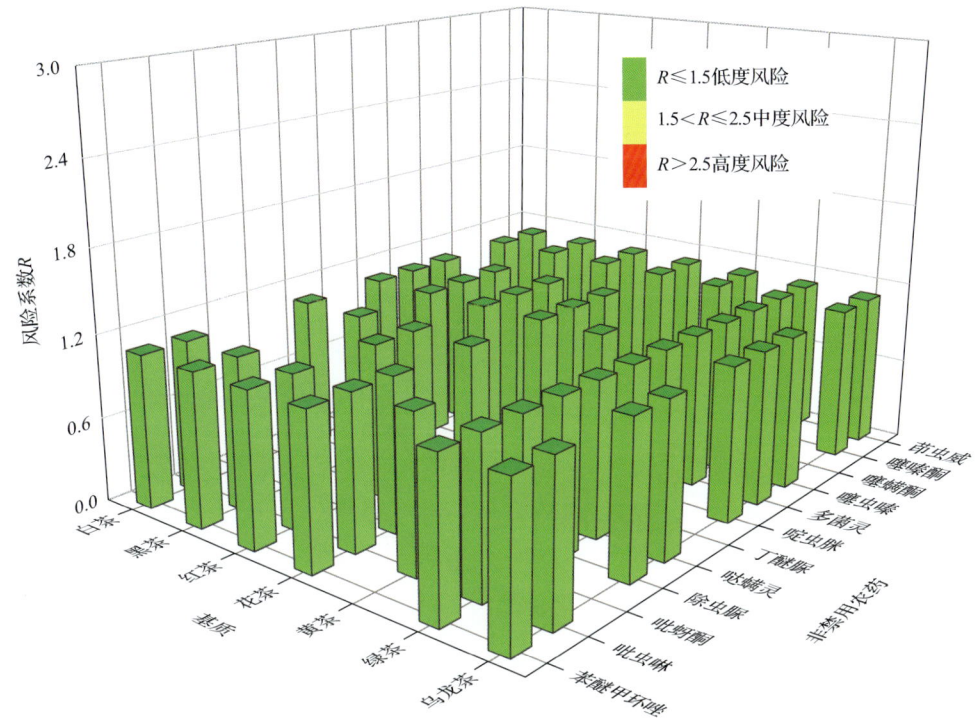

图 14-11　7 种茶叶中 12 种非禁用农药的风险系数分布图（MRL 中国国家标准）

14.3.1.3　基于 MRL 欧盟标准的单种茶叶中非禁用农药残留风险系数分析

参照 MRL 欧盟标准计算每种茶叶中每种非禁用农药的超标率，进而计算其风险系数，根据风险系数大小判断农药残留的预警风险程度，茶叶中非禁用农药残留风险程度分布情况如图 14-12 所示。

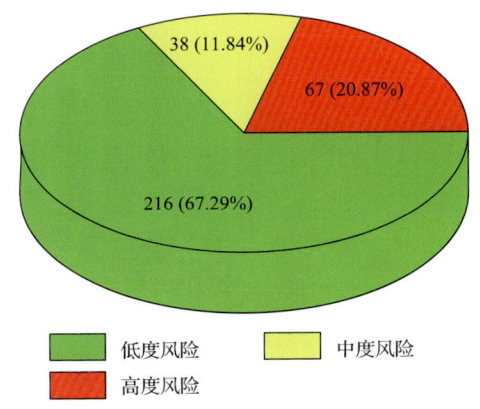

图 14-12　茶叶中非禁用农药残留的风险程度分布图（MRL 欧盟标准）

本次分析中，发现在 7 种茶叶中共侦测出 104 种非禁用农药，涉及样本 321 个，其中，20.87%处于高度风险，涉及 7 种茶叶和 36 种农药；11.84%处于中度风险，涉及 4 种茶叶和 29 种农药；67.29%处于低度风险，涉及 7 种茶叶和 93 种农药。单种茶叶中的非禁用农药风险系数分布图如图 14-13 所示。单种茶叶中处于高度风险的非禁用农药风险系数如图 14-14 和表 14-7 所示。

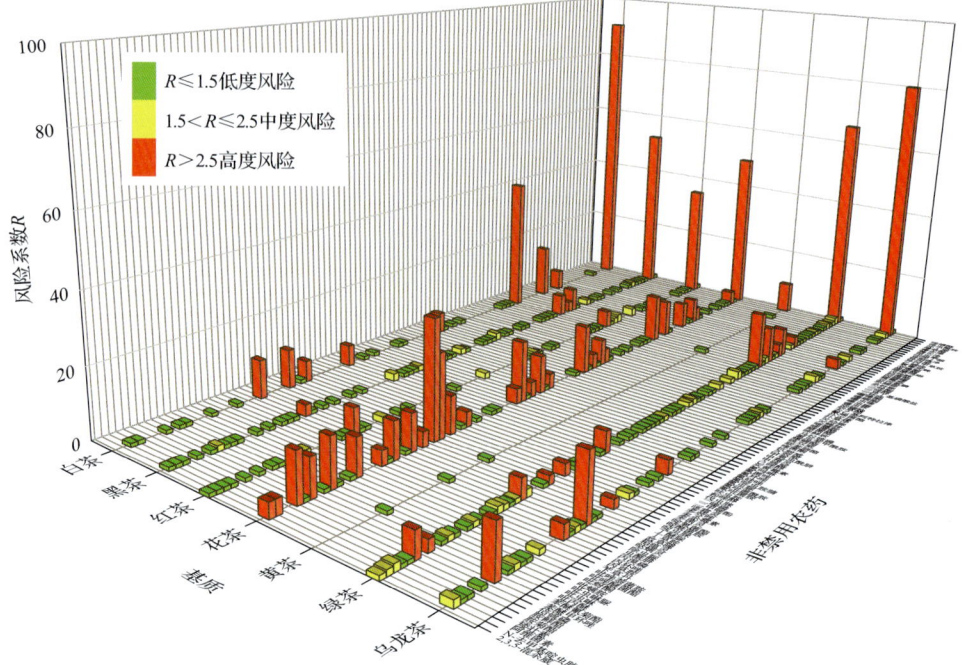

图 14-13　7 种茶叶中 104 种非禁用农药残留的风险系数（MRL 欧盟标准）

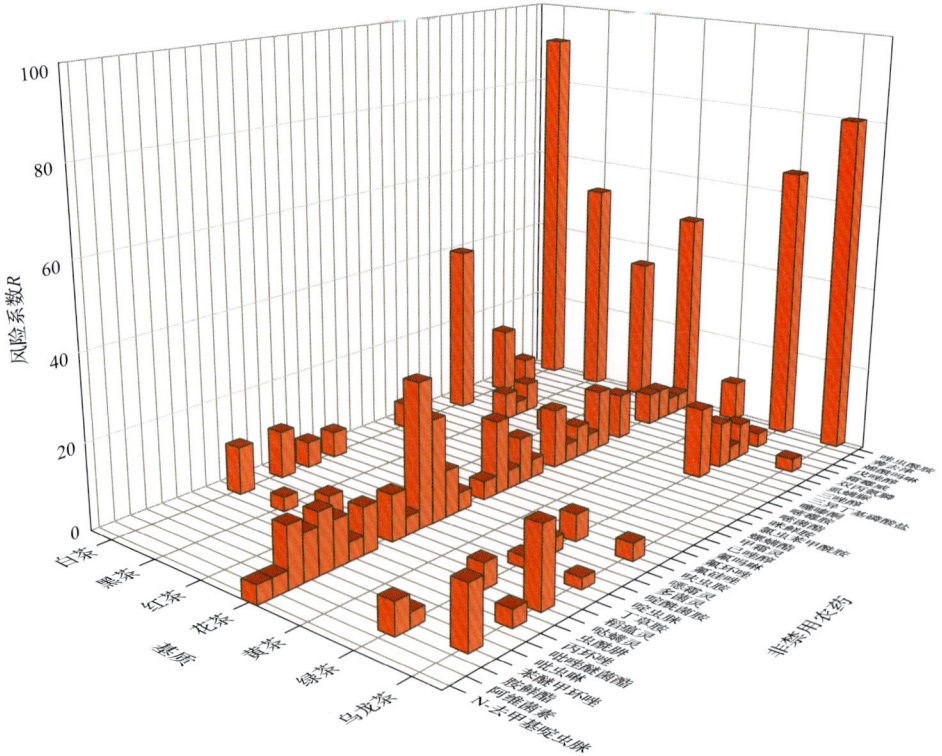

图 14-14　单种茶叶中处于高度风险的非禁用农药的风险系数（MRL 欧盟标准）

表 14-7　单种茶叶中处于高度风险的非禁用农药残留的风险系数表（MRL 欧盟标准）

序号	基质	农药	超标频次	超标率 $P(\%)$	风险系数 R
1	白茶	唑虫酰胺	18	90.00	91.10
2	乌龙茶	唑虫酰胺	163	79.13	80.23
3	绿茶	唑虫酰胺	314	64.61	65.71
4	黑茶	唑虫酰胺	94	51.65	52.75
5	花茶	唑虫酰胺	15	48.39	49.49
6	白茶	噻嗪酮	8	40.00	41.10
7	红茶	唑虫酰胺	52	34.21	35.31
8	花茶	啶虫脒	10	32.26	33.36
9	花茶	啶酰菌胺	7	22.58	23.68
10	乌龙茶	哒螨灵	36	17.48	18.58
11	花茶	氟环唑	5	16.13	17.23
12	绿茶	噻嗪酮	75	15.43	16.53
13	白茶	双丙氨膦	3	15.00	16.10
14	乌龙茶	苯醚甲环唑	27	13.11	14.21
15	花茶	吡虫啉	4	12.90	14.00
16	花茶	噻嗪酮	4	12.90	14.00
17	花茶	氯虫苯甲酰胺	4	12.90	14.00
18	花茶	胺鲜酯	4	12.90	14.00
19	白茶	哒螨灵	2	10.00	11.10
20	白茶	啶虫脒	2	10.00	11.10
21	花茶	三唑醇	3	9.68	10.78
22	花茶	吡唑醚菌酯	3	9.68	10.78
23	花茶	多菌灵	3	9.68	10.78
24	花茶	己唑醇	3	9.68	10.78
25	花茶	稻瘟灵	3	9.68	10.78
26	花茶	苯醚甲环唑	3	9.68	10.78
27	花茶	虫酰肼	3	9.68	10.78
28	绿茶	三唑醇	46	9.47	10.57
29	黄茶	唑虫酰胺	1	8.33	9.43
30	绿茶	双丙氨膦	34	7.00	8.10
31	红茶	哒螨灵	10	6.58	7.68
32	花茶	嘧菌酯	2	6.45	7.55
33	花茶	戊唑醇	2	6.45	7.55

续表

序号	基质	农药	超标频次	超标率 P(%)	风险系数 R
34	花茶	霜霉威	2	6.45	7.55
35	绿茶	胺鲜酯	30	6.17	7.27
36	黑茶	三唑醇	11	6.04	7.14
37	黑茶	噻嗪酮	10	5.49	6.59
38	绿茶	呋虫胺	25	5.14	6.24
39	白茶	呋虫胺	1	5.00	6.10
40	白茶	多菌灵	1	5.00	6.10
41	白茶	戊唑醇	1	5.00	6.10
42	白茶	螺螨酯	1	5.00	6.10
43	绿茶	哒螨灵	23	4.73	5.83
44	红茶	噻嗪酮	6	3.95	5.05
45	花茶	N-去甲基啶虫脒	1	3.23	4.33
46	花茶	丁草胺	1	3.23	4.33
47	花茶	丙环唑	1	3.23	4.33
48	花茶	咪鲜胺	1	3.23	4.33
49	花茶	嘧霉胺	1	3.23	4.33
50	花茶	噁霜灵	1	3.23	4.33
51	花茶	氟吗啉	1	3.23	4.33
52	花茶	氟硅唑	1	3.23	4.33
53	花茶	烯酰吗啉	1	3.23	4.33
54	花茶	甲霜灵	1	3.23	4.33
55	花茶	莠去津	1	3.23	4.33
56	花茶	阿维菌素	1	3.23	4.33
57	乌龙茶	丙环唑	6	2.91	4.01
58	乌龙茶	呋虫胺	6	2.91	4.01
59	绿茶	虱螨脲	13	2.67	3.77
60	绿茶	多菌灵	11	2.26	3.36
61	绿茶	戊唑醇	11	2.26	3.36
62	绿茶	苯醚甲环唑	11	2.26	3.36
63	黑茶	三异丁基磷酸盐	4	2.20	3.30
64	黑茶	哒螨灵	4	2.20	3.30
65	乌龙茶	双丙氨膦	4	1.94	3.04
66	乌龙茶	啶虫脒	3	1.46	2.56
67	绿茶	啶虫脒	7	1.44	2.54

14.3.2 所有茶叶中农药残留风险系数分析

14.3.2.1 所有茶叶中禁用农药残留风险系数分析

在侦测出的 115 种农药中有 11 种为禁用农药,计算所有茶叶中禁用农药的风险系数,结果如表 14-8 所示。在 11 种禁用农药中,3 种农药残留处于高度风险,5 种农药残留处于中度风险,3 种农药残留处于低度风险。

表 14-8　茶叶中 11 种禁用农药的风险系数表

序号	农药	检出频次	检出率(%)	风险系数 R	风险程度
1	三唑磷	216	19.83	20.93	高度风险
2	毒死蜱	118	10.84	11.94	高度风险
3	克百威	22	2.02	3.12	高度风险
4	氧乐果	13	1.19	2.29	中度风险
5	灭多威	13	1.19	2.29	中度风险
6	甲拌磷	11	1.01	2.11	中度风险
7	乐果	9	0.83	1.93	中度风险
8	特丁硫磷	5	0.46	1.56	中度风险
9	丁硫克百威	4	0.37	1.47	低度风险
10	氟苯虫酰胺	4	0.37	1.47	低度风险
11	乙酰甲胺磷	2	0.18	1.28	低度风险

14.3.2.2 所有茶叶中非禁用农药残留风险系数分析

参照 MRL 欧盟标准计算所有茶叶中每种非禁用农药残留的风险系数,如图 14-15 与表 14-9 所示。在侦测出的 104 种非禁用农药中,10 种农药(9.62%)残留处于高度风险,14 种农药(13.46%)残留处于中度风险,80 种农药(76.92%)残留处于低度风险。

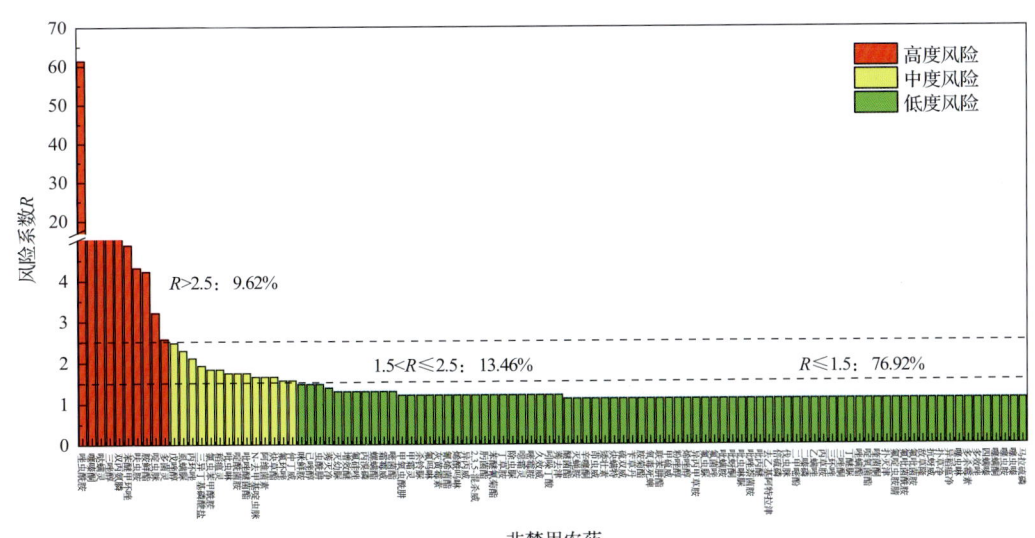

图 14-15　茶叶中 104 种非禁用农药的风险程度统计图

表 14-9　茶叶中 104 种非禁用农药的风险系数表

序号	农药	超标频次	超标率 P(%)	风险系数 R	风险程度
1	唑虫酰胺	657	60.33	61.43	高度风险
2	噻嗪酮	105	9.64	10.74	高度风险
3	哒螨灵	75	6.89	7.99	高度风险
4	三唑醇	62	5.69	6.79	高度风险
5	双丙氨膦	44	4.04	5.14	高度风险
6	苯醚甲环唑	41	3.76	4.86	高度风险
7	呋虫胺	35	3.21	4.31	高度风险
8	胺鲜酯	34	3.12	4.22	高度风险
9	啶虫脒	23	2.11	3.21	高度风险
10	多菌灵	16	1.47	2.57	高度风险
11	戊唑醇	15	1.38	2.48	中度风险
12	虱螨脲	13	1.19	2.29	中度风险
13	丙环唑	11	1.01	2.11	中度风险
14	三异丁基磷酸盐	9	0.83	1.93	中度风险
15	氯虫苯甲酰胺	8	0.73	1.83	中度风险
16	稻瘟灵	8	0.73	1.83	中度风险
17	吡虫啉	7	0.64	1.74	中度风险
18	啶酰菌胺	7	0.64	1.74	中度风险
19	吡唑醚菌酯	7	0.64	1.74	中度风险
20	N-去甲基啶虫脒	6	0.55	1.65	中度风险
21	阿维菌素	6	0.55	1.65	中度风险
22	炔草酯	6	0.55	1.65	中度风险
23	氟环唑	5	0.46	1.56	中度风险
24	仲丁威	5	0.46	1.56	中度风险
25	咪鲜胺	4	0.37	1.47	低度风险
26	己唑醇	4	0.37	1.47	低度风险
27	虫酰肼	4	0.37	1.47	低度风险
28	莠灭净	3	0.28	1.38	低度风险
29	灭幼脲	2	0.18	1.28	低度风险
30	增效醚	2	0.18	1.28	低度风险
31	氟硅唑	2	0.18	1.28	低度风险
32	丙溴磷	2	0.18	1.28	低度风险
33	螺螨酯	2	0.18	1.28	低度风险

续表

序号	农药	超标频次	超标率 $P(\%)$	风险系数 R	风险程度
34	霜霉威	2	0.18	1.28	低度风险
35	嘧菌酯	2	0.18	1.28	低度风险
36	甲氧虫酰肼	1	0.09	1.19	低度风险
37	甲霜灵	1	0.09	1.19	低度风险
38	杀铃脲	1	0.09	1.19	低度风险
39	氟吗啉	1	0.09	1.19	低度风险
40	灰黄霉素	1	0.09	1.19	低度风险
41	氰烯菌酯	1	0.09	1.19	低度风险
42	烯酰吗啉	1	0.09	1.19	低度风险
43	异丙威	1	0.09	1.19	低度风险
44	2,3,5-混杀威	1	0.09	1.19	低度风险
45	肟菌酯	1	0.09	1.19	低度风险
46	苯醚氰菊酯	1	0.09	1.19	低度风险
47	丁草胺	1	0.09	1.19	低度风险
48	除虫脲	1	0.09	1.19	低度风险
49	噁霜灵	1	0.09	1.19	低度风险
50	嘧霉胺	1	0.09	1.19	低度风险
51	久效威	1	0.09	1.19	低度风险
52	吲哚丁酸	1	0.09	1.19	低度风险
53	莠去津	1	0.09	1.19	低度风险
54	醚菌酯	0	0	1.10	低度风险
55	灭蝇胺	0	0	1.10	低度风险
56	辛噻酮	0	0	1.10	低度风险
57	茚虫威	0	0	1.10	低度风险
58	矮壮素	0	0	1.10	低度风险
59	炔螨特	0	0	1.10	低度风险
60	硫双威	0	0	1.10	低度风险
61	苄草丹	0	0	1.10	低度风险
62	胺菊酯	0	0	1.10	低度风险
63	氧毒死蜱	0	0	1.10	低度风险
64	联苯肼酯	0	0	1.10	低度风险
65	甲硫威	0	0	1.10	低度风险
66	粉唑醇	0	0	1.10	低度风险
67	烯唑醇	0	0	1.10	低度风险
68	异丙甲草胺	0	0	1.10	低度风险

续表

序号	农药	超标频次	超标率 P(%)	风险系数 R	风险程度
69	氟虫脲	0	0	1.10	低度风险
70	氟菌唑	0	0	1.10	低度风险
71	吡螨胺	0	0	1.10	低度风险
72	吡蚜酮	0	0	1.10	低度风险
73	吡虫啉脲	0	0	1.10	低度风险
74	吡唑萘菌胺	0	0	1.10	低度风险
75	吡丙醚	0	0	1.10	低度风险
76	去乙基阿特拉津	0	0	1.10	低度风险
77	倍硫磷	0	0	1.10	低度风险
78	伐虫脒	0	0	1.10	低度风险
79	二甲嘧酚	0	0	1.10	低度风险
80	二嗪磷	0	0	1.10	低度风险
81	乙螨唑	0	0	1.10	低度风险
82	丙草胺	0	0	1.10	低度风险
83	三环唑	0	0	1.10	低度风险
84	三唑酮	0	0	1.10	低度风险
85	丁醚脲	0	0	1.10	低度风险
86	唑螨酯	0	0	1.10	低度风险
87	啶氧菌酯	0	0	1.10	低度风险
88	喹菌酮	0	0	1.10	低度风险
89	扑灭津	0	0	1.10	低度风险
90	氟啶虫胺腈	0	0	1.10	低度风险
91	氟吡菌酰胺	0	0	1.10	低度风险
92	氟吡菌胺	0	0	1.10	低度风险
93	敌草隆	0	0	1.10	低度风险
94	抗蚜威	0	0	1.10	低度风险
95	扑草净	0	0	1.10	低度风险
96	异稻瘟净	0	0	1.10	低度风险
97	噻虫啉	0	0	1.10	低度风险
98	多杀霉素	0	0	1.10	低度风险
99	多效唑	0	0	1.10	低度风险
100	四螨嗪	0	0	1.10	低度风险
101	噻螨酮	0	0	1.10	低度风险
102	噻虫胺	0	0	1.10	低度风险
103	噻虫嗪	0	0	1.10	低度风险
104	马拉硫磷	0	0	1.10	低度风险

14.4 LC-Q-TOF/MS 侦测电商平台市售茶叶农药残留风险评估结论与建议

农药残留是影响茶叶安全和质量的主要因素，也是我国食品安全领域备受关注的敏感话题和亟待解决的重大问题之一[15,16]。各种茶叶均存在不同程度的农药残留现象，本研究主要针对电商平台各类茶叶存在的农药残留问题，基于 2019 年 1 月到 3 月期间对电商平台 1089 例茶叶样品中农药残留侦测得出的 6876 个侦测结果，分别采用食品安全指数模型和风险系数模型，开展茶叶中农药残留的膳食暴露风险和预警风险评估。茶叶样品取自超市和茶叶专营店，符合大众的膳食来源，风险评价时更具有代表性和可信度。

本研究力求通用简单地反映食品安全中的主要问题，且为管理部门和大众容易接受，为政府及相关管理机构建立科学的食品安全信息发布和预警体系提供科学的规律与方法，加强对农药残留的预警和食品安全重大事件的预防，控制食品风险。

14.4.1 电商平台茶叶中农药残留膳食暴露风险评价结论

1) 茶叶样品中农药残留安全状态评价结论

采用食品安全指数模型，对 2019 年 1 月到 3 月期间电商平台茶叶农药残留膳食暴露风险进行评价，根据 IFS_c 的计算结果发现，茶叶中农药的 $\overline{IFS}$ 为 7.56×10^{-5}，说明电商平台茶叶总体处于可以接受的安全状态，但部分禁用农药、高残留农药在茶叶中仍有侦测出，导致膳食暴露风险的存在，成为不安全因素。

2) 禁用农药膳食暴露风险评价

本次检测发现部分茶叶样品中有禁用农药侦测出，侦测出禁用农药 11 种，侦测出频次为 417，茶叶样品中的禁用农药 IFS_c 计算结果表明，禁用农药残留膳食暴露风险没有影响的频次为 417，占 100%。

14.4.2 电商平台茶叶中农药残留预警风险评价结论

1) 单种茶叶中禁用农药残留的预警风险评价结论

本次检测过程中，在 6 种茶叶中检测出 11 种禁用农药，茶叶为：花茶、绿茶、白茶、红茶、黑茶、乌龙茶，禁用农药为：三唑磷、甲拌磷、毒死蜱、氧乐果、特丁硫磷、克百威、灭多威、乐果、氟苯虫酰胺、丁硫克百威、乙酰甲胺磷，茶叶中禁用农药的风险系数分析结果显示，绿茶中的氟苯虫酰胺残留处于低度风险，8 种禁用农药在 3 种茶叶中残留处于中度风险，8 种禁用农药在 6 种茶叶中残留处于高度风险，说明在单种茶叶中禁用农药的残留会导致较高的预警风险。

2) 单种茶叶中非禁用农药残留的预警风险评价结论

以 MRL 中国国家标准为标准，计算茶叶中非禁用农药风险系数情况下，321 个样本中，59 个处于低度风险(18.38%)，262 个样本没有 MRL 中国国家标准(81.62%)。以 MRL

欧盟标准为标准，计算茶叶中非禁用农药风险系数情况下，发现有 67 个处于高度风险 (20.87%)，38 个处于中度风险 (11.84%)，216 个处于低度风险 (67.29%)。基于两种 MRL 标准，评价的结果差异显著，可以看出 MRL 欧盟标准比中国国家标准更加严格和完善，过于宽松的 MRL 中国国家标准值能否有效保障人体的健康有待研究。

14.4.3 加强电商平台茶叶食品安全建议

我国食品安全风险评价体系仍不够健全，相关制度不够完善，多年来，由于农药用药次数多、用药量大或用药间隔时间短，产品残留量大，农药残留所造成的食品安全问题日益严峻，给人体健康带来了直接或间接的危害。据估计，美国与农药有关的癌症患者数约占全国癌症患者总数的 50%，中国更高。同样，农药对其他生物也会形成直接杀伤和慢性危害，植物中的农药可经过食物链逐级传递并不断蓄积，对人和动物构成潜在威胁，并影响生态系统。

基于本次农药残留侦测数据的风险评价结果，提出以下几点建议：

1) 加快食品安全标准制定步伐

我国食品标准中对农药每日允许最大摄入量 ADI 的数据严重缺乏，在本次评价所涉及的 115 种农药中，仅有 81.74% 的农药具有 ADI 值，而 18.26% 的农药中国尚未规定相应的 ADI 值，亟待完善。

我国食品中农药最大残留限量值的规定严重缺乏，对评估涉及的不同茶叶中不同农药 352 个 MRL 限值进行统计来看，我国仅制定出 71 个标准，我国标准完整率仅为 20.17%，欧盟的完整率达到 100%（表 14-10）。因此，中国更应加快 MRL 的制定步伐。

表 14-10 我国国家食品标准农药的 ADI、MRL 值与欧盟标准的数量差异

分类		中国 ADI	MRL 中国国家标准	MRL 欧盟标准
标准限值(个)	有	94	71	352
	无	21	281	0
总数(个)		115	352	352
无标准限值比例(%)		18.26	79.83	0

此外，MRL 中国国家标准限值普遍高于欧盟标准限值，这些标准中共有 48 个高于欧盟。过高的 MRL 值难以保障人体健康，建议继续加强对限值基准和标准的科学研究，将农产品中的危险性减少到尽可能低的水平。

2) 加强农药的源头控制和分类监管

在电商平台某些茶叶中仍有禁用农药残留，利用 LC-Q-TOF/MS 技术侦测出 11 种禁用农药，检出频次为 417 次，残留禁用农药均存在较大的膳食暴露风险和预警风险。早已列入黑名单的禁用农药在我国并未真正退出，有些药物由于价格便宜、工艺简单，此类高毒农药一直生产和使用。建议在我国采取严格有效的控制措施，从源头控制禁用农药。

对于非禁用农药，在我国作为"田间地头"最典型单位的县级茶叶产地中，农药残

留的检测几乎缺失。建议根据农药的毒性，对高毒、剧毒、中毒农药实现分类管理，减少使用高毒和剧毒高残留农药，进行分类监管。

3) 加强农药生物基准和降解技术研究

市售茶叶中残留农药的品种多、频次高、禁用农药多次检出这一现状，说明了我国的田间土壤和水体因农药长期、频繁、不合理的使用而遭到严重污染。为此，建议中国相关部门出台相关政策，鼓励高校及科研院所积极开展分子生物学、酶学等研究，加强土壤、水体中残留农药的生物修复及降解新技术研究，切实加大农药监管力度，以控制农药的面源污染问题。

综上所述，在本工作基础上，根据茶叶残留危害，可进一步针对其成因提出和采取严格管理、大力推广无公害茶叶种植与生产、健全食品安全控制技术体系、加强茶叶质量检测体系建设和积极推行茶叶质量追溯制度等相应对策。建立和完善食品安全综合评价指数与风险监测预警系统，对食品安全进行实时、全面的监控与分析，为我国的食品安全科学监管与决策提供新的技术支持，可实现各类检验数据的信息化系统管理，降低食品安全事故的发生。

第15章 GC-Q-TOF/MS 侦测电商平台 1089 例市售茶叶样品农药残留报告

从全国 8 个电商平台，随机采集了 1089 例茶叶样品，使用气相色谱-四极杆飞行时间质谱(GC-Q-TOF/MS)对 684 种农药化学污染物示范侦测。

15.1 样品种类、数量与来源

15.1.1 样品采集与检测

为了真实反映百姓日常饮用的茶叶中农药残留污染状况，本次所有检测样品均由检验人员于 2019 年 1 月至 3 月期间，从全国 8 个电商平台，以随机购买方式采集 46 批 1089 例样品，从中检出农药 99 种，4973 频次。采样及监测概况见表 15-1，样品及采样点明细见表 15-2(侦测原始数据见附表 1)。

表 15-1 农药残留监测总体概况

采样范围	电商平台
采样点	8
样本总数	1089
检出农药品种/频次	99/4973
各采样点样本农药残留检出率范围	94.1%~100.0%

表 15-2 样品分类及数量

样品分类	样品名称(数量)	数量小计
1. 茶叶		1089
1)发酵类茶叶	白茶(20),黑茶(182),红茶(152),黄茶(12),乌龙茶(206)	572
2)未发酵类茶叶	花茶(31),绿茶(486)	517
合计	1. 茶叶 7 种	1089

15.1.2 检测结果

这次使用的检测方法是庞国芳院士团队最新研发的不需使用标准品对照，而以高分辨精确质量数(0.0001 m/z)为基准的 GC-Q-TOF/MS 检测技术，对于 1089 例样品，每个样品均侦测了 684 种农药化学污染物的残留现状。通过本次侦测，在 1089 例样品中共计检出农药化学污染物 99 种，检出 4973 频次。

15.1.2.1 各采样点样品检出情况

统计分析发现 8 个采样点中，被测样品的农药检出率范围为 94.1%~100.0%。其中，

A 电商平台和 F 电商平台的检出率最高,均为 100.0%。H 电商平台的检出率最低,为 94.1%,见图 15-1。

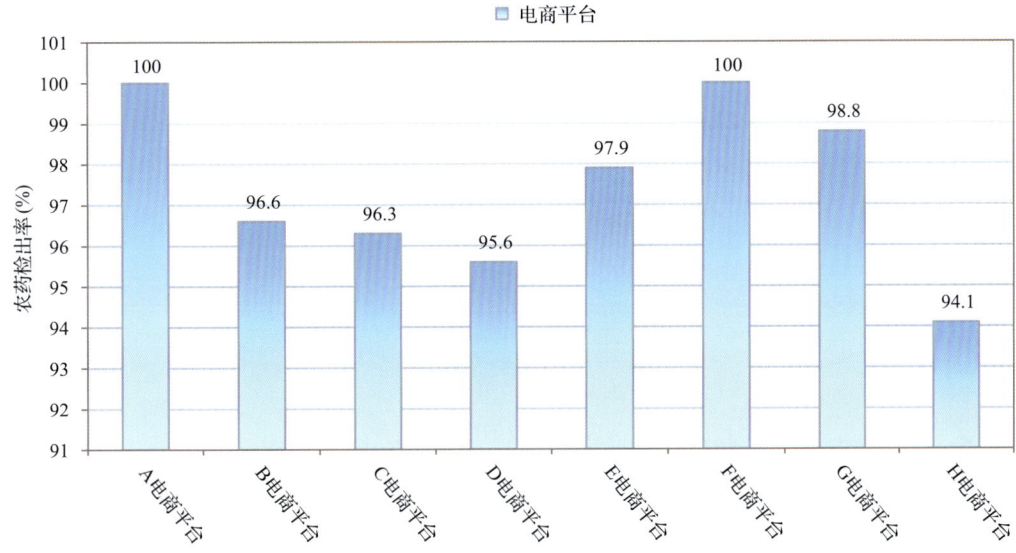

图 15-1　各采样点样品中的农药检出率

15.1.2.2　检出农药的品种总数与频次

统计分析发现,对于 1089 例样品中 684 种农药化学污染物的侦测,共检出农药 4973 频次,涉及农药 99 种,结果如图 15-2 所示。其中联苯菊酯检出频次最高,共检出 909 次。检出频次排名前 10 的农药如下:①联苯菊酯(909);②异丁子香酚(700);③唑虫酰胺(628);④虱螨脲(264);⑤虫螨腈(237);⑥丁香酚(207);⑦硫丹(201);⑧毒死蜱(155);⑨噻嗪酮(132);⑩哒螨灵(128)。

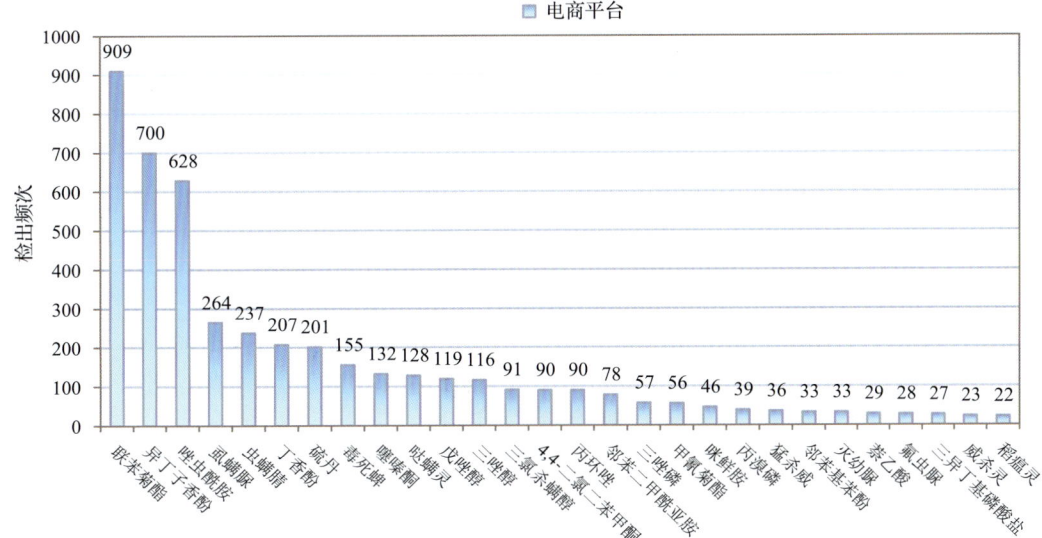

图 15-2　检出农药品种及频次(仅列出 22 频次及以上的数据)

由图 15-3 可见，绿茶、花茶、乌龙茶、黑茶和红茶这 5 种茶叶样品中检出的农药品种数较高，均超过 30 种，其中，绿茶检出农药品种最多，为 68 种。由图 15-4 可见，绿茶、乌龙茶、黑茶、红茶、花茶和白茶这 6 种茶叶样品中的农药检出频次较高，均超过 100 次，其中，绿茶检出农药频次最高，为 2237 次。

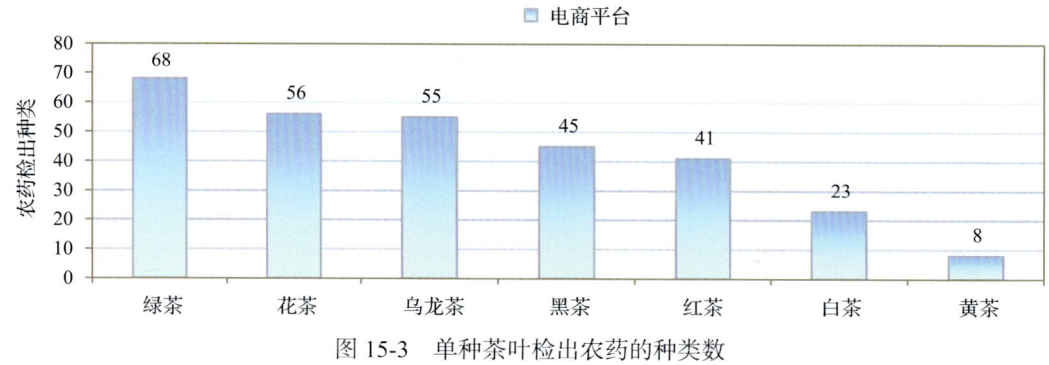

图 15-3　单种茶叶检出农药的种类数

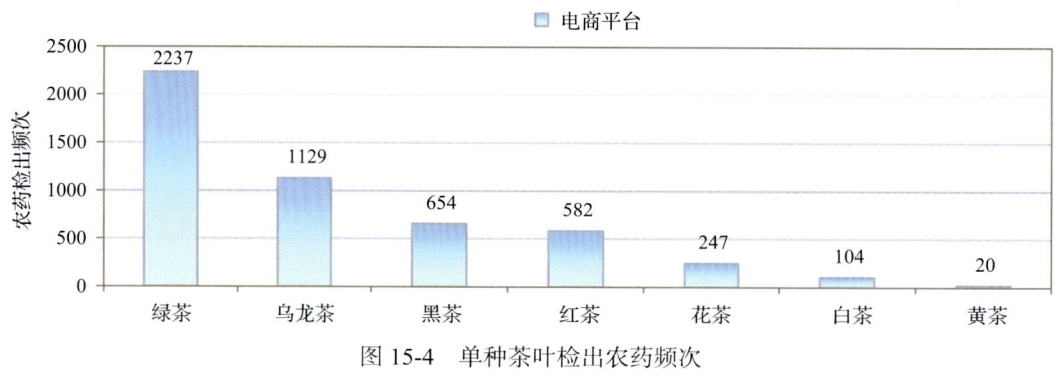

图 15-4　单种茶叶检出农药频次

15.1.2.3　单例样品农药检出种类与占比

对单例样品检出农药种类和频次进行统计发现，未检出农药的样品占总样品数的 3.0%，检出 1 种农药的样品占总样品数的 10.7%，检出 2~5 种农药的样品占总样品数的 53.4%，检出 6~10 种农药的样品占总样品数的 30.5%，检出大于 10 种农药的样品占总样品数的 2.5%。每例样品中平均检出农药为 4.6 种，数据见表 15-3 及图 15-5。

表 15-3　单例样品检出农药品种占比

检出农药品种数	样品数量/占比(%)
未检出	33/3.0
1 种	116/10.7
2~5 种	581/53.4
6~10 种	332/30.5
大于 10 种	27/2.5
单例样品平均检出农药品种	4.6 种

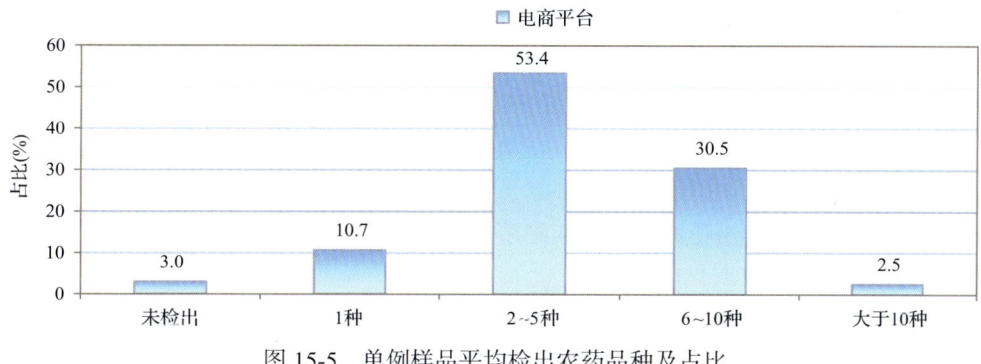

图 15-5 单例样品平均检出农药品种及占比

15.1.2.4 检出农药类别与占比

所有检出农药按功能分类，包括杀虫剂、杀菌剂、除草剂、杀螨剂、植物生长调节剂、驱避剂、增效剂和其他共 8 类。其中杀虫剂与杀菌剂为主要检出的农药类别，分别占总数的 36.4% 和 36.4%，见表 15-4 及图 15-6。

表 15-4　检出农药所属类别/占比

农药类别	数量/占比(%)
杀虫剂	36/36.4
杀菌剂	36/36.4
除草剂	10/10.1
杀螨剂	8/8.1
植物生长调节剂	2/2.0
驱避剂	1/1.0
增效剂	1/1.0
其他	5/5.1

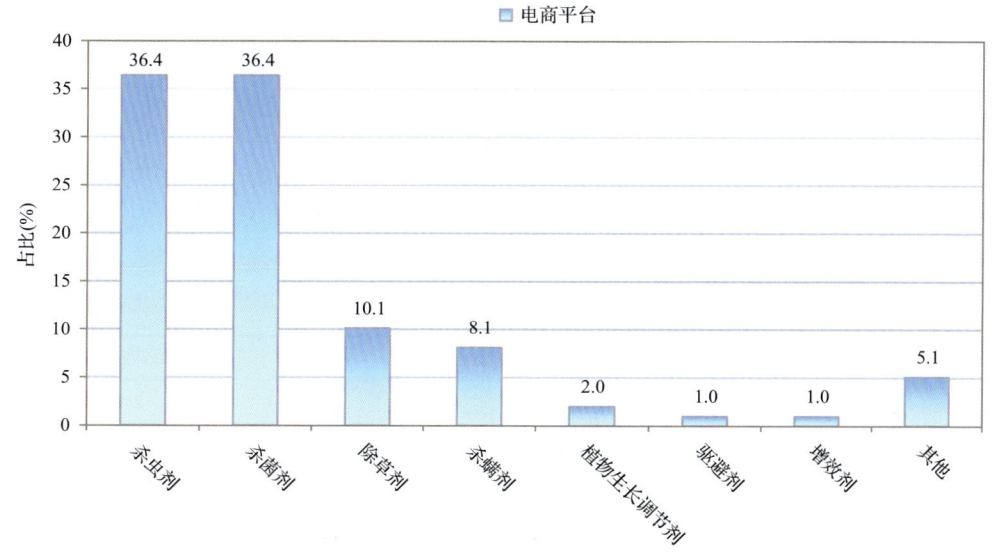

图 15-6　检出农药所属类别和占比

15.1.2.5 检出农药的残留水平

按检出农药残留水平进行统计,残留水平在1~5 μg/kg(含)的农药占总数的9.4%,在5~10 μg/kg(含)的农药占总数的7.6%,在10~100 μg/kg(含)的农药占总数的52.6%,在100~1000 μg/kg(含)的农药占总数的27.6%,在>1000 μg/kg的农药占总数的2.8%。

由此可见,这次检测的46批1089例茶叶样品中农药多数处于中高残留水平。结果见表15-5及图15-7,数据见附表2。

表15-5 农药残留水平/占比

残留水平(μg/kg)	检出频次数/占比(%)
1~5(含)	467/9.4
5~10(含)	377/7.6
10~100(含)	2618/52.6
100~1000(含)	1371/27.6
>1000	140/2.8

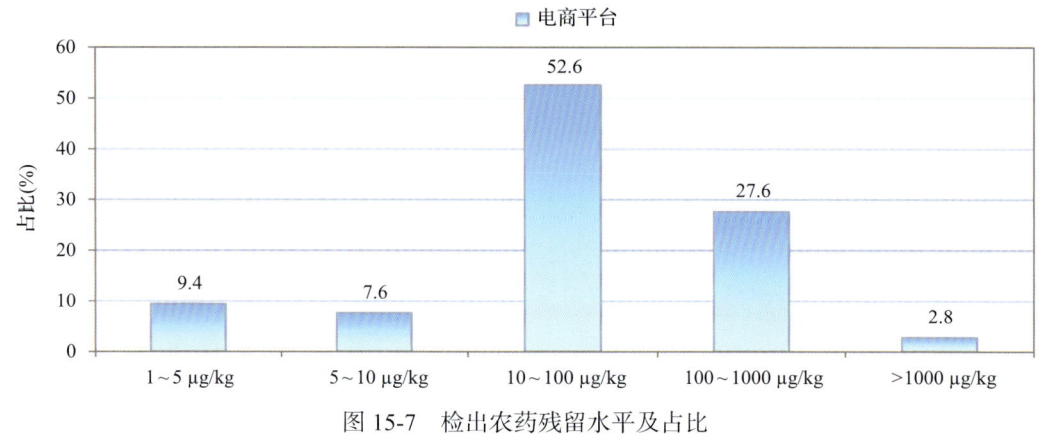

图15-7 检出农药残留水平及占比

15.1.2.6 检出农药的毒性类别、检出频次和超标频次及占比

对这次检出的99种4973频次的农药,按剧毒、高毒、中毒、低毒和微毒这五个毒性类别进行分类,从中可以看出,A、B、C、D、E、F、G和H等电商平台销售的茶叶中目前普遍使用的农药为中低微毒农药,品种占91.9%,频次占98.3%。结果见表15-6及图15-8。

表15-6 检出农药毒性类别/占比

毒性分类	农药品种/占比(%)	检出频次/占比(%)	超标频次/超标率(%)
剧毒农药	2/2.0	5/0.1	2/40.0
高毒农药	6/6.1	79/1.6	6/7.6
中毒农药	43/43.4	3892/78.3	1/0.0
低毒农药	32/32.3	898/18.1	0/0.0
微毒农药	16/16.2	99/2.0	0/0.0

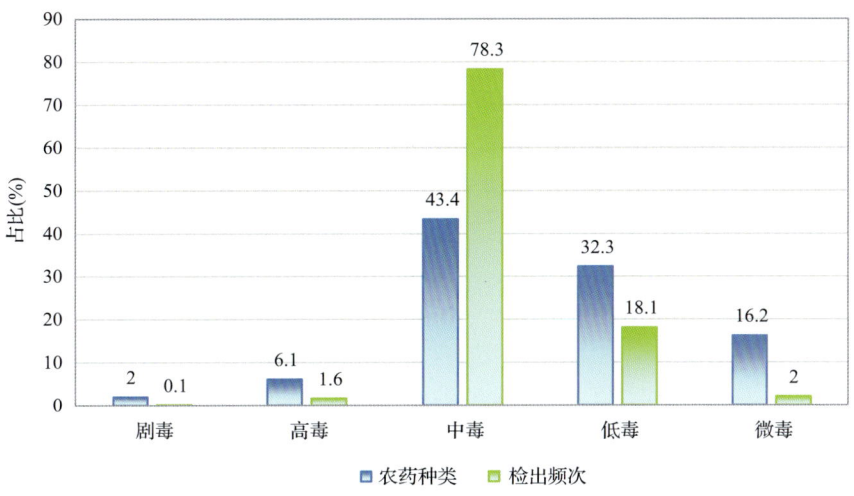

图 15-8　检出农药的毒性分类和占比

15.1.2.7　检出剧毒/高毒类农药的品种和频次

值得特别关注的是，在此次侦测的 1089 例样品中有 6 种茶叶的 82 例样品检出了 8 种 84 频次的剧毒和高毒农药，占样品总量的 7.5%，详见图 15-9、表 15-7 及表 15-8。

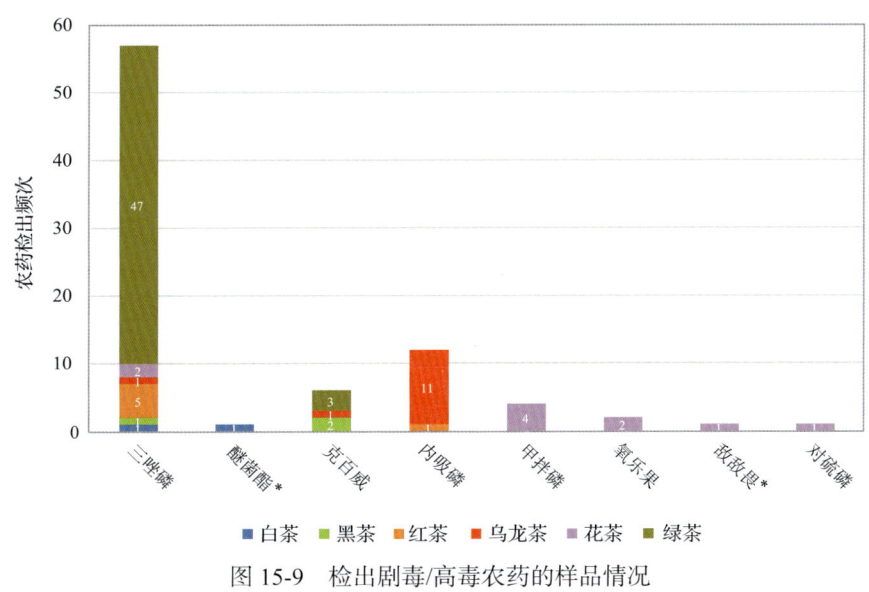

图 15-9　检出剧毒/高毒农药的样品情况

*表示允许在茶叶上使用的农药

表 15-7　剧毒农药检出情况

序号	农药名称	检出频次	超标频次	超标率
从 1 种茶叶中检出 2 种剧毒农药，共计检出 5 次				
1	甲拌磷*	4	2	50.0%
2	对硫磷*	1	0	0.0%
合计		5	2	超标率：40.0%

表 15-8 高毒农药检出情况

序号	农药名称	检出频次	超标频次	超标率
从 6 种茶叶中检出 6 种高毒农药，共计检出 79 次				
1	三唑磷	57	0	0.0%
2	内吸磷	12	6	50.0%
3	克百威	6	0	0.0%
4	氧乐果	2	0	0.0%
5	敌敌畏	1	0	0.0%
6	醚菌酯	1	0	0.0%
合计		79	6	超标率：7.6%

在检出的剧毒和高毒农药中，有 6 种是我国早已禁止在茶叶上使用的，分别是：对硫磷、克百威、氧乐果、三唑磷、内吸磷和甲拌磷。禁用农药的检出情况见表 15-10。

表 15-9 禁用农药检出情况

序号	农药名称	检出频次	超标频次	超标率
从 7 种茶叶中检出 14 种禁用农药，共计检出 548 次				
1	硫丹	201	0	0.0%
2	毒死蜱	155	0	0.0%
3	三氯杀螨醇	91	1	1.1%
4	三唑磷	57	0	0.0%
5	内吸磷	12	6	50.0%
6	氟虫腈	7	0	0.0%
7	克百威	6	0	0.0%
8	甲拌磷*	4	2	50.0%
9	乙酰甲胺磷	4	0	0.0%
10	滴滴涕	3	0	0.0%
11	六六六	3	0	0.0%
12	乐果	2	0	0.0%
13	氧乐果	2	0	0.0%
14	对硫磷*	1	0	0.0%
合计		548	9	超标率：1.6%

注：*为剧毒农药；超标结果参考 MRL 中国国家标准计算

此次抽检的茶叶样品中，有 1 种茶叶检出了剧毒农药，分别是：花茶中检出对硫磷 1 次，检出甲拌磷 4 次。

样品中检出剧毒和高毒农药残留水平超过 MRL 中国国家标准的频次为 8 次，其中：花茶检出甲拌磷超标 2 次；乌龙茶检出内吸磷超标 6 次。本次检出结果表明，高毒、剧毒农药的使用现象依旧存在，详见表15-10。

表15-10 各样本中检出剧毒/高毒农药情况

样品名称	农药名称	检出频次	超标频次	检出浓度(μg/kg)
茶叶6种				
白茶	醚菌酯	1	0	8.7
白茶	三唑磷▲	1	0	14.9
黑茶	克百威▲	2	0	19.8, 44.5
黑茶	三唑磷▲	1	0	21.7
红茶	三唑磷▲	5	0	46.2, 8.5, 72.6, 31.1, 10.0
红茶	内吸磷▲	1	0	45.8
花茶	甲拌磷*▲	4	2	13.6a, 7.7, 5.6, 27.6a
花茶	对硫磷*▲	1	0	35.3
花茶	三唑磷▲	2	0	99.0, 60.8
花茶	氧乐果▲	2	0	42.3, 3.3
花茶	敌敌畏	1	0	92.1
绿茶	三唑磷▲	47	0	40.9, 26.6, 8.9, 5.3, 94.7, 140.5, 35.1, 103.1, 73.4, 12.5, 19.1, 35.5, 489.4, 16.8, 13.0, 28.7, 233.5, 13.4, 9.5, 12.6, 25.5, 15.7, 38.1, 34.9, 93.5, 24.9, 17.1, 24.6, 9.8, 4.6, 31.0, 32.7, 26.5, 14.2, 25.1, 66.7, 20.6, 122.1, 36.8, 3.5, 25.9, 59.8, 19.7, 8.3, 45.0, 214.0, 6.9
绿茶	克百威▲	3	0	3.7, 4.3, 15.9
乌龙茶	内吸磷▲	11	6	156.4^a, 22.4, 29.4, 193.9^a, 60.5^a, 27.5, 30.3, 220.2^a, 34.7, 58.6^a, 210.4^a
乌龙茶	克百威▲	1	0	8.6
乌龙茶	三唑磷▲	1	0	1049.4
合计		84	8	超标率: 9.5%

注：*为剧毒农药；▲为禁用农药；a为超标结果（参考MRL中国国家标准）

15.2 农药残留检出水平与最大残留限量标准对比分析

我国于2016年12月18日正式颁布并于2017年6月18日正式实施食品农药残留限量国家标准《食品中农药最大残留限量》（GB 2763—2016）。该标准包括417个农药条目，涉及最大残留限量（MRL）标准4140项。将4973频次检出农药的浓度水平与4140项国家MRL标准进行核对，其中只有1820频次的结果找到了对应的MRL标准，占36.6%，还有3153频次的结果则无相关MRL标准供参考，占63.4%。

将此次侦测结果与国际上现行MRL标准对比发现，在4973频次的检出结果中有4973频次的结果找到了对应的MRL欧盟标准，占100.0%，其中，2978频次的结果有明确对应的MRL标准，占59.9%，其余1995频次按照欧盟一律标准判定，占40.1%；有4973频次的结果找到了对应的MRL日本标准，占100.0%，其中，3384频次的结果有明确对应的 MRL 标准，占 68.0%，其余 1589 频次按照日本一律标准判定，占 32.0%；有 1802 频次的结果找到了对应的 MRL 中国香港标准，占 36.2%；有 2407 频次的结果找到了对应的 MRL 美国标准，占 48.4%；有 1879 频次的结果找到了对应的 MRL CAC 标准，占 37.8%（见图 15-10 和图 15-11，数据见附表 3 至附表 8）。

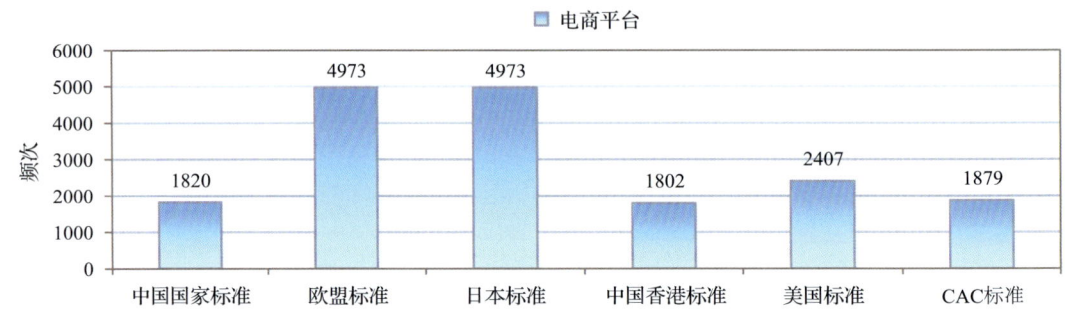

图 15-10　4973 频次检出农药可用 MRL 中国国家标准、欧盟标准、日本标准、中国香港标准、美国标准、CAC 标准判定衡量的数量

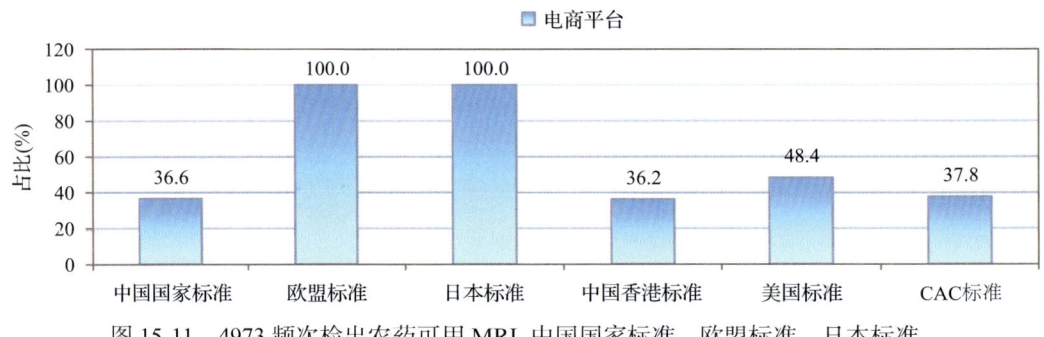

图 15-11　4973 频次检出农药可用 MRL 中国国家标准、欧盟标准、日本标准、中国香港标准、美国标准、CAC 标准衡量的占比

15.2.1　超标农药样品分析

本次侦测的 1089 例样品中，33 例样品未检出任何残留农药，占样品总量的 3.0%，1056 例样品检出不同水平、不同种类的残留农药，占样品总量的 97.0%。在此，我们将本次侦测的农残检出情况与 MRL 中国国家标准、欧盟标准、日本标准、中国香港标准、美国标准、CAC 标准这 6 大国际主流标准进行对比分析，样品农残检出与超标情况见表 15-11、图 15-12 和图 15-13，详细数据见附表 9 至附表 14。

表 15-11　各 MRL 标准下样本农残检出与超标数量及占比

	MRL 中国国家标准 数量/占比(%)	MRL 欧盟标准 数量/占比(%)	MRL 日本标准 数量/占比(%)	MRL 中国香港标准 数量/占比(%)	MRL 美国标准 数量/占比(%)	MRL CAC 标准 数量/占比(%)
未检出	33/3.0	33/3.0	33/3.0	33/3.0	33/3.0	33/3.0
检出未超标	1047/96.1	129/11.8	262/24.1	1056/97.0	1056/97.0	1056/97.0
检出超标	9/0.8	927/85.1	794/72.9	0/0.0	0/0.0	0/0.0

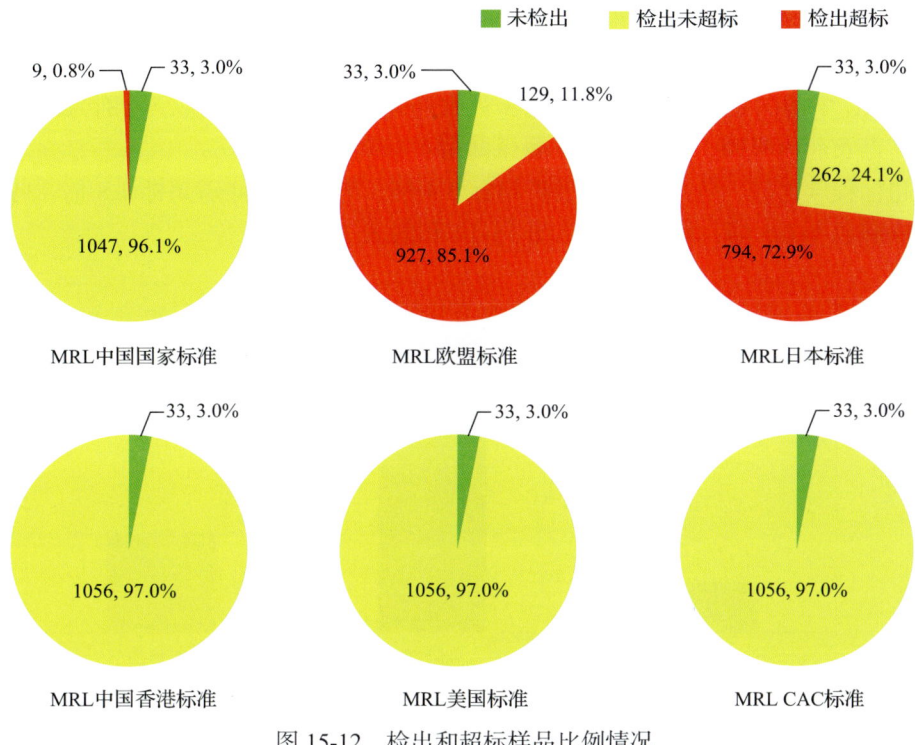

图 15-12 检出和超标样品比例情况

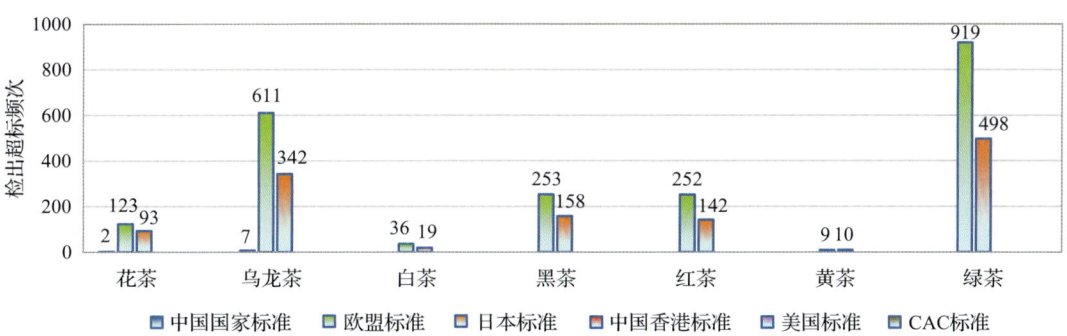

图 15-13 超过 MRL 中国国家标准、欧盟标准、日本标准、中国香港标准、
美国标准和 CAC 标准结果在茶叶中的分布

15.2.2 超标农药种类分析

按照 MRL 中国国家标准、欧盟标准、日本标准、中国香港标准、美国标准和 CAC 标准这 6 大国际主流标准衡量，本次侦测检出的农药超标品种及频次情况见表 15-12。

表 15-12 各 MRL 标准下超标农药品种及频次

	中国国家标准	欧盟标准	日本标准	中国香港标准	美国标准	CAC 标准
超标农药品种	3	62	49	0	0	0
超标农药频次	9	2203	1262	0	0	0

15.2.2.1 按 MRL 中国国家标准衡量

按 MRL 中国国家标准衡量,共有 3 种农药超标,检出 9 频次,分别为剧毒农药甲拌磷,高毒农药内吸磷,中毒农药三氯杀螨醇。

按超标程度比较,乌龙茶中内吸磷超标 3.4 倍,花茶中甲拌磷超标 1.8 倍,乌龙茶中三氯杀螨醇超标 0.5 倍,检测结果见图 15-14 和附表 15。

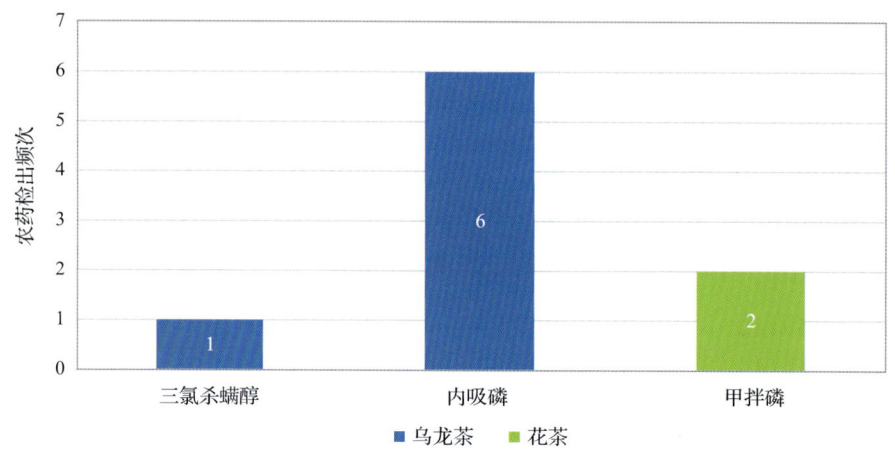

图 15-14 超过 MRL 中国国家标准农药品种及频次

15.2.2.2 按 MRL 欧盟标准衡量

按 MRL 欧盟标准衡量,共有 62 种农药超标,检出 2203 频次,分别为高毒农药敌敌畏、三唑磷和内吸磷,中毒农药苯醚甲环唑、稻瘟灵、咪鲜胺、丙环唑、速灭威、氟硅唑、氯氟氰菊酯、腈菌唑、异丙威、异丁子香酚、特丁通、氟虫腈、异稻瘟净、丙溴磷、三唑醇、唑虫酰胺、2,3,5-混杀威、仲丁威、乙酰甲胺磷、戊唑醇、哒螨灵、哌草丹、3,4,5-混杀威和丁香酚,低毒农药丁草胺、嘧霉胺、灭幼脲、茚草酮、邻苯二甲酰亚胺、异菌脲、猛杀威、三异丁基磷酸盐、邻苯基苯酚、噻嗪酮、螺螨酯、2,4′,5-三氯联苯醚、五氯苯胺、扑灭通、四氢吩胺、威杀灵、丁羟茴香醚、烯酰吗啉、己唑醇、虱螨脲、4,4-二氯二苯甲酮、萘乙酸和西玛通,微毒农药醚菊酯、百菌清、腐霉利、嘧菌酯、啶酰菌胺、噻呋酰胺、肟菌酯、增效醚、蒽醌、乙烯菌核利、氟环唑和解草嗪。

按超标程度比较,乌龙茶中唑虫酰胺超标 669.1 倍,红茶中唑虫酰胺超标 422.1 倍,绿茶中唑虫酰胺超标 303.9 倍,黑茶中异丁子香酚超标 181.6 倍,黑茶中唑虫酰胺超标 146.7 倍,检测结果见图 15-15 和附表 16。

15.2.2.3 按 MRL 日本标准衡量

按 MRL 日本标准衡量,共有 49 种农药超标,检出 1262 频次,分别为高毒农药三唑磷和内吸磷,中毒农药咪鲜胺、丙环唑、速灭威、苄草丹、稻瘟灵、氟硅唑、多效唑、异丙威、异丁子香酚、特丁通、氟虫腈、异稻瘟净、三环唑、2,3,5-混杀威、仲丁威、茚

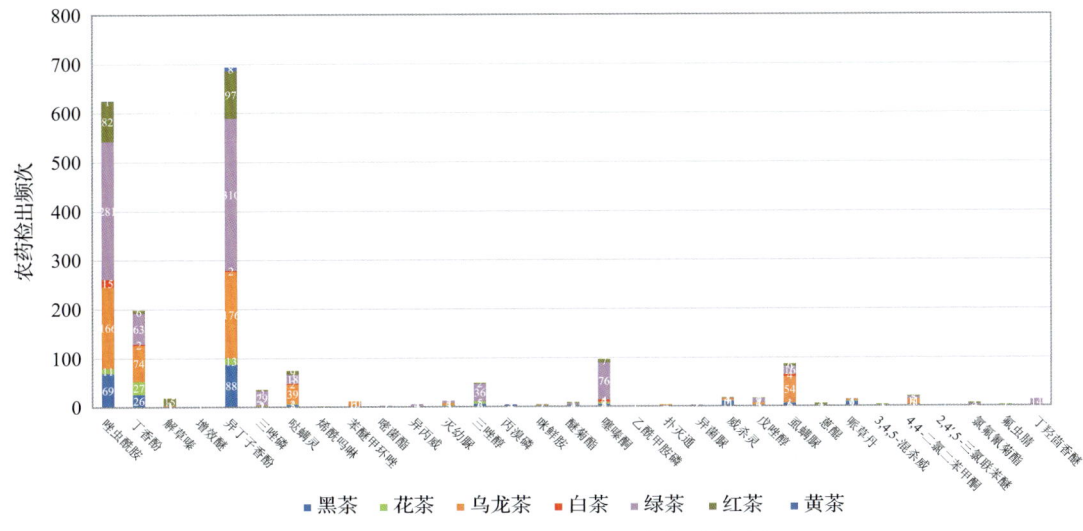

图 15-15-1　超过 MRL 欧盟标准农药品种及频次

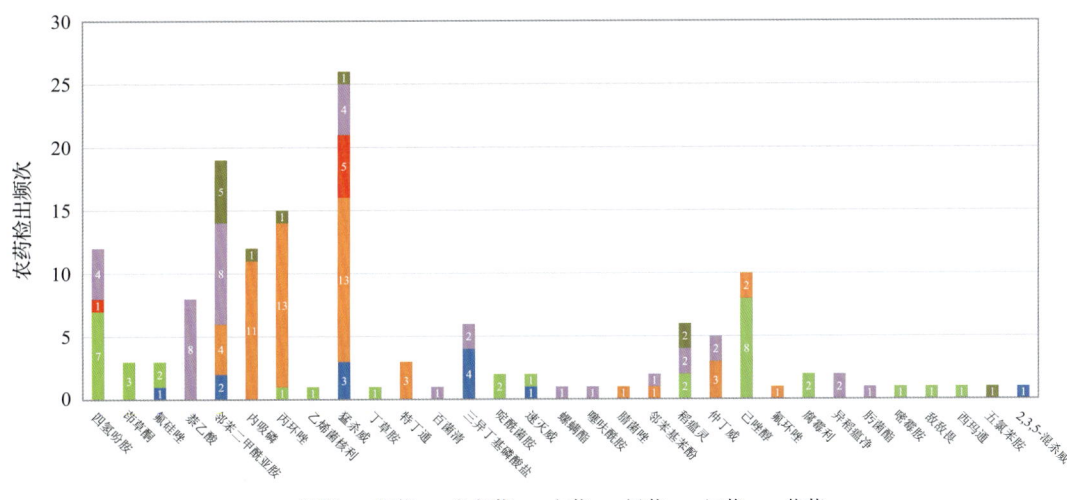

图 15-15-2　超过 MRL 欧盟标准农药品种及频次

虫威、烯唑醇、哌草丹、3,4,5-混杀威和丁香酚，低毒农药丁草胺、嘧霉胺、灭幼脲、茚草酮、邻苯二甲酰亚胺、猛杀威、三异丁基磷酸盐、联苯、2,4,5-三氯联苯醚、五氯苯胺、邻苯基苯酚、扑灭通、四氢吩胺、威杀灵、丁羟茴香醚、4,4-二氯二苯甲酮、己唑醇、烯酰吗啉、萘乙酸和西玛通，微毒农药腐霉利、噻呋酰胺、增效醚、蒽醌、乙烯菌核利、解草嗪和氟环唑。

按超标程度比较，黑茶中异丁子香酚超标 181.6 倍，乌龙茶中三唑磷超标 103.9 倍，黑茶中丁香酚超标 96.8 倍，花茶中丁香酚超标 86.6 倍，乌龙茶中异丁子香酚超标 77.1 倍，检测结果见图 15-16 和附表 17。

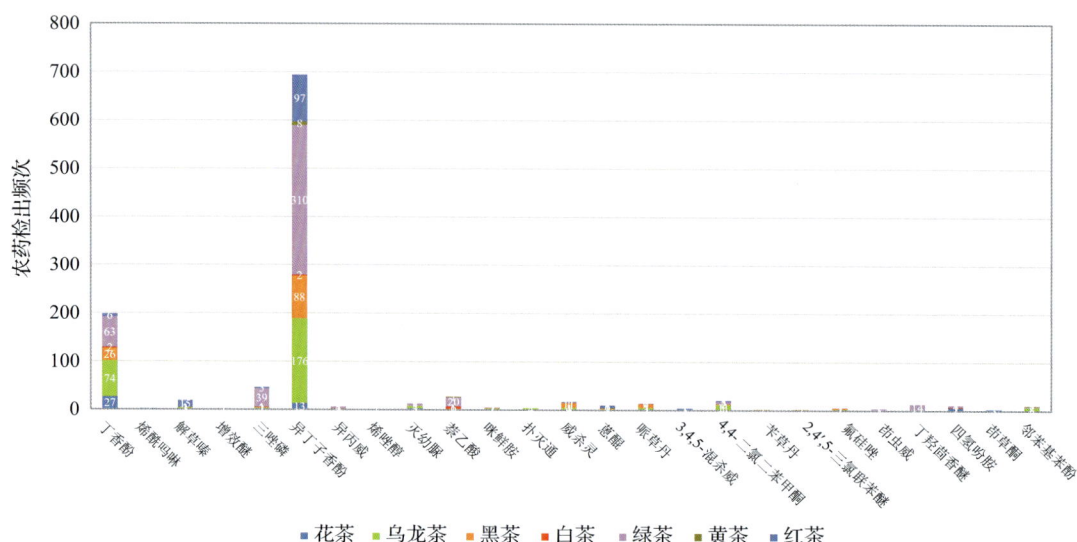

图 15-16-1　超过 MRL 日本标准农药品种及频次

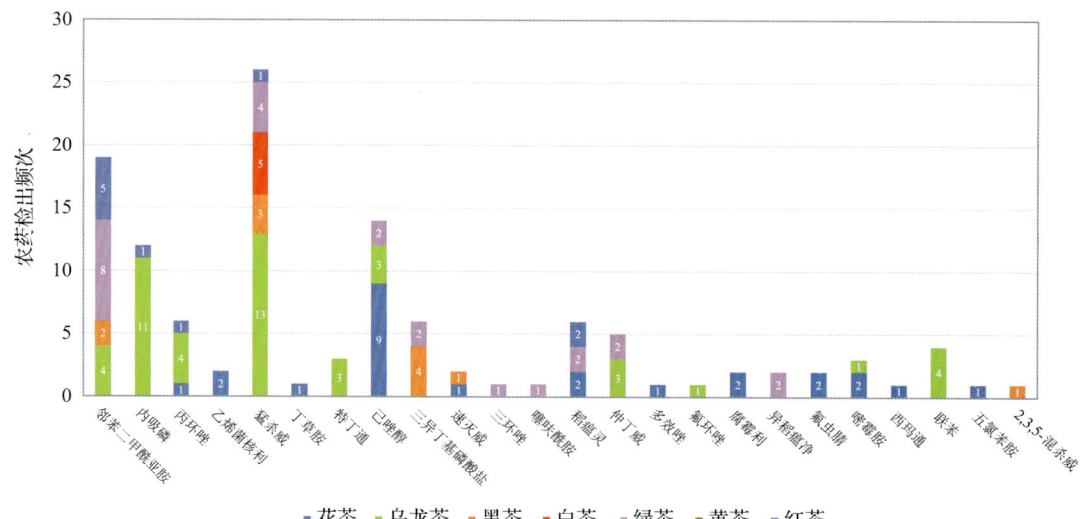

图 15-16-2　超过 MRL 日本标准农药品种及频次

15.2.2.4　按 MRL 中国香港标准衡量

按 MRL 中国香港标准衡量，无样品检出超标农药残留。

15.2.2.5　按 MRL 美国标准衡量

按 MRL 美国标准衡量，无样品检出超标农药残留。

15.2.2.6　按 MRL CAC 标准衡量

按 MRL CAC 标准衡量，无样品检出超标农药残留。

15.2.3 8个采样点超标情况分析

15.2.3.1 按 MRL 中国国家标准衡量

按 MRL 中国国家标准衡量，有 7 个采样点的样品存在不同程度的超标农药检出，其中***网的超标率最高，为 11.8%，如表 15-13 和图 15-17 所示。

表 15-13 超过 MRL 中国国家标准茶叶在不同采样点分布

序号	采样点	样品总数	超标数量	超标率(%)
1	D电商平台	341	2	0.6
2	B电商平台	295	1	0.3
3	E电商平台	236	1	0.4
4	G电商平台	84	1	1.2
5	A电商平台	50	1	2.0
6	F电商平台	39	1	2.6
7	H电商平台	17	2	11.8

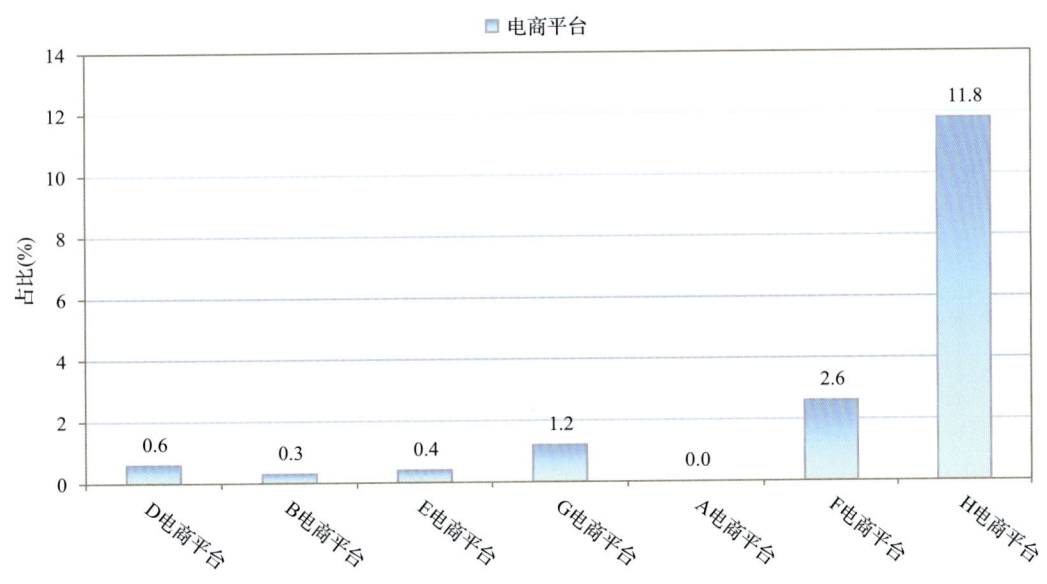

图 15-17 超过 MRL 中国国家标准茶叶在不同采样点分布

15.2.3.2 按 MRL 欧盟标准衡量

按 MRL 欧盟标准衡量，所有采样点的样品存在不同程度的超标农药检出，其中 G 电商平台的超标率最高，为 95.2%，如表 15-14 和图 15-18 所示。

表 15-14 超过 MRL 欧盟标准茶叶在不同采样点分布

序号	采样点	样品总数	超标数量	超标率(%)
1	D 电商平台	341	290	85.0
2	B 电商平台	295	254	86.1
3	E 电商平台	236	201	85.2
4	G 电商平台	84	80	95.2
5	A 电商平台	50	41	82.0
6	F 电商平台	39	30	76.9
7	C 电商平台	27	17	63.0
8	H 电商平台	17	14	82.4

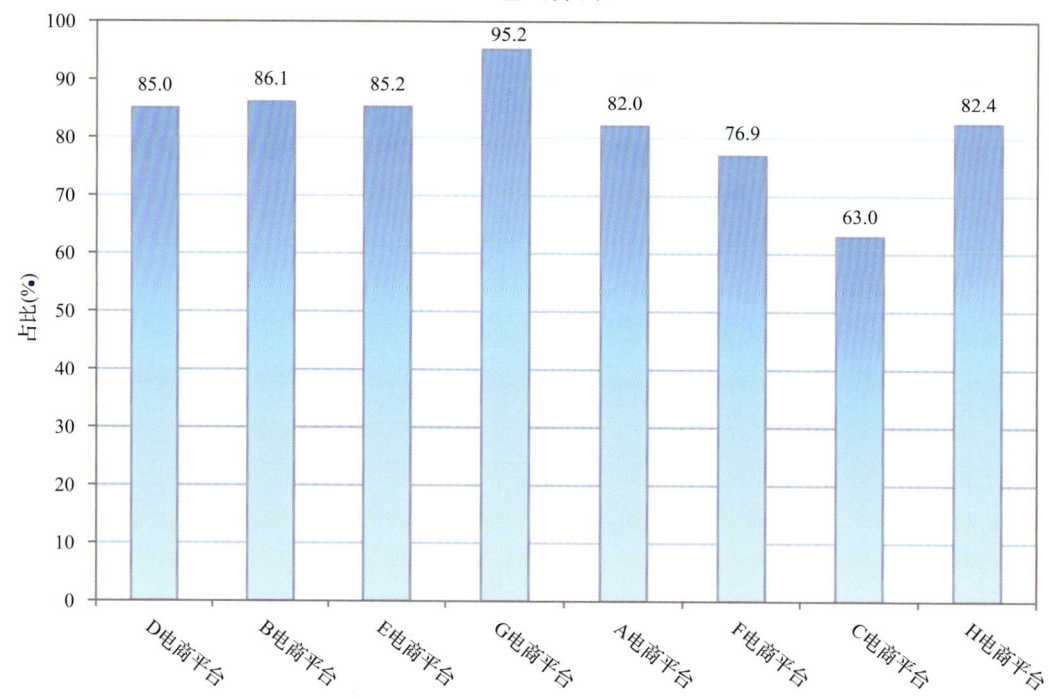

图 15-18 超过 MRL 欧盟标准茶叶在不同采样点分布

15.2.3.3 按 MRL 日本标准衡量

按 MRL 日本标准衡量，所有采样点的样品存在不同程度的超标农药检出，其中 H 电商平台的超标率最高，为 82.4%，如表 15-15 和图 15-19 所示。

15.2.3.4 按 MRL 中国香港标准衡量

按 MRL 中国香港标准衡量，所有采样点的样品均未检出超标农药残留。

表 15-15　超过 MRL 日本标准茶叶在不同采样点分布

序号	采样点	样品总数	超标数量	超标率(%)
1	D 电商平台	341	256	75.1
2	B 电商平台	295	206	69.8
3	E 电商平台	236	175	74.2
4	G 电商平台	84	69	82.1
5	A 电商平台	50	35	70.0
6	F 电商平台	39	25	64.1
7	C 电商平台	27	14	51.9
8	H 电商平台	17	14	82.4

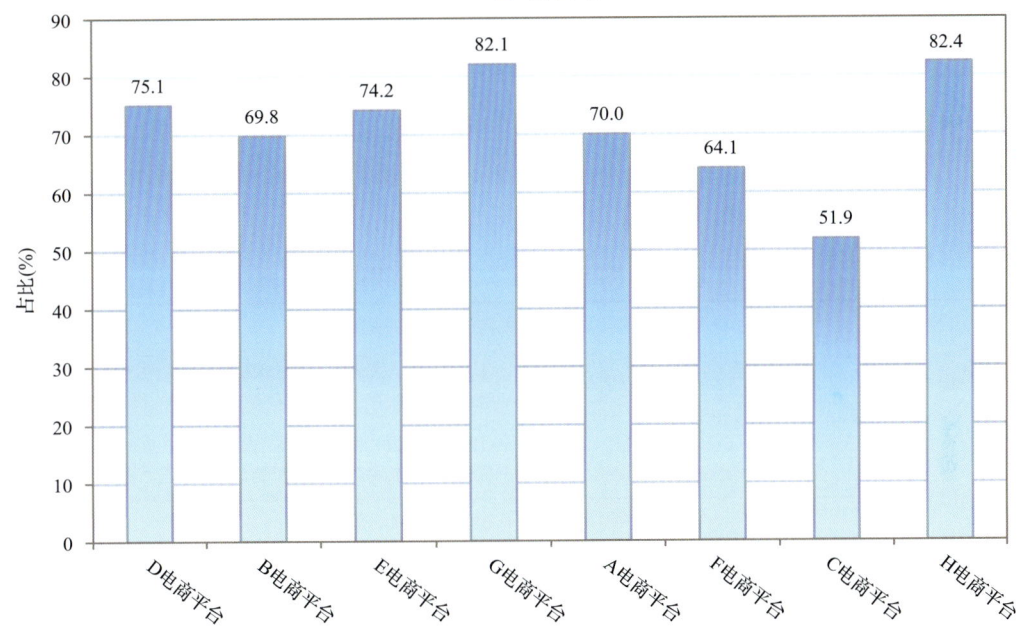

图 15-19　超过 MRL 日本标准茶叶在不同采样点分布

15.2.3.5　按 MRL 美国标准衡量

按 MRL 美国标准衡量，所有采样点的样品均未检出超标农药残留。

15.2.3.6　按 MRL CAC 标准衡量

按 MRL CAC 标准衡量，所有采样点的样品均未检出超标农药残留。

15.3　茶叶中农药残留分布

15.3.1　茶叶按检出农药品种和频次排名

本次残留侦测的茶叶共 7 种，包括白茶、黑茶、红茶、黄茶、乌龙茶、花茶和绿茶。

根据检出农药品种及频次进行排名,将各项排名茶叶样品检出情况列表说明,详见表15-16。

表 15-16 茶叶按检出农药品种和频次排名

按检出农药品种排名(品种)	①绿茶(68),②花茶(56),③乌龙茶(55),④黑茶(45),⑤红茶(41),⑥白茶(23),⑦黄茶(8)
按检出农药频次排名(频次)	①绿茶(2237),②乌龙茶(1129),③黑茶(654),④红茶(582),⑤花茶(247),⑥白茶(104),⑦黄茶(20)
按检出禁用、高毒及剧毒农药品种排名(品种)	①花茶(11),②绿茶(8),③乌龙茶(8),④黑茶(7),⑤红茶(6),⑥白茶(3),⑦黄茶(1)
按检出禁用、高毒及剧毒农药频次排名(频次)	①绿茶(248),②乌龙茶(104),③黑茶(76),④红茶(71),⑤花茶(40),⑥白茶(10),⑦黄茶(1)

15.3.2 茶叶按超标农药品种和频次排名

鉴于 MRL 欧盟标准和日本标准制定比较全面且覆盖率较高,我们参照 MRL 中国国家标准、欧盟标准和日本标准衡量茶叶样品中农残检出情况,将茶叶按超标农药品种及频次排名列表说明,详见表 15-17。

表 15-17 茶叶按超标农药品种和频次排名

按超标农药品种排名(农药品种数)	MRL 中国国家标准	①乌龙茶(2),②花茶(1)
	MRL 欧盟标准	①花茶(36),②绿茶(36),③乌龙茶(28),④黑茶(24),⑤红茶(22),⑥白茶(9),⑦黄茶(2)
	MRL 日本标准	①乌龙茶(26),②花茶(25),③绿茶(25),④黑茶(18),⑤红茶(14),⑥白茶(8),⑦黄茶(3)
按超标农药频次排名(农药频次数)	MRL 中国国家标准	①乌龙茶(7),②花茶(2)
	MRL 欧盟标准	①绿茶(919),②乌龙茶(611),③黑茶(253),④红茶(252),⑤花茶(123),⑥白茶(36),⑦黄茶(9)
	MRL 日本标准	①绿茶(498),②乌龙茶(342),③黑茶(158),④红茶(142),⑤花茶(93),⑥白茶(19),⑦黄茶(10)

通过对各品种茶叶样本总数及检出率进行综合分析发现,绿茶、花茶和乌龙茶的残留污染最为严重,在此,我们参照 MRL 中国国家标准、欧盟标准和日本标准对这 3 种茶叶的农残检出情况进行进一步分析。

15.3.3 农药残留检出率较高的茶叶样品分析

15.3.3.1 绿茶

这次共检测 486 例绿茶样品,467 例样品中检出了农药残留,检出率为 96.1%,检出农药共计 68 种。其中联苯菊酯、异丁子香酚、唑虫酰胺、虫螨腈和硫丹检出频次较高,分别检出了 400、310、282、141 和 98 次。绿茶中农药检出品种和频次见图 15-20,超标农药见图 15-21 和表 15-18。

第15章 GC-Q-TOF/MS侦测电商平台1089例市售茶叶样品农药残留报告

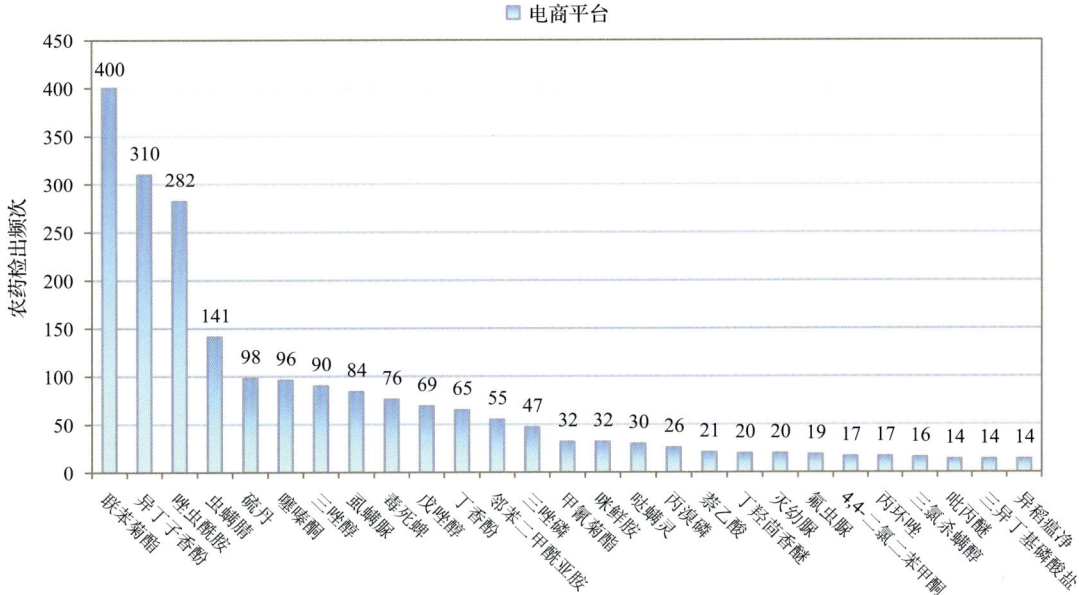

图 15-20　绿茶样品检出农药品种和频次分析（仅列出14频次及以上的数据）

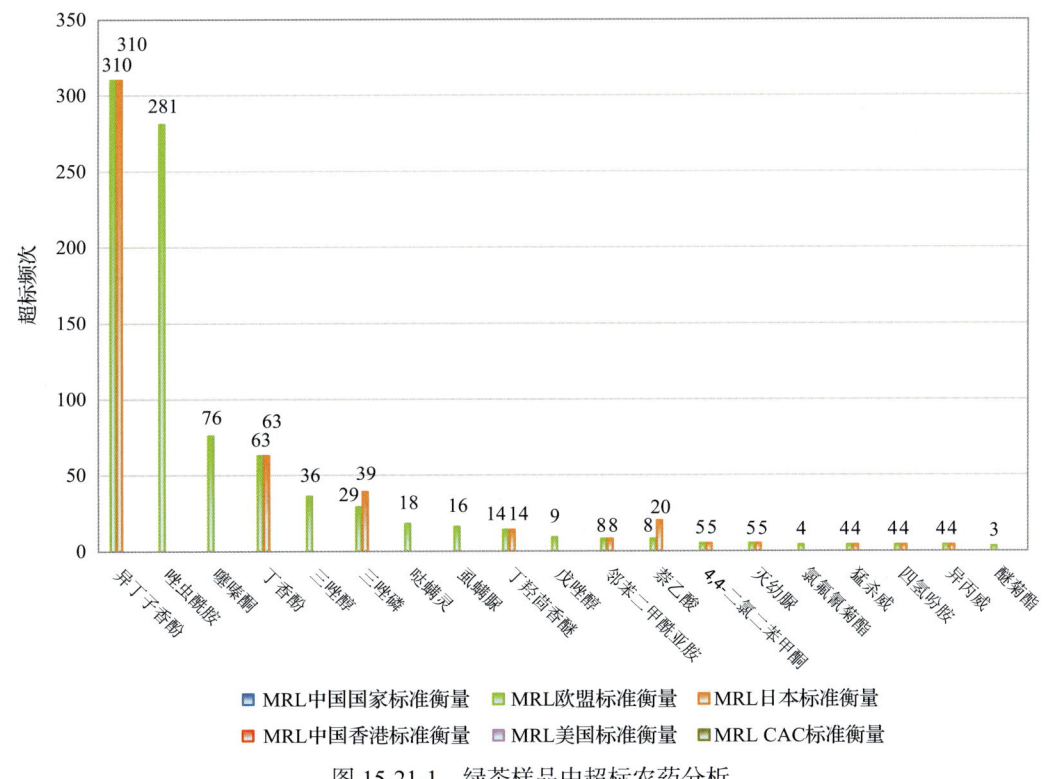

图 15-21-1　绿茶样品中超标农药分析

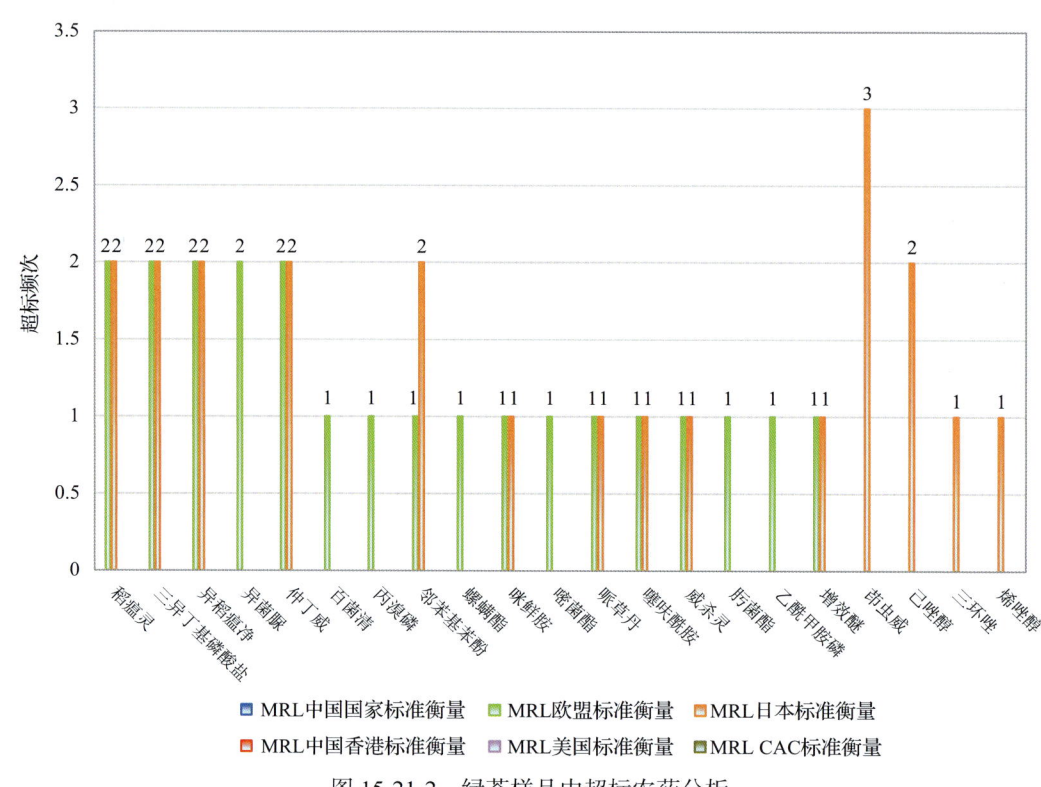

图 15-21-2 绿茶样品中超标农药分析

表 15-18 绿茶中农药残留超标情况明细表

样品总数	检出农药样品数	样品检出率(%)	检出农药品种总数
486	467	96.1	68

	超标农药品种	超标农药频次	按照 MRL 中国国家标准、欧盟标准和日本标准衡量超标农药名称及频次
中国国家标准	0	0	
欧盟标准	36	919	异丁子香酚(310),唑虫酰胺(281),噻嗪酮(76),丁香酚(63),三唑醇(36),三唑磷(29),哒螨灵(18),虱螨脲(16),丁羟茴香醚(14),戊唑醇(9),邻苯二甲酰亚胺(8),萘乙酸(8),4,4-二氯二苯甲酮(5),灭幼脲(5),氯氟氰菊酯(4),猛杀威(4),四氢吩肽(4),异丙威(4),醚菊酯(3),稻瘟灵(2),三异丁基磷酸盐(2),异稻瘟净(2),异菌脲(2),仲丁威(2),百菌清(1),丙溴磷(1),邻苯基苯酚(1),螺螨酯(1),咪鲜胺(1),嘧菌酯(1),哌草丹(1),噻呋酰胺(1),威杀灵(1),肟菌酯(1),乙酰甲胺磷(1),增效醚(1)
日本标准	25	498	异丁子香酚(310),丁香酚(63),三唑磷(39),萘乙酸(20),丁羟茴香醚(14),邻苯二甲酰亚胺(8),4,4-二氯二苯甲酮(5),灭幼脲(5),猛杀威(4),四氢吩肽(4),异丙威(4),茚虫威(3),稻瘟灵(2),己唑醇(2),邻苯基苯酚(2),三异丁基磷酸盐(2),异稻瘟净(2),仲丁威(2),咪鲜胺(1),哌草丹(1),噻呋酰胺(1),三环唑(1),威杀灵(1),烯唑醇(1),增效醚(1)

15.3.3.2 花茶

这次共检测 31 例花茶样品,30 例样品中检出了农药残留,检出率为 96.8%,检出农药共计 56 种。其中丁香酚、联苯菊酯、虫螨腈、异丁子香酚和毒死蜱检出频次较高,分别检出了 27、22、15、14 和 13 次。花茶中农药检出品种和频次见图 15-22,超标农药见图 15-23 和表 15-19。

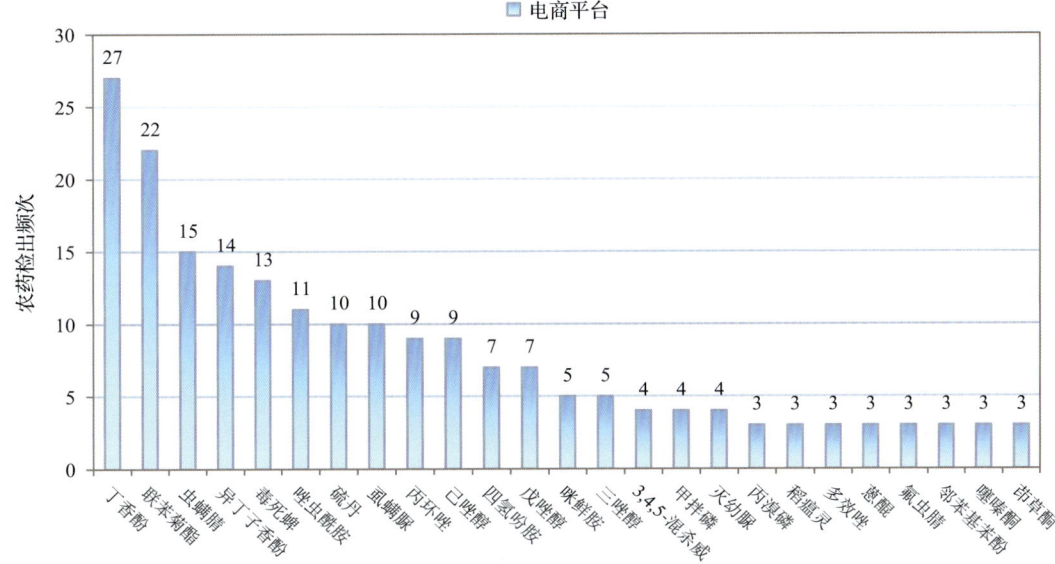

图 15-22 花茶样品检出农药品种和频次分析(仅列出 3 频次及以上的数据)

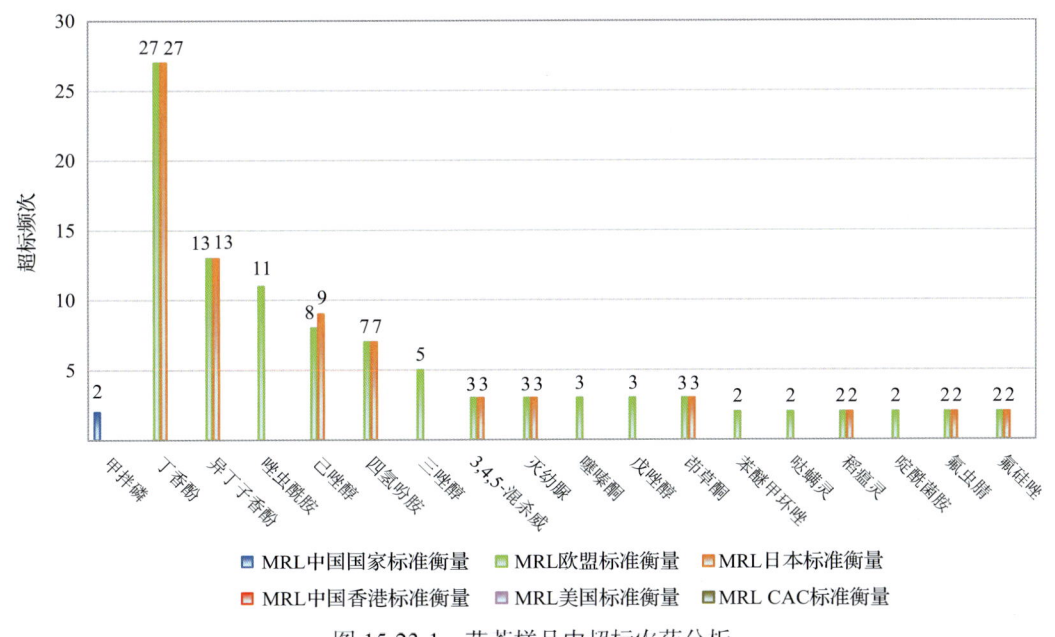

图 15-23-1 花茶样品中超标农药分析

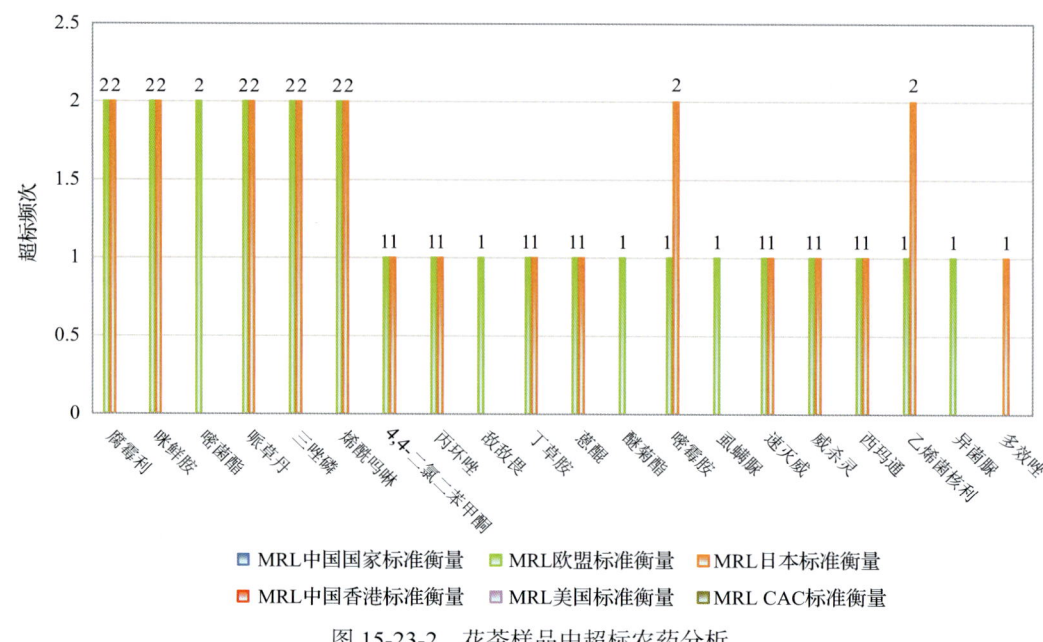

图 15-23-2 花茶样品中超标农药分析

表 15-19 花茶中农药残留超标情况明细表

样品总数		检出农药样品数	样品检出率(%)	检出农药品种总数
31		30	96.8	56
	超标农药品种	超标农药频次	按照 MRL 中国国家标准、欧盟标准和日本标准衡量超标农药名称及频次	
中国国家标准	1	2	甲拌磷(2)	
欧盟标准	36	123	丁香酚(27),异丁子香酚(13),唑虫酰胺(11),己唑醇(8),四氢吩胺(7),三唑醇(5),3,4,5-混杀威(3),灭幼脲(3),噻嗪酮(3),戊唑醇(3),莳草酮(3),苯醚甲环唑(2),哒螨灵(2),稻瘟灵(2),啶酰菌胺(2),氟虫腈(2),氟硅唑(2),腐霉利(2),咪鲜胺(2),嘧菌酯(2),哌草丹(2),三唑磷(2),烯酰吗啉(2),4,4-二氯二苯甲酮(1),丙环唑(1),敌敌畏(1),丁草胺(1),蒽醌(1),醚菊酯(1),嘧霉胺(1),虱螨脲(1),速灭威(1),威杀灵(1),西玛通(1),乙烯菌核利(1),异菌脲(1)	
日本标准	25	93	丁香酚(27),异丁子香酚(13),己唑醇(9),四氢吩胺(7),3,4,5-混杀威(3),灭幼脲(3),莳草酮(3),稻瘟灵(2),氟虫腈(2),氟硅唑(2),腐霉利(2),咪鲜胺(2),嘧霉胺(2),哌草丹(2),三唑磷(2),烯酰吗啉(2),乙烯菌核利(2),4,4-二氯二苯甲酮(1),丙环唑(1),丁草胺(1),多效唑(1),蒽醌(1),灭威(1),威杀灵(1),西玛通(1)	

15.3.3.3 乌龙茶

这次共检测 206 例乌龙茶样品，203 例样品中检出了农药残留，检出率为 98.5%，检出农药共计 55 种。其中联苯菊酯、异丁子香酚、唑虫酰胺、虱螨脲和丁香酚检出频次较高,分别检出了 186、177、168、83 和 78 次。乌龙茶中农药检出品种和频次见图 15-24,超标农药见图 15-25 和表 15-20。

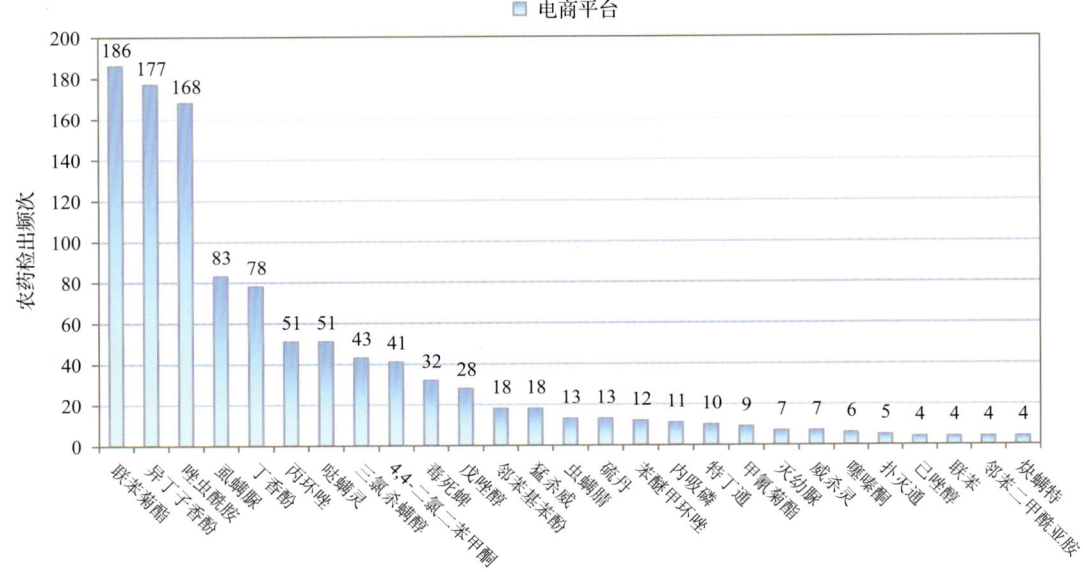

图 15-24　乌龙茶样品检出农药品种和频次分析(仅列出 4 频次及以上的数据)

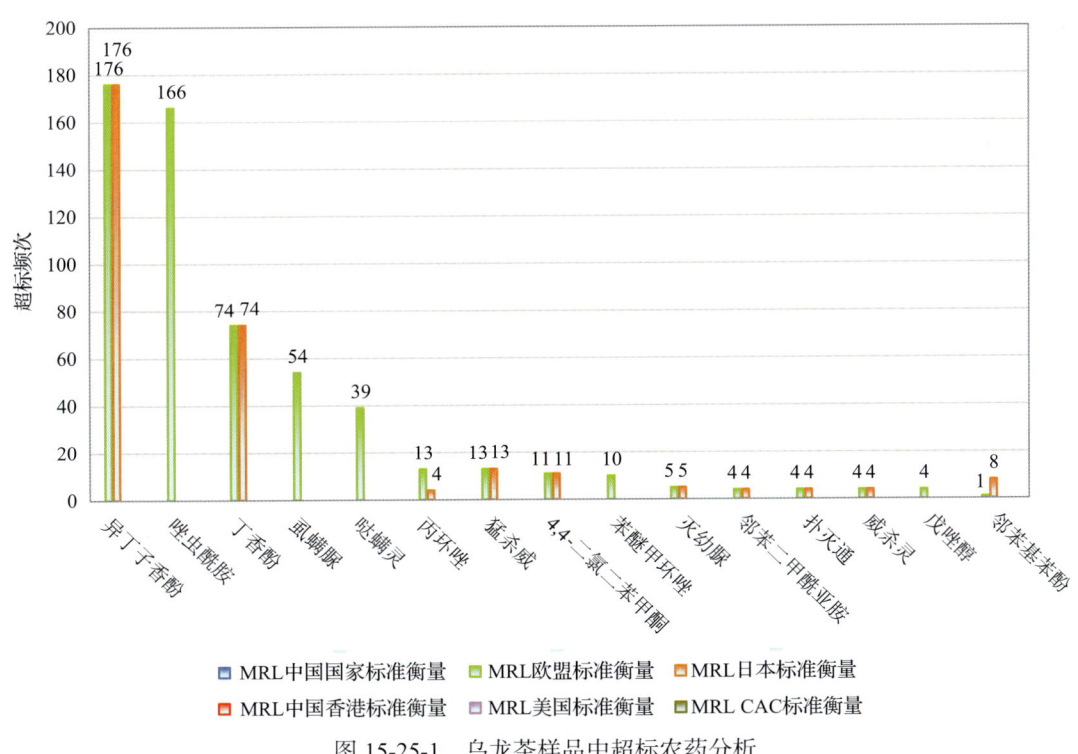

图 15-25-1　乌龙茶样品中超标农药分析

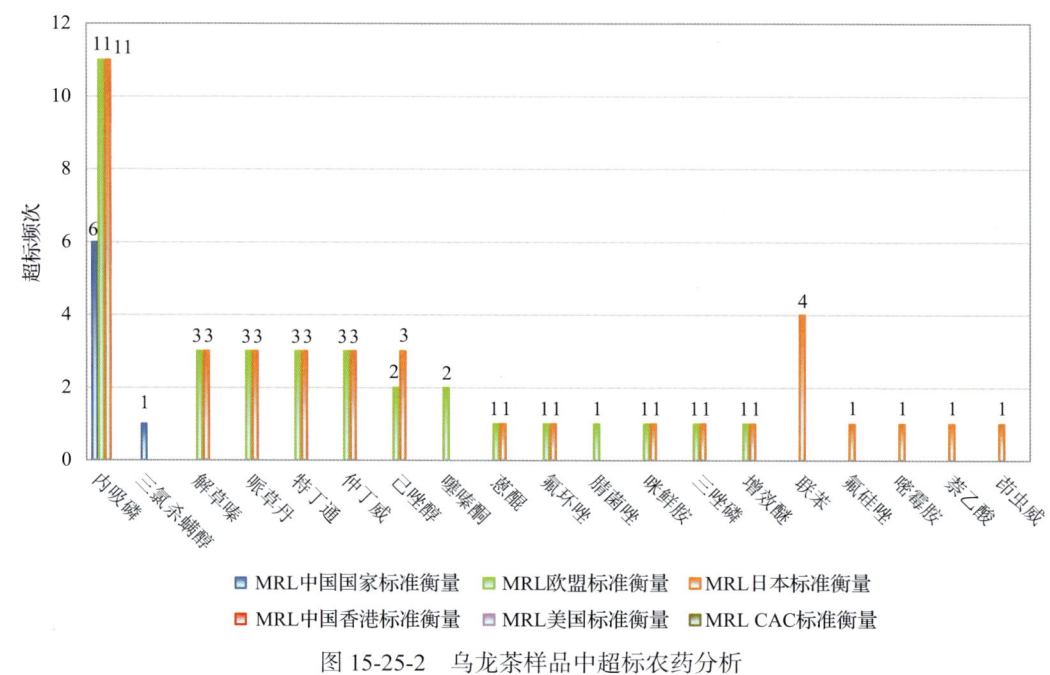

图 15-25-2 乌龙茶样品中超标农药分析

表 15-20 乌龙茶中农药残留超标情况明细表

样品总数		检出农药样品数	样品检出率(%)	检出农药品种总数
206		203	98.5	55
	超标农药品种	超标农药频次	按照 MRL 中国国家标准、欧盟标准和日本标准衡量超标农药名称及频次	
中国国家标准	2	7	内吸磷(6),三氯杀螨醇(1)	
欧盟标准	28	611	异丁子香酚(176),唑虫酰胺(166),丁香酚(74),虱螨脲(54),哒螨灵(39),丙环唑(13),猛杀威(13),4,4-二氯二苯甲酮(11),内吸磷(11),苯醚甲环唑(10),灭幼脲(5),邻苯二甲酰亚胺(4),扑灭通(4),威杀灵(4),戊唑醇(4),解草嗪(3),哌草丹(3),特丁通(3),仲丁威(3),己唑醇(2),噻嗪酮(2),蒽醌(1),氟环唑(1),腈菌唑(1),邻苯基苯酚(1),咪鲜胺(1),三唑磷(1),增效醚(1)	
日本标准	26	342	异丁子香酚(176),丁香酚(74),猛杀威(13),4,4-二氯二苯甲酮(11),内吸磷(11),邻苯基苯酚(8),灭幼脲(5),丙环唑(4),联苯(4),邻苯二甲酰亚胺(4),扑灭通(4),威杀灵(4),己唑醇(3),解草嗪(3),哌草丹(3),特丁通(3),仲丁威(3),蒽醌(1),氟硅唑(1),氟环唑(1),咪鲜胺(1),嘧霉胺(1),萘乙酸(1),三唑磷(1),茚虫威(1),增效醚(1)	

15.4 初 步 结 论

15.4.1 电商平台市售茶叶按 MRL 中国国家标准和国际主要 MRL 标准衡量的合格率

本次侦测的 1089 例样品中，33 例样品未检出任何残留农药，占样品总量的 3.0%，1056 例样品检出不同水平、不同种类的残留农药，占样品总量的 97.0%。在这 1056 例检出农药残留的样品中：

按照 MRL 中国国家标准衡量，有 1047 例样品检出残留农药但含量没有超标，占样品总数的 96.1%，有 9 例样品检出了超标农药，占样品总数的 0.8%；

按照 MRL 欧盟标准衡量，有 129 例样品检出残留农药但含量没有超标，占样品总数的 11.8%，有 927 例样品检出了超标农药，占样品总数的 85.1%；

按照 MRL 日本标准衡量，有 262 例样品检出残留农药但含量没有超标，占样品总数的 24.1%，有 794 例样品检出了超标农药，占样品总数的 72.9%；

按照 MRL 中国香港标准衡量，有 1056 例样品检出残留农药但含量没有超标，占样品总数的 97.0%，无检出残留农药超标的样品；

按照 MRL 美国标准衡量，有 1056 例样品检出残留农药但含量没有超标，占样品总数的 97.0%，无检出残留农药超标的样品；

按照 MRL CAC 标准衡量，有 1056 例样品检出残留农药但含量没有超标，占样品总数的 97.0%，无检出残留农药超标的样品。

15.4.2　电商平台市售茶叶中检出农药以中低微毒农药为主，占市场主体的 91.9%

这次侦测的 1089 例茶叶样品共检出了 99 种农药，检出农药的毒性以中低微毒为主，详见表 15-21。

表 15-21　市场主体农药毒性分布

毒性	检出品种	占比	检出频次	占比
剧毒农药	2	2.0%	5	0.1%
高毒农药	6	6.1%	79	1.6%
中毒农药	43	43.4%	3892	78.3%
低毒农药	32	32.3%	898	18.1%
微毒农药	16	16.2%	99	2.0%
中低微毒农药，品种占比 91.9%，频次占比 98.3%				

15.4.3　检出剧毒、高毒和禁用农药现象应该警醒

在此次侦测的 1089 例样品中有 7 种茶叶的 394 例样品检出了 16 种 550 频次的剧毒和高毒或禁用农药，占样品总量的 36.2%。其中剧毒农药甲拌磷和对硫磷以及高毒农药三唑磷、内吸磷和克百威检出频次较高。

按 MRL 中国国家标准衡量，剧毒农药甲拌磷，检出 4 次，超标 2 次；高毒农药内吸磷，检出 12 次，超标 6 次；按超标程度比较，乌龙茶中内吸磷超标 3.4 倍，花茶中甲拌磷超标 1.8 倍。

剧毒、高毒或禁用农药的检出情况及按照 MRL 中国国家标准衡量的超标情况见表 15-22。

表 15-22 剧毒、高毒或禁用农药的检出及超标明细

序号	农药名称	样品名称	检出频次	超标频次	最大超标倍数	超标率
1.1	对硫磷*▲	花茶	1	0	0	0.0%
2.1	甲拌磷*▲	花茶	4	2	1.8	50.0%
3.1	敌敌畏◇	花茶	1	0	0	0.0%
4.1	克百威◇▲	绿茶	3	0	0	0.0%
4.2	克百威◇▲	黑茶	2	0	0	0.0%
4.3	克百威◇▲	乌龙茶	1	0	0	0.0%
5.1	醚菌酯◇	白茶	1	0	0	0.0%
6.1	内吸磷▲	乌龙茶	11	6	3.4	54.5%
6.2	内吸磷◇▲	红茶	1	0	0	0.0%
7.1	三唑磷◇▲	绿茶	47	0	0	0.0%
7.2	三唑磷◇▲	红茶	5	0	0	0.0%
7.3	三唑磷◇▲	花茶	2	0	0	0.0%
7.4	三唑磷◇▲	白茶	1	0	0	0.0%
7.5	三唑磷◇▲	黑茶	1	0	0	0.0%
7.6	三唑磷◇▲	乌龙茶	1	0	0	0.0%
8.1	氧乐果◇▲	花茶	2	0	0	0.0%
9.1	滴滴涕▲	乌龙茶	2	0	0	0.0%
9.2	滴滴涕▲	花茶	1	0	0	0.0%
10.1	毒死蜱▲	绿茶	76	0	0	0.0%
10.2	毒死蜱▲	乌龙茶	32	0	0	0.0%
10.3	毒死蜱▲	黑茶	26	0	0	0.0%
10.4	毒死蜱▲	花茶	13	0	0	0.0%
10.5	毒死蜱▲	红茶	8	0	0	0.0%
11.1	氟虫腈▲	花茶	3	0	0	0.0%
11.2	氟虫腈▲	绿茶	2	0	0	0.0%
11.3	氟虫腈▲	黑茶	1	0	0	0.0%
11.4	氟虫腈▲	乌龙茶	1	0	0	0.0%
12.1	乐果▲	绿茶	2	0	0	0.0%
13.1	硫丹▲	绿茶	98	0	0	0.0%
13.2	硫丹▲	红茶	46	0	0	0.0%
13.3	硫丹▲	黑茶	25	0	0	0.0%

续表

序号	农药名称	样品名称	检出频次	超标频次	最大超标倍数	超标率
13.4	硫丹▲	乌龙茶	13	0	0	0.0%
13.5	硫丹▲	花茶	10	0	0	0.0%
13.6	硫丹▲	白茶	8	0	0	0.0%
13.7	硫丹▲	黄茶	1	0	0	0.0%
14.1	六六六▲	黑茶	1	0	0	0.0%
14.2	六六六▲	红茶	1	0	0	0.0%
14.3	六六六▲	花茶	1	0	0	0.0%
15.1	三氯杀螨醇▲	乌龙茶	43	1	0.5	2.3%
15.2	三氯杀螨醇▲	黑茶	20	0	0	0.0%
15.3	三氯杀螨醇▲	绿茶	16	0	0	0.0%
15.4	三氯杀螨醇▲	红茶	10	0	0	0.0%
15.5	三氯杀螨醇▲	花茶	2	0	0	0.0%
16.1	乙酰甲胺磷▲	绿茶	4	0	0	0.0%
合计			550	9		1.6%

注：*为剧毒农药；◇为高毒农药；▲为禁用农药；超标倍数参照 MRL 中国国家标准衡量

这些剧毒和高毒农药都是中国政府早有规定禁止在茶叶中使用的，为什么还屡次被检出，应该引起警惕。

15.4.4　残留限量标准与先进国家或地区差距较大

4973 频次的检出结果与我国公布的《食品中农药最大残留限量》（GB 2763—2016）对比，有 1820 频次能找到对应的 MRL 中国国家标准，占 36.6%；还有 3153 频次的侦测数据无相关 MRL 标准供参考，占 63.4%。

与国际上现行 MRL 标准对比发现：

有 4973 频次能找到对应的 MRL 欧盟标准，占 100.0%；

有 4973 频次能找到对应的 MRL 日本标准，占 100.0%；

有 1802 频次能找到对应的 MRL 中国香港标准，占 36.2%；

有 2407 频次能找到对应的 MRL 美国标准，占 48.4%；

有 1879 频次能找到对应的 MRL CAC 标准，占 37.8%。

由上可见，MRL 中国国家标准与先进国家或地区还有很大差距，我们无标准，境外有标准，这就会导致我们在国际贸易中，处于受制于人的被动地位。

15.4.5　茶叶单种样品检出 55~68 种农药残留，拷问农药使用的科学性

通过此次监测发现，绿茶、花茶和乌龙茶是检出农药品种最多的 3 种茶叶，从中检出农药品种及频次详见表 15-23。

表 15-23 单种样品检出农药品种及频次

样品名称	样品总数	检出农药样品数	检出率	检出农药品种数	检出农药(频次)
绿茶	486	467	96.1%	68	联苯菊酯(400)、异丁子香酚(310)、唑虫酰胺(282)、虫螨腈(141)、硫丹(98)、噻嗪酮(96)、三唑醇(90)、虱螨脲(84)、毒死蜱(76)、戊唑醇(69)、丁香酚(65)、邻苯二甲酰亚胺(55)、三唑磷(47)、甲氰菊酯(32)、咪鲜胺(32)、哒螨灵(30)、丙溴磷(26)、萘乙酸(21)、丁羟茴香醚(20)、灭幼脲(20)、氟虫脲(19)、4,4-二氯二苯甲酮(17)、丙环唑(17)、三氯杀螨醇(16)、吡丙醚(14)、三异丁基磷酸盐(14)、异稻瘟净(14)、稻瘟灵(10)、五氯苯甲腈(10)、猛杀威(9)、异丙威(8)、嘧霉胺(6)、邻苯基苯酚(5)、螺螨酯(5)、嘧菌酯(5)、氯氟氰菊酯(4)、三唑酮(4)、四氢吩胺(4)、五氯苯胺(4)、乙酰甲胺磷(4)、百菌清(3)、氟硅唑(3)、间羟基联苯(3)、克百威(3)、氯菊酯(3)、醚菊酯(3)、炔螨特(3)、异菌脲(3)、茚虫威(3)、仲丁威(3)、氟虫腈(2)、己唑醇(2)、乐果(2)、威杀灵(2)、烯唑醇(2)、乙螨唑(2)、苯醚甲环唑(1)、多效唑(1)、蒽醌(1)、粉唑醇(1)、腈菌唑(1)、哌草丹(1)、噻呋酰胺(1)、三环唑(1)、肟菌酯(1)、溴螨酯(1)、异丙甲草胺(1)、增效醚(1)
花茶	31	30	96.8%	56	丁香酚(27)、联苯菊酯(22)、虫螨腈(15)、异丁子香酚(14)、毒死蜱(13)、唑虫酰胺(11)、硫丹(10)、虱螨脲(10)、丙环唑(9)、己唑醇(9)、四氢吩胺(7)、戊唑醇(7)、咪鲜胺(5)、三唑醇(5)、3,4,5-混杀威(4)、甲拌磷(4)、灭幼脲(4)、丙溴磷(3)、稻瘟灵(3)、多效唑(3)、蒽醌(3)、氟虫腈(3)、邻苯基苯酚(3)、噻嗪酮(3)、茚草酮(3)、4,4-二氯二苯甲酮(2)、苯醚甲环唑(2)、哒螨灵(2)、啶酰菌胺(2)、氟硅唑(2)、腐霉利(2)、醚菊酯(2)、嘧菌酯(2)、嘧霉胺(2)、哌草丹(2)、三氯杀螨醇(2)、三唑磷(2)、五氯苯甲腈(2)、烯酰吗啉(2)、氧乐果(2)、乙烯菌核利(2)、o,p'-滴滴滴(1)、百菌清(1)、滴滴涕(1)、敌敌畏(1)、丁草胺(1)、对硫磷(1)、甲氰菊酯(1)、六六六(1)、氯菊酯(1)、三异丁基磷酸盐(1)、三唑酮(1)、速灭威(1)、威杀灵(1)、西玛通(1)、异菌脲(1)
乌龙茶	206	203	98.5%	55	联苯菊酯(186)、异丁子香酚(177)、唑虫酰胺(168)、虱螨脲(83)、丁香酚(78)、丙环唑(51)、哒螨灵(51)、三氯杀螨醇(43)、4,4-二氯二苯甲酮(41)、毒死蜱(32)、戊唑醇(28)、邻苯基苯酚(18)、猛杀威(18)、虫螨腈(13)、硫丹(13)、苯醚甲环唑(12)、内吸磷(11)、特丁通(10)、甲氰菊酯(9)、灭幼脲(7)、威杀灵(7)、噻嗪酮(6)、扑灭通(5)、己唑醇(4)、联苯(4)、邻苯二甲酰亚胺(4)、炔螨特(4)、蒽醌(3)、解草嗪(3)、腈菌唑(3)、哌草丹(3)、仲丁威(3)、2,4',5-三氯联苯醚(2)、丙溴磷(2)、稻瘟灵(2)、滴滴涕(2)、二苯胺(2)、氟硅唑(2)、咪鲜胺(2)、乙螨唑(2)、百菌清(1)、氟虫腈(1)、氟环唑(1)、克百威(1)、螺螨酯(1)、氯菊酯(1)、嘧霉胺(1)、萘乙酸(1)、三唑醇(1)、三唑磷(1)、五氯苯甲腈(1)、戊菌唑(1)、溴螨酯(1)、茚虫威(1)、增效醚(1)

上述 3 种茶叶，检出农药 55~68 种，是多种农药综合防治，还是未严格实施农业良好管理规范(GAP)，抑或根本就是乱施药，值得我们思考。

第 16 章　GC-Q-TOF/MS 侦测电商平台市售茶叶农药残留膳食暴露风险与预警风险评估

16.1　农药残留风险评估方法

16.1.1　电商平台农药残留侦测数据分析与统计

庞国芳院士科研团队建立的农药残留高通量侦测技术以高分辨精确质量数（0.0001 m/z 为基准）为识别标准，采用 GC-Q-TOF/MS 技术对 684 种农药化学污染物进行侦测。

科研团队于 2019 年 1 月到 3 月期间在 8 个电商平台，随机采集了 1089 例茶叶样品。利用 GC-Q-TOF/MS 技术对 1089 例样品中的农药进行侦测，侦测出残留农药 99 种，4973 频次。侦测出农药残留水平如表 16-1 和图 16-1 所示。检出频次最高的前 10 种农药

表 16-1　侦测出农药的不同残留水平及其所占比例列表

残留水平 (μg/kg)	检出频次	占比 (%)
1~5（含）	467	9.4
5~10（含）	377	7.6
10~100（含）	2618	52.6
100~1000（含）	1371	27.6
>1000	140	2.8
合计	4973	100

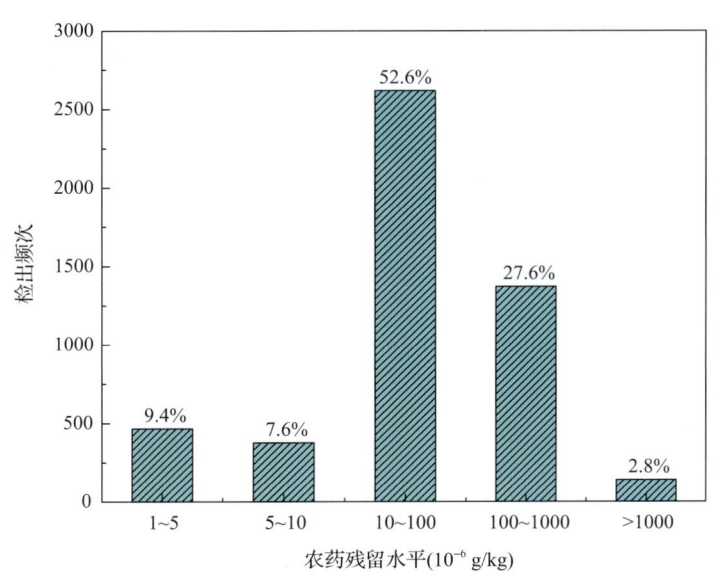

图 16-1　残留农药检出浓度频数分布图

如表 16-2 所示。从检测结果中可以看出，在茶叶中农药残留普遍存在，且有些茶叶存在高浓度的农药残留，这些可能存在膳食暴露风险，对人体健康产生危害，因此，为了定量地评价茶叶中农药残留的风险程度，有必要对其进行风险评价。

表 16-2　检出频次最高的前 10 种农药列表

序号	农药	检出频次
1	联苯菊酯	909
2	异丁子香酚	700
3	唑虫酰胺	628
4	虱螨脲	264
5	虫螨腈	237
6	丁香酚	207
7	硫丹	201
8	毒死蜱	155
9	噻嗪酮	132
10	哒螨灵	128

16.1.2　农药残留风险评价模型

对电商平台茶叶中农药残留分别开展暴露风险评估和预警风险评估。膳食暴露风险评估利用食品安全指数模型对茶叶中的残留农药对人体可能产生的危害程度进行评价，该模型结合残留监测和膳食暴露评估评价化学污染物的危害；预警风险评价模型运用风险系数(risk index，R)，风险系数综合考虑了危害物的超标率、施检频率及其本身敏感性的影响，能直观而全面地反映出危害物在一段时间内的风险程度。

16.1.2.1　食品安全指数模型

为了加强食品安全管理，《中华人民共和国食品安全法》第二章第十七条规定"国家建立食品安全风险评估制度，运用科学方法，根据食品安全风险监测信息、科学数据以及有关信息，对食品、食品添加剂、食品相关产品中生物性、化学性和物理性危害因素进行风险评估"[1]，膳食暴露评估是食品危险度评估的重要组成部分，也是膳食安全性的衡量标准[2]。国际上最早研究膳食暴露风险评估的机构主要是 JMPR(FAO、WHO 农药残留联合会议)，该组织自 1995 年就已制定了急性毒性物质的风险评估急性毒性农药残留摄入量的预测。1960 年美国规定食品中不得加入致癌物质进而提出零阈值理论，渐渐零阈值理论发展成在一定概率条件下可接受风险的概念[3]，后衍变为食品中每日允许最大摄入量(ADI)，而国际食品农药残留法典委员会(CCPR)认为 ADI 不是独立风险评估的唯一标准[4]，1995 年 JMPR 开始研究农药急性膳食暴露风险评估，并对食品国际短期摄入量的计算方法进行了修正，亦对膳食暴露评估准则及评估方法进行了修正[5]，2002 年，在对世界上现行的食品安全评价方法，尤其是国际公认的 CAC 评价方法、全球环境监测系统/食品污染监测和评估规划(WHO GEMS/Food)及 FAO、WHO 食品添加剂联合专家委员会(JECFA)和 JMPR 对食品安全风险评估工作研究的基础之上,检验检疫食品安全管理的研究人员提出了结合残留监控和膳食暴露评估,以食品安全指数 IFS 计算食品中各种化学污染物对消费者的健康危害程度[6]。IFS 是表示食品安全状态的新方法,可有效地评价某种农药的安全性,进而评价食品中各种农药化学污染物对消费者健康的整体危害程度[7, 8]。从理论上分析,IFS 可指出食品中的污染物 c 对消费者健康是否存在危害及危害的程度[9]。其优点在于操作简单且结果容易被接受和理解,不需要大量的数据来对结果进行验证,使用默认的标准假设或者模型即可[10, 11]。

1)IFS_c 的计算

IFS_c 计算公式如下:

$$IFS_c = \frac{EDI_c \times f}{SI_c \times bw} \tag{16-1}$$

式中,c 为所研究的农药;EDI_c 为农药 c 的实际日摄入量估算值,等于 $\sum(R_i \times F_i \times E_i \times P_i)$ (i 为食品种类;R_i 为食品 i 中农药 c 的残留水平,mg/kg;F_i 为食品 i 的估计日消费量,g/(人·天);E_i 为食品 i 的可食用部分因子;P_i 为食品 i 的加工处理因子);SI_c 为安全摄入量,可采用每日允许最大摄入量 ADI;bw 为人平均体重,kg;f 为校正因子,如果安全摄入量采用 ADI,则 f 取 1。

$IFS_c \ll 1$,农药 c 对食品安全没有影响;$IFS_c \leq 1$,农药 c 对食品安全的影响可以接受;$IFS_c > 1$,农药 c 对食品安全的影响不可接受。

本次评价中:

$IFS_c \leq 0.1$,农药 c 对茶叶安全没有影响;

$0.1 < IFS_c \leq 1$,农药 c 对茶叶安全的影响可以接受;

$IFS_c > 1$,农药 c 对茶叶安全的影响不可接受。

本次评价中残留水平 R_i 取值为中国检验检疫科学研究院庞国芳院士课题组利用以高分辨精确质量数(0.0001 m/z)为基准的 GC-Q-TOF/MS 侦测技术于 2017 年 4 月期间对电商平台茶叶农药残留的侦测结果,估计日消费量 F_i 取值 0.0047 kg/(人·天),E_i=1,P_i=1,f=1,SI_c 采用《食品安全国家标准 食品中农药最大残留限量》(GB 2763—2016)中 ADI 值(具体数值见表 16-3),人平均体重(bw)取值 60 kg。

2)计算 IFS_c 的平均值 $\overline{IFS}$,评价农药对食品安全的影响程度

以 $\overline{IFS}$ 评价各种农药对人体健康危害的总程度,评价模型见公式(16-2)。

$$\overline{IFS} = \frac{\sum_{i=1}^{n} IFS_c}{n} \tag{16-2}$$

$\overline{IFS} \ll 1$,所研究消费者人群的食品安全状态很好;$\overline{IFS} \leq 1$,所研究消费者人群的食品安全状态可以接受;$\overline{IFS} > 1$,所研究消费者人群的食品安全状态不可接受。

表 16-3　电商平台茶叶中侦测出农药的 ADI 值

序号	农药	ADI	序号	农药	ADI	序号	农药	ADI
1	唑虫酰胺	0.006	34	稻瘟灵	0.016	67	粉唑醇	0.01
2	内吸磷	0.00004	35	萘乙酸	0.15	68	多效唑	0.1
3	联苯菊酯	0.01	36	醚菊酯	0.03	69	三环唑	0.04
4	三唑磷	0.001	37	腈菌唑	0.03	70	异丙甲草胺	0.1
5	噻嗪酮	0.009	38	乙烯菌核利	0.01	71	醚菌酯	0.4
6	哒螨灵	0.01	39	对硫磷	0.004	72	2,3,5-混杀威	—
7	虱螨脲	0.015	40	仲丁威	0.06	73	2,4′,5-三氯联苯醚	—
8	硫丹	0.006	41	啶酰菌胺	0.04	74	3,4,5-混杀威	—
9	毒死蜱	0.01	42	异菌脲	0.06	75	4,4-二氯二苯甲酮	—
10	虫螨腈	0.03	43	乙酰甲胺磷	0.03	76	o,p′-滴滴滴	—
11	哌草丹	0.001	44	三唑酮	0.03	77	丁羟茴香醚	—
12	三氯杀螨醇	0.002	45	嘧菌酯	0.2	78	丁香酚	—
13	咪鲜胺	0.01	46	烯唑醇	0.005	79	三异丁基磷酸盐	—
14	甲氰菊酯	0.03	47	吡丙醚	0.1	80	五氯甲氧基苯	—
15	己唑醇	0.005	48	腐霉利	0.1	81	五氯苯甲腈	—
16	氟虫腈	0.0002	49	氟环唑	0.02	82	五氯苯胺	—
17	苯醚甲环唑	0.01	50	嘧霉胺	0.2	83	四氢吩胺	—
18	三唑醇	0.03	51	烯酰吗啉	0.2	84	威杀灵	—
19	氧乐果	0.0003	52	异稻瘟净	0.035	85	异丁子香酚	—
20	戊唑醇	0.03	53	肟菌酯	0.04	86	扑灭通	—
21	氟硅唑	0.007	54	六六六	0.005	87	氯苯甲醚	—
22	克百威	0.001	55	氯菊酯	0.05	88	灭幼脲	—
23	异丙威	0.002	56	乐果	0.002	89	特丁通	—
24	甲拌磷	0.0007	57	戊菌唑	0.03	90	猛杀威	—
25	茚虫威	0.01	58	乙螨唑	0.05	91	联苯	—
26	氟虫脲	0.04	59	抑霉唑	0.03	92	苄草丹	—
27	炔螨特	0.01	60	邻苯基苯酚	0.4	93	茚草酮	—
28	丙环唑	0.07	61	噻呋酰胺	0.014	94	蒽醌	—
29	氯氟氰菊酯	0.02	62	溴螨酯	0.03	95	西玛通	—
30	丙溴磷	0.03	63	滴滴涕	0.01	96	解草嗪	—
31	百菌清	0.02	64	增效醚	0.2	97	速灭威	—
32	敌敌畏	0.004	65	二苯胺	0.08	98	邻苯二甲酰亚胺	—
33	螺螨酯	0.01	66	丁草胺	0.1	99	间羟基联苯	—

注："—"表示为国家标准中无 ADI 值规定；ADI 值单位为 mg/kg bw

本次评价中：

$\overline{\text{IFS}} \leq 0.1$，所研究消费者人群的茶叶安全状态很好；

$0.1 < \overline{\text{IFS}} \leq 1$，所研究消费者人群的茶叶安全状态可以接受；

$\overline{\text{IFS}} > 1$，所研究消费者人群的茶叶安全状态不可接受。

16.1.2.2 预警风险评估模型

2003 年，我国检验检疫食品安全管理的研究人员根据 WTO 的有关原则和我国的具体规定，结合危害物本身的敏感性、风险程度及其相应的施检频率，首次提出了食品中危害物风险系数 R 的概念[12]。R 是衡量一个危害物的风险程度大小最直观的参数，即在一定时期内其超标率或阳性检出率的高低，但受其施检频率的高低及其本身的敏感性(受关注程度)影响。该模型综合考察了农药在茶叶中的超标率、施检频率及其本身敏感性，能直观而全面地反映出农药在一段时间内的风险程度[13]。

1) R 计算方法

危害物的风险系数综合考虑了危害物的超标率或阳性检出率、施检频率和其本身的敏感性影响，并能直观而全面地反映出危害物在一段时间内的风险程度。风险系数 R 的计算公式如式(16-3)：

$$R = aP + \frac{b}{F} + S \tag{16-3}$$

式中，P 为该种危害物的超标率；F 为危害物的施检频率；S 为危害物的敏感因子；a, b 分别为相应的权重系数。

本次评价中 $F=1$；$S=1$；$a=100$；$b=0.1$，对参数 P 进行计算，计算时首先判断是否为禁用农药，如果为非禁用农药，P=超标的样品数(侦测出的含量高于食品最大残留限量标准值，即 MRL)除以总样品数(包括超标、不超标、未侦测出)；如果为禁用农药，则侦测出即为超标，P=能侦测出的样品数除以总样品数。判断电商平台茶叶农药残留是否超标的标准限值 MRL 分别以 MRL 中国国家标准[14]和 MRL 欧盟标准作为对照，具体值列于本报告附表一中。

2) 评价风险程度

$R \leq 1.5$，受检农药处于低度风险；

$1.5 < R \leq 2.5$，受检农药处于中度风险；

$R > 2.5$，受检农药处于高度风险。

16.1.2.3 食品膳食暴露风险和预警风险评估应用程序的开发

1) 应用程序开发的步骤

为成功开发膳食暴露风险和预警风险评估应用程序，与软件工程师多次沟通讨论，逐步提出并描述清楚计算需求，开发了初步应用程序。为明确出不同茶叶、不同农药、不同地域的风险水平，向软件工程师提出不同的计算需求，软件工程师对计算需求进行逐一分析，经过反复的细节沟通，需求分析得到明确后，开始进行解决方案的设计，在保证需求的完整性、一致性的前提下，编写出程序代码，最后设计出满足需求的风险评估专用计算软件，并通过一系列的软件测试和改进，完成专用程序的开发。软件开发基本步骤见图16-2。

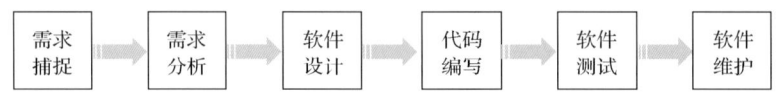

图 16-2　专用程序开发总体步骤

2) 膳食暴露风险评估专业程序开发的基本要求

首先直接利用公式(16-1)，分别计算 LC-Q-TOF/MS 和 GC-Q-TOF/MS 仪器侦测出的各茶叶样品中每种农药 IFS_c，将结果列出。为考察超标农药和禁用农药的使用安全性，分别以我国《食品安全国家标准　食品中农药最大残留限量》(GB 2763—2016)和欧盟食品中农药最大残留限量(以下简称 MRL 中国国家标准和 MRL 欧盟标准)为标准，对侦测出的禁用农药和超标的非禁用农药 IFS_c 单独进行评价；按 IFS_c 大小列表，并找出 IFS_c 值排名前 20 的样本重点关注。

对不同茶叶 i 中每一种侦测出的农药 c 的安全指数进行计算，多个样品时求平均值。按农药种类，计算整个监测时间段内每种农药的 IFS_c，不区分茶叶种类。

3) 预警风险评估专业程序开发的基本要求

分别以 MRL 中国国家标准和 MRL 欧盟标准，按公式(16-3)逐个计算不同茶叶、不同农药的风险系数，禁用农药和非禁用农药分别列表。

为清楚了解各种农药的预警风险，不分时间，不分茶叶，按禁用农药和非禁用农药分类，分别计算各种侦测出农药全部检测时段内风险系数。由于有 MRL 中国国家标准的农药种类太少，无法计算超标数，非禁用农药的风险系数只以 MRL 欧盟标准为标准，进行计算。

4) 风险程度评价专业应用程序的开发方法

采用 Python 计算机程序设计语言，Python 是一个高层次地结合了解释性、编译性、互动性和面向对象的脚本语言。风险评价专用程序主要功能包括：分别读入每例样品 LC-Q-TOF/MS 和 GC-Q-TOF/MS 农药残留检测数据，根据风险评价工作要求，依次对不同农药、不同食品、不同时间、不同采样点的 IFS_c 值和 R 值分别进行数据计算，筛选出禁用农药、超标农药(分别与 MRL 中国国家标准、MRL 欧盟标准限值进行对比)单独重点分析，再分别对各农药、各茶叶种类分类处理，设计出计算和排序程序，编写计算机代码，最后将生成的膳食暴露风险评估和超标风险评估定量计算结果列入设计好的各个表格中，并定性判断风险对目标的影响程度，直接用文字描述风险发生的高低，如"不可接受"、"可以接受"、"没有影响"、"高度风险"、"中度风险"、"低度风险"。

16.2　GC-Q-TOF/MS 侦测电商平台市售茶叶农药残留膳食暴露风险评估

16.2.1　每例茶叶样品中农药残留安全指数分析

基于 2019 年 1 月到 3 月的农药残留侦测数据，发现在 1089 例样品中侦测出农药 4973 频次，计算样品中每种残留农药的安全指数 IFS_c，并分析农药对样品安全的影响程度，结果详见附表二，农药残留对茶叶样品安全的影响程度频次分布情况如图 16-3 所示。

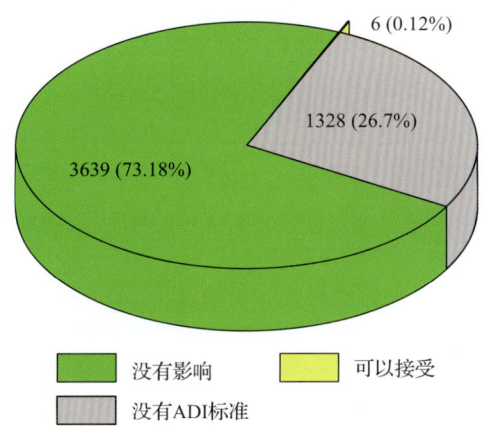

图 16-3　农药残留对茶叶样品安全的影响程度频次分布图

由图 16-3 可以看出，农药残留对样品安全的影响可以接受的频次为 6，占 0.12%；农药残留对样品安全的没有影响的频次为 3639，占 73.18%。

部分样品侦测出禁用农药 14 种 548 频次，为了明确残留的禁用农药对样品安全的影响，分析侦测出禁用农药残留的样品安全指数，禁用农药残留对茶叶样品安全的影响程度频次分布情况如图 16-4 所示，农药残留对样品安全的影响可以接受的频次为 6，占 1.09%；农药残留对样品安全没有影响的频次为 542，占 98.91%。

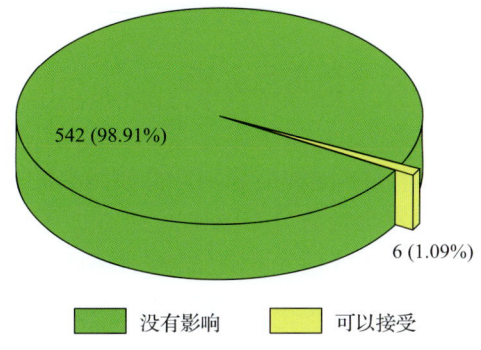

图 16-4　禁用农药对茶叶样品安全影响程度的频次分布图

此外，本次侦测发现部分样品中非禁用农药残留量超过了 MRL 欧盟标准，为了明确超标的非禁用农药对样品安全的影响，分析了非禁用农药残留超标的样品安全指数。

残留量超过 MRL 欧盟标准的非禁用农药对茶叶样品安全的影响程度频次分布情况如图 16-5 所示。可以看出超过 MRL 欧盟标准的非禁用农药共 2151 频次，其中农药没有 ADI 的频次为 1067，占 49.6%；农药残留对样品安全没有影响的频次为 1084，占 50.4%。表 16-4 为茶叶样品中安全指数排名前 10 的残留超标非禁用农药列表。

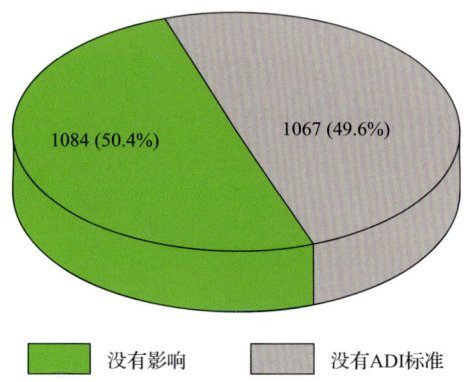

图 16-5　残留超标的非禁用农药对茶叶样品安全的影响程度频次分布图（MRL 欧盟标准）

表 16-4　茶叶样品中安全指数排名前 10 的残留超标非禁用农药列表（MRL 欧盟标准）

序号	样品编号	采样点	基质	农药	含量（mg/kg）	欧盟标准	IFS$_c$	影响程度
1	20190122-110112-USI-OT-11C	B 电商平台	乌龙茶	唑虫酰胺	6.7013	0.01	0.08749	没有影响
2	20190118-110112-USI-BT-03C	B 电商平台	红茶	唑虫酰胺	4.2315	0.01	0.05524	没有影响
3	20190225-110101-USI-BT-05B	A 电商平台	红茶	唑虫酰胺	4.103	0.01	0.05357	没有影响
4	20190123-320100-USI-BT-04D	G 电商平台	红茶	唑虫酰胺	3.645	0.01	0.04759	没有影响
5	20190123-320100-USI-BT-04C	G 电商平台	红茶	唑虫酰胺	3.401	0.01	0.04440	没有影响
6	20190123-320100-USI-BT-04A	G 电商平台	红茶	唑虫酰胺	3.387	0.01	0.04422	没有影响
7	20190225-330100-USI-GT-09E	E 电商平台	绿茶	唑虫酰胺	3.0485	0.01	0.03980	没有影响
8	20190128-110112-USI-BT-17B	B 电商平台	红茶	唑虫酰胺	3.043	0.01	0.03973	没有影响
9	20190122-330100-USI-BT-10A	D 电商平台	红茶	唑虫酰胺	3.0375	0.01	0.03966	没有影响
10	20190221-330100-USI-GT-02L	D 电商平台	绿茶	唑虫酰胺	2.854	0.01	0.03726	没有影响

16.2.2　单种茶叶中农药残留安全指数分析

本次 7 种茶叶侦测 99 种农药，检出频次为 4973 次，其中 28 种农药没有 ADI，71 种农药存在 ADI 标准。7 种茶叶按不同种类分别计算侦测出的具有 ADI 标准的各种农药的 IFS$_c$ 值，农药残留对茶叶的安全指数分布图如图 16-6 所示。

本次侦测中，7 种茶叶和 99 种残留农药（包括没有 ADI）共涉及 296 个分析样本，农药对单种茶叶安全的影响程度分布情况如图 16-7 所示。可以看出，73.99%的样本中农药对茶叶安全没有影响。

16.2.3　所有茶叶中农药残留安全指数分析

计算所有茶叶中 71 种农药的 IFS$_c$ 值，结果如图 16-8 及表 16-5 所示。

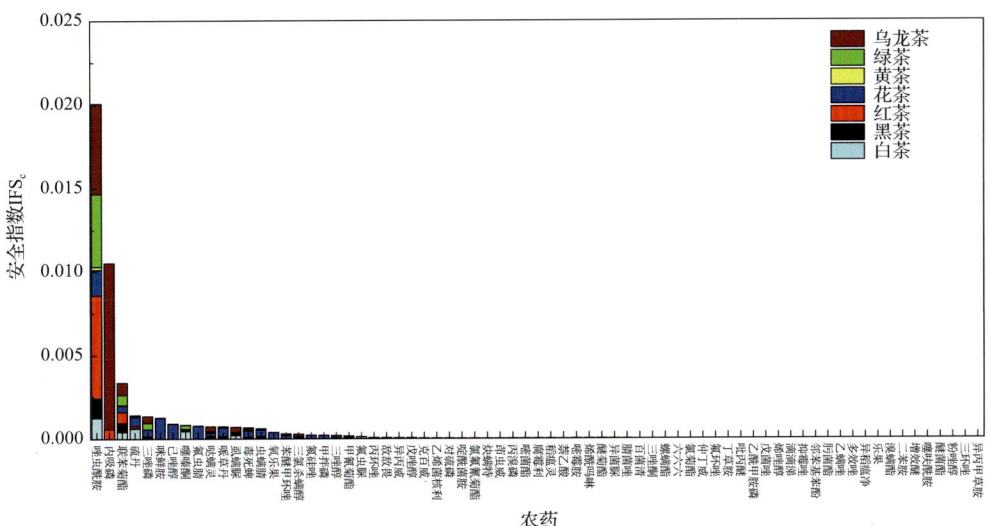

图 16-6　7 种茶叶中 71 种残留农药的安全指数分布图

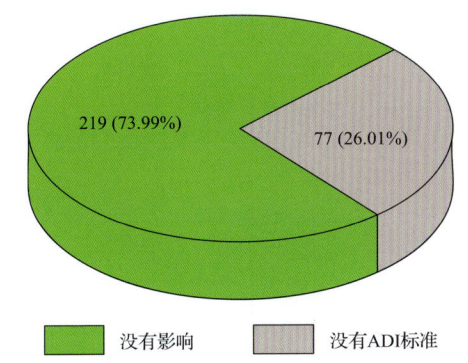

图 16-7　296 个分析样本的影响程度频次分布图

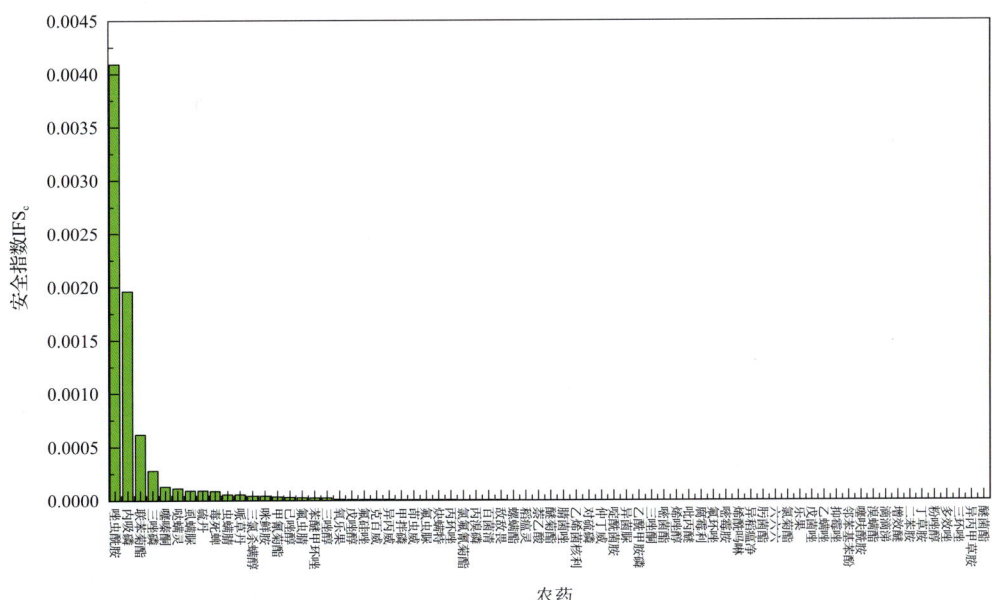

图 16-8　71 种残留农药对茶叶的安全影响程度统计图

表 16-5 茶叶中 71 种农药残留的安全指数表

序号	农药	检出频次	检出率(%)	IFS$_c$	影响程度	序号	农药	检出频次	检出率(%)	IFS$_c$	影响程度
1	唑虫酰胺	628	57.67	4.09×10^{-3}	没有影响	37	腈菌唑	5	0.46	6.77×10^{-7}	没有影响
2	内吸磷	12	1.10	1.96×10^{-3}	没有影响	38	乙烯菌核利	2	0.18	6.38×10^{-7}	没有影响
3	联苯菊酯	909	83.47	6.16×10^{-4}	没有影响	39	对硫磷	1	0.09	6.35×10^{-7}	没有影响
4	三唑磷	57	5.23	2.79×10^{-4}	没有影响	40	仲丁威	6	0.55	4.99×10^{-7}	没有影响
5	噻嗪酮	132	12.12	1.28×10^{-4}	没有影响	41	啶酰菌胺	2	0.18	4.43×10^{-7}	没有影响
6	哒螨灵	128	11.75	1.14×10^{-4}	没有影响	42	异菌脲	4	0.37	4.31×10^{-7}	没有影响
7	虱螨脲	264	24.24	9.28×10^{-5}	没有影响	43	乙酰甲胺磷	4	0.37	4.10×10^{-7}	没有影响
8	硫丹	201	18.46	9.28×10^{-5}	没有影响	44	三唑酮	5	0.46	3.76×10^{-7}	没有影响
9	毒死蜱	155	14.23	8.58×10^{-5}	没有影响	45	嘧菌酯	7	0.64	3.66×10^{-7}	没有影响
10	虫螨腈	237	21.76	5.55×10^{-5}	没有影响	46	烯唑醇	2	0.18	3.48×10^{-7}	没有影响
11	哌草丹	15	1.38	5.55×10^{-5}	没有影响	47	吡丙醚	16	1.47	3.07×10^{-7}	没有影响
12	三氯杀螨醇	91	8.36	4.20×10^{-5}	没有影响	48	腐霉利	2	0.18	3.04×10^{-7}	没有影响
13	咪鲜胺	46	4.22	4.11×10^{-5}	没有影响	49	氟环唑	1	0.09	2.74×10^{-7}	没有影响
14	甲氰菊酯	56	5.14	3.36×10^{-5}	没有影响	50	嘧霉胺	12	1.10	2.56×10^{-7}	没有影响
15	己唑醇	16	1.47	2.81×10^{-5}	没有影响	51	烯酰吗啉	2	0.18	2.31×10^{-7}	没有影响
16	氟虫腈	7	0.64	2.62×10^{-5}	没有影响	52	异稻瘟净	14	1.29	1.91×10^{-7}	没有影响
17	苯醚甲环唑	15	1.38	2.44×10^{-5}	没有影响	53	肟菌酯	2	0.18	1.89×10^{-7}	没有影响
18	三唑醇	116	10.65	2.25×10^{-5}	没有影响	54	六六六	3	0.28	1.81×10^{-7}	没有影响
19	氧乐果	2	0.18	1.09×10^{-5}	没有影响	55	氯菊酯	6	0.55	1.80×10^{-7}	没有影响
20	戊唑醇	119	10.93	7.36×10^{-6}	没有影响	56	乐果	2	0.18	1.73×10^{-7}	没有影响
21	氟硅唑	9	0.83	6.99×10^{-6}	没有影响	57	戊菌唑	1	0.09	1.69×10^{-7}	没有影响
22	克百威	6	0.55	6.96×10^{-6}	没有影响	58	乙螨唑	5	0.46	1.50×10^{-7}	没有影响
23	异丙威	10	0.92	6.78×10^{-6}	没有影响	59	抑霉唑	1	0.09	1.24×10^{-7}	没有影响
24	甲拌磷	4	0.37	5.60×10^{-6}	没有影响	60	邻苯基苯酚	33	3.03	8.14×10^{-8}	没有影响
25	茚虫威	4	0.37	5.56×10^{-6}	没有影响	61	噻呋酰胺	1	0.09	7.35×10^{-8}	没有影响
26	氟虫脲	28	2.57	4.70×10^{-6}	没有影响	62	溴螨酯	2	0.18	7.00×10^{-8}	没有影响
27	炔螨特	7	0.64	4.20×10^{-6}	没有影响	63	滴滴涕	3	0.28	5.61×10^{-8}	没有影响
28	丙环唑	90	8.26	3.98×10^{-6}	没有影响	64	增效醚	3	0.28	4.86×10^{-8}	没有影响
29	氯氟氰菊酯	7	0.64	3.70×10^{-6}	没有影响	65	二苯胺	3	0.28	4.40×10^{-8}	没有影响
30	丙溴磷	39	3.58	1.80×10^{-6}	没有影响	66	丁草胺	2	0.18	4.34×10^{-8}	没有影响
31	百菌清	5	0.46	1.68×10^{-6}	没有影响	67	粉唑醇	1	0.09	3.09×10^{-8}	没有影响
32	敌敌畏	1	0.09	1.66×10^{-6}	没有影响	68	多效唑	5	0.46	2.48×10^{-8}	没有影响
33	螺螨酯	6	0.55	1.26×10^{-6}	没有影响	69	三环唑	1	0.09	2.00×10^{-8}	没有影响
34	稻瘟灵	22	2.02	1.09×10^{-6}	没有影响	70	异丙甲草胺	1	0.09	4.10×10^{-9}	没有影响
35	萘乙酸	29	2.66	1.03×10^{-6}	没有影响	71	醚菌酯	1	0.09	1.56×10^{-9}	没有影响
36	醚菊酯	11	1.01	8.68×10^{-7}	没有影响						

分析发现,所有农药对茶叶安全的影响程度均为没有影响,说明茶叶中残留的农药不会对茶叶安全造成影响。

16.3 GC-Q-TOF/MS 侦测电商平台市售茶叶农药残留预警风险评估

基于电商平台茶叶样品中农药残留 GC-Q-TOF/MS 侦测数据,分析禁用农药的检出率,同时参照中华人民共和国国家标准 GB 2763—2016 和欧盟农药最大残留限量(MRL)标准分析非禁用农药残留的超标率,并计算农药残留风险系数。分析单种茶叶中农药残留以及所有茶叶中农药残留的风险程度。

16.3.1 单种茶叶中农药残留风险系数分析

16.3.1.1 单种茶叶中禁用农药残留风险系数分析

侦测出的 99 种残留农药中有 14 种为禁用农药,且它们分布在 7 种茶叶中,计算 7 种茶叶中禁用农药的检出率,根据检出率计算风险系数 R,进而分析茶叶中禁用农药的风险程度,结果如图 16-9 与表 16-6 所示。分析发现 8 种禁用农药在 4 种茶叶中残留处于中度风险,11 种禁用农药在 7 种茶叶中残留处于高度风险。

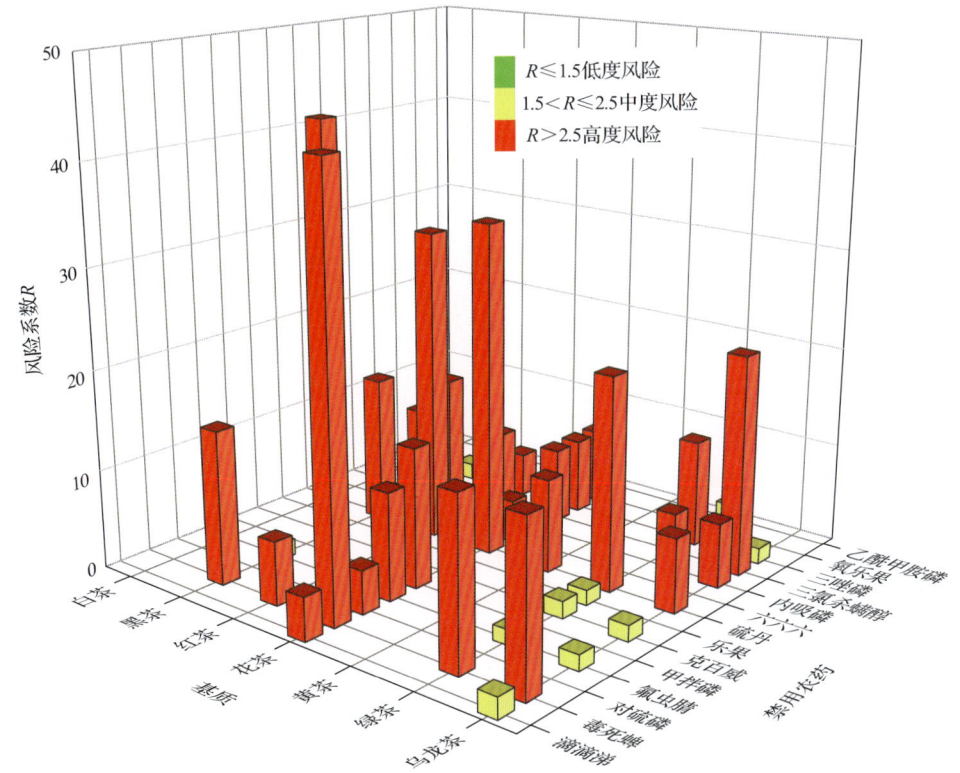

图 16-9 7 种茶叶中 14 种禁用农药残留的风险系数

表 16-6 7 种茶叶中 14 种禁用农药残留的风险系数表

序号	基质	农药	检出频次	检出率(%)	风险系数 R	风险程度
1	花茶	毒死蜱	13	41.94	43.04	高度风险
2	白茶	硫丹	8	40.00	41.10	高度风险
3	花茶	硫丹	10	32.26	33.36	高度风险
4	红茶	硫丹	46	30.26	31.36	高度风险
5	乌龙茶	三氯杀螨醇	43	20.87	21.97	高度风险
6	绿茶	硫丹	98	20.16	21.26	高度风险
7	绿茶	毒死蜱	76	15.64	16.74	高度风险
8	乌龙茶	毒死蜱	32	15.53	16.63	高度风险
9	黑茶	毒死蜱	26	14.29	15.39	高度风险
10	黑茶	硫丹	25	13.74	14.84	高度风险
11	花茶	甲拌磷	4	12.90	14.00	高度风险
12	黑茶	三氯杀螨醇	20	10.99	12.09	高度风险
13	花茶	氟虫腈	3	9.68	10.78	高度风险
14	绿茶	三唑磷	47	9.67	10.77	高度风险
15	黄茶	硫丹	1	8.33	9.43	高度风险
16	红茶	三氯杀螨醇	10	6.58	7.68	高度风险
17	花茶	三唑磷	2	6.45	7.55	高度风险
18	花茶	三氯杀螨醇	2	6.45	7.55	高度风险
19	花茶	氧乐果	2	6.45	7.55	高度风险
20	乌龙茶	硫丹	13	6.31	7.41	高度风险
21	乌龙茶	内吸磷	11	5.34	6.44	高度风险
22	红茶	毒死蜱	8	5.26	6.36	高度风险
23	白茶	三唑磷	1	5.00	6.10	高度风险
24	绿茶	三氯杀螨醇	16	3.29	4.39	高度风险
25	红茶	三唑磷	5	3.29	4.39	高度风险
26	花茶	六六六	1	3.23	4.33	高度风险
27	花茶	对硫磷	1	3.23	4.33	高度风险
28	花茶	滴滴涕	1	3.23	4.33	高度风险
29	黑茶	克百威	2	1.10	2.20	中度风险
30	乌龙茶	滴滴涕	2	0.97	2.07	中度风险
31	绿茶	乙酰甲胺磷	4	0.82	1.92	中度风险
32	红茶	六六六	1	0.66	1.76	中度风险
33	红茶	内吸磷	1	0.66	1.76	中度风险

续表

序号	基质	农药	检出频次	检出率(%)	风险系数 R	风险程度
34	绿茶	克百威	3	0.62	1.72	中度风险
35	黑茶	三唑磷	1	0.55	1.65	中度风险
36	黑茶	六六六	1	0.55	1.65	中度风险
37	黑茶	氟虫腈	1	0.55	1.65	中度风险
38	乌龙茶	三唑磷	1	0.49	1.59	中度风险
39	乌龙茶	克百威	1	0.49	1.59	中度风险
40	乌龙茶	氟虫腈	1	0.49	1.59	中度风险
41	绿茶	乐果	2	0.41	1.51	中度风险
42	绿茶	氟虫腈	2	0.41	1.51	中度风险

16.3.1.2 基于MRL中国国家标准的单种茶叶中非禁用农药残留风险系数分析

参照中华人民共和国国家标准GB 2763—2016中农药残留限量计算每种茶叶中每种非禁用农药的超标率，进而计算其风险系数，根据风险系数大小判断残留农药的预警风险程度，茶叶中非禁用农药残留风险程度分布情况如图16-10所示。

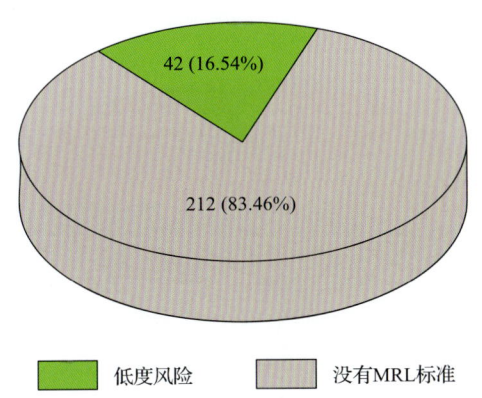

图16-10 茶叶中非禁用农药残留的风险程度分布图（MRL中国国家标准）

本次分析中，发现在7种茶叶检出85种残留非禁用农药，涉及样本254个，在254个样本中，16.54%处于低度风险，此外发现有212个样本没有MRL中国国家标准值，无法判断其风险程度，有MRL中国国家标准值的42个样本涉及7种茶叶中的9种非禁用农药，其风险系数 R 值如图16-11所示。

16.3.1.3 基于MRL欧盟标准的单种茶叶中非禁用农药残留风险系数分析

参照MRL欧盟标准计算每种茶叶中每种非禁用农药的超标率，进而计算其风险系数，根据风险系数大小判断农药残留的预警风险程度，茶叶中非禁用农药残留风险程度分布情况如图16-12所示。

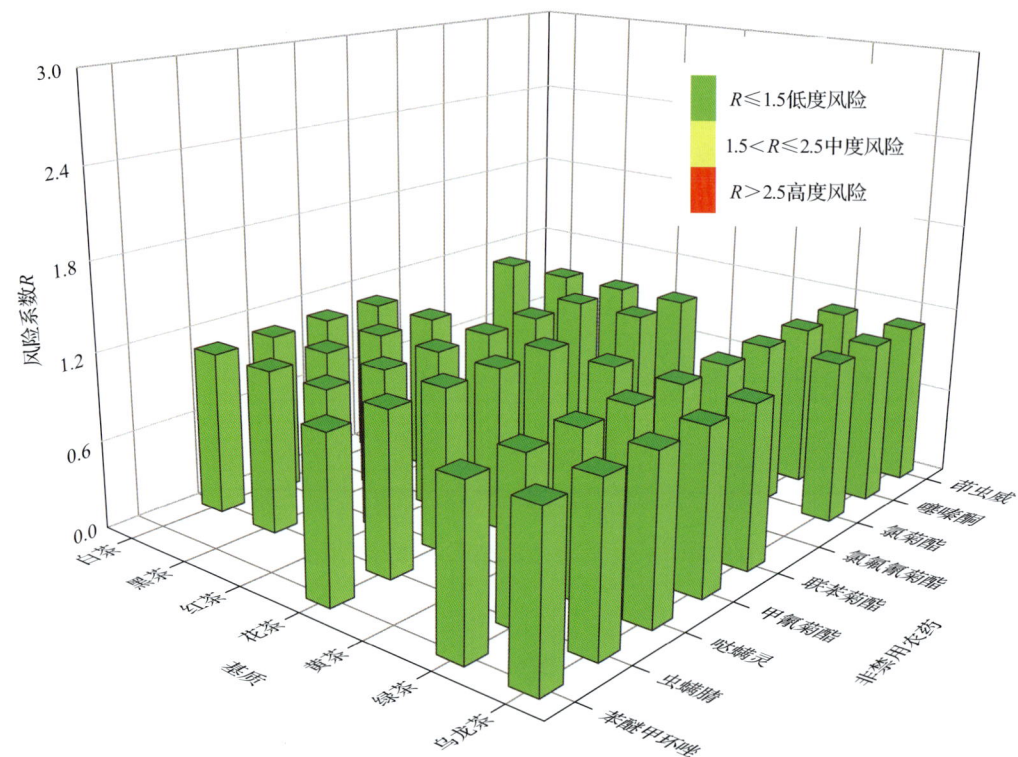

图 16-11　7 种茶叶中 9 种非禁用农药的风险系数分布图（MRL 中国国家标准）

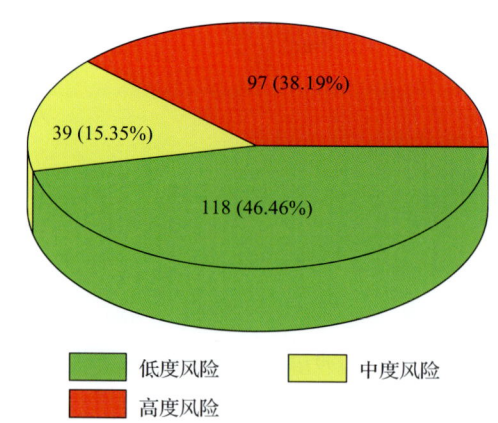

图 16-12　茶叶中非禁用农药的风险程度的频次分布图（MRL 欧盟标准）

本次分析中，发现在 7 种茶叶中共侦测出 85 种非禁用农药，涉及样本 254 个，其中，38.19%处于高度风险，涉及 7 种茶叶和 46 种农药；15.35%处于中度风险，涉及 4 种茶叶和 32 种农药；46.46%处于低度风险，涉及 7 种茶叶和 56 种农药。单种茶叶中的非禁用农药风险系数分布图如图 16-13 所示。单种茶叶中处于高度风险的非禁用农药风险系数如图 16-14 和表 16-7 所示。

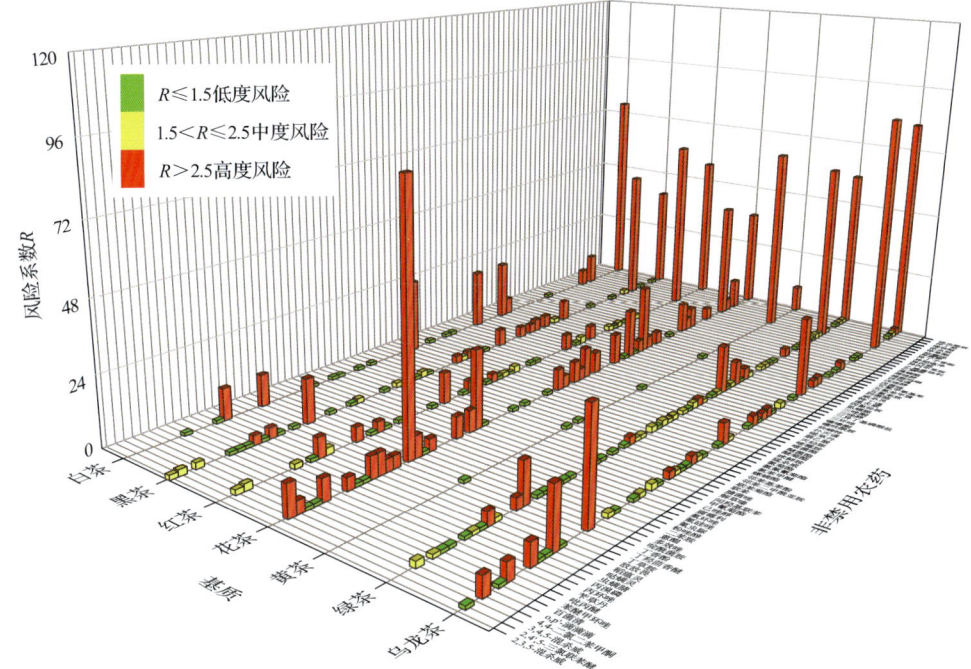

图 16-13　7 种茶叶中 85 种非禁用农药残留的风险系数（MRL 欧盟标准）

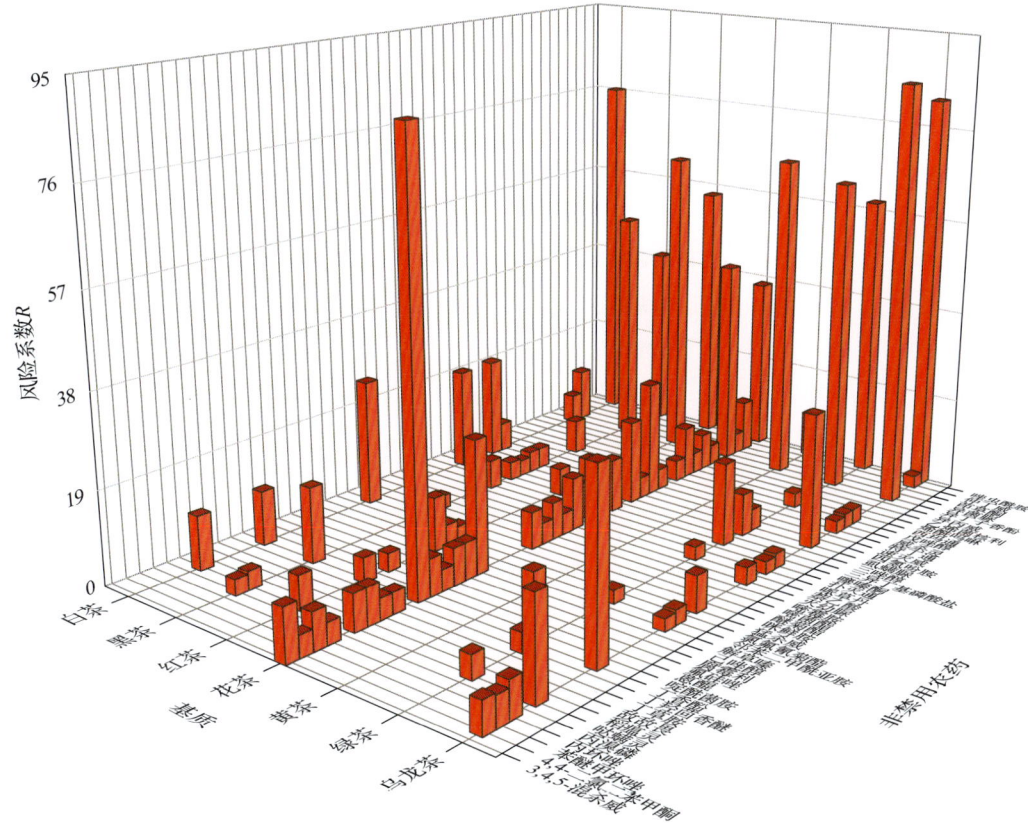

图 16-14　单种茶叶中处于高度风险的非禁用农药的风险系数（MRL 欧盟标准）

表 16-7　单种茶叶中处于高度风险的非禁用农药残留的风险系数表（MRL 欧盟标准）

序号	基质	农药	超标频次	超标率 P(%)	风险系数 R
1	花茶	丁香酚	27	87.10	88.20
2	乌龙茶	异丁子香酚	176	85.44	86.54
3	乌龙茶	唑虫酰胺	166	80.58	81.68
4	白茶	唑虫酰胺	15	75.00	76.10
5	黄茶	异丁子香酚	8	66.67	67.77
6	红茶	异丁子香酚	97	63.82	64.92
7	绿茶	异丁子香酚	310	63.79	64.89
8	绿茶	唑虫酰胺	281	57.82	58.92
9	红茶	唑虫酰胺	82	53.95	55.05
10	黑茶	异丁子香酚	88	48.35	49.45
11	花茶	异丁子香酚	13	41.94	43.04
12	黑茶	唑虫酰胺	69	37.91	39.01
13	乌龙茶	丁香酚	74	35.92	37.02
14	花茶	唑虫酰胺	11	35.48	36.58
15	乌龙茶	虱螨脲	54	26.21	27.31
16	花茶	己唑醇	8	25.81	26.91
17	白茶	猛杀威	5	25.00	26.10
18	花茶	四氢吩胺	7	22.58	23.68
19	白茶	噻嗪酮	4	20.00	21.10
20	白茶	虱螨脲	4	20.00	21.10
21	乌龙茶	哒螨灵	39	18.93	20.03
22	花茶	三唑醇	5	16.13	17.23
23	绿茶	噻嗪酮	76	15.64	16.74
24	黑茶	丁香酚	26	14.29	15.39
25	绿茶	丁香酚	63	12.96	14.06
26	白茶	丁香酚	2	10.00	11.10
27	白茶	哒螨灵	2	10.00	11.10
28	白茶	异丁子香酚	2	10.00	11.10
29	红茶	解草嗪	15	9.87	10.97
30	花茶	3,4,5-混杀威	3	9.68	10.78
31	花茶	噻嗪酮	3	9.68	10.78
32	花茶	戊唑醇	3	9.68	10.78
33	花茶	灭幼脲	3	9.68	10.78

续表

序号	基质	农药	超标频次	超标率 $P(\%)$	风险系数 R
34	花茶	茚草酮	3	9.68	10.78
35	黄茶	唑虫酰胺	1	8.33	9.43
36	绿茶	三唑醇	36	7.41	8.51
37	花茶	咪鲜胺	2	6.45	7.55
38	花茶	哌草丹	2	6.45	7.55
39	花茶	哒螨灵	2	6.45	7.55
40	花茶	啶酰菌胺	2	6.45	7.55
41	花茶	嘧菌酯	2	6.45	7.55
42	花茶	氟硅唑	2	6.45	7.55
43	花茶	烯酰吗啉	2	6.45	7.55
44	花茶	稻瘟灵	2	6.45	7.55
45	花茶	腐霉利	2	6.45	7.55
46	花茶	苯醚甲环唑	2	6.45	7.55
47	乌龙茶	丙环唑	13	6.31	7.41
48	乌龙茶	猛杀威	13	6.31	7.41
49	黑茶	威杀灵	11	6.04	7.14
50	红茶	哒螨灵	9	5.92	7.02
51	乌龙茶	4,4-二氯二苯甲酮	11	5.34	6.44
52	白茶	四氢吩胺	1	5.00	6.10
53	白茶	异丙威	1	5.00	6.10
54	黑茶	哌草丹	9	4.95	6.05
55	乌龙茶	苯醚甲环唑	10	4.85	5.95
56	红茶	噻嗪酮	7	4.61	5.71
57	红茶	丁香酚	6	3.95	5.05
58	红茶	虱螨脲	6	3.95	5.05
59	绿茶	哒螨灵	18	3.70	4.80
60	黑茶	三唑醇	6	3.30	4.40
61	黑茶	虱螨脲	6	3.30	4.40
62	绿茶	虱螨脲	16	3.29	4.39
63	红茶	邻苯二甲酰亚胺	5	3.29	4.39
64	花茶	4,4-二氯二苯甲酮	1	3.23	4.33
65	花茶	丁草胺	1	3.23	4.33
66	花茶	丙环唑	1	3.23	4.33
67	花茶	乙烯菌核利	1	3.23	4.33

续表

序号	基质	农药	超标频次	超标率 $P(\%)$	风险系数 R
68	花茶	嘧霉胺	1	3.23	4.33
69	花茶	威杀灵	1	3.23	4.33
70	花茶	异菌脲	1	3.23	4.33
71	花茶	敌敌畏	1	3.23	4.33
72	花茶	蒽醌	1	3.23	4.33
73	花茶	虱螨脲	1	3.23	4.33
74	花茶	西玛通	1	3.23	4.33
75	花茶	速灭威	1	3.23	4.33
76	花茶	醚菊酯	1	3.23	4.33
77	绿茶	丁羟茴香醚	14	2.88	3.98
78	黑茶	哒螨灵	5	2.75	3.85
79	黑茶	噻嗪酮	5	2.75	3.85
80	红茶	蒽醌	4	2.63	3.73
81	乌龙茶	灭幼脲	5	2.43	3.53
82	黑茶	三异丁基磷酸盐	4	2.20	3.30
83	黑茶	丙溴磷	4	2.20	3.30
84	红茶	氯氟氰菊酯	3	1.97	3.07
85	乌龙茶	威杀灵	4	1.94	3.04
86	乌龙茶	戊唑醇	4	1.94	3.04
87	乌龙茶	扑灭通	4	1.94	3.04
88	乌龙茶	邻苯二甲酰亚胺	4	1.94	3.04
89	绿茶	戊唑醇	9	1.85	2.95
90	黑茶	猛杀威	3	1.65	2.75
91	黑茶	醚菊酯	3	1.65	2.75
92	绿茶	萘乙酸	8	1.65	2.75
93	绿茶	邻苯二甲酰亚胺	8	1.65	2.75
94	乌龙茶	仲丁威	3	1.46	2.56
95	乌龙茶	哌草丹	3	1.46	2.56
96	乌龙茶	特丁通	3	1.46	2.56
97	乌龙茶	解草嗪	3	1.46	2.56

16.3.2 所有茶叶中农药残留风险系数分析

16.3.2.1 所有茶叶中禁用农药残留风险系数分析

在侦测出的 99 种农药中有 14 种为禁用农药,计算所有茶叶中禁用农药的风险系数,结果如表 16-8 所示。在 14 种禁用农药中，4 种农药残留处于高度风险，3 种农药残留处于中度风险，7 种农药残留处于低度风险。

表 16-8 茶叶中 14 种禁用农药的风险系数表

序号	农药	检出频次	检出率(%)	风险系数 R	风险程度
1	硫丹	201	18.46	19.56	高度风险
2	毒死蜱	155	14.23	15.33	高度风险
3	三氯杀螨醇	91	8.36	9.46	高度风险
4	三唑磷	57	5.23	6.33	高度风险
5	内吸磷	12	1.10	2.20	中度风险
6	氟虫腈	7	0.64	1.74	中度风险
7	克百威	6	0.55	1.65	中度风险
8	乙酰甲胺磷	4	0.37	1.47	低度风险
9	甲拌磷	4	0.37	1.47	低度风险
10	六六六	3	0.28	1.38	低度风险
11	滴滴涕	3	0.28	1.38	低度风险
12	乐果	2	0.18	1.28	低度风险
13	氧乐果	2	0.18	1.28	低度风险
14	对硫磷	1	0.09	1.19	低度风险

16.3.2.2 所有茶叶中非禁用农药残留风险系数分析

参照 MRL 欧盟标准计算所有茶叶中每种非禁用农药残留的风险系数，如图 16-15 与表 16-9 所示。在侦测出的 85 种非禁用农药中，13 种农药(15.29%)残留处于高度风险，17 种农药(20.00%)残留处于中度风险，55 种农药(64.71%)残留处于低度风险。

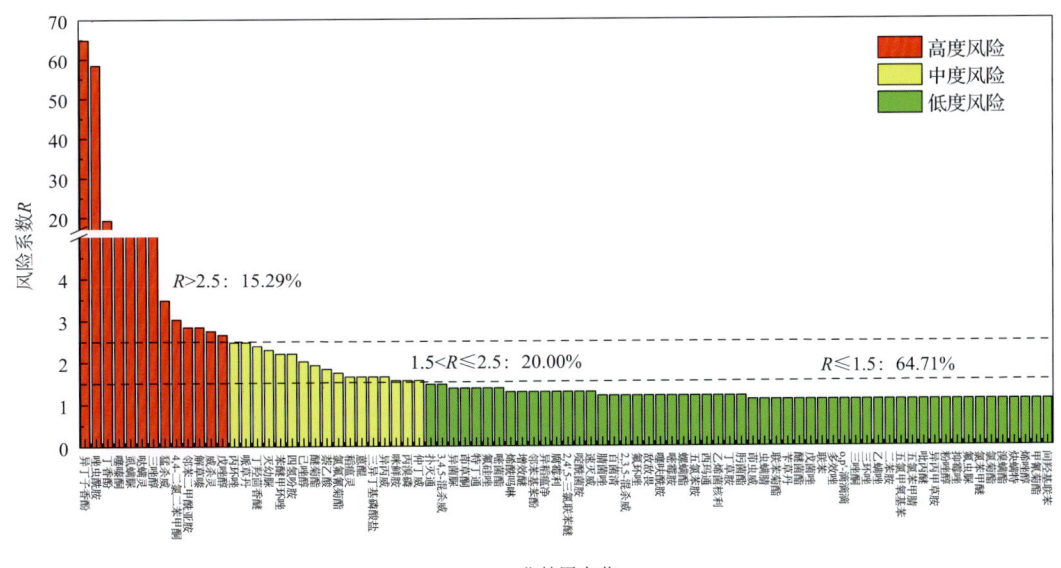

图 16-15 茶叶中 85 种非禁用农药的风险程度统计图

表 16-9 茶叶中 85 种非禁用农药的风险系数表

序号	农药	超标频次	超标率 P(%)	风险系数 R	风险程度
1	异丁子香酚	694	63.73	64.83	高度风险
2	唑虫酰胺	625	57.39	58.49	高度风险
3	丁香酚	198	18.18	19.28	高度风险
4	噻嗪酮	97	8.91	10.01	高度风险
5	虱螨脲	87	7.99	9.09	高度风险
6	哒螨灵	75	6.89	7.99	高度风险
7	三唑醇	49	4.50	5.60	高度风险
8	猛杀威	26	2.39	3.49	高度风险
9	4,4-二氯二苯甲酮	21	1.93	3.03	高度风险
10	邻苯二甲酰亚胺	19	1.74	2.84	高度风险
11	解草嗪	19	1.74	2.84	高度风险
12	威杀灵	18	1.65	2.75	高度风险
13	戊唑醇	17	1.56	2.66	高度风险
14	丙环唑	15	1.38	2.48	中度风险
15	哌草丹	15	1.38	2.48	中度风险
16	丁羟茴香醚	14	1.29	2.39	中度风险
17	灭幼脲	13	1.19	2.29	中度风险
18	苯醚甲环唑	12	1.10	2.20	中度风险
19	四氢吩胺	12	1.10	2.20	中度风险
20	己唑醇	10	0.92	2.02	中度风险
21	醚菊酯	9	0.83	1.93	中度风险
22	萘乙酸	8	0.73	1.83	中度风险
23	氯氟氰菊酯	7	0.64	1.74	中度风险
24	稻瘟灵	6	0.55	1.65	中度风险
25	蒽醌	6	0.55	1.65	中度风险
26	三异丁基磷酸盐	6	0.55	1.65	中度风险
27	异丙威	6	0.55	1.65	中度风险
28	咪鲜胺	5	0.46	1.56	中度风险
29	丙溴磷	5	0.46	1.56	中度风险
30	仲丁威	5	0.46	1.56	中度风险
31	扑灭通	4	0.37	1.47	低度风险
32	3,4,5-混杀威	4	0.37	1.47	低度风险
33	异菌脲	3	0.28	1.38	低度风险

续表

序号	农药	超标频次	超标率 P(%)	风险系数 R	风险程度
34	莎草酮	3	0.28	1.38	低度风险
35	特丁通	3	0.28	1.38	低度风险
36	氟硅唑	3	0.28	1.38	低度风险
37	嘧菌酯	3	0.28	1.38	低度风险
38	烯酰吗啉	2	0.18	1.28	低度风险
39	增效醚	2	0.18	1.28	低度风险
40	邻苯基苯酚	2	0.18	1.28	低度风险
41	异稻瘟净	2	0.18	1.28	低度风险
42	腐霉利	2	0.18	1.28	低度风险
43	2,4′,5-三氯联苯醚	2	0.18	1.28	低度风险
44	啶酰菌胺	2	0.18	1.28	低度风险
45	速灭威	2	0.18	1.28	低度风险
46	腈菌唑	1	0.09	1.19	低度风险
47	百菌清	1	0.09	1.19	低度风险
48	2,3,5-混杀威	1	0.09	1.19	低度风险
49	氟环唑	1	0.09	1.19	低度风险
50	敌敌畏	1	0.09	1.19	低度风险
51	噻呋酰胺	1	0.09	1.19	低度风险
52	嘧霉胺	1	0.09	1.19	低度风险
53	螺螨酯	1	0.09	1.19	低度风险
54	五氯苯胺	1	0.09	1.19	低度风险
55	西玛通	1	0.09	1.19	低度风险
56	乙烯菌核利	1	0.09	1.19	低度风险
57	丁草胺	1	0.09	1.19	低度风险
58	肟菌酯	1	0.09	1.19	低度风险
59	茚虫威	0	0	1.10	低度风险
60	虫螨腈	0	0	1.10	低度风险
61	联苯菊酯	0	0	1.10	低度风险
62	苄草丹	0	0	1.10	低度风险
63	醚菌酯	0	0	1.10	低度风险
64	戊菌唑	0	0	1.10	低度风险
65	联苯	0	0	1.10	低度风险
66	多效唑	0	0	1.10	低度风险
67	o,p'-滴滴滴	0	0	1.10	低度风险

续表

序号	农药	超标频次	超标率 $P(\%)$	风险系数 R	风险程度
68	三唑酮	0	0	1.10	低度风险
69	三环唑	0	0	1.10	低度风险
70	乙螨唑	0	0	1.10	低度风险
71	二苯胺	0	0	1.10	低度风险
72	五氯甲氧基苯	0	0	1.10	低度风险
73	五氯苯甲腈	0	0	1.10	低度风险
74	吡丙醚	0	0	1.10	低度风险
75	异丙甲草胺	0	0	1.10	低度风险
76	粉唑醇	0	0	1.10	低度风险
77	抑霉唑	0	0	1.10	低度风险
78	氟虫脲	0	0	1.10	低度风险
79	氯苯甲醚	0	0	1.10	低度风险
80	氯菊酯	0	0	1.10	低度风险
81	溴螨酯	0	0	1.10	低度风险
82	炔螨特	0	0	1.10	低度风险
83	烯唑醇	0	0	1.10	低度风险
84	甲氰菊酯	0	0	1.10	低度风险
85	间羟基联苯	0	0	1.10	低度风险

16.4　GC-Q-TOF/MS 侦测电商平台市售茶叶农药残留风险评估结论与建议

农药残留是影响茶叶安全和质量的主要因素，也是我国食品安全领域备受关注的敏感话题和亟待解决的重大问题之一[15,16]。各种茶叶均存在不同程度的农药残留现象，本研究主要针对电商平台各类茶叶存在的农药残留问题，基于 2019 年 1 月到 3 月期间对电商平台 1089 例茶叶样品中农药残留侦测得出的 4973 个侦测结果，分别采用食品安全指数模型和风险系数模型，开展茶叶中农药残留的膳食暴露风险和预警风险评估。茶叶样品取自超市和茶叶专营店，符合大众的膳食来源，风险评价时更具有代表性和可信度。

本研究力求通用简单地反映食品安全中的主要问题，且为管理部门和大众容易接受，为政府及相关管理机构建立科学的食品安全信息发布和预警体系提供科学的规律与方法，加强对农药残留的预警和食品安全重大事件的预防，控制食品风险。

16.4.1 电商平台茶叶中农药残留膳食暴露风险评价结论

1) 茶叶样品中农药残留安全状态评价结论

采用食品安全指数模型，对 2019 年 1 月到 3 月期间电商平台茶叶农药残留膳食暴露风险进行评价，根据 IFS$_c$ 的计算结果发现，茶叶中农药的 $\overline{IFS}$ 为 $1.11×10^{-4}$，说明电商平台茶叶总体处于可以接受的安全状态，但部分禁用农药、高残留农药在茶叶中仍有侦测出，导致膳食暴露风险的存在，成为不安全因素。

2) 禁用农药膳食暴露风险评价

本次检测发现部分茶叶样品中有禁用农药侦测出，侦测出禁用农药 14 种，侦测出频次为 548，茶叶样品中的禁用农药 IFS$_c$ 计算结果表明，禁用农药残留膳食暴露风险可以接受的频次为 6，占 1.09%；没有影响的频次为 542，占 98.91%。

16.4.2 电商平台茶叶中农药残留预警风险评价结论

1) 单种茶叶中禁用农药残留的预警风险评价结论

本次检测过程中，在 7 种茶叶中检测出 14 种禁用农药，禁用农药为：三唑磷、三氯杀螨醇、克百威、内吸磷、毒死蜱、氟虫腈、滴滴涕、硫丹、六六六、乐果、乙酰甲胺磷、对硫磷、氧乐果、甲拌磷，茶叶为：乌龙茶、白茶、红茶、绿茶、花茶、黄茶、黑茶，茶叶中禁用农药的风险系数分析结果显示，8 种禁用农药在 4 种茶叶中残留处于中度风险，11 种禁用农药在 7 种茶叶中残留处于高度风险，说明在单种茶叶中禁用农药的残留会导致较高的预警风险。

2) 单种茶叶中非禁用农药残留的预警风险评价结论

以 MRL 中国国家标准为标准，计算茶叶中非禁用农药风险系数情况下，254 个样本中，212 个处于低度风险(83.46%)，42 个样本没有 MRL 中国国家标准(16.54%)。以 MRL 欧盟标准为标准，计算茶叶中非禁用农药风险系数情况下，发现有 97 个处于高度风险(38.19%)，39 个处于中度风险(15.35%)，118 个处于低度风险(46.46%)。基于两种 MRL 标准，评价的结果差异显著，可以看出 MRL 欧盟标准比中国国家标准更加严格和完善，过于宽松的 MRL 中国国家标准值能否有效保障人体的健康有待研究。

16.4.3 加强电商平台茶叶食品安全建议

我国食品安全风险评价体系仍不够健全，相关制度不够完善，多年来，由于农药用药次数多、用药量大或用药间隔时间短，产品残留量大，农药残留所造成的食品安全问题日益严峻，给人体健康带来了直接或间接的危害。据估计，美国与农药有关的癌症患者数约占全国癌症患者总数的 50%，中国更高。同样，农药对其他生物也会形成直接杀伤和慢性危害，植物中的农药可经过食物链逐级传递并不断蓄积，对人和动物构成潜在威胁，并影响生态系统。

基于本次农药残留侦测数据的风险评价结果，提出以下几点建议：

1)加快食品安全标准制定步伐

我国食品标准中对农药每日允许最大摄入量 ADI 的数据严重缺乏,在本次评价所涉及的 99 种农药中,仅有 71.72%的农药具有 ADI 值,而 28.28%的农药中国尚未规定相应的 ADI 值,亟待完善。

我国食品中农药最大残留限量值的规定严重缺乏,对评估涉及的不同茶叶中不同农药 296 个 MRL 限值进行统计来看,我国仅制定出 67 个标准,我国标准完整率仅为 22.64%,欧盟的完整率达到 100%(表 16-10)。因此,中国更应加快 MRL 的制定步伐。

表 16-10　我国国家食品标准农药的 ADI、MRL 值与欧盟标准的数量差异

分类		中国 ADI	MRL 中国国家标准	MRL 欧盟标准
标准限值(个)	有	71	67	296
	无	28	229	0
总数(个)		99	296	296
无标准限值比例(%)		28.28	77.36	0

此外,MRL 中国国家标准限值普遍高于欧盟标准限值,这些标准中共有 33 个高于欧盟。过高的 MRL 值难以保障人体健康,建议继续加强对限值基准和标准的科学研究,将农产品中的危险性减少到尽可能低的水平。

2)加强农药的源头控制和分类监管

在电商平台某些茶叶中仍有禁用农药残留,利用 GC-Q-TOF/MS 技术侦测出 14 种禁用农药,检出频次为 548 次,残留禁用农药均存在较大的膳食暴露风险和预警风险。早已列入黑名单的禁用农药在我国并未真正退出,有些药物由于价格便宜、工艺简单,此类高毒农药一直生产和使用。建议在我国采取严格有效的控制措施,从源头控制禁用农药。

对于非禁用农药,在我国作为"田间地头"最典型单位的县级茶叶产地中,农药残留的检测几乎缺失。建议根据农药的毒性,对高毒、剧毒、中毒农药实现分类管理,减少使用高毒和剧毒高残留农药,进行分类监管。

3)加强农药生物基准和降解技术研究

市售茶叶中残留农药的品种多、频次高、禁用农药多次检出这一现状,说明了我国的田间土壤和水体因农药长期、频繁、不合理的使用而遭到严重污染。为此,建议中国相关部门出台相关政策,鼓励高校及科研院所积极开展分子生物学、酶学等研究,加强土壤、水体中残留农药的生物修复及降解新技术研究,切实加大农药监管力度,以控制农药的面源污染问题。

综上所述,在本工作基础上,根据茶叶残留危害,可进一步针对其成因提出和采取严格管理、大力推广无公害茶叶种植与生产、健全食品安全控制技术体系、加强茶叶质量检测体系建设和积极推行茶叶质量追溯制度等相应对策。建立和完善食品安全综合评价指数与风险监测预警系统,对食品安全进行实时、全面的监控与分析,为我国的食品安全科学监管与决策提供新的技术支持,可实现各类检验数据的信息化系统管理,降低食品安全事故的发生。

参 考 文 献

[1] 全国人民代表大会常务委员会. 中华人民共和国食品安全法[Z]. 2015-04-24.
[2] 钱永忠, 李耘. 农产品质量安全风险评估: 原理、方法和应用[M]. 北京: 中国标准出版社, 2007.
[3] 高仁君, 陈隆智, 郑明奇, 等. 农药对人体健康影响的风险评估[J]. 农药学学报, 2004, 6(3): 8-14.
[4] 高仁君, 王蔚, 陈隆智, 等. JMPR 农药残留急性膳食摄入量计算方法[J]. 中国农学通报, 2006, 22(4): 101-104.
[5] FAO/WHO Recommendation for the revision of the guidelines for predicting dietary intake of pesticide residues, Report of a FAO/WHO Consultation, 2-6 May 1995, York, United Kingdom.
[6] 李聪, 张艺兵, 李朝伟, 等. 暴露评估在食品安全状态评价中的应用[J]. 检验检疫学刊, 2002, 12(1): 11-12.
[7] Liu Y, Li S, Ni Z, et al. Pesticides in persimmons, jujubes and soil from China: Residue levels, risk assessment and relationship between fruits and soils[J]. Science of the Total Environment, 2016, 542(Pt A): 620-628.
[8] Claeys W L, Schmit J F O, Bragard C, et al. Exposure of several Belgian consumer groups to pesticide residues through fresh fruit and vegetable consumption[J]. Food Control, 2011, 22(3): 508-516.
[9] Quijano L, Yusà V, Font G, et al. Chronic cumulative risk assessment of the exposure to organophosphorus, carbamate and pyrethroid and pyrethrin pesticides through fruit and vegetables consumption in the region of Valencia (Spain)[J]. Food & Chemical Toxicology, 2016, 89: 39-46.
[10] Fang L, Zhang S, Chen Z, et al. Risk assessment of pesticide residues in dietary intake of celery in China[J]. Regulatory Toxicology & Pharmacology, 2015, 73(2): 578-586.
[11] Nuapia Y, Chimuka L, Cukrowska E. Assessment of organochlorine pesticide residues in raw food samples from open markets in two African cities[J]. Chemosphere, 2016, 164: 480-487.
[12] 秦燕, 李辉, 李聪. 危害物的风险系数及其在食品检测中的应用[J]. 检验检疫学刊, 2003, 13(5): 13-14.
[13] 金征宇. 食品安全导论[M]. 北京: 化学工业出版社, 2005.
[14] 中华人民共和国国家卫生和计划生育委员会, 中华人民共和国农业部, 中华人民共和国国家食品药品监督管理总局. GB 2763—2016 食品安全国家标准 食品中农药最大残留限量[S]. 2016.
[15] Chen C, Qian Y Z, Chen Q, et al. Evaluation of pesticide residues in fruits and vegetables from Xiamen, China[J]. Food Control, 2011, 22: 1114-1120.
[16] Lehmann E, Turrero N, Kolia M, et al. Dietary risk assessment of pesticides from vegetables and drinking water in gardening areas in Burkina Faso[J]. Science of the Total Environment, 2017, 601-602: 1208-1216.